信息科学技术学术著作丛书

微电子器件物理

刘艳红　冯秋菊　编著

科学出版社
北京

内 容 简 介

本书详细介绍微电子器件的基本结构、工作原理和主要特性等。全书共7章，介绍半导体物理基础知识、PN结及二极管、双极型晶体管、金属-氧化物-半导体(MOS)电容、金属-氧化物-半导体场效应晶体管(MOSFET)、纳米CMOS器件、金属-半导体接触和结型场效应晶体管。同时，介绍微电子器件发展的最新成就。

本书可作为高等学校电子科学与技术、微电子学与固体电子学等相关专业的本科生、研究生的教材，也可供相关科研和工程技术人员学习参考。

图书在版编目(CIP)数据

微电子器件物理/刘艳红，冯秋菊编著. —北京：科学出版社，2019.5
(信息科学技术学术著作丛书)
ISBN 978-7-03-061173-4

Ⅰ.①微… Ⅱ.①刘…②冯… Ⅲ.①微电子技术-电子器件-物理学-研究 Ⅳ.①TN4

中国版本图书馆CIP数据核字(2019)第086925号

责任编辑：魏英杰 / 责任校对：郭瑞芝
责任印制：吴兆东 / 封面设计：铭轩堂

科学出版社 出版
北京东黄城根北街16号
邮政编码：100717
http://www.sciencep.com
北京九州迅驰传媒文化有限公司 印刷
科学出版社发行 各地新华书店经销
*
2019年5月第 一 版 开本：720×1000 1/16
2022年7月第三次印刷 印张：22
字数：442 000

定价：130.00元
(如有印装质量问题，我社负责调换)

《信息科学技术学术著作丛书》序

21 世纪是信息科学技术发生深刻变革的时代，一场以网络科学、高性能计算和仿真、智能科学、计算思维为特征的信息科学革命正在兴起。信息科学技术正在逐步融入各个应用领域并与生物、纳米、认知等交织在一起，悄然改变着我们的生活方式。信息科学技术已经成为人类社会进步过程中发展最快、交叉渗透性最强、应用面最广的关键技术。

如何进一步推动我国信息科学技术的研究与发展；如何将信息技术发展的新理论、新方法与研究成果转化为社会发展的推动力；如何抓住信息技术深刻发展变革的机遇，提升我国自主创新和可持续发展的能力？这些问题的解答都离不开我国科技工作者和工程技术人员的求索和艰辛付出。为这些科技工作者和工程技术人员提供一个良好的出版环境和平台，将这些科技成就迅速转化为智力成果，将对我国信息科学技术的发展起到重要的推动作用。

《信息科学技术学术著作丛书》是科学出版社在广泛征求专家意见的基础上，经过长期考察、反复论证之后组织出版的。这套丛书旨在传播网络科学和未来网络技术，微电子、光电子和量子信息技术、超级计算机、软件和信息存储技术、数据知识化和基于知识处理的未来信息服务业、低成本信息化和用信息技术提升传统产业，智能与认知科学、生物信息学、社会信息学等前沿交叉科学，信息科学基础理论，信息安全等几个未来信息科学技术重点发展领域的优秀科研成果。丛书力争起点高、内容新、导向性强，具有一定的原创性，体现出科学出版社“高层次、高水平、高质量”的特色和“严肃、严密、严格”的优良作风。

希望这套丛书的出版，能为我国信息科学技术的发展、创新和突破带来一些启迪和帮助。同时，欢迎广大读者提出好的建议，以促进和完善丛书的出版工作。

中国工程院院士

原中国科学院计算技术研究所所长

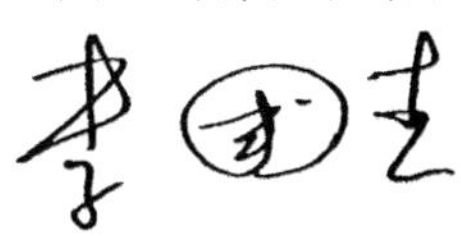

前　　言

进入21世纪，人类正加速迈进信息社会。人们已经深切感受到信息社会发生的巨大变化，这一切都源于信息产业的兴起及信息社会的构建。信息产业技术含量高、渗透性强、增值快、资源配置优、生产成本低、劳动生产率高。它的发展改变了传统的经济增长模式，在国民经济中的主导地位越来越突出。在半导体技术之上发展起来的集成电路作为信息产业的基础和核心，是关系国民经济和社会发展全局的基础性、先导性和战略性产业。

集成电路产业的基础是半导体技术，核心是半导体器件。相对于集成电路，半导体器件又称为分立器件，是利用半导体材料的光电特性，实现具有一定电路功能的固体元件。经过半个多世纪的发展，半导体器件的种类不可尽述。以最简单的PN结二极管来说，可以实现整流、检波、变频、变容、开关、稳压、振荡、发光、光伏、光敏和热敏等多项功能。晶体管包括三极管（三端器件）和场效应管（四端器件），主要用于信号的转换、放大和存储。其中的场效应晶体管是数字电路的基本单元，近年来在信息存储中发挥了重要的作用。还有一些特殊器件，如可控硅作为大功率器件用于各种大电流的开关控制，电荷耦合器件作为成像单元在便携式电子产品中得到广泛应用。微波半导体器件因其具有性能优异、体积小、重量轻和功耗低等特性，随着微波通信技术的发展而快速发展，在防空反导等系统中得到广泛的应用。以上列举的都是半导体电子器件。另一类重要的半导体器件是半导体光子器件，包括发光二极管、光电探测器、激光器，以及作为绿色能源主要代表的半导体光伏器件等。

针对微电子学专业或电子科学与技术专业本科生开设的半导体器件物理课的教学都是从二极管和晶体管开始并将其作为主要内容来讲授的。特种半导体器件、大功率半导体器件、半导体光电器件等多是作为选修课内容，近年有些教材也增加了光电器件的部分内容，但受到篇幅和课时的限制，并不能讲解得很深入。本书内容仍然限定在二极管、三极管及场效应管，是作者近三十年学习和教学的心得总结。尤其是将作者在初学过程中感到疑惑并在后来的研修中理解了的问题直接在书中体现出来，希望能帮助初学者尽快理解半导体器件物理的精髓，从而准确把握半导体器件物理的研究方法和规律，深入掌握半导体器件物理的特性，为进一步深入学习其他半导体相关器件打下坚实的基础。

公式是半导体器件物理表达思想的特殊语言。读公式是理解半导体器件物理的重要环节和手段，为此我们尽可能详细地给出相关方程公式的推导过程，以方便读者阅读和理解。尽管如此，仍然鼓励读者自己动手推导公式，这样才能真正掌握半导体器件物理的思想方法，并尽快达到书越读越薄的目的。

大连理工大学物理学院刘艳红副教授负责全书内容的统稿，并完成第 1、2、4、5、6 章的编写，辽宁师范大学物理与电子技术学院冯秋菊副教授完成第 3、7 章的编写。大连理工大学物理学院硕士研究生李腊参与了本书部分例题和习题的编写。本书是在大连理工大学物理学院刘爱民教授的鼓励下开始编写并最终完成的。大连理工大学微电子学院梁红伟教授对本书的完成提供了大量的建议与帮助，物理学院本科生刘意参与了公式的校对工作。在此对他们表示衷心的感谢。

限于作者水平，书中难免存在不足之处，望读者批评指正。

作　者

2019 年 1 月

目　　录

主要符号表

a:晶格常数

BV_{CBO}:共基极接法反向击穿电压

BV_{CEO}:共发射极接法反向击穿电压

C_J:耗尽层电容,也称为 PN 结的势垒电容

C_D:PN 结扩散电容

C_{dE}:发射结扩散电容

C_{jE}:发射结势垒电容

C_M:米勒(Miller)电容

C_{OX}:氧化层电容

C_S:半导体表面电容

C_{FB}:平带电容

$C_{\min}$:金属-氧化物-半导体(metal-oxide-semiconductor,MOS)二极管最小电容

C_{GS}:栅-源电容

C_{GD}:栅-漏电容

C_{GSP}:栅-源寄生电容

C_{GDP}:栅-漏寄生电容

EOT:等效氧化层厚度

D:扩散系数;MOS 场效应晶体管(MOS field effect transistor,MOSFET)的漏

E_e:电场

E_{em}:空间电荷区最大电场

E:能量

E_0:真空能级

E_G:禁带宽度

E_C:导带能级

E_V:价带能级

E_F:费米能级

E_{Fn}:电子的准费米能级

E_{Fp}:空穴的准费米能级

E_i:本征能级

E_T:复合中心能级

$f(E)$：费米函数

f_α：α 截止频率

f_β：β 截止频率

f_T：特征频率

f_M：最高工作频率

G：产生率；栅

g_D：PN 结的扩散电导；MOSFET 的漏导

g_M：跨导

g_{BE}：三极管的输入电导

I_E：发射极电流

I_{En}：发射极电子电流

I_{Ep}：发射极电子空穴电流

I_{ER}：发射结空间电荷区复合电流

I_D：漏电流

I_G：栅电流

$I_D(\mathrm{sat})$：漏饱和电流

I_B：基极电流

I_C：集电极电流

I_{CBO}：发射极开路时的集电结反向饱和电流

I_{CEO}：基极开路（$I_B=0$）时集电极-发射极的漏电流

I_{CBS}：集电结的反向饱和电流

J_n：电子电流密度

J_p：空穴电流密度

J_s： PN 结反向饱和电流密度

J_{FN}：Forlow-Nordheim 隧穿电流

L_D：德拜长度

L：沟道长度

L_n：电子扩散长度

L_p：空穴扩散长度

L_{Ep}：发射区空穴的扩散长度

L_{Cp}：集电区空穴的扩散长度

m_0：自由空间电子质量

m_n^*：电子的有效质量

m_p^*：空穴的有效质量

m_{dn}：导带底电子状态密度有效质量

m_{dp}：价带顶空穴状态密度有效质量
m_{pl}：轻空穴的有效质量
m_{ph}：重空穴的有效质量
M：雪崩倍增因子
n：电子浓度
n_i：本征载流子浓度
n_0：平衡时电子的浓度
n_p：P 型半导体中电子浓度
n_{p0}：P 型半导体中平衡时电子浓度
n_B：基区电子浓度
n_{B0}：基区平衡时电子浓度
n_t：复合中心上的电子数
N_C：导带的有效态密度
N_V：价带的有效态密度
N_D：施主掺杂浓度
N_A：受主掺杂浓度
N_T：复合中心密度
NM：噪声容限
p：空穴浓度
p_0：平衡时空穴的浓度
p_n：N 型半导体中空穴的浓度
p_{n0}：N 型半导体平衡时空穴的浓度
p_E：准中性发射区空穴的浓度
p_{E0}：准中性发射区空穴的平衡浓度
p_C：准中性集电区少子空穴的浓度
p_{C0}：准中性集电区少子空穴的平衡浓度
Q_G：根梅尔(Gummel)数
Q_S：半导体表面电荷面密度
$q\phi_S$：半导体的功函数
$q\phi_M$：金属功函数
Q_n：反型层中电子电荷面密度
Q_i：界面电荷
R：复合率
r_s：PN 结串联电阻；MOSFET 源串联电阻
S：三极管的饱和深度；MOSFET 的亚阈摆幅；MOSFET 的源；微缩因子

t_{on}：导通时间
t_d：延迟时间
t_r：上升时间分别用
t_{off}：关断时间
t_s：存储时间
t_f：下降时间分别用
t_{ox}：氧化层的厚度
U：净复合率
v_{th}：平均热运动速度
v_d：漂移速度
v_s：饱和速度
v_c：热发射速度
V_A：厄利电压
V_B：击穿电压
V_{FB}：平带电压
V_G：栅极电压
V_{bi}：PN 结内建电势
V_F：PN 结正向偏压
V_R：PN 结反向偏压
V_{BE}：发射结压降
V_{BC}：集电结压降
V_{EC}：发射极与集电极间的压降
V_{PT}：穿通电压
V_S：半导体表面势
V_T：阈值电压
V_{GS}：栅源电压
V_{DS}：漏源电压
V_{BS}：体源电压
$V_D(\text{sat})$：饱和漏电压
W：空间电荷区宽度/MOSFET 晶体管的宽度
x_n/x_p：耗尽层在 N 型/P 型半导体侧的边界
x_j：结深
$x_{d\max}$：最大耗尽层宽度
α：电离率；
α_0：共基极直流电流增益

α_T:基区传输因子
β_0:共发射极直流电流增益
$\Delta n/\Delta p$:少子浓度
ΔE_D:施主杂质的电离能
ΔE_A:受主杂质的电离能
ΔE_C:导带的带阶差
ΔE_V:价带的带阶差
χ:电子亲合势
ϕ_{MS}:金属-半导体功函数差
ψ_{FN}:N 型掺杂半导体的费米势
ψ_{FP}:P 型掺杂半导体的费米势
τ:少子寿命
τ_E:发射结电容充电时间
τ_B:基区渡越时间
τ_D:集电结耗尽区的渡越时间
τ_C:集电结充电时间
μ:迁移率
γ:发射效率

第 1 章　半导体物理基础知识介绍

半导体物理基础知识非常丰富，有专门的课程进行讲解。本章将从半导体晶体结构、能带及能带理论、载流子统计理论、载流子输运理论及半导体基本方程几个方面简单介绍半导体物理知识，以满足微电子器件物理学习的需要。

1.1　半导体材料及晶体结构的基本知识

1.1.1　半导体材料

导电能力介于绝缘体与金属之间的材料称为半导体。图 1.1 是不同材料的电阻(导)率范围示意图，可以看到半导体材料的电阻率从 $10^{-3}\sim10^{8}\Omega\cdot cm$ 跨越了 11 个量级。这与材料的选择有关。另一方面，可以通过掺杂来改变半导体的电阻(导)率，这也是半导体材料应用的一个重要性质。金属的电阻率在 $10^{-6}\Omega\cdot cm$ 量级，室温下铜和铝的电阻率分别为 $1.75\times10^{-6}\Omega\cdot cm$ 和 $2.83\times10^{-6}\Omega\cdot cm$。分立器件及集成电路发展的早期以 Al 作为金属连线。随着集成度的增加，器件尺寸的减小，金属布线层数增加，金属连线的电阻对器件工作速度的影响越来越大，开始在工艺上用电阻率更低的 Cu 取代 Al。图 1.2 是多层金属布线的三维架构，其中还给出了常用金属的电阻率，W 作为层间互连通孔的填充材料被广泛使用。

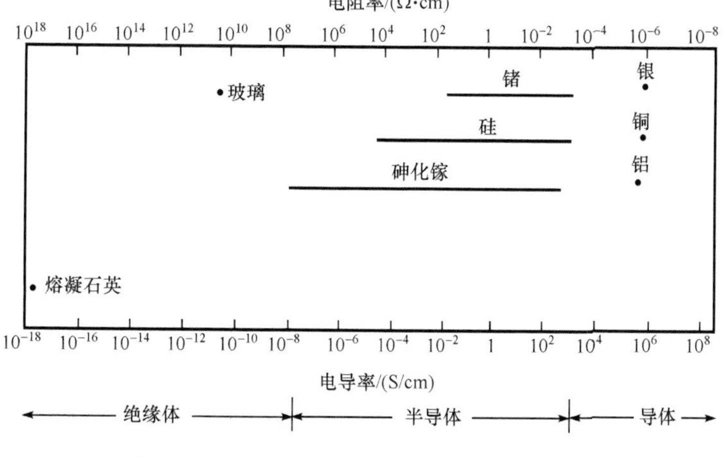

图 1.1　不同材料的电阻(导)率范围示意图

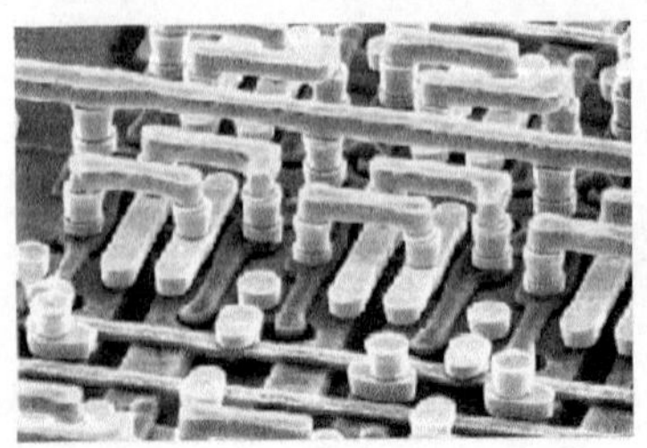

元素	电阻率/(Ω·cm)
Ag	1.65×10^{-6}
Cu	1.75×10^{-6}
Al	2.83×10^{-6}
W	5.48×10^{-6}

图 1.2　多层金属布线的三维架构及常用金属的电阻率

硅是使用最广泛的半导体材料，以二氧化硅及硅酸盐的形式存在于地壳，占地壳总重量的 25.7%、原子百分比的 16.7%，仅次于氧元素，因此可以说储量丰富。硅无毒无害，是一种绿色环保的材料。将硅砂（主要成分是氧化硅）与煤、焦炭等混合，经高温冶炼后可以得到纯度为 95%以上的冶金级硅。根据用途，进一步提纯至所需要的纯度。例如，用于太阳能电池的硅纯度为 99.9999%，即 6N 级，百分号前有 6 个 9。生产集成电路所用电子硅的纯度一般在 9～11N 级，可以说是世界上最纯的材料了，每十亿个硅原子中只有一个杂质原子。

硅是Ⅳ族元素，同族中与碳（C）及锗（Ge）相邻（图 1.3）。虽然有相同的最外层电子数，但是碳表现出更丰富的结构，如石墨、金刚石、类金刚石、碳纳米线、石墨烯、C_{60}等。金刚石或类金刚石是优异的宽带隙半导体材料，具有非常高的热导率，可以在高温、高辐射、高功率等极端条件下工作。碳化硅也是宽带隙半导体材料，可制作大功率器件。锗的半导体特性很早就被研究，由于禁带宽度小，工作温度受到限制。但是 Ge 与 Si 可以以任意比例形成 $Si_{1-x}Ge_x$晶体，它的晶格常数、禁带宽度能被连续调制，因此在异质结器件、应力硅器件中有重要应用。

	5 B 硼	6 C 碳	7 N 氮	8 O 氧
	13 Al 铝	14 Si 硅	15 P 磷	16 S 硫
30 Zn 锌	31 Ga 镓	32 Ge 锗	33 As 砷	34 Se 硒
48 Cd 铬	49 In 铟	50 Sn 锡	51 Sb 锑	52 Te 碲

图 1.3　元素周期表中硅及周围的元素

与硅处于同一个周期的相邻元素为三价的铝和五价的磷，它们是硅中最重要的掺杂元素。硼（B）作为 P 型掺杂元素比铝用的更多，但硼在硅中很容易与氧形成复杂的结合体，影响器件的稳定性。镓（Ga）作为 P 型掺杂元素具有更好的性质，但在硅中的固熔度低，难以在一定范围内改变硅的电导率。砷(As)和磷(P)一样都是五价元素，在硅中做N型掺杂剂，而砷在硅中的扩散系数比磷低一个数量级，在大规模集成电路浅结制备中有更加广泛的应用。

GaAs是重要的化合物半导体材料，电子迁移率高、发光效率高，多用于制备高频通信器件及光学元器件。ZnO、InP、InGaAs等一大批化合物半导体材料在特殊性能器件中都有广泛的应用。

1.1.2　晶体结构

1．单晶、非晶和多晶

根据有序程度，可以将半导体分为单晶(single crystal)、多晶(polycrystalline)和非晶(amorphous)(图1.4)。单晶半导体中原子或分子在整个空间以一定的几何规律有序地排列，具有周期性。非晶半导体的有序性只限于几个原子或分子间。多晶半导体中的原子或分子在一定空间中保持有序性。一定空间中有序原子或分子的集合称为晶粒(grains)，大小及方向不同的晶粒构成多晶，晶粒之间的过渡区称为晶粒间界(grain boundaries)。对多晶来说，晶粒大小、晶化比(所有晶粒的体积占整个多晶体体积的百分比)都会对多晶材料的电子学特性产生影响。单晶半导体的电子学特性是最为优异的。非晶与多晶半导体是为了降低成本，满足低温工艺的要求出现的。非晶半导体物理已经成为一个重要的学科分支。本书主要介绍单晶半导体物理与器件。

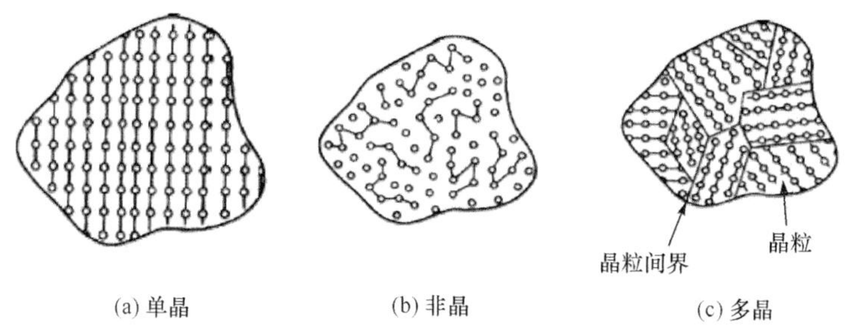

图1.4　单晶、非晶、多晶的二维结构示意图

2．晶格、原胞与晶胞

晶体由原子或分子在空间中以一定的几何规律周期性地有序排列而成。用抽象的点不加区分地表示原子、分子等最小的重复单元，则所有的晶体从微观上看是一个无限大的空间点阵，表现出三维网格状分布。网格的格点就是代表原子或分

子等最小重复单元。把这种网格状分布的空间点阵称为晶格(lattice),晶格中最小的重复单元称为原胞(primitive cell),如图 1.5 中虚线部分所示,其中 $\boldsymbol{a}$、$\boldsymbol{b}$、$\boldsymbol{c}$ 称为基矢。

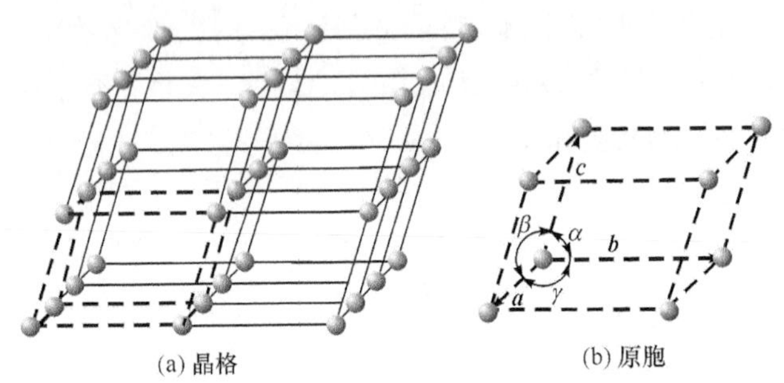

图 1.5 晶格与原胞

由原胞周期性规则排布而成的晶格中包含一定的空间对称性,如转动、反演及镜像等。把晶格中能包含所有对称性元素的最小单元称为晶体学单胞(unite cell),简称晶胞,也称布拉维(Bravais)晶胞。自然界所有的晶体结构按对称性可以分为 7 大晶系,14 种空间点阵(图 1.6)。

3. 晶列和晶面

空间点阵除了可以用晶格表示,还可以用一族平行直线或一组平行平面表示,分别称为晶列和晶面。也就是说,可以用一族晶列穿过所有的格点(lattice point),也可以用一组晶面包含所有的格点。晶列和晶面的选择有多种,用晶向指数和晶面指数表示。下面以立方晶系为例说明晶向指数与晶面指数的定义。

如图 1.7 所示,立方晶系的晶胞是正立方体,晶胞的边长为 a,称为晶格常数(lattice constant)。以任一格点为原点,建立三维直角坐标系,三个坐标轴称为晶轴(axes),分别用 x、y、z 表示,以 a 为坐标的单位长度。对任意一族晶列,其中必然有一条经过坐标原点。这条直线上距离原点最近的格点坐标可以用来表示这族晶列的方向,称为晶向指数,如图 1.7 中的[100]、[110]、[111]晶向。考虑旋转对称性,一些非平行的晶向按旋转对称性看是等价的,用尖括号表示,其中负坐标中的负号标在数字的上面。例如,〈100〉表示等价的 6 个晶向,即[100]、$[\bar{1}00]$、[010]、$[0\bar{1}0]$、[001]、$[00\bar{1}]$。对于任一晶列,从其上的 2 个相邻点的坐标,即可很快判断晶向指数,方法是用终点坐标减去起点坐标,再将得到的结果归整(图 1.8)。

晶面指数又称米勒指数(Miller indices)。任一晶面与 3 个晶轴相交的点一定都是格点,如果这些格点与原点的距离用整数 m、p、q 表示,则这一晶面的米勒指数为$(n/m, n/p, n/q)$,其中 n 是 m、p、q 的最小公倍数。如图 1.9(a)所示的晶面与

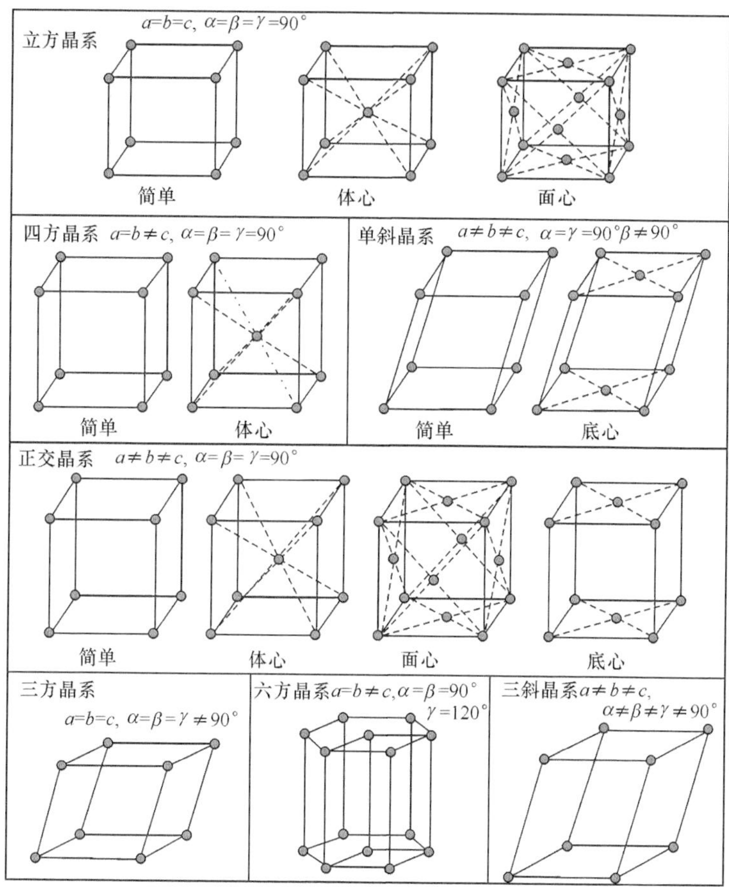

图 1.6　7 大晶系 14 种空间点阵

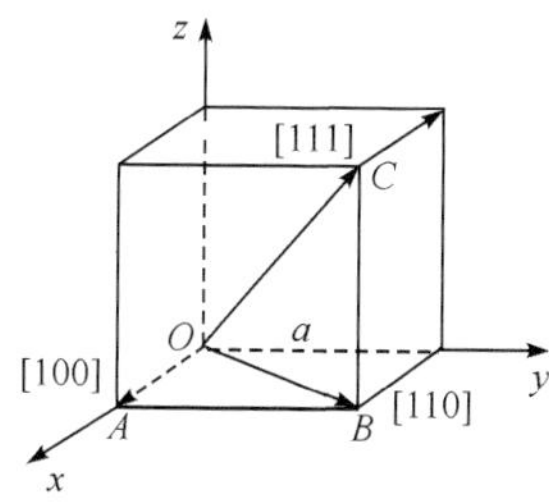

图 1.7　立方晶体中[100]、[110]、[111]晶向

3 个晶轴的距离分别为 $m=1, p=2, q=3$，最小公倍数 $n=6$，所以米勒指数为(632)。如图 1.9(b)所示是简单立方晶体中一些重要的晶面及其米勒指数。

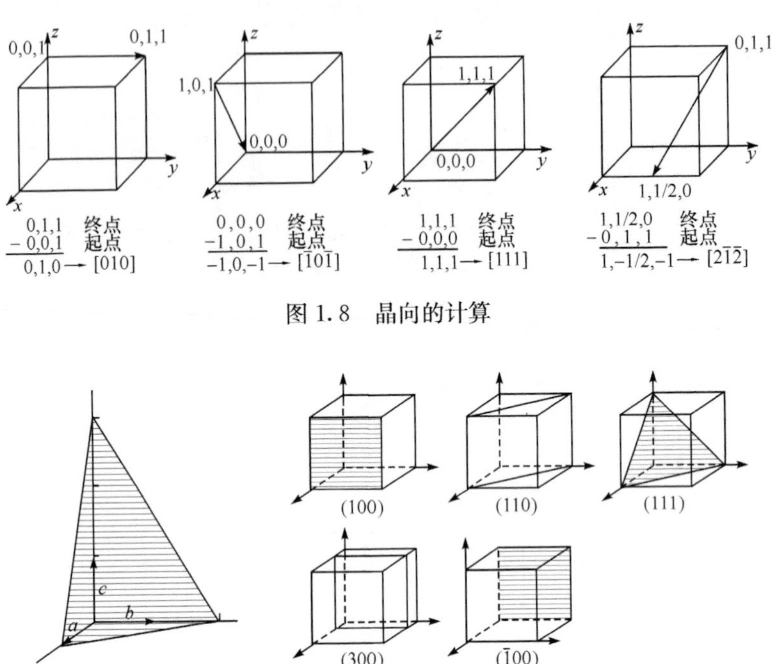

图 1.8　晶向的计算

图 1.9　米勒指数

与晶向指数一样，由于旋转对称性，一些非平行的晶面按旋转对称性来说也是等效的(图 1.10)。用花括号代替圆括号表示一组等效的晶面，如{100}表示晶面(100)、($\bar{1}$00)、(0$\bar{1}$0)、(010)、(001)、(00$\bar{1}$)，其中数字上的短线代表数字前的负号。在立方晶系中，晶向与晶面相互垂直时，晶向指数就是晶面的米勒指数，如晶向[100]垂直于晶面(100)。

4. 立方晶系

立方晶系包括简立方(single cubic，SC)、面心立方(face-centered cubic，FCC)、体心立方(boby-centered cubic，BCC)。立方晶系的特点是 3 个基矢相互垂直，并且单位长度相等。简立方结构的晶胞就是原胞，一个晶胞 8 个格点上有 8 个原子，这 8 个原子被 8 个同样的晶胞共用，所以一个晶胞包含一个原子(图 1.11)。

如图 1.12 所示的体心立方，除了在顶角上有 8 个原子，在体心还有一个原子，这个原子完全属于这个晶胞，所以一个体心立方的晶胞有两个原子。单独看一个晶胞，体心原子与顶角原子所处的周围情况似乎不同，实际上从整个空间的晶格来看，一个晶胞的体心是另一个晶胞的顶角。图 1.12 给出了体心立方晶体的晶胞基矢 $\boldsymbol{i}$、$\boldsymbol{j}$、$\boldsymbol{k}$，以及原胞基矢 $\boldsymbol{a}_1$、$\boldsymbol{a}_2$、$\boldsymbol{a}_3$。它们有如下关系，即

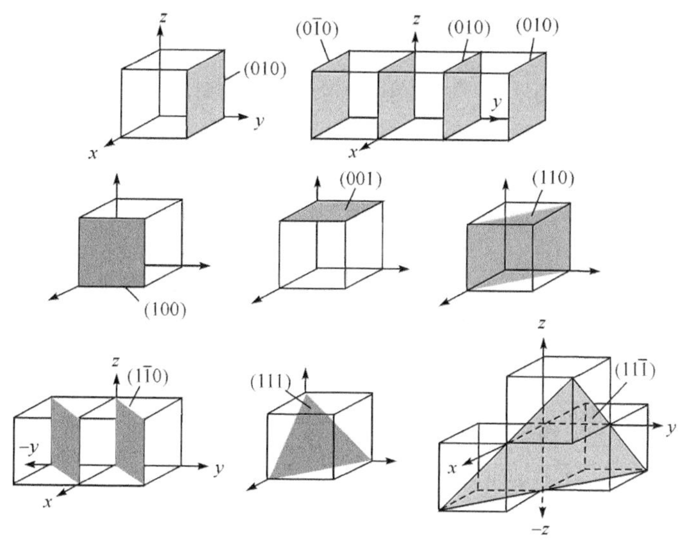

图1.10　晶面的等效性

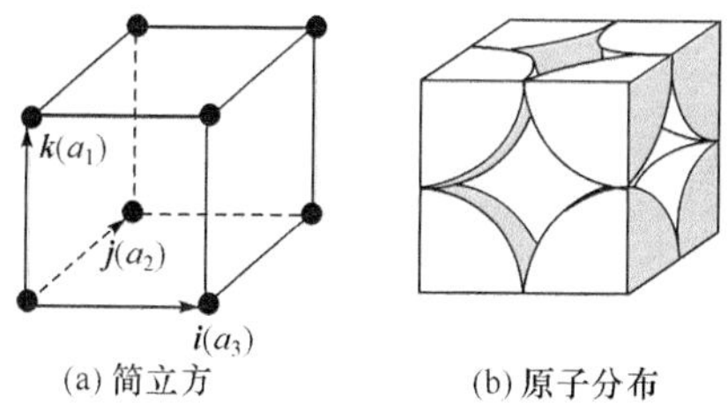

(a) 简立方　(b) 原子分布

图1.11　简立方结构

$$
\begin{aligned}
\boldsymbol{a}_1 &= \frac{a}{2}(-\boldsymbol{i}+\boldsymbol{j}+\boldsymbol{k}) \\
\boldsymbol{a}_2 &= \frac{a}{2}(\boldsymbol{i}-\boldsymbol{j}+\boldsymbol{k}) \\
\boldsymbol{a}_3 &= \frac{a}{2}(\boldsymbol{i}+\boldsymbol{j}-\boldsymbol{k})
\end{aligned}
\tag{1-1}
$$

可以证明，原胞的体积为$a^3/2$，正好是1/2晶胞的体积，与一个晶胞中包含2个原子相对应。

如图1.13所示为面心立方的结构。顾名思义，除了顶角的8个原子，每个面的中心还有一个原子，这个原子被相邻的两个晶胞共有，一个晶胞占一半，所以一个面心立方包含的原子数$=8\times1/8+6\times1/2=4$。同样，面心处原子与顶角处原子周围的环境是不同的。面心立方的原胞选取如图1.13(c)所示，则有

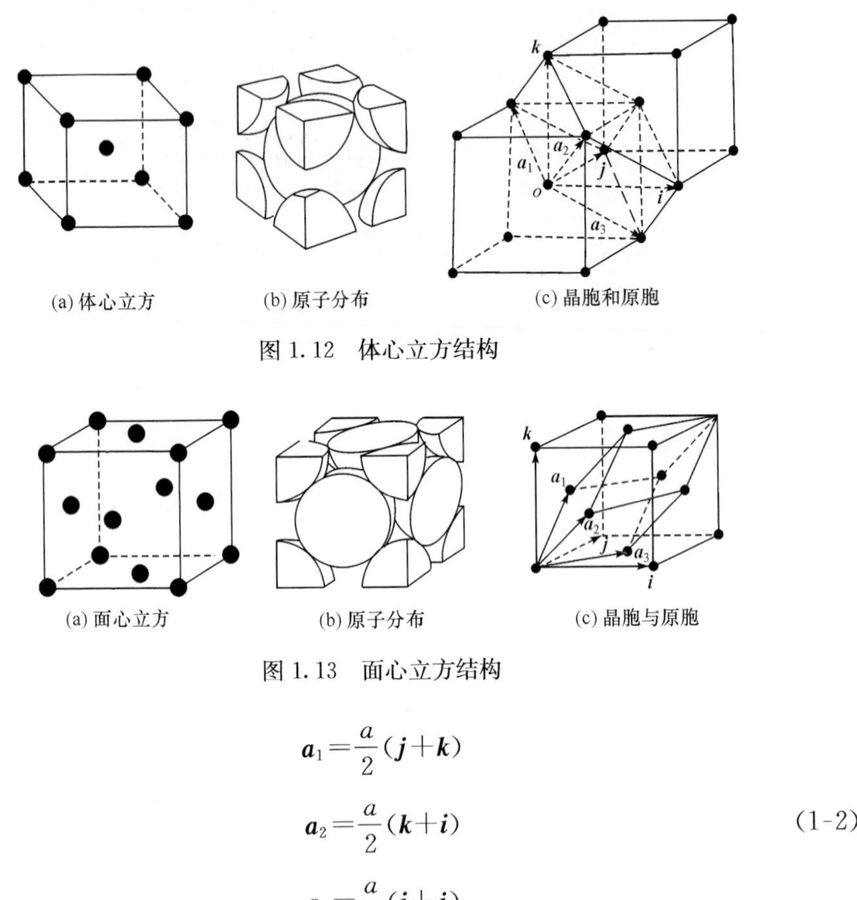

图 1.12　体心立方结构

图 1.13　面心立方结构

$$\boldsymbol{a}_1=\frac{a}{2}(\boldsymbol{j}+\boldsymbol{k})$$

$$\boldsymbol{a}_2=\frac{a}{2}(\boldsymbol{k}+\boldsymbol{i}) \tag{1-2}$$

$$\boldsymbol{a}_3=\frac{a}{2}(\boldsymbol{i}+\boldsymbol{j})$$

其中,a 为晶格常数。

原胞的体积为 $a^3/4$,即 1/4 个晶胞体积。原胞中只包含一个原子。

典型的面心立方晶体有 ZnS、BeO 和 ZnSe。典型的体心立方晶体有 CsCl、TiCl、CsBr 和 CsI。简立方晶体的典型代表是二氧化碳晶体(干冰)。

1.1.3　Si 的晶体结构

1. Si 的晶胞——金刚石结构

Si 是 14 号元素,最外层 sp 杂化轨道上的 4 个电子分别与 4 个 Si 原子共享一对电子,形成共价键。在空间中,这 4 个共价键形成正四面体,4 个 Si 原子处于正四面体的顶点。这种四面体也叫共价正四面体。键角为 109°28′,最小原子间距为正四面体顶角到中心原子的距离,为 2.3517Å。硅的原子结构如图 1.14 所示。

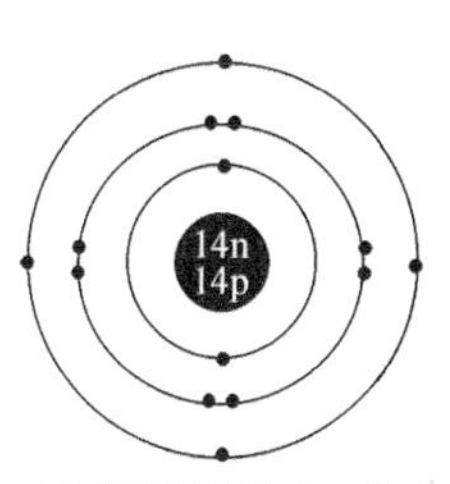

(a) 硅原子核外电子排布

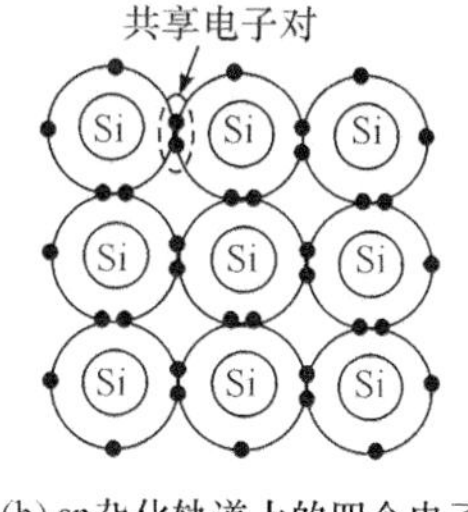

(b) sp杂化轨道上的四个电子分别与一个硅原子共享一对电子

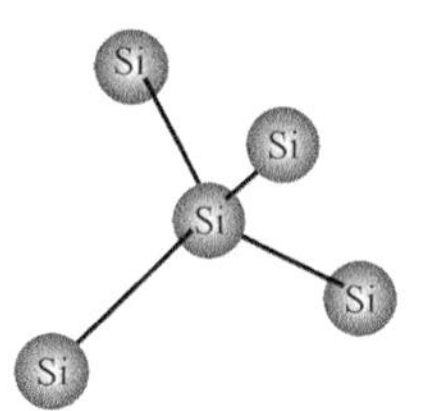

(c) 正四面体结构

图 1.14　硅的原子结构

Si 的晶胞不属于 14 种布拉维空间点阵中的任何一种，而是由两个布拉维格子套构而成的，称为复式格子。具体说，就是由两个面心立方晶体，沿体对角线错开 1/4 长度而成，又称为金刚石结构。金刚石结构的晶胞比面心立方晶体多了 4 个晶胞内的原子，分别位于 4 条体对角线上，2 个在高处，2 个在低处，如图 1.15 所示。体内的每个原子与最近邻的顶角原子及相邻 3 个晶面的面心原子形成正四面体。一个晶胞内有 8 个原子，即 4 个体原子$+6\times1/2$ 面心原子$+8\times1/8$ 顶角原子。

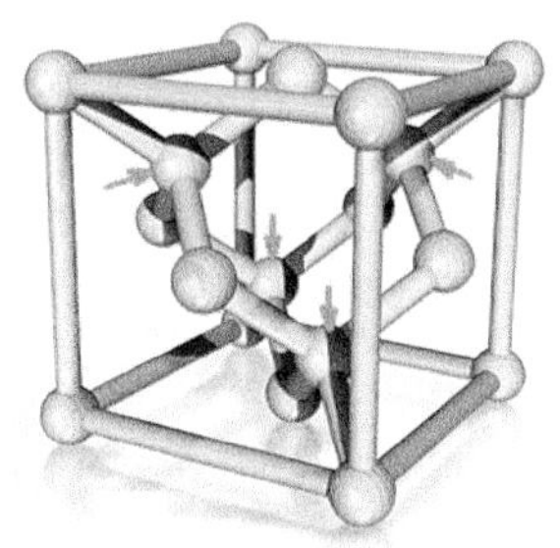

图 1.15　金刚石结构

Ge 晶体也是金刚石结构。GaAs 晶胞由一套 Ga 的面心立方晶体与一套 As 的面心立方晶体套构而成，称为闪锌矿结构。显然，闪锌矿结构晶胞内的 4 个原子与晶胞顶角及面心上的 4 个原子是不同的。表 1.1 是 Si、Ge、GaAs 的晶格常数及原子密度。

表 1.1　Si、Ge、GaAs 的晶格常数及原子密度

半导体	Si	Ge	GaAs
晶格常数/Å	5.43	5.65	5.64
原子密度/$\times10^{22}$ cm^{-3}	5	4.42	

例 1.1 计算 Si 晶体内部的空隙率及其原子密度和比重。

解 Si 的晶格常数 $a=5.43\text{Å}$，一个晶胞内有 8 个原子。定义 Si 晶体中最小原子间距的 1/2 为 Si 原子半径。体对角线上的原子与近邻顶角原子的距离为体对角线的 1/4，即最小原子间距，体对角线长度为$\sqrt{3}a$，所以硅原子半径为 $r_{\text{Si}}=\sqrt{3}a/8=\sqrt{3}\times\frac{5.43}{8}\approx1.17\text{Å}$。每个晶胞的原子利用率$=\frac{4\pi r_{\text{Si}}^3/3}{a^3/8}\approx34\%$。

可见，Si 晶体内大部分是空的，间隙杂质很容易在其间运动，同时大的空隙率也为替位杂质的扩散提供了足够的空间。

Si 原子密度为 $8/a^3=8/(5.43\times10^{-8})^3=5\times10^{22}/\text{cm}^3$。

Si 的相对原子质量是 28，所以比重为 $1.66\ \text{e}^{-24}\times28\times5\times10^{22}/\text{cm}^3=2.32\text{g/cm}^3$。

实际测量结果为 2.33g/cm^3。

这一例题告诉我们，知道了晶体结构及晶格常数，就可以计算晶体的原子密度及比重等物理量。例如，晶格常数为 4.75Å 的面心立方晶体，原子密度是 $3.73\times10^{22}/\text{cm}^3$。

2. Si 的不同晶向、晶面上的原子分布

每个晶向或晶面都有特定的原子分布和原子密度，决定了材料在这一晶向或晶面的性质。如图 1.16 所示为硅常用晶向上的原子分布，据此容易计算原子的线密度。

$$\langle100\rangle:\frac{2\times\frac{1}{2}}{a}=\frac{1}{a}$$

$$\langle110\rangle:\frac{1+2\times\frac{1}{2}}{\sqrt{2}a}=\frac{\sqrt{2}}{a}\approx\frac{1.4}{a}$$

$$\langle111\rangle:\frac{1+2\times\frac{1}{2}}{\sqrt{3}a}=\frac{2}{\sqrt{3}a}\approx\frac{1.17}{a}$$

其中，⟨110⟩方向原子线密度最大，为 $1.4/a$；⟨100⟩方向原子线密度最低，为 $1/a$。

如图 1.17 所示为 Si 常用晶面上的原子分布，可以用图中虚线边框包围的面积单元来计算原子面密度。

(100)面：在 $a\times a$ 的面积单元，1 个面心处的原子完全属于这个晶面，4 个顶角处的原子分别被 4 个同样的面积单元共享，因此(100)晶面的原子面密度为

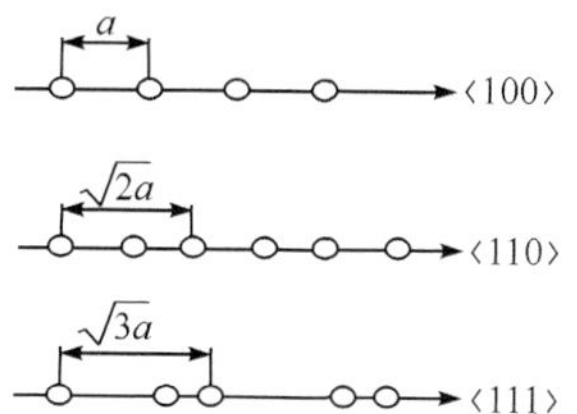

图 1.16　硅常用晶向上的原子分布

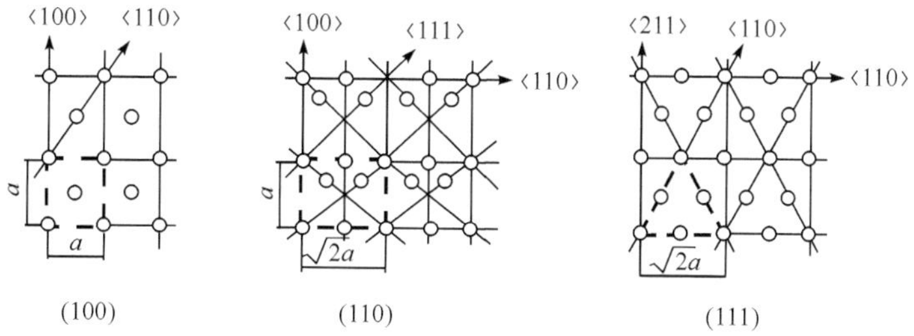

图 1.17　硅常用晶面上的原子分布

$$\frac{1+4\times\dfrac{1}{4}}{a^2}=\frac{2}{a^2}$$

(110)面：在 $a\times\sqrt{2}a$ 的面积单元，⟨111⟩体对角线上的2个原子完全属于这个晶面，⟨110⟩方向的2个面心原子分别被2个相邻的晶面共有，4个顶角的原子分别被4个晶面共享，因此(110)晶面的原子面密度为

$$\frac{2+4\times\dfrac{1}{4}+2\times\dfrac{1}{2}}{\sqrt{2}a^2}=\frac{4}{\sqrt{2}a^2}\approx\frac{2.8}{a^2}$$

(111)面：取正三角形为面积单元，3条边都是⟨110⟩方向的面对角线，边长为 $\sqrt{2}a$，3条边中点的原子分别被两个相邻的面积单元共享，3个顶角的原子分别被6个面积单元共享，正三角形面积为 $\frac{\sqrt{3}}{2}a^2$，因此(111)晶面的原子面密度为

$$\frac{3\times\dfrac{1}{6}+3\times\dfrac{1}{2}}{\dfrac{\sqrt{3}}{2}a^2}=\frac{4}{\sqrt{3}a^2}\approx\frac{2.3}{a^2}$$

计算结果表明，(100)面的原子面密度最低，(110)面的原子面密度最高。因此，Si集成电路制备多选择在(100)晶面上。

例 1.2　室温下 Si 的晶格常数为 5.43Å，计算 Si 中(100)、(110)、(111)面的原子面密度。

解　(100)面，原子面密度$=\frac{2}{a^2}=\frac{2}{(5.43\times10^{-8})^2}\approx6.78\times10^{14}\mathrm{cm}^{-2}$。

(110)面，原子面密度$=\frac{2.8}{a^2}=\frac{2.8}{(5.43\times10^{-8})^2}\approx9.6\times10^{14}\mathrm{cm}^{-2}$。

(111)面，原子面密度$=\frac{2.3}{a^2}=\frac{2.3}{(5.43\times10^{-8})^2}\approx7.83\times10^{14}\mathrm{cm}^{-2}$。

3. 硅的双层密排面结构

下面探讨 Si 金刚石结构具有的双层密排面特征。这一特征决定了硅独特的物理与化学性质。

从[100]和[110]方向看，硅原子的排列如图 1.18 所示。在(100)面，原子分布是均匀的，从[100]方向看，原子占据的区域和未被原子占据的区域是均匀交替分布的。从[110]方向看，情况就不同了。首先，在(110)面上原子分布是不均匀的，在[110]方向形成了比较大的通道，如果杂质在这个方向扩散，阻力将非常小。

从[111] 方向看，硅原子的排布方式如图 1.19 所示，称为双层密排结构。要理解这一结构的形成原因，首先需要考查刚性球体紧密排列时的特点。

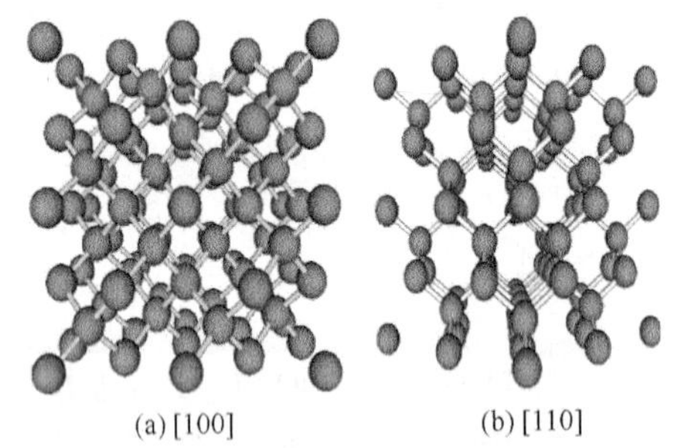

图 1.18　[100]和[110]方向硅原子的排列

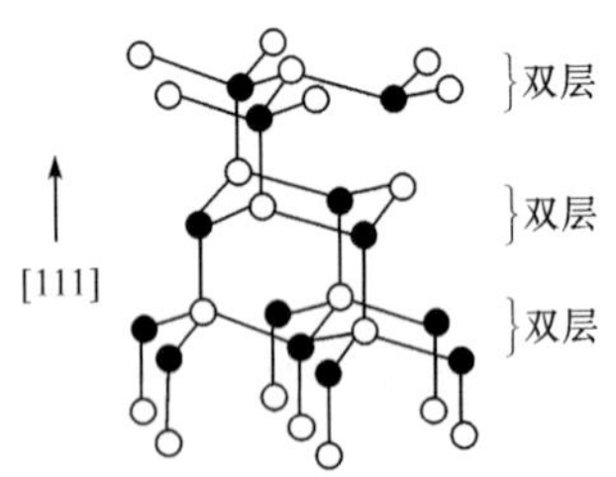

图 1.19　[111]方向硅原子的排布方式

图 1.20(a)所示为单层刚性球体的单层最紧密排布，将这层球体的体心位置标记为 A，将球体之间的空隙标记为 B 与 C。将两层这样的刚性球体叠置在一起，最紧密排布的方式是将第二层球体的球心置于位置 B 或 C，两者是等效的。以置于 B 为例来往下讨论，则第二层刚性球体的空隙为 A 和 C，如图 1.20(b)所示。进一步排布第三层时刚性球体放置的位置有两种选择，一种是将球心置于 A 处，另一种是将球心置于 C 处。这样就形成两种最紧密堆积的结构，—$ABAB$—和—$ABCABC$—分别称为六角密积结构(图 1.20(c))和立方密积结构(图 1.20(d))。

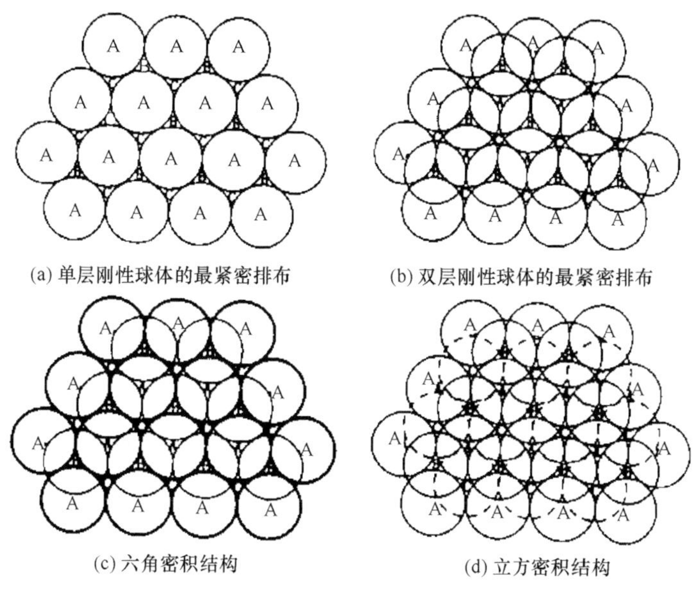

(a) 单层刚性球体的最紧密排布　　(b) 双层刚性球体的最紧密排布

(c) 六角密积结构　　(d) 立方密积结构

图 1.20　刚性球体的最紧密排布

由图 1.21(a)可见，原子在(111)面是紧密排布的。从图 1.21(b)可见，在[111]方向是 ABC 形式的立方密积排列。硅的金刚石结构由两套面心立方晶体沿[111]方向相对错开 1/4 对角线长度而成，这样就形成了 $AABBCC$ 结构，称为双层密排结构。双层密排面 AA、BB、CC 之间的距离非常小，为$\sqrt{3}a/12$，每个双层之间共用三个共价键，强度高；各双层密排面 A 与 B 或 B 与 C 之间的距离较大，为$\sqrt{3}a/4$，共价键稀少，平均两个原子才有一个共价键，致使双层密排面之间结合脆弱(图 1.19)。

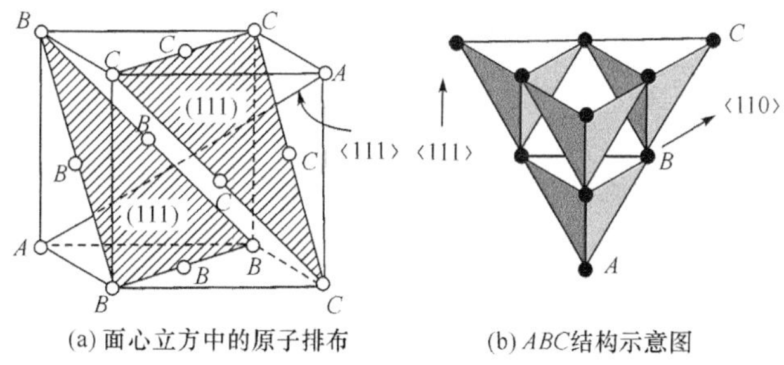

(a) 面心立方中的原子排布　　(b) ABC结构示意图

图 1.21　面心立方晶体的原子排布及 ABC 结构示意图

硅的双层密排结构决定了(111)面具有如下特性：在外力作用下，晶体很容易沿着(111)面劈裂形成解理面；化学腐蚀后，(111)面容易暴露在外；晶格缺陷容易在(111)面形成和扩展;在晶体生长中,晶体表面有成为(111)面的趋势。

1.2 能带及能带理论

能带及能带理论是研究固体中电子运动行为的主要理论基础,在半导体物理及半导体器件研究中作为工具有很实际的应用。

1.2.1 原子模型和薛定谔方程

半导体物理是固体物理的一个分支,对固体中电子行为的研究离不开量子力学。1913 年,玻尔打破了经典物理学的限制,综合普朗克的量子概念、爱因斯坦的光子理论和卢瑟福的原子模型,提出新的原子轨道理论,即原子核外电子处于能量分立的称为能级的稳定轨道上,如图 1.22(a)所示。电子在这种轨道上可以稳定存在,而当电子在不同的轨道,即不同的能级间跃迁时会以光子的形式吸收或释放能级之间的能量差,如图 1.22(b)所示。这一理论因为成功地解释了氢原子光谱并排出了新的元素周期表,最终被人们接受。玻尔于 1922 年由此获得诺贝尔物理学奖。

按照玻尔的原子结构模型,氢原子核外电子能级分布如图 1.22(c)所示。定义真空能级为零,氢原子中各能级的能量为

$$E_n=-\frac{m_0 q^4}{8\varepsilon_0^2 h^2}\cdot\frac{1}{n^2}=-13.6\frac{1}{n^2},\quad n=1,2,\cdots \tag{1-3}$$

其中,n 代表能级,$n=1$ 是基态,能量为 -13.56eV,负号表示束缚能;电子质量 $m_0=9.108\times10^{-31}$ kg;电子电荷 $q=1.602\times10^{-19}$ C;真空介电常数 $\varepsilon_0=8.854\times10^{-12}$ F/m;$h=6.624\times10^{-34}$ J·s,是普朗克常量。

显然,随 n 增大,束缚能越来越小,直到接近于零,同时,随 n 增大,能级间距也越来越小。

德布罗意提出波粒二相性的概念,但并没有给出描述粒子波动性的方程。薛定谔给出了粒子波函数满足的方程(薛定谔方程),即

$$\left[-\frac{\hbar^2}{2m}\nabla^2+V(\boldsymbol{r})\right]\psi=E\psi \tag{1-4}$$

其中,$V(\boldsymbol{r})$代表粒子所在位置的势场;$\hbar=h/2\pi$;E 为粒子的本征能量;ψ 为波函数;m 为有效质量;∇为拉普拉斯算子。

波函数振幅的平方$|\psi|^2$代表在某一位置发现粒子的概率,因此物质波又被称为概率波。

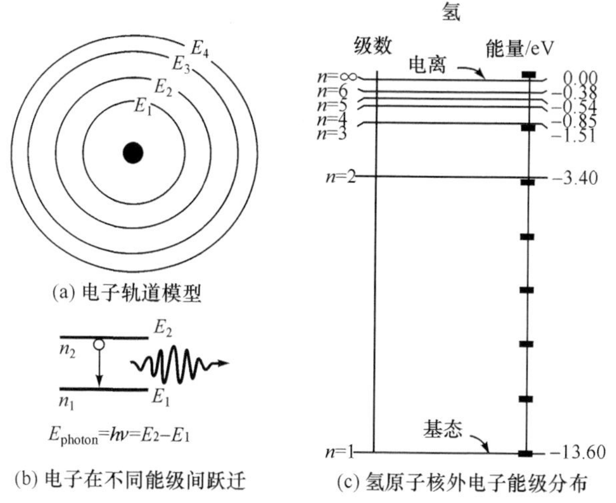

图 1.22 玻尔的原子结构模型

1.2.2 自由空间、氢原子及有限空间中薛定谔方程的解

下面用薛定谔方程来研究电子在自由空间、有限空间,以及氢原子中的行为。

1. 自由空间

势场为零,即

$$V(\boldsymbol{r})=0 \tag{1-5}$$

所以薛定谔方程的解为

$$\psi(\boldsymbol{r})=A\mathrm{e}^{\mathrm{j}\boldsymbol{k}\cdot\boldsymbol{r}} \tag{1-6}$$

其中,$\psi(\boldsymbol{r})$为自由电子的波函数,代表在 $\boldsymbol{r}$ 方向传播的平面波;A 为常数;$\boldsymbol{k}$ 为平面波的波数,$\boldsymbol{k}$ 的方向与波面法线方向平行,也就是波传播的方向,大小为

$$k=\frac{2\pi}{\lambda} \tag{1-7}$$

式中,λ 为自由电子平面波的波长。

含有时间的波函数为

$$\psi(\boldsymbol{r},t)=\psi(\boldsymbol{r})\mathrm{e}^{-\mathrm{j}\omega t}=A\ \mathrm{e}^{\mathrm{j}(\boldsymbol{k}\cdot\boldsymbol{r}-\omega t)} \tag{1-8}$$

其中,$\omega=2\pi\nu$,ν 是平面波的频率。

波的动量大小和能量与波长和频率有关系如下,即

$$P=\hbar k=\frac{h}{\lambda} \tag{1-9}$$

$$E=\hbar\omega=h\nu=\frac{hc}{\lambda} \tag{1-10}$$

式(1-9)和式(1-10)反映了电子的波动性,称为德布罗意波。从粒子性考虑,速率为 v、质量为 m_0 的自由运动电子,动量的大小 P 和能量 E 分别为

$$P=m_0 v \tag{1-11}$$

$$E=\frac{1}{2}\frac{p^2}{m} \tag{1-12}$$

因此,将式(1-9)代入式(1-11)和式(1-12)可以得到下式,即

$$v=\frac{\hbar k}{m_0} \tag{1-13}$$

$$E=\frac{1}{2}\frac{\hbar^2 k^2}{m_0} \tag{1-14}$$

可见,在自由空间中,电子的 E-k 关系是抛物线形的(图 1.23)。由于波矢是连续变化的,自由电子的能量也是连续的。

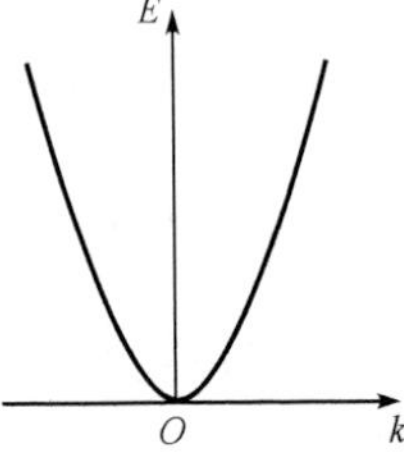

图 1.23 电子的抛物线形 E-k 关系曲线

例 1.3 金属功函数定义为将电子移出金属所需要的最小能量。已知 Au 和 Ce 的功函数分别为 4.9eV 和 1.9eV。请问对这两种金属来说,实现光电发射需要入射光的最大波长是多少?

解 光子能量与波长的关系为

$$E=\frac{hc}{\lambda}=\frac{(6.625\times10^{-34})(3\times10^{10})}{\lambda\times10^{-7}\times1.6\times10^{-19}}=\frac{1.24}{\lambda(\mu\text{m})}\text{eV}$$

Au 和 Ce 的功函数分别为 4.9eV 和 1.9eV,实现光电发射所需要的最大波长分别为

$$\lambda=\frac{1.24}{4.9}=0.253\mu\text{m}=253\text{nm},\quad \text{Au}$$

$$\lambda=\frac{1.24}{1.9}=0.653\mu\text{m}=653\text{nm},\quad \text{Ce}$$

可见,功函数越大,实现光电子发射需要的光子波长越短。

2. 氢原子

氢原子由一个电子和一个原子核组成,设无穷远处为零电势,则将电子移动到

无穷远处时，原子核与电子之间的电场力做负功，因此在原子核势场中，电子的势函数可以表示为

$$V(r)=-\frac{q^2}{4\pi\varepsilon_0 r}$$

其中，r 是原子核与电子之间的距离。

对于氢原子，薛定谔方程的形式为

$$\nabla^2\psi+\frac{2m}{\hbar^2}\left(E+\frac{q^2}{4\pi\varepsilon_0 r}\right)\psi=0 \tag{1-15}$$

为了方便，将式(1-15)写成球坐标形式。利用分离变量法，式(1-15)的定态解可表示为 $\psi(r,\theta,\phi)=R(r)\Theta(\theta)\Phi(\phi)$，分别求解 $R(r)$、$\Theta(\theta)$ 和 $\Phi(\phi)$ 时，可以得到主量子数 n、角量子数 l 和磁量子数 m，即 $n=1,2,3,\cdots$；$l=0,1,\cdots,n-1$，对同一个 n，有 n 个不同的角量子数，但它们的能量相同；$m=0,\pm1,\cdots,\pm l$

主量子数给出了能量量子化的表达式，即

$$E_n=-\frac{m_0q^4}{8\varepsilon_0^2h^2}\cdot\frac{1}{n^2}=-13.6\,\frac{1}{n^2}$$

对于基态，$n=1$，$l=m=0$，波函数可以表示为

$$\psi_{100}=\frac{1}{\sqrt{\pi}}\left(\frac{1}{a_0}\right)^{3/2}\mathrm{e}^{-r/a_0} \tag{1-16}$$

氢原子的基态波函数是球形的，参数 a_0 是中性氢原子的半径，也称为玻尔半径，即

$$a_0=\frac{4\pi\varepsilon_0\hbar^2}{m_0q^2}=0.529\text{Å} \tag{1-17}$$

电子在 $r\to r+\mathrm{d}r$ 壳层中出现的概率 $P(r)=|R(r)|^2r^2\mathrm{d}r$，因此氢原子核外电子基态径向分布的概率如图 1.24 所示。

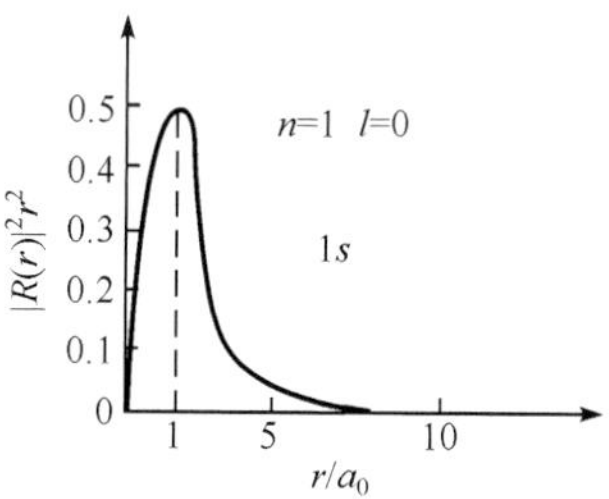

图 1.24 氢原子核外电子基态径向分布概率

3. 长度为 L 的一维有限空间中的自由电子

设长度为 L 的一维有限空间的势场为零，边界条件 $\psi_n(0)=\psi_n(L)=0$，解薛定谔方程，得到的解与无限大自由空间中电子的平面波函数有相同的形式，即 $\psi_n(x)=A\,\mathrm{e}^{\mathrm{j}kx}$。然而，有限空间作为边界条件，$k$ 只能取分立的值，即

$$k=\frac{\pi n}{L}$$

其中，L 是有限空间的大小；n 是自然数，代表能级数，不同能级的能量 E_n 可以表示为

$$E_n=\frac{\hbar^2 k^2}{2m}=\frac{\hbar^2}{2m}\left(\frac{\pi n}{L}\right)^2 \tag{1-18}$$

一维有限空间的电子波函数如图 1.25 所示。电子波函数在有限的空间中形成驻波，每一级驻波代表一个量子态，可以被两个自旋方向相反的电子占据。

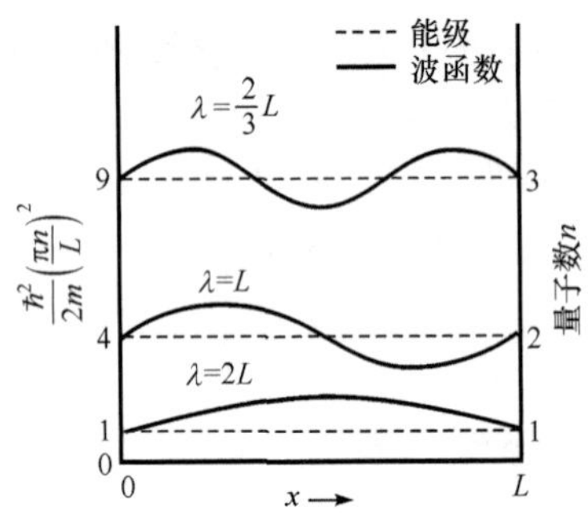

图 1.25　一维有限空间的电子波函数

显然，k 是分立的值，与有限空间的尺寸有关。正是有限空间这一限制条件的存在，使薛定谔方程解的形式表现出分立性。在有限空间中，波函数一定是驻波才能保持稳定。

在多电子原子中，仍然采用电子轨道的模型，具体有多种计算原则和方法。与单电子的氢原子相似，在多电子原子中，电子轨道的能量是分立、不连续的，可以用能级表示。

例 1.4　$L=5\text{Å}$ 的一维势阱中前三个能级的能量大小是多少？

解

$$\begin{aligned}E_n&=\frac{\hbar^2 k^2}{2m}=\frac{\hbar^2}{2m}\left(\frac{\pi n}{L}\right)^2\\&=\frac{(1.05\times10^{-34})^2\pi^2 n^2}{2\times9.11\times10^{-31}\times(5\times10^{-10})^2}\\&=2.41\times10^{-19}\times n^2=1.51n^2\,\text{eV}\end{aligned}$$

所以

$$E_1=1.51\text{eV},\quad n=1$$
$$E_2=6.04\text{eV},\quad n=2$$
$$E_3=13.59\text{eV},\quad n=3$$

1.2.3　能带和布洛赫波

晶体中大量原子有规则且紧密地排列在一起，原子之间相互影响、相互作用。唯象地认为，孤立原子中的能级扩展成能带，能带与能带之间不存在能级，称为禁带(图1.26)。根据泡利不相容原理，状态完全相同的电子不能占据同一个能级，或者一个能级上只能容纳自旋方向相反的两个电子，所以如果总数为 N 的相同原子聚集成固体，能级扩展而成的能带中一定包含 N 个分立的能级。N 无穷大时，能级间距非常小，又称为准连续的分立能级。准连续能级及允带和禁带的形成正是单晶固体中能带理论的基础。

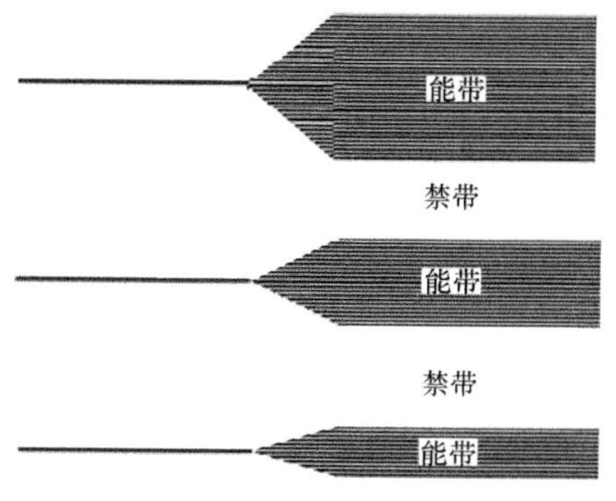

图1.26　晶体中能带形成示意图

上述结果也可以用薛定谔方程来描述。尽管薛定谔方程很难处理三体以上的关联系统，但是在共有化运动、单电子近似及布洛赫定理基础上，薛定谔方程可用于求解固体体系的量子力学问题。

1. 共有化运动

原子组成晶体以后，最外层电子不再局限于某一个原子，而是可以在整个晶体中运动，称为电子的共有化运动，如图1.27所示。图1.27(a)说明原子内层电子受到原子核较强的作用，它的运动是局域化的，需要用紧束缚近似来描述，而最外层电子做共有化运动，可以用自由电子近似来描述(图1.27(b))。通常情况下，半导体的电子学行为就是由做共有化运动的最外层电子的输运行为决定的。

2. 单电子近似

电子在一个原子中的势场如图1.28(a)所示。在晶体中，周期性排列且固定不动的原子核势场相互交叠(图1.28(b))。做共有化运动的大量电子是不可区分的，针对其中的一个电子，将其他电子形成的平均势场与原子核的周期性势场叠

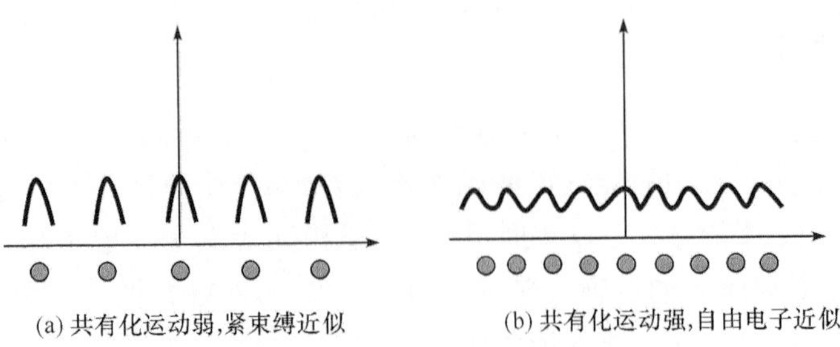

图 1.27 电子的共有化运动

加,得到如图 1.28(c)所示的周期性势场。这个势场概括了原子核及其他所有电子对一个电子的作用,因此可以在这个势场中用薛定谔方程研究一个电子的量子学行为,从而探究整个固体中做共有化运动电子的行为,这种处理方法称为单电子近似。周期性势场可以表示为

$$V(r)=V(r+na) \tag{1-19}$$

其中,a 为晶格常数,$n=1,2,\cdots,N$,N 为晶体中的原子总数。

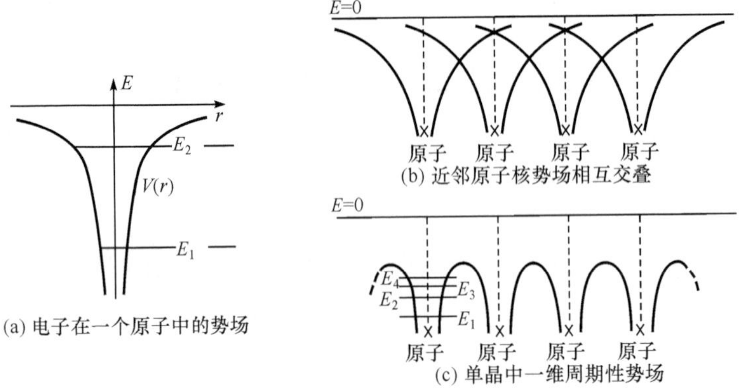

图 1.28 晶体中的周期性势场

3. 布洛赫定理与布洛赫波

布洛赫定理指出,周期性势场中运动的电子,其波函数具有以下形式,即

$$\psi_{\boldsymbol{k}}(r)=u_{\boldsymbol{k}}(r)\mathrm{e}^{\mathrm{i}\boldsymbol{k}\cdot r} \tag{1-20}$$

称为布洛赫函数。$\boldsymbol{k}$ 是波矢。$u_{\boldsymbol{k}}(r)$是周期性函数,与晶格具有相同的周期,即

$$u_{\boldsymbol{k}}(r)=u_{\boldsymbol{k}}(r+na) \tag{1-21}$$

可见,对做共有化运动的电子来说,周期性排列的每一个原子都是相同的,是不可识别的,因此其行为如同自由电子一样,也是平面波。不同于自由电子,晶体中电子波函数的波幅不是常数,而是受到周期性势场调制表现出周期性变化,用 $u(r)$

表示。可以简单地将晶体中的电子称为准自由电子。准自由电子的波函数是一个被调幅的平面波。

布洛赫波的 E-k 关系如图 1.29(a)所示，虚线表示自由电子的抛物线形 E-k 关系。可以看到，布洛赫波的 E-k 关系有以下特点。

① 在 $k=\pm n\pi/a, n=1,2,3,\cdots$处，能量不连续，出现一系列禁带和允带(图 1.29(b))。

② 在每一个允带中，E-k 关系都是周期性函数，具有相同的周期 $2\pi/a$，因此有 $E_m(k)=E_m\left(k+\frac{2n\pi}{a}\right), m=1,2,3,\cdots$是从下向上排布的允带编号。

k 与 $k+2n\pi/a$ 表示相同的状态，所以只需要在 $-\pi/a<k<\pi/a$ 研究 E-k 关系就足够了，将这一区间称为第一布里渊区，如图 1.29(c)所示。在这个区间，E 是 k 的多值函数。第一布里渊区又称简约布里渊区，其中的波矢被称为简约波矢。

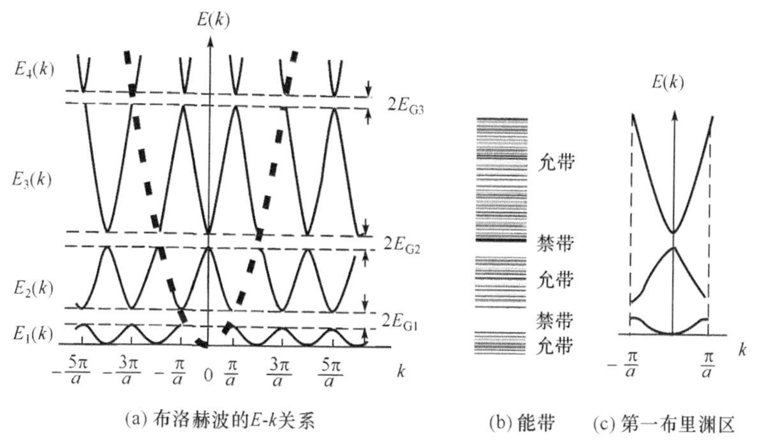

图 1.29　周期性势场中布洛赫波的 E-k 关系

需要说明的是，禁带与允带的出现是周期性边界条件对薛定谔方程限定的结果，是图 1.26 中孤立原子聚集为固体后能级扩展成能带的理论根据。同样，在不相容原理的限定下，允带中波矢的取值不是连续的，是分立的数值。对边长为 L 的立方晶体，波矢的三个分量 k_x、k_y、k_z分别为

$$k_x=\frac{2\pi n_x}{L},\quad n_x=0,\pm1,\cdots,N_x$$

$$k_y=\frac{2\pi n_y}{L},\quad n_y=0,\pm1,\cdots,N_y$$

$$k_z=\frac{2\pi n_z}{L},\quad n_z=0,\pm1,\cdots,N_z$$

其中，$N=N_xN_yN_z$为晶体中的总原胞数，N_x、N_y、N_z分别是在三个方向的原胞数。

也就是说，在第一布里渊区，每一个允带中有 N 个 k 状态，每一个 k 状态对应一个能级。每个能级能容纳自旋相反的两个电子，所以每个能带可以容纳 $2N$ 个电子。晶体原子密度通常在 $10^{22}\,cm^{-3}$，假设允带宽度为 1eV，则能级间距只有 10^{-22} eV，所以分立能级之间的距离很小，可以认为每个能带中的能级是准连续分布的。

实际晶体中能带形成过程比较复杂。Si 原子核外有 14 个电子，排布方式是 $1s^22s^22p^63s^23p^2$，也就是说 14 个原子核外电子占据三个能级 $n=1,2,3$，其中靠近原子核的两个深能级($n=1,2$)被 10 个电子完全占满，这 10 个电子受到原子核较强的束缚，不能移动。余下的 4 个电子处于第 3 个能级($n=3$)上，由于距离原子核较远，受束缚较小，因此较为活跃，能参加各种化学反应。这时只考虑这个能级上的 4 个价电子。3s 态相当于 $n=3,l=0$，包含两个量子态，在温度 $T=0K$ 时被 2 个电子占满；3p 态相当于 $n=3,l=1$，包含 6 个量子态，在孤立的硅原子中，被 2 个电子占据(图 1.30(a))。

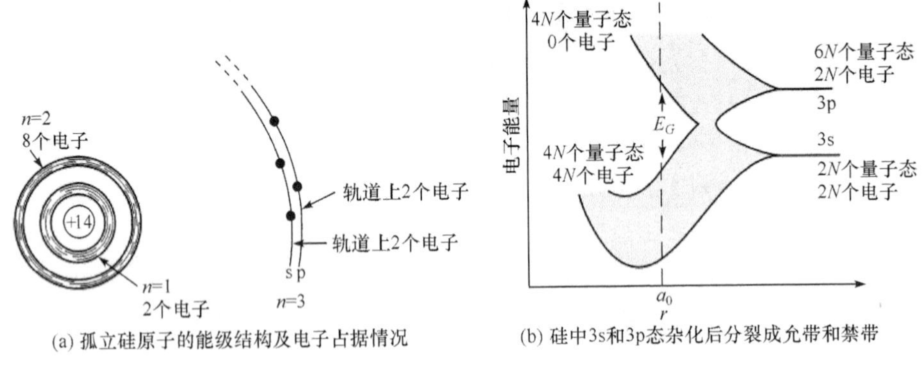

(a) 孤立硅原子的能级结构及电子占据情况　(b) 硅中3s和3p态杂化后分裂成允带和禁带

图 1.30　硅原子能级扩展为硅固体中的能带

随着原子间的距离减小，所有原子的 3s 和 3p 态相互作用、相互交叠，形成下面 4 个和上面 4 个共 8 个量子态。它们之间有一定的距离，其间的能级不允许电子占据，称为禁带。在温度 $T=0K$ 时，下面 4 个量子态被 4 个价电子占据，称为价带；上面 4 个量子态是空的，称为导带(图 1.30(b))。导带底和价带顶之间的宽度就是禁带宽度 E_G。

1.2.4　k 空间与第一布里渊区

以 k_x、k_y、k_z 为基矢的三维空间就是 k 空间。下面在 k 空间讨论电子的能量，即 E-k 关系。在能带理论中，E-k 关系非常重要，它的形状决定了固体的电子学特性。下面首先讨论 k 空间的基本性质，然后利用 E-k 关系研究半导体材料的电子学行为。

如果以 $\boldsymbol{b}$ 表示 k 空间的基矢，$\boldsymbol{a}$ 表示晶格的基矢，则存在以下关系，即

$$\boldsymbol{a}_i \cdot \boldsymbol{b}_j = 2\pi\,\delta_{ij} \tag{1-22}$$

这意味着，k 空间与晶格空间是对易的，因此 k 空间又称为倒格子空间，简称倒格子。此时，动量的大小与 k 呈线性关系，即

$$P = \hbar k \tag{1-23}$$

物理上也将 k 空间称为动量空间。每一个格点代表一个波矢，即

$$\boldsymbol{k} = \frac{l_1}{N_1}\boldsymbol{b}_1 + \frac{l_2}{N_2}\boldsymbol{b}_2 + \frac{l_3}{N_3}\boldsymbol{b}_3 \tag{1-24}$$

其中，N_1、N_2、N_3 分别是晶体沿基矢方向的原胞数，$N = N_1 N_2 N_3$ 是晶体总的原胞数；l_1、l_2、l_3 是自然数

在 k 空间中，能量可以用抛物线关系简单地表示出来，即

$$E = \frac{P^2}{2m} = \frac{\hbar^2 k^2}{2m} \tag{1-25}$$

根据布洛赫定理，E 是 k 的周期函数，呈带状分布，称为能带，其中 k 只能取一系列的特定值。与晶格空间相比，k 空间是数学上构造出来的，实际上 k 空间对应于晶体 X 射线衍射后得到的空间。

在数学和固体物理学中，第一布里渊区是 k 空间（或动量空间或晶体倒易点阵）的原胞，在其中能确定所有布洛赫波。第一布里渊区的做法是在倒格子空间中，任选一倒格点作为原点，连接原点到最近及次近邻的倒格点，做这些线段的垂直平分面，则这些面就是布里渊区的边界。在这些边界面上，能量发生不连续，这些面围成的最小多面体就是第一布里渊区。

可以证明，面心立方晶体的倒格子是体心立方晶体。选体心作为原点，由体心向顶角的 8 个倒格点引倒格矢，再分别做这 8 个倒格矢的垂直平分面，构成一个 8 面体。由体心向周围次近邻的倒格点引倒格矢，做它们的垂直平分面，将该 8 面体截去 6 个角，构成一个 14 面体，原来的 8 个面为 6 边形，截去角的结果又形成 6 个正方形的面。这个 14 面体就是面心立方晶体的第一布里渊区，如图 1.31 所示。

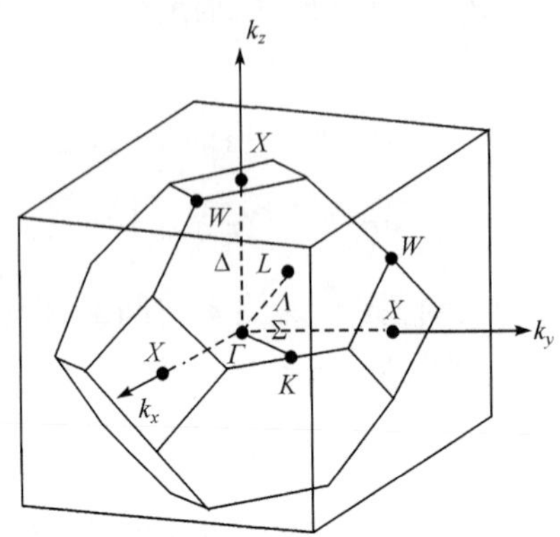

图 1.31　面心立方晶体的第一布里渊区

1.3　固体的电传导机理

前面介绍了固体中能带及能带结构的概念,那么固体中电传导的物理图像是怎样的呢？或者说,如何用能带和能带结构的理论来分析电传导的物理机制,进而研究半导体的电子学行为呢?

1.3.1　导体、半导体和绝缘体的能带

根据导电能力,可以将固体分为导体、半导体和绝缘体,造成这种差异的内在原因是能带填充情况的不同及带隙大小的差异。固体中的电子在外加电场作用下,从电场中获取能量,在能级间跃迁并移动进而成为电流的过程就是电传导过程。当能带中所有的能级被电子完全填充,没有空能态存在的时候,电子没有办法迁移,也就是说满带不具有导电能力。因此,虽然晶体中存在多个能带,但除了具有空能态的最外层及次外层能带,深处的能带因为被电子完全占据对电传导没有贡献,即内层能带不会成为电子传导的通道。

金属导体最外层能带中的量子态被电子部分占据,是半填充的,因此自身具有较强的导电能力,即使在低温下也是如此。半导体和绝缘体的最外层能带是空的,次外层能带是全满的。空带和满带之间的距离是禁带宽度。在 $T=0\text{K}$ 时,半导体和绝缘体都不具有导电能力。随着外界条件变化,如温度的增加或光照作用,次外层满带中的电子获得能量跃迁至最外层的能带,使之具有导电能力。次外层满带中电子离开后留下了空的量子态,余下的电子也具有导电能力。最外层能带称为导带,次外层能带称为价带。电子由价带跃迁至导带的过程称为本征激发,如图 1.32 所示。

电子跃迁至导带后,占据导带中很小一部分量子态,这样导带中就存在大量空

的量子态，因此导带中的电子会在外电场作用下形成电流。价带中的电子跃迁后留下空的量子态，余下的电子通过这些空的量子态具有了导电能力。由图 1.33 可知，价带中电子迁移的过程等效于空的量子态在迁移，方向与电子迁移方向相反。这些空的量子态称为空穴，因为是价带失去一个电子后留下的空位，所以空穴带正电荷。显然，空穴的电流方向与电子的电流方向是相同的。因此，半导体电流由电子电流和空穴电流两部分组成，这是半导体导电与金属导电最不同的地方。对绝缘体来说，禁带宽度非常大，价带中的电子很难获得足够的能量跃迁至导带，因此不具有导电能力。图 1.34 清楚地表明了绝缘体、半导体、导体的能带特点。Si、Ge、GaAs 等常用半导体材料的禁带宽度分别为 1.12eV、0.67eV 及 1.42eV。绝缘材料，如氧化硅的禁带宽度约为 8.9eV，远大于半导体材料。一些常用的宽带隙半导体材料，如 ZnO、SiC、GaN 和金刚石的禁带宽度分别为 3.3eV、3.25eV、3.44eV 和 5.47eV。

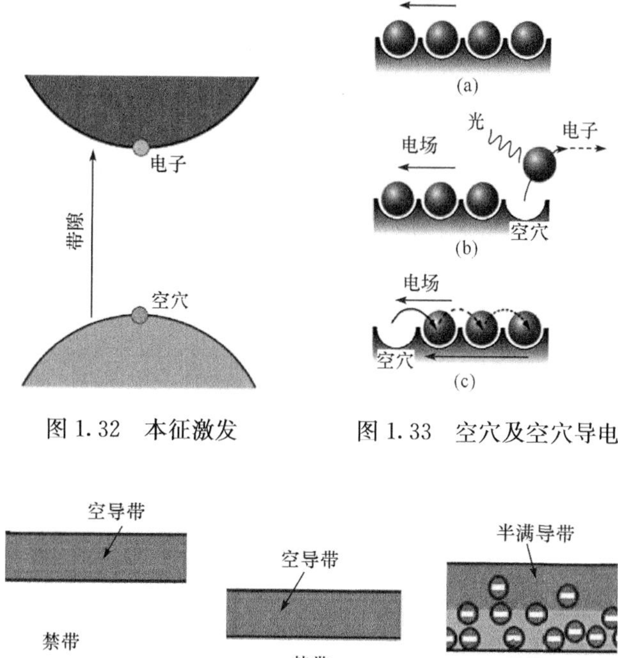

图 1.32　本征激发

图 1.33　空穴及空穴导电

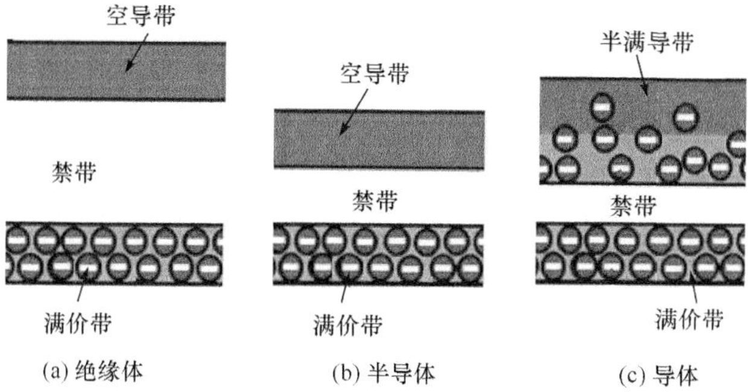

图 1.34　绝缘体、半导体和导体的能带示意图

1.3.2　有效质量

自由空间中电子能量 E 与 k 的关系为 $E=\frac{1}{2}\frac{\hbar^2 k^2}{m_0}$，对 k 求导得到 $\frac{\mathrm{d}E}{\mathrm{d}k}=\frac{\hbar^2 k}{m_0}$，即

$$\frac{1}{\hbar}\frac{\mathrm{d}E}{\mathrm{d}k}=\frac{\hbar k}{m_0}=v \tag{1-26}$$

其中，v 是粒子的速率，即 E 对 k 的一阶导数与粒子速率有关。

再求导一次，有

$$\frac{1}{\hbar^2}\frac{\mathrm{d}^2 E}{\mathrm{d}k^2}=\frac{1}{m_0} \tag{1-27}$$

可见，E 对 k 的二阶导数与电子质量成反比，至此可以看到 E-k 关系的意义及重要性。

下面考察晶体中 E-k 关系是否有同样的意义。在晶体中，E-k 关系在第一布里渊区表示为多个能带。内层满带对晶体的导电能力没有贡献，所以只需要研究最外层导带和次外层价带的 E-k 关系。在不同的周期性势场下，通过薛定谔方程得出 E-k 关系的具体函数非常复杂。但是在半导体中，传导电子通常只位于导带底、空穴只位于价带顶，为此只需要研究 E-k 关系极值附近的特性就足够了(图 1.35)。

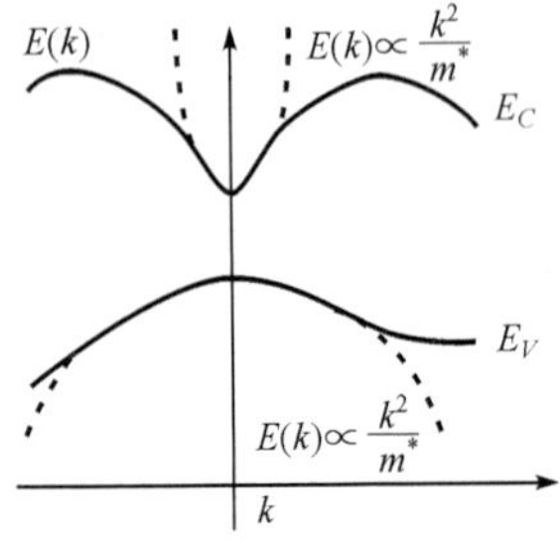

图 1.35　导带和价带中 E-k 关系的抛物线近似

设 $E(k)$ 极值出现在 $k=k_0$ 处，将 $E(k)$ 函数用泰勒级数展开，可以得到

$$E(k)=E(k_0)+\left(\frac{\mathrm{d}E}{\mathrm{d}k}\right)_{k=k_0}(k-k_0)+\frac{1}{2}\left(\frac{\mathrm{d}^2 E}{\mathrm{d}k^2}\right)_{k=k_0}(k-k_0)^2+\cdots \tag{1-28}$$

在极值 $k=k_0$，$\left(\frac{\mathrm{d}E}{\mathrm{d}k}\right)_{k=k_0}=0$，去掉高阶项，式(1-28)可写为

$$E(k)-E(k_0)=\frac{1}{2}\left(\frac{\mathrm{d}^2 E}{\mathrm{d}k^2}\right)_{k=k_0}(k-k_0)^2 \tag{1-29}$$

如果引入

$$\frac{1}{m_n^*}=\frac{1}{\hbar^2}\left(\frac{\mathrm{d}^2E}{\mathrm{d}k^2}\right)_{k=k_0} \tag{1-30}$$

则有

$$E(k)-E(k_0)=\frac{\hbar^2\ (k-k_0)^2}{2m_n^*} \tag{1-31}$$

当 $E(k_0)=0$ 时，有

$$E(k)=\frac{\hbar^2\ (k-k_0)^2}{2m_n^*} \tag{1-32}$$

可见，在晶体中，利用 E 对 k 的二阶导数确定质量后，可以得到与自由空间相同的 E-k 关系。不同的是，自由空间中的 m_0 就是电子的惯性质量，而晶体中的 m_n^* 称为电子的有效质量。在导带底，$E(k)>E(0)$，所以 $m_n^*>0$。在价带顶，经过同样的变换，也有与式(1-31)同样的关系。因为 $E(k)<E(0)$，所以空穴的有效质量 m_p^* 为

$$\frac{1}{m_p^*}=\frac{1}{\hbar^2}\left(\frac{\mathrm{d}^2E}{\mathrm{d}k^2}\right)_{k=k_0}<0 \tag{1-33}$$

价带上的电子借助空的能态在电场作用下运动，相当于空的能态在与电子相反的方向上运动，将这些空的能态用空穴表示，负的有效质量正是代表空穴的运动方向与电子相反。相关列表中给出空穴有效质量都是正值。

这里不加证明地给出半导体中电子和空穴有效质量的物理意义。详细的理论分析请参照刘恩科教授的《半导体物理学》。假设有两个透明的玻璃缸，分别盛着同样高度的水和油。将有一定密度的同一物体，先后投进两个玻璃缸中，由于受到水和油不同黏滞系数的影响，物体在其中下降的速度不同。如果仅从重力的角度来分析，可以认为同一个物体在水和油中的有效质量不同，实际上是用有效质量概括了介质对其中物质运动的影响。同样，外力作用下半导体内电子的运动是外力与半导体内势场共同作用的结果。引入有效质量的概念，意味着电子对外加作用力的响应可以直接运用牛顿第二定律描述，即

$$\boldsymbol{a}=\frac{\boldsymbol{F}}{m_n^*}$$

其中，$\boldsymbol{F}$ 是外加于半导体上的力。因此可以说，引入有效质量的意义在于它概括了半导体内部势场的作用，使得在研究半导体中电子在外力作用下的运动规律时，可以不涉及半导体内部势场。有效质量可以实验测定。空穴的有效质量有同样的意义。

从 E-k 曲线可以判断有效质量的大小。当 E-k 曲线开口较宽时，其二阶导数小，有效质量大；E-k 曲线开口较窄时，它的二阶导数大，有效质量小。越靠近原子核，能带宽度越小，E-k 曲线开口越大，因此电子有效质量越大，而外层导带的 E-k

曲线开口较窄，有效质量小，所以在同样的外力作用下，外层电子可以获得较大的加速度。

例 1.5　根据图 1.36 中 A、B 的 E-k 曲线，计算空穴的有效质量。

解　因为 $E=\frac{1}{2}\frac{\hbar^2 k^2}{m_p^*}$，所以 $m_p^*=\frac{1}{2}\frac{\hbar^2 k^2}{E}$。对 A，当 $k=0.1$ 时，$E=0.08\text{eV}$，所以

$$m_{pA}^*=\frac{1}{2}\times\frac{(1.05\times10^{-34})^2\times(0.1\times10^{10})^2}{0.08\times1.6\times10^{-19}}$$
$$=4.306\times10^{-31}\text{kg}=0.472m_0$$

对 B，当 $k=0.1$ 时，$E=0.4\text{eV}$，所以

$$m_{pB}^*=\frac{1}{2}\times\frac{(1.05\times10^{-34})^2\times(0.1\times10^{10})^2}{0.4\times1.6\times10^{-19}}=0.861\times10^{-31}\text{kg}=0.0945m_0$$

计算结果表明，A 是重空穴，B 是轻空穴，两者的有效质量分别为 $0.472m_0$ 和 $0.0945m_0$。m_0 为真空中自由电子的质量。可见，开口较大的 A 曲线代表的粒子有效质量较大，而开口较小的 B 曲线代表的粒子有效质量较小。

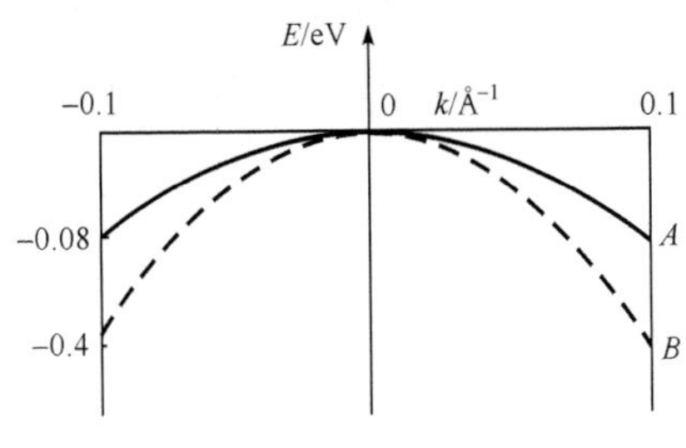

图 1.36　例 1.5 示意图

1.3.3　能带结构

前面介绍了允带、禁带及有效质量等能带结构理论的基本概念，目前这些概念都是在一维 k 空间建立起来的，下面把这些概念推广到三维 k 空间。

在不同的方向，晶格原子排布不同，周期性势场的具体形式也不同，由薛定谔方程会得到不同的 E-k 关系。图 1.37 给出了常用半导体 Ge、Si 及 GaAs 在不同方向的能带结构示意图。需要说明的是，能带结构的计算非常复杂，需要结合实验测量来最终确定，图 1.37 是理论与实验测量共同给出的结果。由于 E-k 关系的周期性，只需要给出正 k 方向的 E-k 关系即可，利用这一点，图中同时给出了〈100〉方向和〈111〉方向的 E-k 关系曲线。

从图中可以看出，不同半导体材料的能带结构具有以下特征。

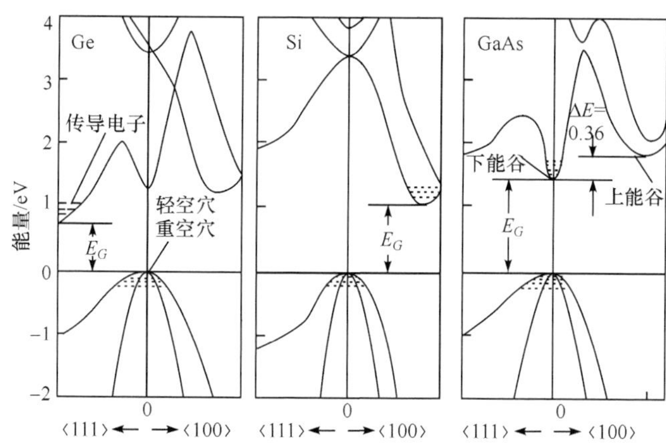

图 1.37　常用半导体 Ge、Si 及 GaAs 在不同方向的能带结构示意图

① 价带的最大值都出现在 $k=0$ 处，且是二重简并的，开口比较大的有效质量大，称为重空穴；开口比较小的，有效质量小，称为轻空穴。

② Ge、Si 的导带最小值不在 $k=0$ 处，分别出现在〈111〉和〈100〉方向。这意味着，当电子由价带顶跃迁至导带底时，需要发生动量的改变。这样的半导体材料称为间接带隙半导体。GaAs 的导带底与价带顶都在 $k=0$ 处，当电子从价带顶跃迁至导带底时，动量不需要发生改变，跃迁概率比较高。因此，GaAs 被称为直接带隙半导体。

③ 导带底与价带顶的距离就是禁带宽度。

④ 根据空间点阵的对称性要求，对导带最小值不在 $k=0$ 处的 Si 和 Ge，必然能在相应的方向找到等价能谷。例如，Si 在[100]、[$\bar{1}$00]、[010]、[0$\bar{1}$0]、[001]、[00$\bar{1}$]这 6 个方向同时存在等价的 6 个能谷，Ge 在〈111〉等价的 8 个方向可以找到 8 个同样的能谷，GaAs 只在 $k=0$ 处有 1 个能谷(图 1.38)。

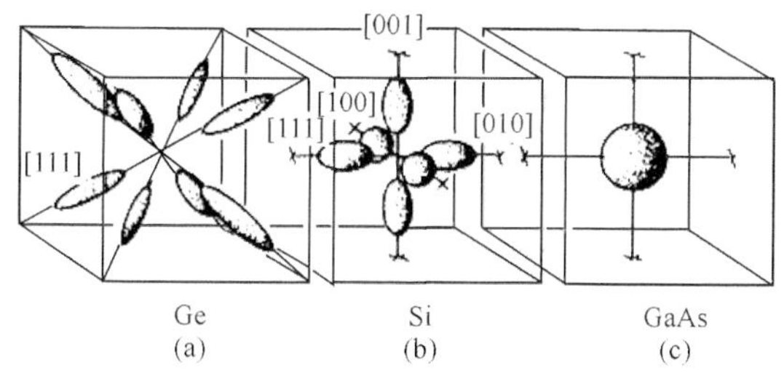

图 1.38　Ge、Si、GaAs 导带的等能面示意图

在三维 k 空间中，由能量相同的所有(k_x、k_y、k_z)点组成的面称为等能面。由图 1.38 可知，Ge 和 Si 导带的等能面是椭球形，而 GaAs 的等能面是球形。从前面

讨论的有效质量的定义可以知道，有效质量正比于 E-k 曲线二次微分的倒数，因此椭球形等能面意味着有效质量是各向异性的，而球形的等能面说明有效质量是各向同性的。表 1.2 中给出了三种材料的电子有效质量，其中 m_l^* 和 m_t^* 分别代表纵轴和横轴方向的有效质量。

表 1.2　Ge、Si、GaAs 中电子的有效质量　(T=300K)

电子有效质量	Ge	Si	GaAs
m^*/m_0	$m_l^*=1.64$	$m_l^*=0.98$	0.067
	$m_t^*=0.082$	$m_t^*=0.19$	

硅的重空穴和轻空穴的等能面比较复杂，是扭曲面，如图 1.39 所示。Ge、Si、GaAs 三种材料的重空穴有效质量 m_{hh}^* 和轻空穴有效质量 m_{lh}^* 如表 1.3 所示。

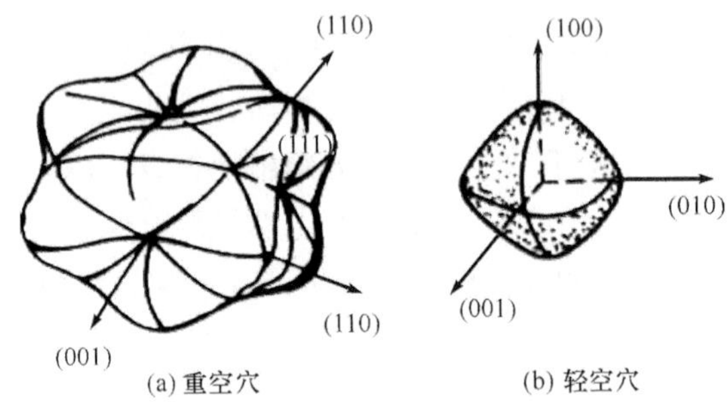

图 1.39　硅的重空穴和轻空穴的等能面示意图

表 1.3　Ge、Si、GaAs 中空穴的有效质量　(T=300K)

空穴有效质量	Ge	Si	GaAs
m^*/m_0	$m_{hh}^*=0.28$	$m_{hh}^*=0.49$	$m_{hh}^*=0.45$
	$m_{lh}^*=0.044$	$m_{lh}^*=0.16$	$m_{lh}^*=0.082$

1.3.4　掺杂

除了本征激发，还可以通过掺杂的方法很容易地在很大范围内调整半导体的导电能力。

以硅为例说明掺杂机理。图 1.40(a)是本征硅半导体，每个硅原子与周围 4 个硅原子形成 4 个共价键。图 1.40(b)中五价元素磷替代硅原子，处于晶格的位置，由于磷是五价的，比硅原子多一个价电子，因此磷在与周围 4 个硅原子成键以后，会多出一个电子，这个电子会跃迁至导带从而改变半导体的导电特性。这种提供电子到导带的杂质被称为施主杂质或 N 型杂质。除了磷，砷也是重要的施主杂质。以电子导电为主的半导体称为 N 型半导体。图 1.40(c) 中三价元素硼替代硅原子处于晶格位置,由于硼原子只有 3 个价电子,在与周围 4 个硅原子成键时缺少一个电子,形成一个空位,即空穴。这种提供空穴的杂质称为受主杂质或 P 型杂质。以空穴导电为主的半导体称为 P 型半导体。除了硼,铝是另一个重要的受主杂质。

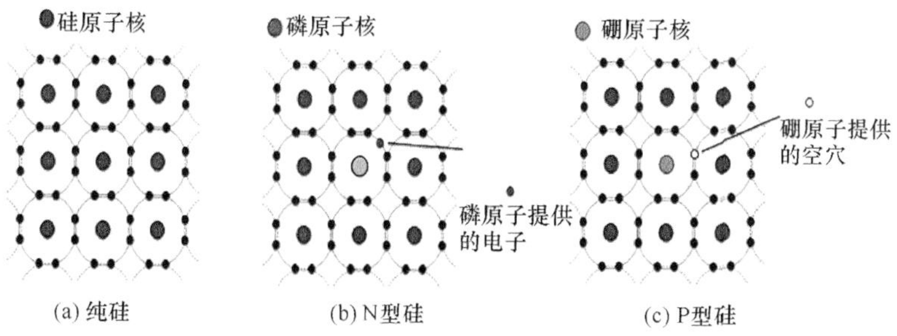

图 1.40　杂质为半导体 Si 提供载流子示意图

从能带的角度看,杂质的引入会破坏规则排布的原子产生的周期性势场,在禁带中引入杂质能级(图 1.41)。图 1.41(a)中的虚线是施主杂质在禁带中引入的能级,与导带之间的距离 ΔE_D称为施主杂质的电离能。当杂质能级上的电子具有的能量达到 ΔE_D时就可以跃迁至导带成为传导电子。提供一个电子给导带以后,杂质成为带正电荷的电离施主,是固定的,不能移动。表 1.4 是硅和锗晶体中施主杂质的电离能,都远小于禁带宽度,与室温下电子热能量在同一个量级。室温下,对非简并半导体(掺杂浓度较低,费米能级与导带的距离大于 $3k_BT$),可以认为杂质全部电离,电子浓度就是掺杂施主杂质的浓度。

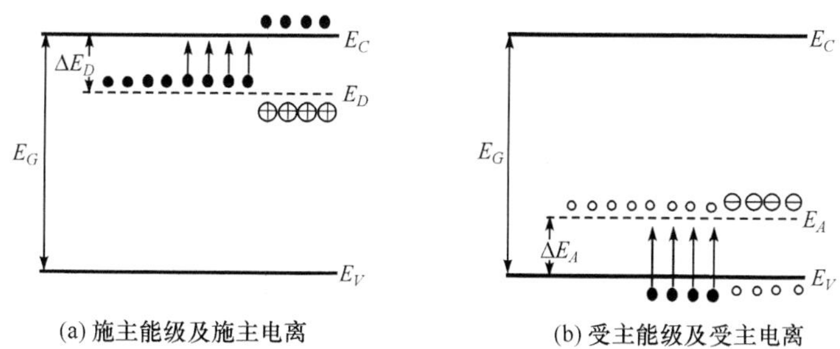

图 1.41　杂质能级与杂质电离示意图

表 1.4 硅、锗晶体中施主杂质的电离能 (单位:eV)

晶体	杂质		
	P	As	Sb
Si	0.044	0.049	0.039
Ge	0.0126	0.0127	0.0096

同样,图 1.41(b)中的虚线是受主在禁带中引入的杂质能级,与价带之间的距离 ΔE_A 称为受主杂质的电离能。当电子具有的能量达到 ΔE_A 时就有可能从价带跃迁至受主能级,在价带中形成一个具有导电能力的空穴。受主杂质得到一个电子后带负电荷,成为带负电荷的电离受主,是固定不动的。表 1.5 是硅和锗晶体中受主杂质的电离能,远小于禁带宽度,与室温下热运动能量在同一个量级。对非简并半导体,室温下近似认为这些杂质全部电离,空穴浓度就是掺杂受主的浓度。

表 1.5 硅和锗晶体中受主杂质的电离能 (单位:eV)

晶体	杂质			
	B	Al	Ga	In
Si	0.045	0.057	0.0655	0.16
Ge	0.01	0.01	0.011	0.011

表 1.4 和表 1.5 给出的常用杂质在禁带中引入的能级都是浅能级,距导带或价带的距离小于 0.1eV,远小于禁带宽度。有些杂质在禁带中提供的是深能级,即施主能级远离导带,甚至更接近于价带;而受主能级远离价带,有可能更接近于导带。图 1.42 中 Au^+(0.35)是深施主能级,Ni^-(0.35)是深受主能级。能提供浅杂质能级的元素才是有效的掺杂杂质。有些杂质能级处于禁带中央的位置,是有效的复合中心,如 Au^-(0.54)。

需要注意的是,在非简并半导体中,受到掺杂杂质浓度的限制,杂质能级无法相互交叠,在禁带中只是形成分立的能级,这种分立能级不能像导带或价带一样为载流子输运提供通道。另外,当施主杂质和受主杂质同时存在于半导体材料中时,它们的作用会相互抵消,半导体表现出的导电类型由浓度更高的杂质决定,净的电子或空穴浓度由两者之差决定。这种效应称为杂质的补偿效应。电离了的掺杂杂质影响半导体中载流子的电子学行为,因此补偿半导体的特性不同于非补偿半导体,尽管两者的净载流子浓度相同。

纯净且晶格完整的理想半导体是很难实现的,实际应用中总是存在各种复杂因素使半导体偏离理想状态。除了有意引入的杂质,在半导体材料中还存在工艺过程无法清除的一些杂质,最典型的是碳、氧等元素。点、线及面缺陷等都使晶格的周期性结构被破坏。以上各种因素都会在禁带中引入能级,进而影响半导体的电子学性质。

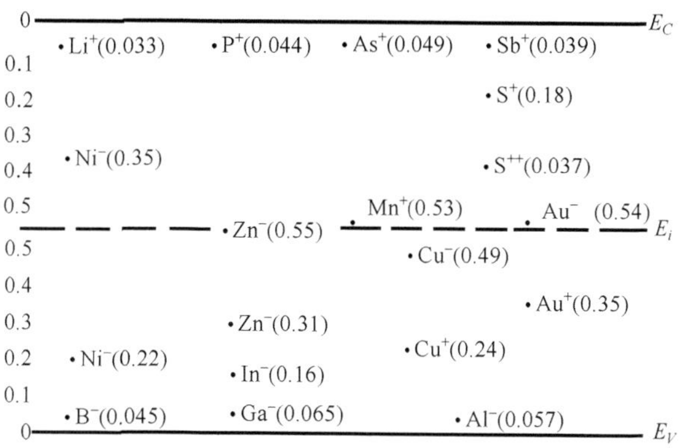

图 1.42　硅禁带中的杂质能级

1.4　载流子的统计分布

通过前面的分析，我们已经知道了电子在固体中的基本特征，如能量分布在一系列能带中，只有最外层的导带和次外层价带中的电子对电流传导有贡献；价带中的电子及电子的传导用空穴及空穴的传导表示；通过本征激发及掺杂可以改变电子和空穴的浓度；有效质量概括了固体内各种势场的作用，电子和空穴直接以有效质量响应外力的作用；对不同的半导体材料，结合实验测量确定的 k 空间等能面的形状及分布，可以确定禁带宽度的大小，以及不同方向电子和空穴有效质量的具体数值。

下面研究半导体材料的电子学特性。

1.4.1　状态密度

泡利不相容原理规定一个量子态最多能被自旋方向相反的两个电子占据。一个量子态被电子占据的概率由费米分布函数决定。当电子数远小于量子态数时，费米分布函数退化为玻尔兹曼分布函数。因此，知道了量子态密度函数及其电子在量子态上的概率分布函数就可以确定电子和空穴的浓度。

下面利用 k 空间讨论量子态密度函数，即量子态密度随能量的变化关系。

k 空间的每一个格点代表一个量子态(图 1.43)，立方晶体的 k 空间中三个坐标轴基矢的长度分别为 $k_1=2\pi/a_1N_1=2\pi/L_1$，$k_2=2\pi/a_2N_2=2\pi/L_2$，$k_3=2\pi/a_3$，$N_3=2\pi/L_3$。每个量子态在 k 空间的体积为

$$\frac{2\pi}{N_1a_1}\cdot\frac{2\pi}{N_2a_2}\cdot\frac{2\pi}{N_3a_3}=\frac{(2\pi)^3}{L_1L_2L_3}=\frac{(2\pi)^3}{V} \tag{1-34}$$

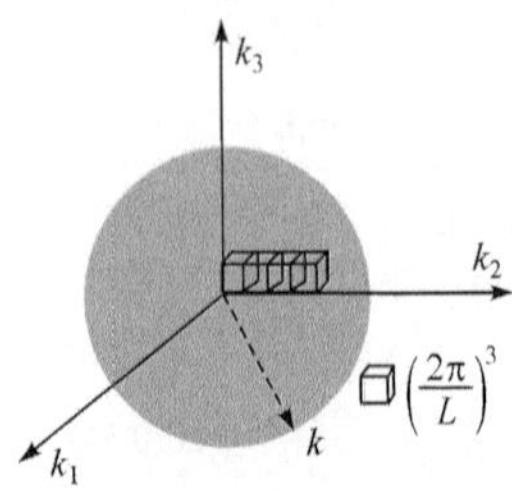

图 1.43　k 空间每个格点代表一个量子态

k 空间的格点密度为 $V/(2\pi)^3$。考虑每个量子态可容纳自旋方向相反的两个电子，所以 k 空间量子态密度是 $2V/(2\pi)^3$。

在 k 空间中，导带底附近椭球形等能面的一般表达式为

$$E-E_C=\frac{\hbar^2(k_1-k_{10})^2}{2m_1}+\frac{\hbar^2(k_2-k_{20})^2}{2m_2}+\frac{\hbar^2(k_3-k_{30})^2}{2m_3} \tag{1-35}$$

等效为

$$\frac{(k_1-k_{10})^2}{\frac{2m_1}{\hbar^2}(E-E_C)}+\frac{(k_2-k_{20})^2}{\frac{2m_2}{\hbar^2}(E-E_C)}+\frac{(k_3-k_{30})^2}{\frac{2m_3}{\hbar^2}(E-E_C)}=1 \tag{1-36}$$

结合椭球体积表达式①，可以知道能量为 E 的等能面在 k 空间对应的椭球体积为

$$\frac{4\pi}{3}\frac{(8m_1m_2m_3)^{1/2}}{\hbar^3}(E-E_C)^{3/2} \tag{1-37}$$

用 $2V/(2\pi)^3$ 及 s 同乘式(1-37)，得到能量为 E 时椭球中的量子态数为

$$Z=s\frac{2V}{(2\pi)^3}\frac{4\pi}{3}\frac{(8m_1m_2m_3)^{1/2}}{\hbar^3}(E-E_C)^{3/2} \tag{1-38}$$

其中，s 为对称能谷的数目。

令 $m_{dn}=s^{2/3}(m_1m_2m_3)^{1/3}$，则

$$Z=\frac{2V}{(2\pi)^3}\frac{4\pi}{3}\frac{(2m_{dn})^{3/2}}{\hbar^3}(E-E_C)^{3/2} \tag{1-39}$$

其中，m_{dn} 为导带底电子状态密度有效质量。

因此，在单位体积中，能量 E 附近的能量间隔 $\mathrm{d}E$ 中的量子态密度为

$$\mathrm{d}Z=\frac{1}{2\pi^2}\frac{(2m_{dn})^{3/2}}{\hbar^3}(E-E_C)^{1/2}\mathrm{d}E=4\pi\frac{(2m_{dn})^{3/2}}{h^3}(E-E_C)^{1/2}\mathrm{d}E \tag{1-40}$$

式(1-40)利用了 $\hbar=h/2\pi$。定义状态密度 $g(E)$ 为

$$g(E)=\frac{\mathrm{d}Z}{\mathrm{d}E} \tag{1-41}$$

---

① 椭球方程标准式为 $\frac{(x-x_0)^2}{a^2}+\frac{(y-y_0)^2}{b^2}+\frac{(z-z_0)^2}{c^2}=1$，体积为 $V=\frac{4}{3}\pi abc$。

则导带中状态密度随能量的变化可以表示为

$$g_c(E)=4\pi\frac{(2m_{dn})^{3/2}}{h^3}(E-E_C)^{1/2}=\frac{1}{2\pi^2}\frac{(2m_{dn})^{3/2}}{\hbar^3}(E-E_C)^{1/2} \tag{1-42}$$

同理价带的状态密度为

$$g_v(E)=4\pi\frac{(2m_{dp})^{3/2}}{h^3}(E_V-E)^{1/2}=\frac{1}{2\pi^2}\frac{(2m_{dp})^{3/2}}{\hbar^3}(E_V-E)^{1/2} \tag{1-43}$$

其中，$m_{dp}=(m_{pl}^{3/2}+m_{ph}^{3/2})^{2/3}$为价带顶空穴状态密度有效质量，$m_{pl}$和$m_{ph}$分别为轻空穴和重空穴的有效质量。

电子和空穴的状态密度分布如图 1.44 所示，呈抛物线关系，有效质量越大，密度越大。需要特别指出的是，这一状态密度关系只适用于导带底或价带顶附近。表 1.6 和表 1.7 分别是 Si 和 Ge 中电子、空穴状态密度有效质量的数据。

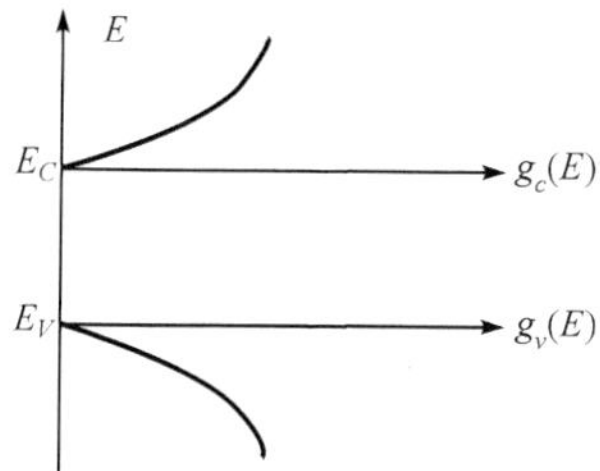

图 1.44　电子和空穴的状态密度分布图

表 1.6　Si、Ge 中电子状态密度有效质量

晶体	s	m_{nl}/m_0	m_{nt}/m_0	m_{dn}/m_0
Si	6	0.98	0.19	1.08
Ge	4	1.64	0.082	0.56

表 1.7　Si、Ge 中空穴状态密度有效质量

晶体	m_{ph}/m_0	m_{pl}/m_0	m_{dp}/m_0
Si	0.49	0.16	0.56
Ge	0.28	0.44	0.37

1.4.2　费米分布、费米能级及玻尔兹曼分布

硅原子密度为 $5\times10^{22}\text{cm}^{-3}$，价电子数达到 $4\times5\times10^{22}\text{cm}^{-3}$，研究这样大量微观粒子的行为需要用到统计理论。服从泡利不相容原理的电子遵循费米统计律，对于能量为 E 的量子态，被一个电子占据的概率为

$$f(E)=\frac{1}{1+\exp[(E-E_F)/k_BT]} \tag{1-44}$$

其中，$f(E)$称为费米分布函数；k_B为玻尔兹曼常量；T 为绝对温度；E_F为费米能级。

当一个能级被电子占据的概率为 1/2 时，这个能级就是费米能级。当温度等于绝对零度时，$E<E_F$时的量子态被电子占据的概率为 1；当量子态的位置高于费米能级时，被电子占据的概率为 0。

在温度大于绝对零度的情况下，费米能级被电子占据的概率仍然为 1/2；低于费米能级的能态，被电子占据的概率>1/2；高于费米能级的能级，被电子占据的概率<1/2。

图 1.45 是费米分布函数随温度变化示意图。费米能级位置比较高，一方面说明电子平均能量高，另一方面说明更多高能量量子态被电子占据。

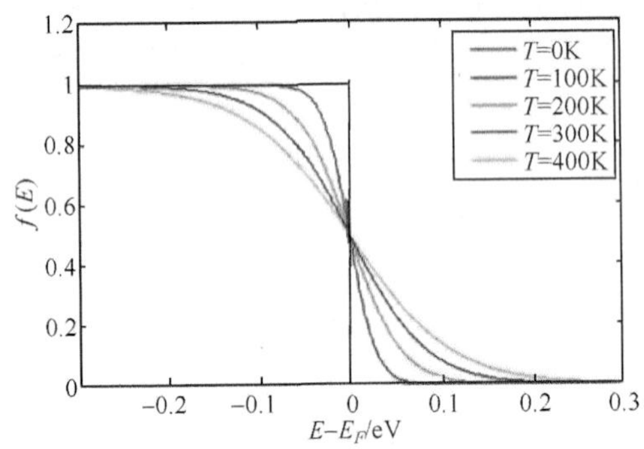

图 1.45　费米分布函数随温度变化示意图

从费米分布函数表达式可以看出来，当 $E-E_F>3k_BT$ 时，费米分布函数可以近似为

$$f(E)\approx\exp[-(E-E_F)/k_BT] \tag{1-45}$$

这就是经典的玻尔兹曼分布。玻尔兹曼分布的意义在于，当粒子的数目非常少时，粒子必须遵守的泡利不相容原理自动失去意义，即系统中每一个量子态不存在被多于一个粒子占据的可能性。除去在 E_F附近的几个 k_BT，$E-E_F\gg k_BT$ 的量子态被电子占据的概率很小，泡利不相容原理失去意义，此时费米分布和玻尔兹曼分布的结果是相同的。例如

$$E-E_F>5k_BT,\quad f(E)<0.007$$

$$E-E_F<-5k_BT,\quad f(E)>0.993$$

其中，$f(E)$表示电子占据量子态的概率，则 $1-f(E)$就是一个量子态没被电子占据的概率，即被空穴占据的概率。

$$1-f(E)=1-\frac{1}{1+\exp[(E-E_F)/k_BT]}=\frac{1}{1+\exp[(E_F-E)/k_BT]} \tag{1-46}$$

当 $E_F-E>3k_BT$ 时，空穴占据概率也可以用玻尔兹曼分布函数表示为

$$1-f(E)=\exp(E-E_F)/k_BT \tag{1-47}$$

1.4.3 半导体中的电子浓度和空穴浓度

导带中能级间距约为 10^{-22} eV，称为准连续分布。能量 E 处的量子态密度与电子占据概率相乘，就是占据这一能量的电子数。从导带底开始对整个能量进行积分，即可得到半导体材料中的电子浓度。

完成上述计算还需要解决两个问题。

① E-k 关系的抛物线只近似适用于导带底或价带顶附近，更远处的 E-k 关系比较复杂，难以给出。

② 导带的宽度还没有确定。

考虑半导体中费米能级通常处于禁带，距导带底或价带项的距离大于$3k_BT$，因此可以认为导带或价带中的量子态被电子或空穴占据的概率非常小，尤其是在离开导带底或价带顶一定距离的量子态，被电子或空穴占据的概率接近于零。因此，近似将抛物线形 E-k 关系应用于整个能带，并且在积分中将能量的上限推广至无限大，对积分结果的影响可以忽略，使积分的计算大大简化。据此，导带中的电子数可以表示为

$$
\begin{aligned}
n &= \int_{E_C}^{\infty} g_c(E) f(E) \mathrm{d}E \\
&= \frac{1}{2\pi^2}\left(\frac{2m_{dn}}{\hbar^2}\right)^{3/2} \int_{E_C}^{\infty} \frac{(E-E_C)^{1/2}\mathrm{d}E}{1+\exp[(E-E_F)/k_BT]} \\
&= \frac{1}{2\pi^{1/2}}\left(\frac{4m_{dn}k_BT}{2\pi\hbar^2}\right)^{3/2} \int_{E_C}^{\infty} \frac{[(E-E_C)/k_BT]^{1/2}\mathrm{d}E/k_BT}{1+\exp[(E-E_F)/k_BT]}
\end{aligned}
$$

$$
\frac{8}{2\pi^{1/2}}\left(\frac{m_{dn}k_BT}{2\pi\hbar^2}\right)^{3/2}
$$

$$
= 2\left(\frac{m_{dn}k_BT}{2\pi\hbar^2}\right)^{3/2}\left(\frac{2}{\sqrt{\pi}}\right)\int_{E_C}^{\infty} \frac{[(E-E_C)/k_BT]^{1/2}\mathrm{d}E/k_BT}{1+\exp[(E-E_F)/k_BT]}
$$

N_C $\qquad$ $F_{1/2}(\eta_C)$

即 $n=\frac{2}{\sqrt{\pi}}N_CF_{1/2}(\eta_C)$，其中

$$N_C=2\left(\frac{m_{dn}k_BT}{2\pi\hbar^2}\right)^{3/2}=2\left(\frac{2\pi m_{dn}k_BT}{h^2}\right)^{3/2} \tag{1-48}$$

$F_{1/2}(\eta_C)$称为 1/2 阶费米积分①，令 $\xi=\dfrac{E-E_C}{k_BT}$，$\eta_C=\dfrac{E_F-E_C}{k_BT}$，则$\dfrac{E-E_F}{k_BT}=\xi-\eta_C$，所以$\displaystyle\int_{E_C}^{\infty}\frac{[(E-E_C)/k_BT]^{1/2}\mathrm{d}E/k_BT}{1+\exp[(E-E_F)/k_BT]}=\int_0^{\infty}\frac{\xi^{1/2}\mathrm{d}\xi}{1+\exp(\xi-\eta_C)}=F_{1/2}(\eta_C)$。

1/2 阶费米积分具有如下性质，即

$$F_{1/2}(\eta_C)\approx\frac{\sqrt{\pi}}{2}\exp(\eta_C),\quad \eta_C\ll-1 \tag{1-49}$$

$$F_{1/2}(\eta_C)\approx\frac{4\eta_C^{3/2}}{3\sqrt{\pi}} \tag{1-50}$$

因为费米能级位于禁带，距离导带底至少 $3k_BT$，$\eta_C\ll-1$，将式(1.49)代入 $n=\dfrac{2}{\sqrt{\pi}}N_CF_{1/2}(\eta_C)$，可以得到电子浓度表达式即

$$n=N_C\exp[-(E_C-E_F)/k_BT] \tag{1-51}$$

也就是说，导带中的电子浓度，相当于导带底 E_C处量子态密度为 N_C时，按照玻尔兹曼统计的电子浓度。因此，N_C又称为导带的有效态密度。从表达式可以看出来，N_C与材料本身的有效质量有关，在一定的温度下是常数。导带中的电子浓度由费米能级的位置决定，如图 1.46(a)所示。

同理，空穴的浓度可以表示为

$$p=N_V\exp[-(E_F-E_V)/k_BT] \tag{1-52}$$

其中，N_V称为价带的有效态密度，即

$$N_V=2\left(\frac{2\pi m_{dp}k_BT}{h^2}\right)^{3/2} \tag{1-53}$$

同样，价带中的空穴浓度，相当于按照玻尔兹曼统计分布规律，价带顶 E_V处量子态密度为 N_V时的空穴浓度。这也是由费米能级的位置决定的，如图 1.46(b)所示。

从式(1-48)和式(1-53)可以看出，有效态密度与态密度有效质量有关，随半导体材料的不同而不同，同时也与温度有关。室温下，Si、Ge、GaAs 三种半导体材料导带和价带的有效态密度如表 1.8 所示。

---

① 关于费米积分：0 阶费米积分 $F_0(\eta_C)=\int_0^{\infty}\frac{1}{1+e^{x-\eta_C}}\mathrm{d}x$；1 阶费米积分 $F_1(\eta_C)=\int_0^{\infty}\frac{x}{1+e^{x-\eta_C}}\mathrm{d}x$；2 阶费米积分$F_2(\eta_C)=\int_0^{\infty}\frac{x^2}{1+e^{x-\eta_C}}\mathrm{d}x$；1/2 阶费米积分 $F_{1/2}(\eta_C)=\int_0^{\infty}\frac{x^{1/2}}{1+e^{x-\eta_C}}\mathrm{d}x$。

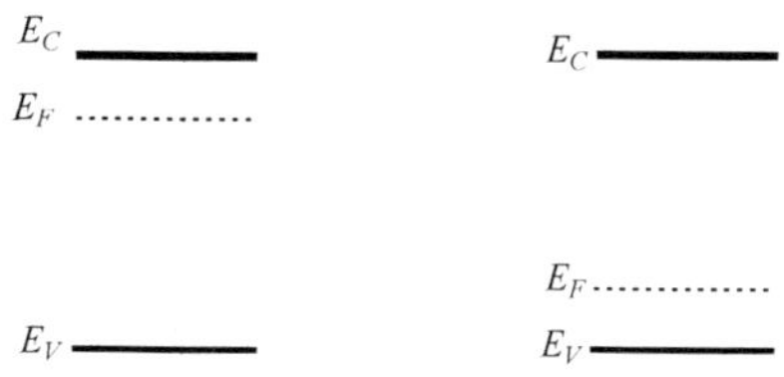

(a) $n=N_C\exp[-(E_C-E_F)/k_BT]$　(b) $p=N_V\exp[-(E_F-E_V)/k_BT]$

图 1.46　N 型和 P 型半导体费米能级在能带中的位置示意图

表 1.8　Si、Ge、GaAs 导带和价带的有效态密度　(T=300K)

半导体	N_C/cm^{-3}	N_V/cm^{-3}
Si	2.8×10^{19}	1.04×10^{19}
Ge	1.04×10^{19}	6×10^{18}
GaAs	4.7×10^{17}	7.0×10^{18}

例 1.6　假设费米能级在导带以下 0.3eV，计算导带底被电子占据的概率是多少？如果费米能级在价带以上 0.35eV，计算价带被空穴占据的概率是多少？

解　$f(E_C)=\dfrac{n}{N_C}=\exp[-(E_C-E_F)/k_BT]=\exp[-0.3/0.026]=9.7\times10^{-6}$

$$f(E_V)=\frac{p}{N_V}=\exp[-(E_F-E_V)/k_BT]=\exp[-0.35/0.026]=1.4\times10^{-6}$$

可见，两种情况下，电子在导带上及空穴在价带上对量子态的占据概率都非常低。

1.4.4　热平衡条件下半导体中的载流子浓度、费米能级位置

1. 非简并和简并半导体

如果费米能级位于禁带，距离带边至少 $3k_BT$，可以用玻尔兹曼分布来描述载流子的统计分布，这样的半导体称为非简并半导体。随着掺杂杂质浓度的增大，费米能级与导带或价带的距离减小，甚至进入导带或价带时，玻尔兹曼分布不再适用，这样的半导体称为简并半导体。简并半导体又称为重掺杂半导体，有特殊的性质。本书讨论的主要是非简并半导体及器件特性。

2. 本征半导体及本征载流子浓度

非简并半导体热平衡条件下，有

$$n_0=N_C\exp[-(E_C-E_F)/k_BT],\quad p_0=N_V\exp[-(E_F-E_V)/k_BT]$$

因此，有

$$n_0p_0=N_CN_V\exp(-E_G/k_BT) \tag{1-54}$$

令

$$n_0p_0=n_i^2 \tag{1-55}$$

则

$$n_i=(N_CN_V)^{1/2}\exp(-E_G/2k_BT) \tag{1-56}$$

n_i称为本征载流子浓度，在一定的温度下是常数，与掺杂杂质浓度无关，只与材料本身的性质有关。由式(1-55)可知，在热平衡条件下，任何非简并半导体中的电子浓度与空穴浓度的乘积等于该温度下本征载流子浓度的平方，是常数。

在本征半导体中，$T>0$ 时，价带电子获得能量跃迁至导带，同时在价带产生等量的空穴，这一过程叫本征激发。本征激发时，电子与空穴成对出现，因此

$$n_0=p_0=n_i \tag{1-57}$$

本征载流子浓度只与半导体本身的禁带宽度及温度有关。温度一定时，禁带宽度越小，本征载流子浓度越大。对给定的半导体，本征载流子浓度随温度迅速增大。由图 1.47 可见，在室温附近，本征载流子浓度有个急剧增大的过程。

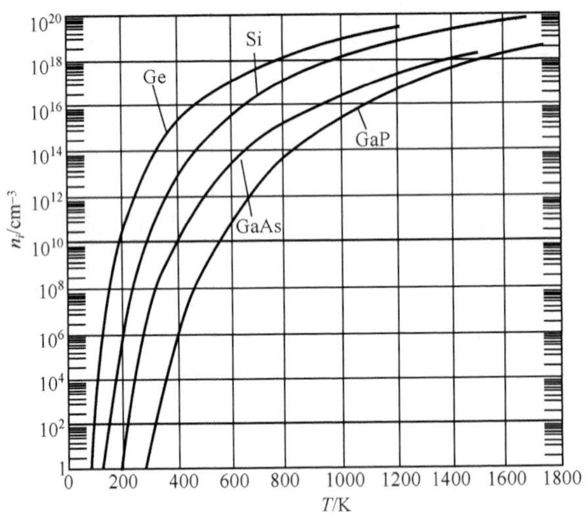

图 1.47　本征载流子浓度随温度的变化

本征半导体的费米能级用 E_i表示，则

$$N_C\exp\left(-\frac{E_C-E_F}{k_BT}\right)=N_V\exp\left(-\frac{E_F-E_V}{k_BT}\right)$$

$$E_i=E_F=\frac{1}{2}(E_C+E_V)+\frac{1}{2}k_BT\ln\frac{N_V}{N_C} \tag{1-58}$$

将式(1-48)和式(1-53)代入式(1-58),可以得到下式,即

$$E_i = E_F = \frac{1}{2}(E_C + E_V) + \frac{3}{4}k_B T \ln \frac{m_{dp}}{m_{dn}} \tag{1-59}$$

可见,当 $m_{dp} > m_{dn}$ 时,E_i 在禁带中央之上;当 $m_{dp} = m_{dn}$ 时,E_i 在禁带中央;当 $m_{dp} < m_{dn}$ 时,E_i 在禁带中央之下;对 Si、Ge 和 GaAs,$\frac{m_{dp}}{m_{dn}}$ 分别为 0.55、0.66 和 7.0,因此对这三种材料来说,本征能级在禁带中央 $1.5k_B T$ 以内。一般近似认为在禁带中央处。

3. 费米能级的位置及其与掺杂浓度的关系

室温下,N 型半导体掺杂浓度为 N_D,平衡时电子浓度 n_0 等于掺杂浓度,即 $n_0 = N_D$,由 $n_0 = N_C \exp\left(-\frac{E_C - E_{Fn}}{k_B T}\right) = N_D$,可以得到导带与费米能级之间的距离,即

$$E_C - E_{Fn} = -k_B T \ln \frac{N_D}{N_C} \tag{1-60}$$

平衡时电子浓度还可以表示为

$$n_0 = N_C \exp\left(-\frac{E_C - E_i}{k_B T}\right) \exp\left(\frac{E_{Fn} - E_i}{k_B T}\right) = n_i \exp\left(\frac{E_{Fn} - E_i}{k_B T}\right) = N_D \tag{1-61}$$

可以进一步得到费米能级与本征能级之间的距离,即

$$E_{Fn} - E_i = k_B T \ln \frac{N_D}{n_i} \tag{1-62}$$

同理,室温下,P 型半导体掺杂浓度为 N_A,平衡时空穴浓度表示为 p_0,$p_0 = N_A$,由 $p_0 = N_V \exp\left(-\frac{E_{Fp} - E_V}{k_B T}\right) = N_A$,费米能级与价带之间的距离为

$$E_{Fp} - E_V = -k_B T \ln \frac{N_A}{N_V} \tag{1-63}$$

热平衡时空穴浓度还可以表示为

$$p_0 = N_V \exp\left(-\frac{E_i - E_V}{k_B T}\right) \exp\left(\frac{E_i - E_{Fp}}{k_B T}\right) = n_i \exp\left(\frac{E_i - E_{Fp}}{k_B T}\right) = N_A \tag{1-64}$$

得到

$$E_i - E_{Fp} = k_B T \ln \frac{N_A}{n_i} \tag{1-65}$$

可见,非简并半导体中的载流子浓度由掺杂浓度决定,费米能级的位置也随掺杂浓度改变。掺杂半导体中费米能级的位置及其与掺杂浓度的关系如图 1.48 所示。

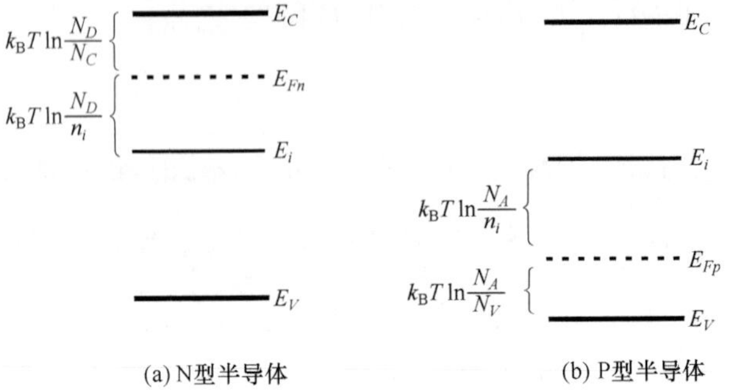

$k_BT\ln\frac{N_D}{N_C}$ E_C

E_{Fn}

$k_BT\ln\frac{N_D}{n_i}$ E_i

E_V

(a) N型半导体

E_C

E_i

$k_BT\ln\frac{N_A}{n_i}$

E_{Fp}

$k_BT\ln\frac{N_A}{N_V}$ E_V

(b) P型半导体

图 1.48　掺杂半导体中费米能级的位置及其与掺杂浓度的关系

一般情况下，热平衡时，有

$$n_0+N_A=p_0+N_D \tag{1-66}$$

$$n_0-n_i^2/n_0=N_D-N_A \tag{1-67}$$

因此

$$n_0=\frac{N_D-N_A}{2}+\left[\left(\frac{N_D-N_A}{2}\right)^2+n_i^2\right]^{1/2}$$

$$p_0=\frac{n_i^2}{n_0}=\frac{N_A-N_D}{2}+\left[\left(\frac{N_A-N_D}{2}\right)^2+n_i^2\right]^{1/2}$$

$$E_F=E_i+k_BT\ln\left\{\frac{N_D-N_A}{2n_i}+\frac{\left[(N_D-N_A)^2+4n_i^2\right]^{1/2}}{2n_i}\right\} \tag{1-68}$$

费米能级的位置随温度及掺杂浓度的变化如图 1.49 所示。随着掺杂浓度的增大，费米能级向带边靠近；随着温度的增加，费米能级向禁带中央靠近。同时还可以看到，随着温度的增加，禁带宽度变窄，这与热膨胀导致的晶格常数变化有关。

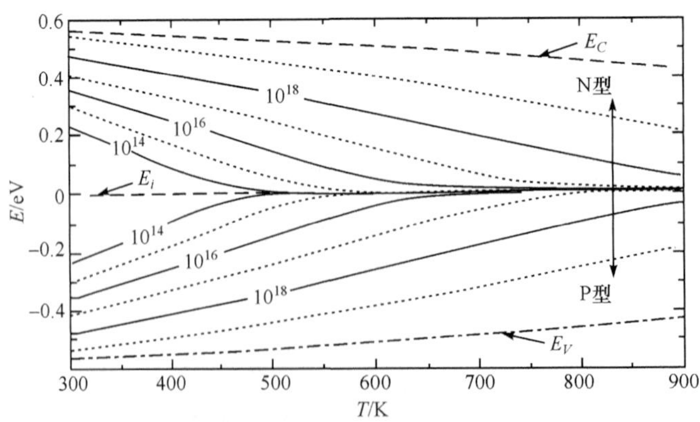

图 1.49　费米能级位置随温度及掺杂浓度的变化

例 1.7　$T=300\text{K}$,B 掺杂的非简并 P 型硅半导体,已知 $E_{Fp}-E_A=3k_BT$,E_A 是 B 元素在硅中的电离能。请问掺杂浓度是多少?

解　如图 1.50 所示,有

$$E_A-E_V=0.045\text{eV},\quad E_{Fp}-E_A=3k_BT=0.078\text{eV}$$

$$E_i-E_{Fp}=\frac{E_G}{2}-(E_{Fp}-E_A)-(E_A-E_V)=0.56-0.045-0.078$$

$$=0.437\text{eV}=0.026\ln\left(\frac{N_A}{n_i}\right)$$

$$n_i=1.0\times10^{10}\text{cm}^{-3}$$

$$N_A=1.0\times1.0^{10}\times\exp\left(\frac{0.437}{0.026}\right)=2.0\times10^{17}\text{cm}^{-3}$$

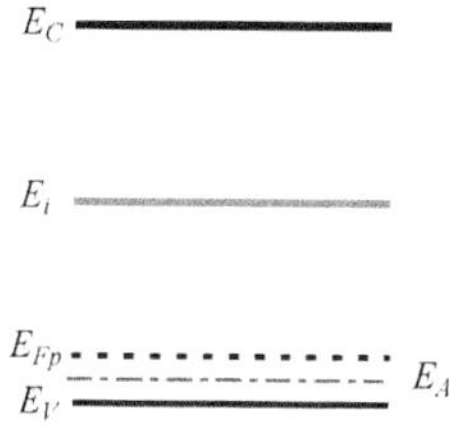

图 1.50　例 1.7 示意图

例 1.8　费米能级位于导带以下 0.25eV,硅导带有效态密度为 $N_C=2.8\times10^{19}\text{cm}^{-3}$。问室温下导带量子态被电子占据的概率是多少?平衡时电子浓度是多少?

解　$f(E_C)=\dfrac{n}{N_C}=\exp[-(E_C-E_F)/k_BT]=\exp(-0.25/0.026)=6.67\times10^{-5}$

$$n=N_Cf(E_C)=2.8\times10^{19}\times6.67\times10^{-5}=1.87\times10^{15}\text{cm}^{-3}$$

可见,虽然导带上量子态被电子占据的概率很小,但电子浓度仍然是一个比较大的量,足以对材料的电子学性能产生影响。

1.5　非平衡载流子

前面用费米分布函数和玻耳兹曼分布函数研究了载流子的浓度。可以用这两个分布来描述的系统都是热力学平衡系统,其中的电子和空穴有统一的费米能级,电子浓度和空穴浓度都用它来描述。已经证明,热平衡时电子浓度和空穴浓度乘积满足 $n_0p_0=n_i^2$,电子和空穴具有统一的费米能级,是半导体系统处于热平衡状态的标志。

光照条件下，平衡状态被破坏(图 1.51)。频率为 ν 的一束光照射一块 N 型半导体，如果光子能量 $h\nu$ 大于半导体的禁带宽度 E_G，即满足 $h\nu > E_G$，则价带中的电子吸收了光子能量后会跃迁至导带，在价带中产生等量的空穴。光照前，电子浓度和空穴浓度分别为 n_0、p_0，光照后，$n = n_0 + \Delta n$，$p = p_0 + \Delta p$，且有 $\Delta n = \Delta p$。因为 $\Delta n = \Delta p > 0$，所以 $np > n_i^2$，这里 Δn 和 Δp 为非平衡载流子。除了光照，电注入和热效应都可能产生非平衡载流子。

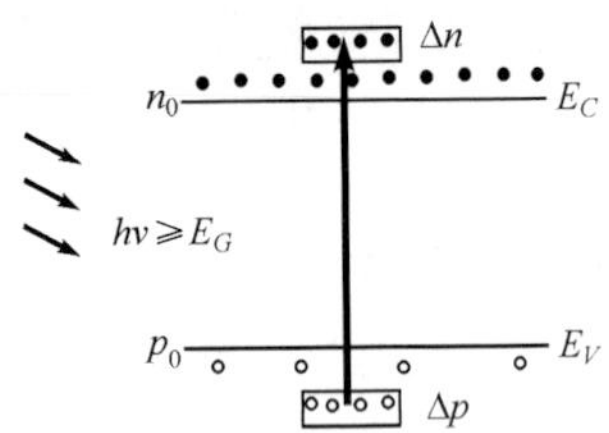

图 1.51　N 型半导体非平衡载流子的光注入

1.5.1　准费米能级

非平衡载流子产生后，半导体的热平衡状态被打破，电子和空穴的浓度不再能用同一个费米能级表示，就是说不再具有统一的费米能级。导带电子和价带空穴形成各自的费米能级 E_{Fn} 和 E_{Fp}，称为准费米能级，如图 1.52 所示。事实上由大量不同粒子组成的系统要达到热平衡状态，需要通过复杂的相互作用交换能量来实现。在光照、电注入及热效应等外界作用下，电子和空穴获得能量以后，不能通过与晶格相互作用将从外界获得的能量传递给晶格，因此整个系统无法达到热平衡状态。但在导带或价带内，电子与电子之间，空穴与空穴之间相互散射，很容易达到平衡。在电子与空穴之间，由于能量差别较大，达到平衡更困难些，因此导带和价带内部载流子各自处于平衡状态，称为准平衡。从平衡时间可以看到这一差别，电子与空穴之间复合的时间常数在 10^{-6} s 量级，电子在导带内和空穴在价带内各自达到平衡的时间常数约 10^{-10} s，两个过程的时间常数相差 10^4 倍。

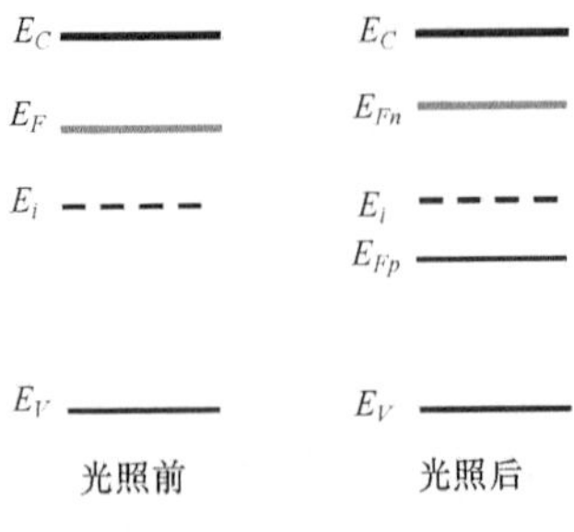

图 1.52　准费米能级

非平衡状态下，准费米能级的位置仍然由载流子浓度决定，即

$$E_{Fn}=E_C+k_BT\ln\frac{n_0+\Delta n}{N_C} \tag{1-69}$$

$$E_{Fp}=E_V-k_BT\ln\frac{p_0+\Delta p}{N_V} \tag{1-70}$$

同时还有 $n=n_0+\Delta n=N_C\exp\left(-\frac{E_C-E_{Fn}}{k_BT}\right)$，$p=p_0+\Delta p=N_V\exp\left(-\frac{E_{Fp}-E_V}{k_BT}\right)$，所以 $np=N_CN_V\exp\left(-\frac{E_G}{k_BT}\right)\exp\left(\frac{E_{Fn}-E_{Fp}}{k_BT}\right)=n_i^2\exp\left(\frac{E_{Fn}-E_{Fp}}{k_BT}\right)$。

可见，准费米能级间的距离越大，系统偏离平衡态的程度越大。

1.5.2 多子与少子

半导体的导电类型由数目较多的载流子决定，如平衡条件下，在 N 型半导体中，$n_0\gg p_0$，这时把电子称为多数载流子，简称多子；把空穴称为少数载流子，简称少子。同样，在 P 型半导体中，$p_0\gg n_0$，空穴是多子，电子是少子。下面看一个例子，比较注入的非平衡载流子数量相对于多子和少子是怎样的。

N 型硅电子浓度 $n_0=5.5\times10^{15}\text{cm}^{-3}$，利用 $n_0p_0=n_i^2$，得到 $p_0=3.1\times10^4\text{cm}^{-3}$，电子浓度比空穴高 11 个量级。假设在光照下，产生非平衡载流子 $\Delta n=\Delta p=10^{10}\text{cm}^{-3}$，可以看出存在关系 $\Delta n\ll n_0$，而 $\Delta p\gg p_0$，即非平衡载流子的数目远小于多子浓度，远大于少子浓度，因此说非平衡少子将对半导体特性产生更大的影响。一般所说的少子，就是指非平衡少数载流子。

例 1.9　$T=300\text{K}$ 时，N 型半导体的载流子浓度为 $n_0=10^{15}\text{cm}^{-3}$，$n_i=10^{10}\text{cm}^{-3}$，则 $p_0=10^5\text{cm}^{-3}$。在非平衡条件下，假设注入的非平衡载流子的浓度为 $\Delta n=\Delta p=10^{13}\text{cm}^{-3}$，试计算准费米能级的位置。

解　热平衡条件下，有

$$E_F-E_i=k_BT\ln\frac{n_0}{n_i}=0.026\ln\frac{10^{15}}{10^{10}}=0.2993\text{eV}$$

非平衡条件下，电子的准费米能级为

$$E_{Fn}-E_i=k_BT\ln\frac{n_0+\Delta n}{n_i}=0.026\ln\frac{10^{15}+10^{13}}{10^{10}}=0.2994\text{eV}$$

空穴的准费米能级为

$$E_i-E_{Fp}=k_BT\ln\frac{p_0+\Delta p}{n_i}=0.026\ln\frac{10^5+10^{13}}{1.0\times10^{10}}=0.179\text{eV}$$

如图 1.53 所示，平衡时电子和空穴有统一的费米能级，因为是 N 型半导体材料，费米能级位于本征能级之上。非平衡时，电子和空穴形成各自的准费米能级。

由于平衡时电子浓度远大于空穴浓度，非平衡电子浓度与平衡电子浓度相比，变化很小，可以忽略，因此电子的准费米能级变化很小。而非平衡空穴与平衡时浓度相比，有数量级增加，空穴的准费米能级降低到本征能级以下。由此可见，非平衡载流子的产生使少子数目发生的数量级改变，导致器件性能发生变化。

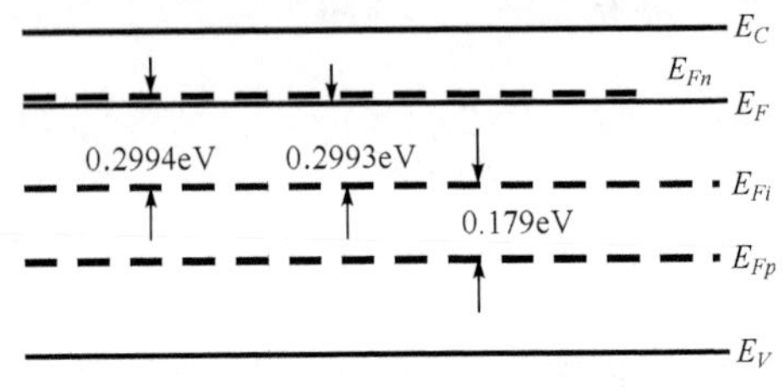

图 1.53　例 1.9 示意图

1.5.3　复合理论

1. 复合及复合机制

在外力持续作用下，非平衡载流子会达到稳定的分布，整个半导体系统处于非平衡的稳定状态。去掉外力后，非平衡载流子会消失，整个半导体系统重新回到平衡状态。使系统恢复平衡的机制称为复合，是电子与空穴通过某种途径湮灭的过程。

载流子复合机制有几种分类方法，按途径，分为带带复合和带间能级辅助复合；按能量转移方式，分为辐射复合、非辐射复合和俄歇复合；按动量守恒与否，分为直接复合和间接复合；按复合发生的位置，分为体复合和表面复合。

如图 1.54(a)所示为带带复合，电子由导带直接跃迁回价带与空穴复合，这一复合过程伴随着能量的释放，能量大小等于带隙的值。如图 1.54(b)所示为带间能级辅助复合，导带电子跃迁到禁带中间能级，然后再跃迁至价带与空穴复合，或者与由价带跃迁至带间能级的空穴复合。这一过程释放的能量由带间能级与导带或价带的能量差决定。

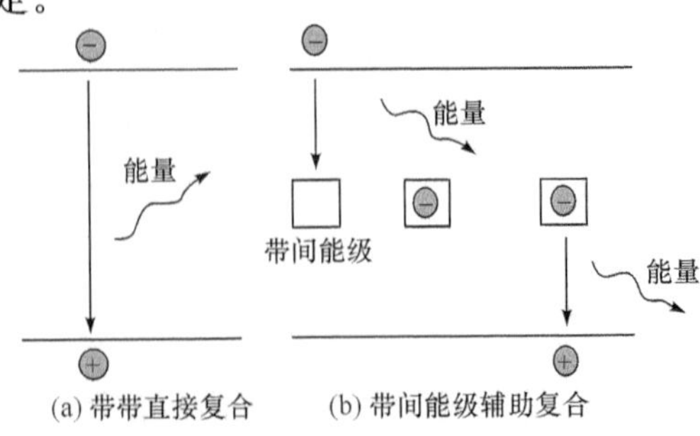

(a) 带带直接复合　(b) 带间能级辅助复合

图 1.54　带带复合与带间能级辅助复合

复合过程释放的能量有三种转换途径(图 1.55):把能量以光子的形式发射出去,称为辐射复合,利用这一过程可以制备发光二极管或半导体激光器;把能量传递给声子,转换成晶格原子的振动能,使半导体材料的温度提高,称为非辐射复合;释放的能量被另一个电子吸收,将其激发到更高能级或者离开半导体成为自由电子,称为俄歇复合。俄歇复合中发射出来的电子称为俄歇电子,俄歇电子的探测分析是材料能级结构分析的重要手段。

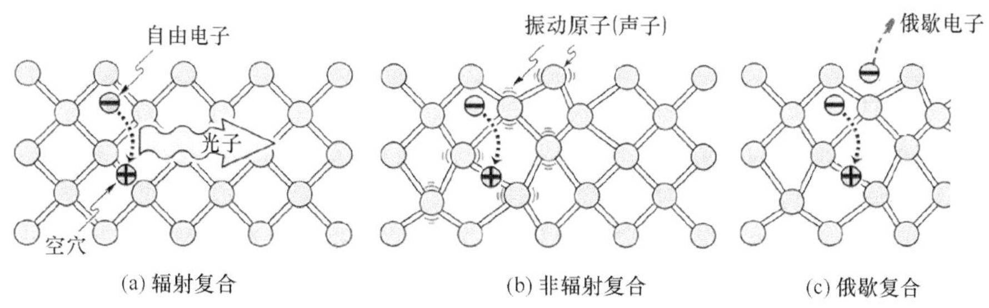

图 1.55　辐射复合、非辐射复合与俄歇复合

复合过程除了要满足能量守恒,还要满足动量守恒。如图 1.56 所示,直接带隙半导体中的带带复合过程自动满足动量守恒条件,又称为直接复合。这种复合方式往往也是辐射复合,复合效率高,可用于发光器件的制备。间接带隙半导体中的带带复合过程需要吸收或发射声子以满足动量守恒条件,又称为间接复合。硅在微电子器件中得到成功地应用,但在光电子器件中的应用受到限制,原因在于硅是间接带隙半导体。

由于晶格周期性的中断,半导体表面禁带中存在大量能级,称为表面态。表面能级如图 1.57 所示。电子和空穴可以通过这些表面态复合,称为表面复合。与发生在半导体内的体复合相比,表面复合往往作为边界条件决定了半导体内的电流分布等,也影响器件的稳定性与可靠性。表面复合通常用表面复合率 S 表示。

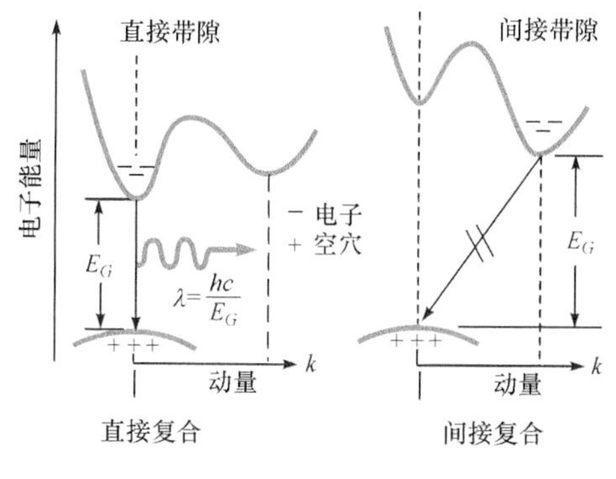

图 1.56　直接复合和间接复合

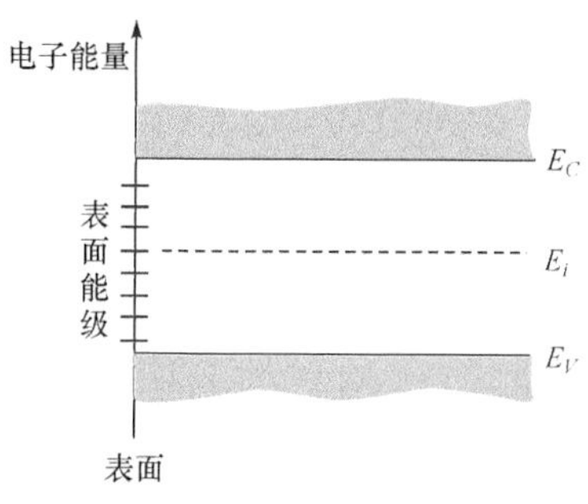

图 1.57　表面能级示意图

2. 少子寿命

除了电子与空穴的复合过程，还存在电子与空穴的产生过程，即电子由价带跃迁至导带，在价带中留下一个空穴的过程。电子与空穴总是成对产生的。事实上，产生过程与复合过程时时都在发生。把单位时间单位体积内产生的电子-空穴对数称为产生率，用 G 表示；将单位时间单位体积内复合的电子-空穴对数称为复合率，用 R 表示。平衡时，复合率等于产生率，即

$$R_0=G_0 \tag{1-71}$$

其中，下标 0 代表平衡状态。

定义净复合率为 U，则

$$U=R-G \tag{1-72}$$

在非平衡状态下，如果非平衡载流子浓度大于平衡载流子浓度，即

$$\Delta n=\Delta p>0$$

$$n>n_0,\quad p>p_0$$

则复合率大于产生率，净复合率大于零，即

$$U>0$$

如果非平衡载流子浓度小于平衡值，即

$$\Delta n=\Delta p<0$$

$$n<n_0,\quad p<p_0$$

则产生率大于复合率，净复合率小于零，即

$$U<0$$

非平衡载流子存在的平均时间称为寿命。因为主要研究的是少数载流子的寿命，因此称为少子寿命，用 τ 表示，可以用下述微分方程描述非平衡载流子复合过程，即

$$-\frac{\mathrm{d}\Delta p(t)}{\mathrm{d}t}=\frac{\Delta p(t)}{\tau} \tag{1-73}$$

初始条件为

$$t=0,\quad \Delta p=\Delta p_0 \tag{1-74}$$

所以式(1-73)的解为

$$\Delta p(t)=\Delta p_0\mathrm{e}^{-t/\tau} \tag{1-75}$$

可见，在复合过程中，非平衡载流子浓度按指数衰减，衰减至初始值的 1/e 倍所需要的时间就是寿命(图 1.58)。

带带复合过程是导带电子与价带空穴之间的复合，因此复合率 R 与电子浓度和空穴浓度成正比。不同热运动速度的电子和空穴复合的概率不同，可以用平均复合概率 r 表示，则

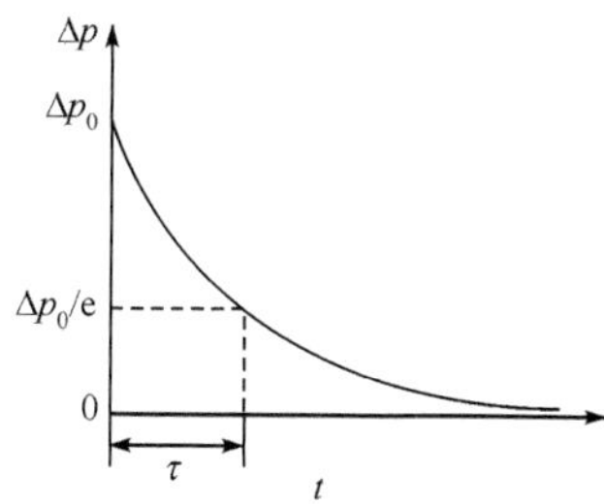

图1.58 非平衡载流子变化与少子寿命

$$R=rnp=r(n_0+\Delta n)(p_0+\Delta p) \tag{1-76}$$

其中，r 只与温度有关，与 n 和 p 无关。

在非简并半导体中，产生率 G 只与温度有关，与 n 和 p 无关。热平衡时有 $G_0=R_0=rn_0p_0=rn_i^2$。

净复合率为

$$\begin{aligned}U&=R-G_0=r(np-n_i^2)=r[(n_o+\Delta n)(p_0+\Delta p)-n_i^2]\\&=r(n_0\Delta p+p_0\Delta n+\Delta p^2)=r(n_0+p_0+\Delta p)\Delta p\end{aligned} \tag{1-77}$$

根据少子寿命定义，有

$$\tau=\frac{\Delta p}{U}=\frac{1}{r(n_0+p_0+\Delta p)} \tag{1-78}$$

小注入时，$\Delta p \ll p_0+n_0$，则

$$\tau=\frac{1}{r(n_0+p_0)}=\begin{cases}\dfrac{1}{rn_0}, & \text{N 型}\\[2ex]\dfrac{1}{rp_0}, & \text{P 型}\end{cases} \tag{1-79}$$

可见，在小注入条件下，少子寿命是常数，与复合概率及多数载流子平衡时的值有关。大注入时，$\Delta p \gg p_0+n_0$，则

$$\tau=\frac{1}{r\Delta p} \tag{1-80}$$

大注入时，少子寿命不再是常数，随非平衡载流子浓度的增大而降低。

以上是带带复合时少子寿命的表达式。根据光吸收谱的实验数据，结合理论计算可以得到本征半导体的复合概率和少子寿命，即

Ge：　$r=6.5\times10^{-4}\mathrm{cm^3/s}$，　$\tau=0.3\mathrm{s}$

Si：　$r=10^{-11}\mathrm{cm^3/s}$，　$\tau=3.5\mathrm{s}$

实际上，在 Si 和 Ge 中，少子寿命会低于 10^{-3} s 时，说明少子寿命不是由带带复合决定的，而是带间能级辅助复合起主要作用。1952 年，Shockley、Read 及

Hall 提出带间能级辅助复合的理论模型，统称为 SRH 理论，很好地解释了半导体中少子的复合行为，至今仍被广泛使用。

3. 带间能级辅助复合——SRH 理论

用 E_T表示带间能级，复合过程由以下基本过程组成(图 1.59)。

① 电子俘获。E_T从导带俘获电子的过程，将单位体积单位时间内 E_T从导带俘获的电子数定义为R_n。

② 电子发射。E_T发射电子到导带的过程，将单位体积单位时间内 E_T向导带发射的电子数定义为S_n。

③ 空穴俘获。E_T从价带俘获空穴的过程，等效于 E_T释放电子到价带，将单位体积单位时间内 E_T俘获的空穴数定义为R_p。

④ 空穴发射。E_T释放空穴到价带的过程，等效于 E_T从价带俘获电子，将单位体积单位时间内 E_T发射的空穴数定义为S_p。

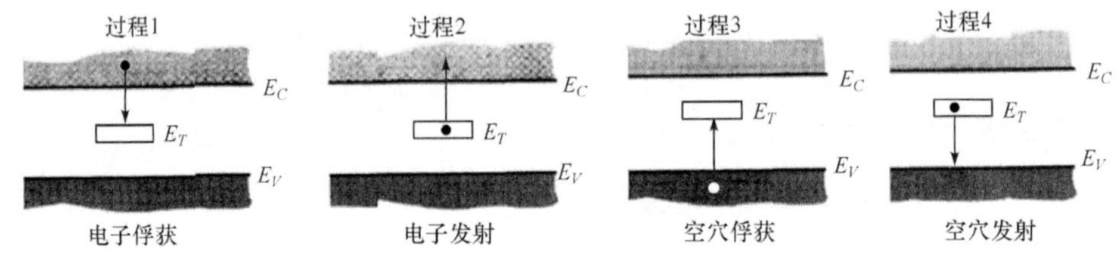

图 1.59 复合过程的基本组成过程

以上 4 个过程分别讨论如下。

① 电子俘获过程。在单位时间内，导带中的一个电子被 E_T 俘获的概率为r_n，则 R_n 正比于E_T上的空位数及导带中的电子数n，所以

$$R_n=r_n(N_t-n_t)n \tag{1-81}$$

其中，N_t为E_T浓度；n_t为E_T上的电子浓度。

② 电子发射过程。在单位时间内，E_T上的一个电子被激发到导带的概率为s_n，由于导带中电子占据的概率很低，因此 S_n 只与E_T上的电子数n_t有关，即

$$S_n=s_nn_t \tag{1-82}$$

③ 空穴俘获过程。在单位时间内，价带中一个空穴被 E_T俘获的概率为r_p，则R_p 正比于E_T上的电子数及价带上的空位数，所以

$$R_p=r_ppn_t \tag{1-83}$$

④ 空穴发射过程。在单位时间内，E_T向价带发射一个空穴的系数用s_p 表示，则 S_p 只与E_T上的空穴数有关，即

$$S_p=s_p(N_t-n_t) \tag{1-84}$$

以上过程中的 4 个系数都只与温度有关。平衡时，所有相反的微观过程必须相互抵消，即对 E_T来说，单位时间单位体积向导带发射的电子数与从导带俘获的电子数相等。设平衡时导带和 E_T上的电子数分别为 n_0和 n_{t0}，则有

$$s_n n_{t0} = r_n (N_t - n_{t0}) n_0 \tag{1-85}$$

能级 E_T被电子占据的概率服从费米分布律，所以有

$$n_{t0} = N_t \frac{1}{1+\exp\left(\dfrac{E_T - E_F}{k_B T}\right)} \tag{1-86}$$

非简并时有

$$n_0 = N_C \exp\left(\frac{E_F - E_C}{k_B T}\right) \tag{1-87}$$

将式(1-86)和式(1-87)代入式(1-85)，可以得到

$$s_n = r_n N_C \exp\left(\frac{E_T - E_C}{k_B T}\right) = r_n n_1 \tag{1-88}$$

其中，$n_1 = N_C \exp\left(\dfrac{E_T - E_C}{k_B T}\right)$，恰好等于费米能级处于 E_T时导带上的电子浓度。

式(1-88)将电子发射系数与俘获系数联系在一起，说明了这两个过程的内在联系。将式(1-88)代入式(1-82)，得到单位体积单位时间内由 E_T发射到导带的电子数为

$$S_n = r_n n_1 n_t \tag{1-89}$$

同样，平衡时，单位时间单位体积内 E_T俘获空穴和发射空穴数相等，所以有

$$s_p (N_t - n_{t0}) = r_p p_0 n_{t0} \tag{1-90}$$

其中，$p_0 = N_V \exp\left(\dfrac{E_V - E_F}{k_B T}\right)$。

所以有

$$s_p = r_p N_V \exp\left(\frac{E_V - E_T}{k_B T}\right) = r_p p_1 \tag{1-91}$$

其中，$p_1 = N_V \exp\left(\dfrac{E_V - E_T}{k_B T}\right)$，即费米能级处于 E_T时价带上的空穴浓度。

同样，式(1-91)将空穴发射系数与俘获系数联系在一起，说明了这两个过程的内在联系。

将式(1-91)代入式(1-84)，得到空穴发射率为

$$S_p = r_p p_1 (N_t - n_t) \tag{1-92}$$

下面利用非平衡稳态条件研究带间能级辅助复合过程。稳态过程意味着 E_T

上的电子数 n_t 保持常数，即

$$R_n+S_p=R_p+S_n \tag{1-93}$$

将式(1-81)、式(1-83)、式(1-89)、式(1-92)代入式(1-93)，可以得到下式，即

$$r_n(N_t-n_t)n+r_p p_1(N_t-n_t)=r_p p n_t+r_n n_1 n_t \tag{1-94}$$

所以

$$n_t=N_t\frac{r_n n+r_p p_1}{r_n(n+n_1)+r_p(p+p_1)} \tag{1-95}$$

至此利用稳态条件确定了 E_T 上的电子数。最后可以给出净复合率，等于 E_T 上的俘获电子数与发射电子数之差，也等于俘获空穴数与发射空穴数之差，即

$$U=r_n(N_t-n_t)n-r_n n_1 n_t=r_p p_1(N_t-n_t)-r_p p n_t \tag{1-96}$$

将式(1-95)代入式(1-96)，可以得到下式，即

$$U=\frac{N_t r_n r_p(np-n_i^2)}{r_n(n+n_1)+r_p(p+p_1)} \tag{1-97}$$

利用 $n=n_0+\Delta n, p=p_0+\Delta p, \Delta n\approx\Delta p, n_0 p_0=n_i^2$，式(1-97)可以写为

$$U=\frac{N_t r_n r_p(n_0+p_0+\Delta p)\Delta p}{r_n(n_0+n_1+\Delta p)+r_p(p_0+p_1+\Delta p)} \tag{1-98}$$

所以少子寿命为

$$\tau=\frac{\Delta p}{U}=\frac{r_n(n_0+n_1+\Delta p)+r_p(p_0+p_1+\Delta p)}{N_t r_p r_n(n_0+p_0+\Delta p)} \tag{1-99}$$

可见，少子寿命与复合中心的浓度 N_t 成反比。在 N 型半导体中，$p_0<n_0$；小注入时，$\Delta p<n_0$，如果 E_T 在禁带中心处，有 $n_1=p_1<n_0$，则

$$\tau=\frac{r_n n_0}{N_t r_p r_n n_0}=\frac{1}{N_t r_p}=\tau_p \tag{1-100}$$

相似条件下，P 型半导体中少子寿命可以表示为

$$\tau_n=\frac{1}{N_t r_n} \tag{1-101}$$

净复合率的表达式(1-97)还可以写为

$$U=\frac{np-n_i^2}{\frac{1}{N_t r_p}(n+n_1)+\frac{1}{N_t r_n}(p+p_1)}=\frac{np-n_i^2}{\tau_p(n+n_1)+\tau_n(p+p_1)} \tag{1-102}$$

不对上式进行深入讨论。这里只给出有效复合中心的概念。

所谓有效复合中心，是指通过有效复合中心所在的能级，载流子的复合率高，少子寿命短，可以提高器件的开关速度。从净复合率表达式(1-102)可以看出来，当 E_T 位于本征能级处，$n_1=p_1=n_i$ 时，U 最大。因此可以说，禁带中央处的本征能级是最有效的复合中心。通常的掺杂杂质所提供的施主能级和受主能级靠近导带

或价带，远离本征能级，基本上不起复合中心的作用。

Au 不论在 N 型硅，还是 P 型硅中都能提供有效的复合中心能级，是熟知的提高器件开关速度的有效掺杂元素。Au 在硅中的能级如图 1.60 所示。一个是距离导带 0.54eV 的受主能级，一个是距离价带 0.35eV 的施主能级。在 N 型半导体中，E_F靠近E_C，电子基本填满了 Au 的两个能级，其中施主能级被电子占据，呈电中性，不起作用，而受主能级接收电子成为 Au^-，起复合中心的作用，因此对 N 型硅，空穴的俘获系数 r_p 决定了少子的寿命。在 P 型硅中，E_F靠近 E_V，施主能级基本上是空的，Au^+起施主作用，Au^+对电子的俘获系数 r_n 决定了少子的寿命。

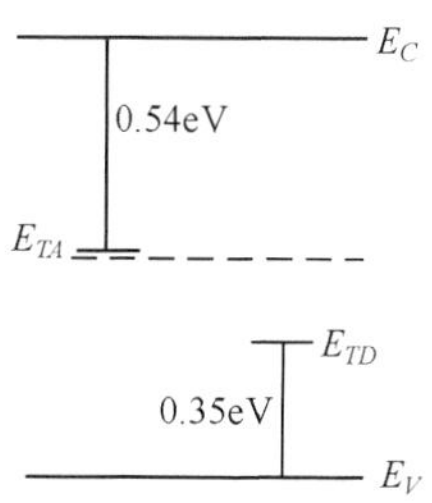

图 1.60　Au 在硅中的能级

例 1.10　已知 Au 在硅中的施主能级和受主能级的电子和空穴俘获系数分别为 $r_n=6.3\times10^{-8}(\mathrm{cm^3/s})$，$r_p=1.15\times10^{-7}(\mathrm{cm^3/s})$，如果 Au 的掺杂浓度为 $N_{\mathrm{Au}}=5\times10^{15}\mathrm{cm^{-3}}$，计算 N 型硅和 P 型硅中少子的寿命。

解　N 型硅：$\tau_p=\dfrac{1}{N_t r_p}=\dfrac{1}{5\times10^{15}\times1.15\times10^{-7}}=1.7\times10^{-9}\mathrm{s}$

P 型硅：$\tau_n=\dfrac{1}{N_t r_n}=\dfrac{1}{5\times10^{15}\times6.3\times10^{-8}}=3.2\times10^{-9}\mathrm{s}$

Cu、Fe、Mn 等元素在开关器件中也能提供有效的复合中心能级，起到复合中心的作用。但这些元素在微电子器件中将使器件性能退化，因为微电子器件中为提高增益，需要增加少子寿命，增加载流子的扩散长度。

1.6　载流子输运理论

半导体器件依靠载流子的输运实现信息的传输、放大、存储等功能，因此了解载流子的输运规律是研究半导体材料电子学特性及器件性能的基础。半导体中载流子的输运模式分为两种，一种是在电场力作用下的漂移，另一种是在浓度梯度作用下的扩散。

1.6.1　漂移

1. 漂移运动及迁移率

载流子在电场作用下的运动称为漂移运动，由此产生的电流叫漂移电流。漂移运动的速度正比于电场的大小，比例系数定义为迁移率。低场下迁移率是常数，由各种散射过程决定。在高电场下，载流子速度达到饱和，称为饱和速度。

无外力作用且温度不为零时，微观粒子将永不停息地做热运动，同时受到大量其他粒子的碰撞，随时改变运动方向和速度大小，这种无规则的、随机的热运动称为布朗运动。布朗运动的特点是无外力作用下，大量粒子进行的无规运动的宏观效果为零，位移及定向速度都是零。半导体中电子与空穴在无外加电场作用下，同样做着布朗运动，净电流为零，如图 1.61(a)所示。根据热力学原理，载流子平均热运动动能由温度决定，为 $3k_BT/2$。室温下，硅中电子的平均热运动速度 v_{th} 约为 10^7 cm/s。

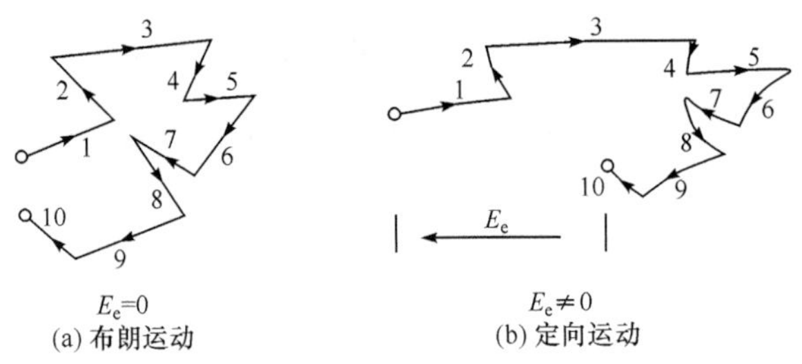

图 1.61　半导体中载流子的运动

在外加电场作用下，载流子将在布朗运动之上叠加一个定向运动，如图 1.61(b)所示。这个附加的定向运动就是漂移运动，是载流子在电场作用下经历加速及无规则热碰撞过程统计平均的结果。漂移运动的速度用 v_d 表示。研究表明，低电场下漂移速度正比于电场，即

$$v_d=\mu E_e \tag{1-103}$$

其中，比例系数 μ 称为迁移率。

迁移率的物理意义是在单位电场作用下，载流子获得的平均定向运动速度，反映载流子在电场作用下的输运能力，是半导体物理最重要的概念和参数之一。

2. 影响迁移率的因素

迁移率大小与散射机制有关。散射是载流子在运动过程中受到碰撞改变运动方向和速度大小的过程。布朗运动中微观粒子永不停息的无规则的热运动就是散射的结果。在固体物理学中，散射可以看成是导致电子运动状态改变的各种机制。

散射机制包括很多，主要有电离杂质散射、晶格振动散射、中性杂质散射、位错散射、合金散射、等同的能谷间散射、表面散射等。这里简单地将载流子的迁移率标记为 μ_n，用下标 n 标记不同的散射机制 $n=1,2,\cdots$，则总的迁移率 μ 为

$$\frac{1}{\mu}=\frac{1}{\mu_1}+\frac{1}{\mu_2}+\frac{1}{\mu_3}+\cdots \tag{1-104}$$

在没有外力作用时，载流子做无规则的热运动，漂移速度为零，也就是说散射的统计平均结果是零。在外加电场作用下，载流子的漂移运动是叠加在无规则运动之上的定向运动，漂移速度是大量粒子定向运动统计平均的结果，因此将漂移运动的动量与两次散射之间受到电场力作用的平均冲量联系在一起。用 $\bar{\tau}$ 表示平均自由时间，用 E_e 表示电场的大小，用 v_d 表示漂移速度。假设每次碰撞后载流子的速度为零，则在一个平均自由时间内，载流子获得的漂移动量等于电场力与平均自由时间的乘积，即

$$mv_d=qE_e\bar{\tau}$$

所以有

$$v_d=\frac{qE_e}{m}\bar{\tau} \tag{1-105}$$

其中，m 是载流子的有效质量。

对电子和空穴分别有

$$v_{dn}=-\frac{qE_e}{m_n}\bar{\tau}_n,\quad v_{dp}=\frac{qE_e}{m_p}\bar{\tau}_p \tag{1-106}$$

其中，$\bar{\tau}_n$ 和 $\bar{\tau}_p$ 分别是电子和空穴的平均自由时间；m_n 和 m_p 分别是电子和空穴的有效质量。

根据迁移率的定义，电子和空穴的迁移率分别为

$$\mu_n=\frac{q\bar{\tau}_n}{m_n},\quad \mu_p=\frac{q\bar{\tau}_p}{m_p} \tag{1-107}$$

以上分析方法是定性的，更加详细的分析详见刘恩科的《半导体物理学》。

表 1.9 是室温下几种本征半导体材料的电子迁移率和空穴迁移率。可以看出，不同半导体材料的电子迁移率差别非常大，Si 中的电子迁移率只有 1350cm^2/(V·s)。GaAs 中的电子迁移率是 Si 中的 6 倍，约为 8000cm^2/(V·s)，因此 GaAs 器件在高频电路中有广泛应用。InSb 中的电子迁移率是 Si 中的近 60 倍，达到 77000cm^2/(V·s)，但它的禁带宽度只有 0.18eV，为直接带隙半导体，只能用于制作远红外光电探测器、霍尔器件和磁阻器件。空穴迁移率普遍较低，Si 中空穴迁移率只有 500cm^2/(V·s)。Ge 中的空穴迁移率相对较高，到达 1900cm^2/(V·s)。

表 1.9　室温下几种本征半导体材料的电子迁移率和空穴迁移率

半导体材料	Ge	Si	GaAs	InAs	InSb
μ_n/[cm²/(V·s)]	3900	1350	8000	40000	77 000
μ_p/[cm²/(V·s)]	1900	500	100～300	500	850

这里不对影响迁移率的机制进行深入讨论，只定性给出掺杂浓度和温度对迁移率的影响。简单地说，掺杂浓度增大，离子散射增强导致迁移率降低；温度增加，声子散射增强导致迁移率降低。图 1.62 给出了室温下 Ge、Si、GaAs 中电子迁移率和空穴迁移率随掺杂浓度的变化。可见，在掺杂浓度低于 10^{16} cm^{-3} 时，迁移率变化很小，而当掺杂浓度增大到 10^{16} cm^{-3} 以上时，随着掺杂浓度的增大，迁移率指数降低。图 1.63 是在典型的掺杂浓度下，Si 中电子迁移率和空穴迁移率随温度的变化。可见，在掺杂浓度比较低时，迁移率随温度变化较大，说明声子散射作用比较显著；掺杂浓度超过 10^{18} cm^{-3} 以后，离子散射作用超过声子散射，迁移率随温度增加而降低的效应要小于低掺杂浓度时的表现。

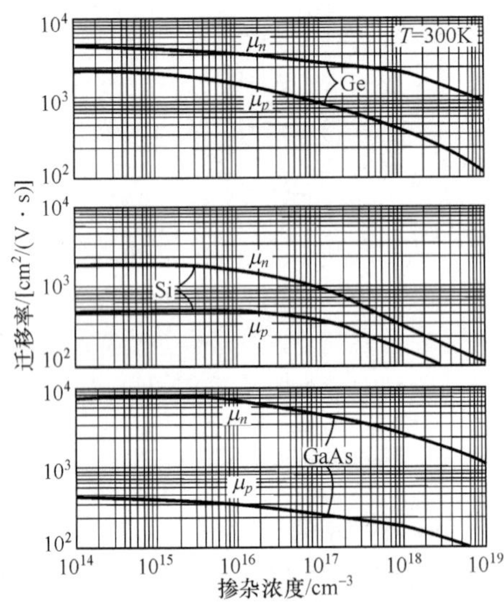

图 1.62　室温下 Ge、Si、GaAs 中电子和空穴迁移率随掺杂浓度的变化

3. 漂移电流与电导率

载流子漂移产生的电流称为漂移电流。以漂移速度为长，以单位面积为底的柱形体积中所有的电子就是单位时间内通过单位面积的电荷总量(图 1.64)，因此漂移电流的密度可以表示为

$$J_n = -qnv_{dn} = qn\mu_n E_e \tag{1-108}$$

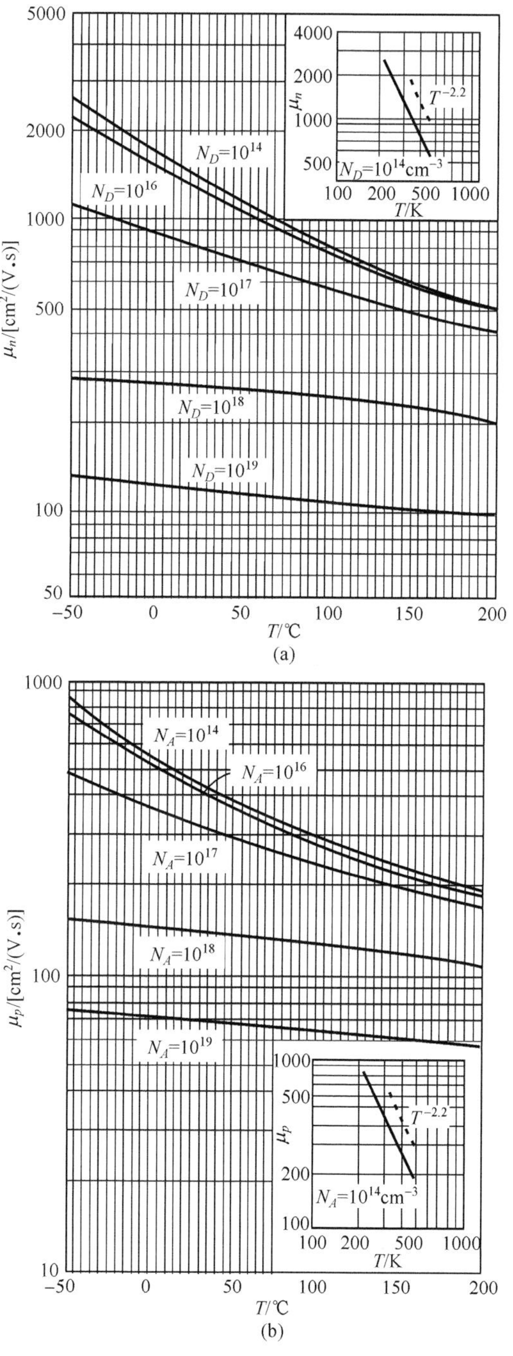

图 1.63　Si 中电子迁移率和空穴迁移率随掺杂浓度和温度的变化

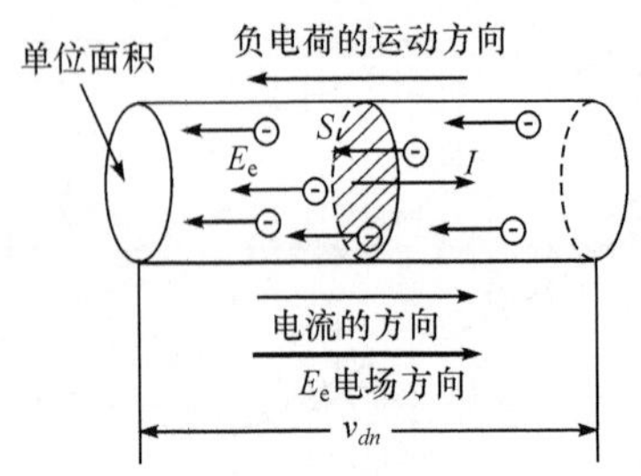

图 1.64 漂移电流密度的计算示意图

其中，n 为电子浓度；E_e 为电场。

电子运动方向与电场方向相反，电子漂移电流方向与电场方向相同。空穴的漂移方向与电场方向一致，空穴漂移电流方向也与电场方向一致，空穴漂移电流的密度为

$$J_p = qp\mu_p E_e \tag{1-109}$$

总漂移电流密度等于电子漂移电流密度和空穴漂移电流密度之和，即

$$J = J_n + J_p = (qn\mu_n + qp\mu_p)E_e \tag{1-110}$$

根据欧姆定律的微分形式，即

$$J = \sigma E_e \tag{1-111}$$

其中，σ 是电导率，则可以得到下式，即

$$\sigma = qn\mu_n + qp\mu_p \tag{1-112}$$

电阻率是电导率的倒数，即

$$\rho = \frac{1}{\sigma} = \frac{1}{q(n\mu_n + p\mu_p)} \tag{1-113}$$

对 N 型半导体，$n \gg p$，所以 $\sigma_n = qn\mu_n$，$\rho_n = 1/qn\mu_n$；对 P 型半导体，$p \gg n$，所以 $\sigma_p = qp\mu_p$，$\rho_p = 1/qp\mu_p$。对本征半导体，$\sigma_i = qn_i(\mu_n + \mu_p)$，$\rho_i = 1/qn_i(\mu_n + \mu_p)$。可见，半导体的电导率和电阻率由多数载流子的浓度及其迁移率决定。当掺杂浓度增大时，电阻率降低，由于电子迁移率远大于空穴迁移率，所以在同样的掺杂浓度下，N 型半导体的电阻率低于 P 型半导体的电阻率。室温下 Si 和 GaAs 电阻率随掺杂浓度的变化如图 1.65 所示。

例 1.11 室温下，$T=300\text{K}$，N 型 Si 的电导率 $\sigma = 16(\Omega \cdot \text{cm})^{-1}$，已知受主掺杂浓度 $N_A = 10^{17}\text{cm}^{-3}$。请问施主浓度是多少？电子迁移率是多少？

解 这是关于补偿半导体中杂质浓度、迁移率及电导率关系的问题。电子浓度等于两种掺杂杂质浓度之差，而电子迁移率受到两种掺杂杂质的共同作用。因此，不能根据图 1.65 直接由电阻率(电导率)找出掺杂浓度。计算方法如下。

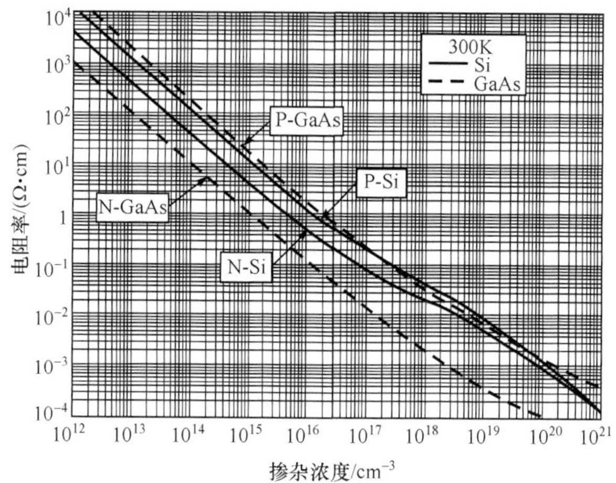

图 1.65　室温下 Si 和 GaAs 电阻率随掺杂浓度的变化

假设杂质完全电离，电子浓度 $n=N_D-N_A$，所以电导率可以表示为

$$\sigma\approx q\mu_n n=q\mu_n(N_D-N_A)$$

将题目中给出的条件代入，则有

$$16=1.6\times10^{-19}\mu_n(N_D-10^{17})$$

由图 1.62 可知，电子迁移率是掺杂杂质总量的函数。我们首先试着给出施主杂质浓度 $N_D=2\times10^{17}\text{cm}^{-3}$，则掺杂杂质总量 $N_I=N_D+N_A=3\times10^{17}$，查得 $\mu_n\approx510\text{cm}^2/(\text{V}\cdot\text{s})$，计算得到 $\sigma=8.16(\Omega\cdot\text{cm})^{-1}$。这个值小于题目中给出的 $16(\Omega\cdot\text{cm})^{-1}$，为此增大施主掺杂浓度的值，取 $N_D=5\times10^{17}\text{cm}^{-3}$，则 $N_I=N_D+N_A=6\times10^{17}$，查得 $\mu_n\approx325\text{cm}^2/(\text{V}\cdot\text{s})$，计算得到 $\sigma=20.8(\Omega\cdot\text{cm})^{-1}$，大于目标值。因此，施主掺杂浓度应该在以上两个试验值中间，选 $N_D\approx3.5\times10^{17}\text{cm}^{-3}$，则 $N_I=N_D+N_A=4.5\times10^{17}\text{cm}^{-3}$，查得 $\mu_n\approx400\text{cm}^2/(\text{V}\cdot\text{s})$，计算得到 $\sigma\approx16(\Omega\cdot\text{cm})^{-1}$。

可以看出，对补偿半导体，载流子的迁移率是掺杂杂质总量的函数。高掺杂的半导体材料，载流子的迁移率是掺杂浓度的强相关函数。

半导体电阻率除了随掺杂浓度显著变化，对温度也非常敏感(图 1.66)。电阻率随温度变化的曲线分为三个区间：AB 段是低温区、BC 段是中温区、CD 段是高温区。在 AB 段随温度增加，越来越多的杂质电离，导致载流子浓度随温度增加而增大，因此电阻率随温度增加而降低；在 BC 段杂质已全部电离，载流子浓度不再变化，但声子散射随温度增加而增加，导致迁移率随温度增加而降低，进而导致电阻率增加；CD 段进入本征激发区，价带中的电子具有足够的热动能跃迁至导带，以至于本征激发的载流子浓度等于甚至超过掺杂杂质的浓度，这时载流子的浓度不再由掺杂决定，而是由本征激发决定，且随温度指数增大。尽管这个区域中迁移率随温度上升而降低，但载流子浓度增大起更大的作用，因此电阻率随温度增加而降低。

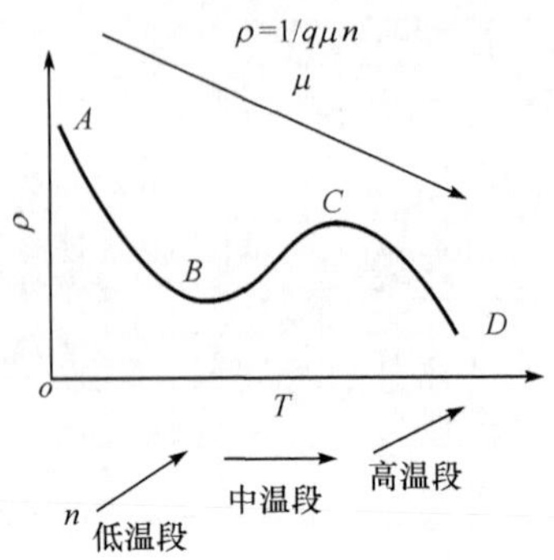

图 1.66　半导体电阻率随温度的变化

将本征激发的载流子浓度等于掺杂浓度时的温度定义为本征温度。在本征温度以上，掺杂对半导体电阻率的调制已经不起作用，半导体的工作参数将偏离设计标准，同时器件在电路中失去设计的功能。因此，将本征温度定义为半导体器件工作的最高温度。本征温度与材料的禁带宽度有关，也与掺杂浓度有关。一般情况下，锗器件工作的最高温度为 100℃，硅器件不超过 250℃，而 GaAs 器件的工作温度可达 450℃。

例 1.12　$T=300\text{K}$，GaAs 的掺杂浓度为 $N_D=10^{16}\text{cm}^{-3}$。假设杂质全部电离，计算电场为 $E_e=10\text{V/cm}$ 的漂移电流密度。

解　在 GaAs 中，$n_i=2.1\times10^6\text{cm}^{-3}$，$\mu_n=8500\text{cm}^2/(\text{V}\cdot\text{s})$，$n\approx N_D=10^{16}\text{cm}^{-3}$

$$p=\frac{n_i^2}{n}=\frac{(2.1\times10^6)^2}{10^{16}}=4.41\times10^{-4}\text{cm}^{-3}$$

$$J_D=(qn\mu_n+qp\mu_p)E_e\approx qn\mu_nE_e=1.6\times10^{-19}\times10^{16}\times8500\times10=136\text{A/cm}^2$$

可见，半导体电流以多子电流为主，在很小的电场下电流密度可以达到很大的值。

1.6.2　扩散

1. 扩散及扩散方程

微观粒子永恒的无规则热运动驱动粒子从高浓度区向低浓度区迁移，直到形成均匀的分布(图 1.67)。这种在浓度梯度驱动下发生的运动称为扩散。光照、电注入、热效应等都会在半导体材料中产生载流子的不均匀分布，这些带电的载流子由高浓度区向低浓度区扩散形成的电流称为扩散电流。扩散及扩散电流是漂移及漂移电流之外又一重要的载流子输运机制及电流产生机制。

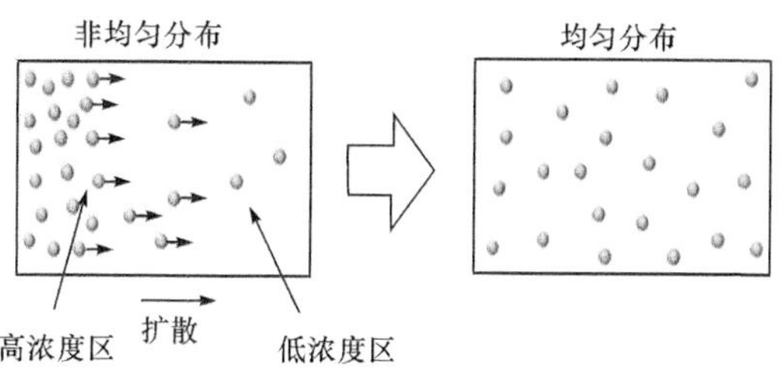

图 1.67　浓度梯度驱动下载流子的扩散运动

根据扩散第一定律，扩散粒子流的大小正比于浓度梯度，因此电子和空穴的扩散电流可以分别写为

$$J_n = qD_n \frac{\mathrm{d}n}{\mathrm{d}x} \tag{1-114}$$

$$J_p = -qD_p \frac{\mathrm{d}p}{\mathrm{d}x} \tag{1-115}$$

其中，D_n 和 D_p 分别是电子和空穴的扩散系数，单位是 cm^2/s。

电子带负电荷，因此其扩散电流方向与扩散方向相反，而空穴带正电荷，其扩散电流的方向与扩散方向一致，如图 1.68 所示。

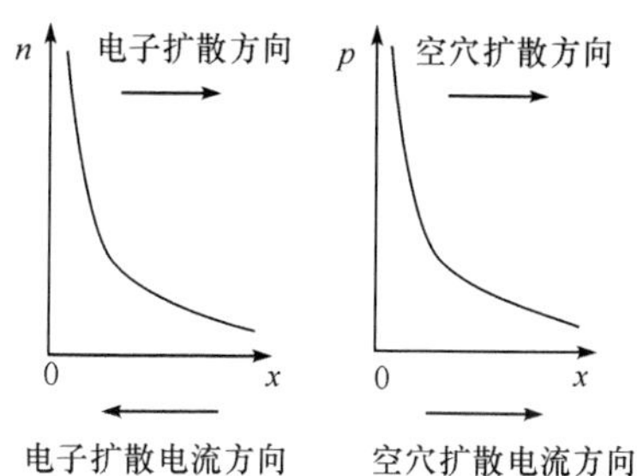

图 1.68　电子与空穴的扩散及扩散电流

总的扩散电流为

$$J_{扩散} = J_{n扩散} + J_{p扩散} = qD_n \frac{\mathrm{d}n}{\mathrm{d}x} - qD_p \frac{\mathrm{d}p}{\mathrm{d}x} \tag{1-116}$$

2. 爱因斯坦关系及推导

漂移和扩散是载流子输运的两种机制，两者之间并不是彼此独立、互不相干，而是存在一定的关联性，具体表现为扩散系数与迁移率之间满足爱因斯坦关系，即

$$D_n = \mu_n \frac{k_B T}{q} \tag{1-117}$$

$$D_p=\mu_p\frac{k_BT}{q} \tag{1-118}$$

下面证明爱因斯坦关系。

扩散源于非均匀分布载流子的无规则热运动。设电子的一维非均匀稳态分布如图1.69所示。其中l为电子的平均自由程，在x、$x+l$和$x-l$处电子浓度分别用$n(x)$、$n(x+l)$和$n(x-l)$表示。$x+l$处热运动的电子有一半可以到达x处，$x-l$处热运动的电子也有一半可以到达x处，这两部分到达x处的电子流方向相反，所以x处电子电流密度为

$$\begin{aligned}J_n(x)_{扩散}&=-\frac{1}{2}[qn(x-l)v_{th}-qn(x+l)v_{th}]\\&=\frac{1}{2}qv_{th}[n(x+l)-n(x-l)]=qv_{th}l\frac{\mathrm{d}n}{\mathrm{d}x}\end{aligned} \tag{1-119}$$

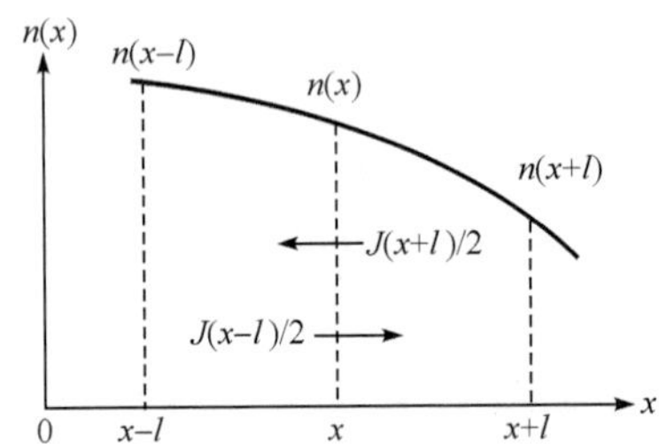

图1.69　电子的一维非均匀稳态分布

根据电子扩散电流的定义式(1-114)，可以得到下式，即

$$D_n=v_{th}l \tag{1-120}$$

根据式(1-107)，迁移率可以表示为

$$\mu_n=\frac{q\bar{\tau}_n}{m_n}=\frac{q}{m_n}\frac{l}{v_{th}} \tag{1-121}$$

其中，$\bar{\tau}_n$为电子的平均自由时间。

将式(1-120)与式(1-121)相除，则有

$$\frac{D_n}{\mu_n}=\frac{m_nv_{th}^2}{q}$$

在热平衡条件下，$1/2m_nv_{th}^2=1/2k_BT$，所以有

$$\frac{D_n}{\mu_n}=\frac{k_BT}{q}$$

爱因斯坦关系说明扩散和漂移的物理本质都是散射。

例1.13　假设$T=300\mathrm{K}$，硅中电子迁移率$\mu_n=1000\mathrm{cm^2/(V\cdot s)}$，问电子扩散系数是多少？

解 根据爱因斯坦关系，有

$$D_n = \frac{k_B T}{q}\mu_n = 0.026 \times 1000 = 26\text{cm}^2/\text{s}$$

可见，根据爱因斯坦关系，室温下扩散系数约为迁移率的1/40。

1.6.3 强场效应

电场增加到一定程度，载流子漂移速度与电场的关系不再是线性的，而是达到饱和。强电场下还会出现热载流子效应、碰撞电离效应。GaAs中强高场下还会出现负阻现象。

1. 速度饱和及热载流子

图1.70是Si、Ge、GaAs三种半导体材料中载流子漂移速度 v_d 随电场的变化曲线。在较低电场下的线性区，迁移率 μ 是常数，速度与电场成正比；电导率 σ 是常数，电流与电压成正比，欧姆定律成立。线性区之后，经过一个过渡区，载流子速度达到饱和。也就是说，线性区外，迁移率不再是常数，随电场增加而降低。以硅中的电子漂移速度为例，$E_e < 3\times10^3$ V/cm时，$v_d \sim E_e$ 满足线性关系；$E_e > 4\times10^4$ V/cm，v_d 达到饱和，饱和速度 $v_d = 10^7$ cm/s。Ge中 $E_e > 3\times10^3$ V/cm时，v_d 达到约 6×10^6 cm/s的饱和值。GaAs中的情况不同于Si和Ge，电子速度随电场线性增加到最大值，经一个降低过程之后再达到饱和。

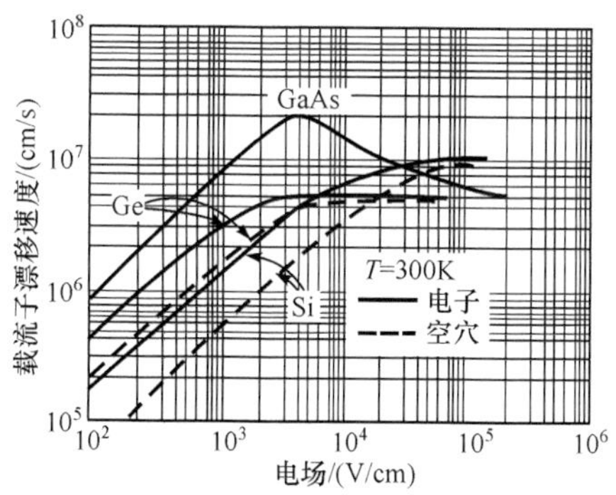

图1.70 载流子漂移速度随电场的变化

较高电场下迁移率降低及速度饱和的现象可以用载流子与晶格散射时的能量交换过程来说明。室温下，没有外加电场，电子和晶格间相互碰撞时，吸收声子和发射声子的净能量为零，达到热平衡，这时电子和晶格的热运动动能都是 $3k_BT/2 = 0.039\text{eV}$。热运动动能等于 $mv_{th}^2/2$，所以室温时电子的热运动速度约为 10^7 cm/s。

外加电场比较低时，例如 $E_e=75\text{V/cm}$，取硅中电子迁移率为 $1350\text{cm}^2/(\text{V}\cdot\text{s})$，则 $v_d\approx1\times10^5\text{cm/s}$，仅为热运动速度的 1%，漂移运动的动能也仅相当于热运动动能的万分之一。这时电子从电场中获得的能量很容易通过与晶格碰撞而散失，达到稳态时，电子从电场中获得的能量等于通过发射声子转移给晶格的能量，达到平衡状态。

较高电场下，如 $E_e=10^4\text{V/cm}$，如果迁移率不变，则电子漂移速度将达到 $v_d\approx1.35\times10^7\text{cm/s}$，接近甚至超过电子的热运动速度，漂移运动的动能也将大于晶格的热运动动能。这时电子从电场中获得的能量很难通过与晶格碰撞而散失掉，这意味着电子与晶格之间无法达到平衡，但电子之间通过相互作用可以达到热平衡，用温度 T_e表示，且 $T_e>T$，T 是环境温度，也是晶格温度。这时电子迁移率为

$$\mu=\mu_0\sqrt{\frac{T}{T_e}}$$

其中，μ_0为低场下电子的迁移率。

电子温度高于晶格温度时，称为热电子。热电子实际上就是高能电子。在小尺寸器件中，热电子带来的器件损伤严重影响器件的可靠性和稳定性，是需要解决的一个大问题。

热电子通过与晶格交换光学声子而达到速度饱和。声子是格波振动能量子化的最小单位，分为声学声子和光学声子两大类。声学声子代表原胞质心的运动，能量较低，可以与低场下的载流子交换能量。光学声子代表原胞内原子的相对运动，能量比较高，角频率在 10^{13}rad/s 量级。载流子能量比较大时，可以与光学声子相互作用实现能量交换，并最终达到平衡，速度达到饱和。据此可以估算载流子的饱和速度。

单位时间内载流子通过发射光学声子而损失的能量为

$$\Delta_1=\frac{\hbar\omega_0}{\tau} \tag{1-122}$$

其中，τ 是载流子与光学声子相互作用时的平均自由时间；ω_0是光学声子的频率。

单位时间内，载流子从电场中获得的能量为

$$\Delta_2=qv_sE_e \tag{1-123}$$

平衡时，$\Delta_1=\Delta_2$，所以

$$\frac{\hbar\omega_0}{\tau}=qv_sE_e \tag{1-124}$$

因为 $qE_e\tau=mv_s$，将其代入式(1-124)，可以得到下式，即

$$v_s=\sqrt{\hbar\omega_0/m} \tag{1-125}$$

可见，较高电场下，载流子速度是与电场无关的常量，即达到饱和。以硅中电子为例，$\hbar\omega_0\approx0.05\text{eV}$，$m_n\approx0.26m_0$，$m_0$是自由电子的质量，所以 $v_s\approx1.7\times10^7\text{cm/s}$。

2. GaAs 中的负阻现象

从图 1.70 可以看到，同样电场下，GaAs 中的电子具有更高的速度，原因在于它的电子迁移率远高于 Si 中电子的迁移率。但是在高电场下，GaAs 中电子速度随电场增加达到峰值，然后下降，之后再趋于饱和，这不同于 Si 和 Ge，可以用 GaAs 的能带结构来解释。如图 1.71 所示，GaAs 的导带有两个较接近的能谷，一个在 $k=0$ 处，距离价带顶 1.42eV，这也是 GaAs 的禁带宽度；另一个在〈111〉方向，与价带顶之间的距离 $E_L=1.73$eV，与 $k=0$ 处导带底的距离为 0.31eV。这两个能谷中的电子有效质量相差较大，较高能谷中电子的有效质量为 $1.2m_0$，而较低能谷中电子的有效质量为 $0.068m_0$，因此电子处于两个不同的能谷中时，迁移率也相差很大，低能谷中约为 8000cm^2/(V · s)，高能谷中仅为 160cm^2/(V · s)。室温低场下，大部分电子处于低能谷中，具有较高的迁移率，因此随着电场增加，电子可以达到较高的漂移速度。但是，电子在电场中获得一定的能量后，很容易跃迁至更高的能谷，电子一旦进入较高的能谷，漂移速度会大大降低。

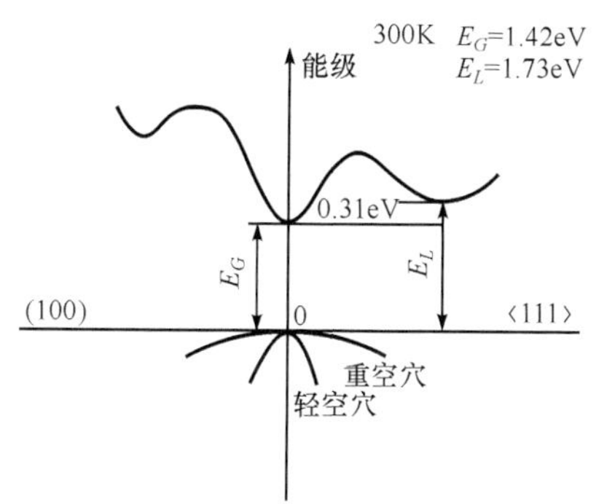

图 1.71　GaAs 的能带结构示意图

设总电子数 $n=n_L+n_H$，n_L 是低能谷中电子数，n_H 是高能谷中电子数。定义当 $E_e<E_{eth}$ 时，所有的电子都处于低能谷中，有 $n=n_L$；当 $E_e>E_{eb}$ 时，所有的电子都被激发到高能谷中，有 $n=n_H$。当 $E_{eth}<E_e<E_{eb}$ 时，低能谷和高能谷中都有电子，所以电子的平均速度为

$$\bar{v}=\frac{n_L\mu_L+n_H\mu_H}{n}E_e=\bar{\mu}E_e \tag{1-126}$$

其中，μ_L 为低能谷中的电子迁移率；μ_H 是高能谷中电子迁移率。

所以电子平均迁移率为

$$\bar{\mu}=\frac{n_L\mu_L+n_H\mu_H}{n}=\mu_L-\frac{n_H}{n}(\mu_L-\mu_H) \tag{1-127}$$

其中，$\mu_L-\mu_H>0$。

可见，随着电场增加，n_H增加，电子平均迁移率降低。定义微分迁移率为

$$\mu_D=\frac{\mathrm{d}v}{\mathrm{d}E_e} \tag{1-128}$$

则在 $E_{eth}<E_e<E_{eb}$区间，$\mu_D<0$。这个区间约在 $3\times10^3<E_e<2\times10^4$。负的微分迁移率区间就是负阻区间。利用 GaAs 的这一特性，可以制备耿氏(Gunn)微波器件。

可以用经验公式表示载流子速度与电场之间的关系，即

$$\text{Si:}\quad v_n,v_p=\frac{v_s}{[1+(E_e/E_{e0})^\gamma]^{1/\gamma}} \tag{1-129}$$

$$\text{GaAs:}\quad v(E_e)=\frac{\mu E_e+v_s(E_e/E_{e0})^4}{1+(E_e/E_{e0})^4} \tag{1-130}$$

在硅中，$v_s=10^7\,\mathrm{cm/s}$，对电子，$\gamma=2$，$E_{e0}=7\times10^3\,\mathrm{V/cm}$；对空穴，$\gamma=1$，$E_{e0}=2\times10^4\,\mathrm{V/cm}$。对 GaAs 中的电子，$v_s=7.7\times10^6\,\mathrm{cm/s}$，$E_{e0}=4\times10^3\,\mathrm{V/cm}$，$\mu=8000\mathrm{cm^2/(V\cdot s)}$。

3. 碰撞电离

强场下，电子获得足够的能量与晶格发生碰撞时，可以将能量传递给价带电子，使其跃迁至导带，同时产生一个自由电子和一个自由空穴，这个过程就是碰撞电离。实现碰撞电离所需要的最低能量称为电离能，用 E_i表示。定义一个电子或空穴在单位长度的路程上通过碰撞电离产生的电子-空穴对数为电离率，用 α 表示。对满足玻尔兹曼分布的电子系统来说，如果电子的温度为 T_e，则能量大于 E_i 的电子所占的比例为

$$\exp(-E_i/k_BT_e) \tag{1-131}$$

电离率为

$$\alpha=A\exp(-E_i/k_BT_e) \tag{1-132}$$

其中，A 为常数。

电子或空穴与晶格碰撞导致电离所需要的电离能不同。在硅中，分别为 3.6eV 和 5.0eV。如果电子和空穴的电离率分别用 α_n 和 α_p 表示，则碰撞电离导致的电子-空穴对的产生率 G 为

$$G=\alpha_n nv_n+\alpha_p pv_p \tag{1-133}$$

其中，v_n 和 v_p 分别是电子与空穴的漂移速度。

1.7　半导体工作方程——电流密度方程与电流连续性方程

下面给出研究半导体电子学行为所需要的基本方程，包括泊松方程、电流密度

方程及电流连续性方程。

1.7.1　泊松方程

静电场中的电势 ψ 与电荷分布之间的普适关系可以用泊松方程描述，即

$$\nabla^2\psi=-\frac{\rho}{\varepsilon_s} \tag{1-134}$$

其中，ρ 为体电荷密度；ε_s 为半导体介电常数，$\varepsilon_s=\varepsilon_r\varepsilon_0$，$\varepsilon_r$ 为半导体材料的相对介电常数。

半导体中的电荷包括电子、空穴、电离施主和电离受主，因此泊松方程的一般形式为

$$\nabla^2\psi=-\frac{\rho}{\varepsilon_s}=-\frac{(N_D^+-N_A^-+p-n)}{\varepsilon_r\varepsilon_0} \tag{1-135}$$

对于 Si，$\varepsilon_r=11.7$。

1.7.2　电流密度方程

半导体中的总电流是漂移电流和扩散电流之和，一维情况下电子电流密度为

$$J_n=(J_n)_{扩散}+(J_n)_{漂移}=qD_n\frac{\mathrm{d}n}{\mathrm{d}x}+q\mu_n nE_e \tag{1-136}$$

空穴电流密度为

$$J_p=(J_p)_{扩散}+(J_p)_{漂移}=-qD_p\frac{\mathrm{d}p}{\mathrm{d}x}+q\mu_p pE_e \tag{1-137}$$

总电流密度为

$$J=J_n+J_p=qD_n\frac{\mathrm{d}n}{\mathrm{d}x}-qD_p\frac{\mathrm{d}p}{\mathrm{d}x}+q\mu_n nE_e+q\mu_p pE_e \tag{1-138}$$

三维情况下，电流密度方程可以写为

$$\boldsymbol{J}=qD_n\boldsymbol{\nabla}n-qD_p\boldsymbol{\nabla}p+q\mu_n nE_e+q\mu_p pE_e \tag{1-139}$$

1.7.3　电流连续性方程

根据物质守恒定律，一个体积元中的粒子不可能无缘无故产生，也不可能无缘无故消失。对图 1.72 所选取的平行四面体型小体积元，设底面面积为 A，厚度 Δx 无限小，电流密度方向垂直于底面 A，没有电流从侧面流入或流出这个小体积元，所以单位时间体积元 $A\Delta x$ 中电子数的改变包括 x 与 $x+\Delta x$ 处两个面的电流之差、体积元中产生或复合的电子数等，即

$$A\Delta x\frac{\partial n}{\partial t}=A\left(\frac{J_n(x)}{-q}-\frac{J_n(x+\Delta x)}{-q}\right)+A\Delta xG-A\Delta x\frac{\Delta n}{\tau}$$

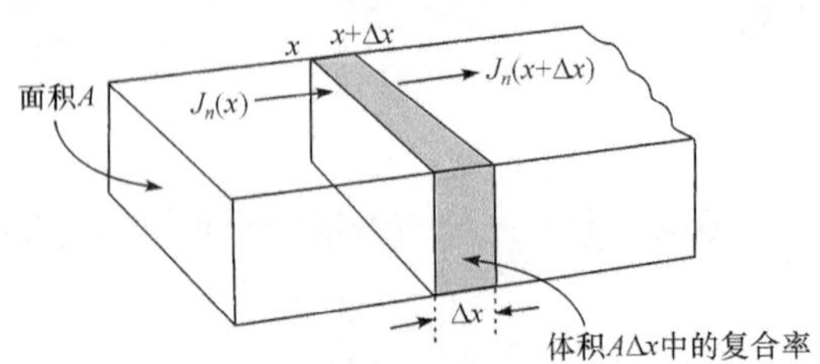

图 1.72　面积为 A,厚度为 Δx 的体积元

即

$$\frac{\partial n}{\partial t}=\frac{\partial J_n(x)}{q\partial x}+G-\frac{\Delta n}{\tau} \tag{1-140}$$

将电子电流密度方程(1-136)代入上式,有

$$\frac{\partial n}{\partial t}=D_n\frac{\partial^2 n}{\partial x^2}+\mu_n E_e\frac{\partial n}{\partial x}+\mu_n n\frac{\partial E_e}{\partial x}+G-\frac{\Delta n}{\tau_n} \tag{1-141}$$

同理

$$\frac{\partial p}{\partial t}=D_p\frac{\partial^2 p}{\partial x^2}-\mu_p E_e\frac{\partial p}{\partial x}-\mu_p p\frac{\partial E_e}{\partial x}+G-\frac{\Delta p}{\tau_p} \tag{1-142}$$

式(1-141)和式(1-142)即为电子和空穴连续性方程的一维形式。一般形式为

$$\frac{\partial n}{\partial t}=\frac{1}{q}\nabla J_n+G_n-U_n \tag{1-143}$$

$$\frac{\partial p}{\partial t}=-\frac{1}{q}\nabla J_p+G_p-U_p \tag{1-144}$$

特殊条件下,连续性方程可以简化,以一维电子连续性方程为例。

稳态条件下,$\frac{\partial n}{\partial t}=0$,所以有

$$D_n\frac{\partial^2 n}{\partial x^2}+\mu_n E_e\frac{\partial n}{\partial x}+\mu_n n\frac{\partial E_e}{\partial x}+G-\frac{\Delta n}{\tau_n}=0 \tag{1-145}$$

无浓度梯度或无扩散电流,$D_n\frac{\mathrm{d}^2 n}{\mathrm{d}x^2}=0$,$\frac{\mathrm{d}n}{\mathrm{d}x}=0$,所以有

$$\frac{\partial n}{\partial t}=\mu_n n\frac{\partial E_e}{\partial x}+G-\frac{\Delta n}{\tau_n} \tag{1-146}$$

无电场或无漂移电流,$\mu_n E_e\frac{\partial n}{\partial x}=0$,$\mu_n\frac{\partial E_e}{\partial x}=0$,所以有

$$\frac{\partial n}{\partial t}=D_n\frac{\partial^2 n}{\partial x^2}+G-\frac{\Delta n}{\tau_n} \tag{1-147}$$

无复合,$\frac{\Delta n}{\tau_n}=0$,所以有

$$\frac{\partial n}{\partial t}=D_n\frac{\partial^2 n}{\partial x^2}+\mu_n E_c\frac{\partial n}{\partial x}+\mu_n n\frac{\partial E_c}{\partial x}+G \tag{1-148}$$

无外界作用，$G=0$，所以有

$$\frac{\partial n}{\partial t}=D_n\frac{\partial^2 n}{\partial x^2}+\mu_n E_c\frac{\partial n}{\partial x}+\mu_n n\frac{\partial E_c}{\partial x}-\frac{\Delta n}{\tau_n} \tag{1-149}$$

1.7.4　半导体方程的应用举例

1. 均匀光照

例 1.14　N 型样品受均匀光照，电子-空穴对的产生率为 G(图 1.73(a))。求解稳态下少子分布和 $t=0$ 时刻关闭光源后，少子随时间的变化过程。

解　根据题意，电场为零，均匀光照，载流子分布的浓度梯度为零，即 $E_c=0$，$\frac{\partial p_n}{\partial x}=0$。稳态条件下，$\frac{\partial p}{\partial t}=0$，所以空穴的连续性方程为

$$G-\frac{p_n-p_{n0}}{\tau_p}=0$$

解得

$$p_n=p_{n0}+G\tau_p \tag{1-150}$$

其中，p_{n0}是平衡时少子浓度。

可见，在均匀光照下，稳态时产生的空穴也是均匀分布的，数值为 $p_{n0}+G\tau_p$，$G\tau_p$ 为非平衡少数载流子浓度。

$t=0$ 时刻关闭光源后，产生的非平衡少子经过复合而消失，少数载流子恢复到平衡时的值。在这一过程中，整个样品中仍然没有电场，没有载流子的浓度梯度，没有产生项，所以空穴的连续性方程为

$$\frac{\partial p}{\partial t}=-\frac{p_n-p_{n0}}{\tau_p}$$

$t=0$ 时刻的边界条件为

$$p_n(0)=p_{n0}+G\tau_p$$

解得

$$p_n=p_{n0}+G\tau_p\exp\left(-\frac{t}{\tau_p}\right) \tag{1-151}$$

如图 1.73(b)所示。

2. 单侧稳态注入

N 型半导体样品一侧受到稳定光照，分析稳态时半导体内部空穴分布情况。

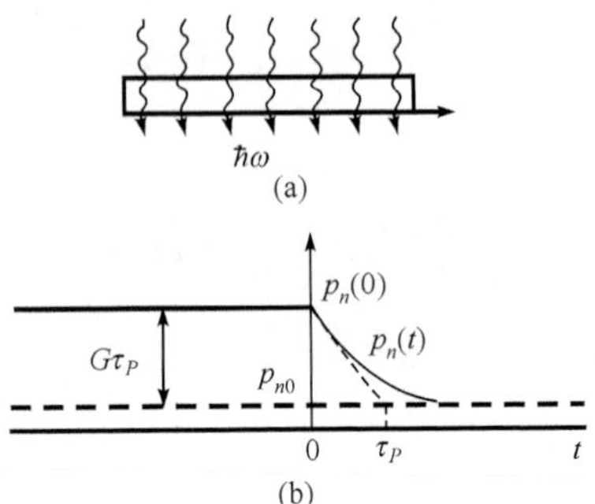

图 1.73 N型半导体均匀注入时空穴的稳态分布及复合过程中空穴浓度的变化

因为电场为零,产生项为零,即 $E_e=0, G=0$,所以稳态时空穴电流连续性方程为

$$\frac{\partial p_n}{\partial t}=D_p\frac{\partial^2 p_n}{\partial x^2}-\frac{p_n-p_{n0}}{\tau_p}=0$$

在稳恒光照下,表面空穴浓度是常数,$p_n(x=0)=$恒定值。如果样品宽度足够大,在样品的另一侧,空穴浓度降至平衡值,有 $p_n(x=\infty)=p_{n0}$,所以微分方程的解为

$$p_n(x)=p_{n0}+[p_n(0)-p_{n0}]\mathrm{e}^{-\frac{x}{L_p}} \tag{1-152}$$

其中,$L_p=\sqrt{D_p\tau_p}$ 称为空穴的扩散长度。

一般情况下,对 Si,$L_p\approx 1\text{cm}$,对 GaAs,$L_p\approx 0.1\text{cm}$。空穴分布如图 1.74(a)所示。

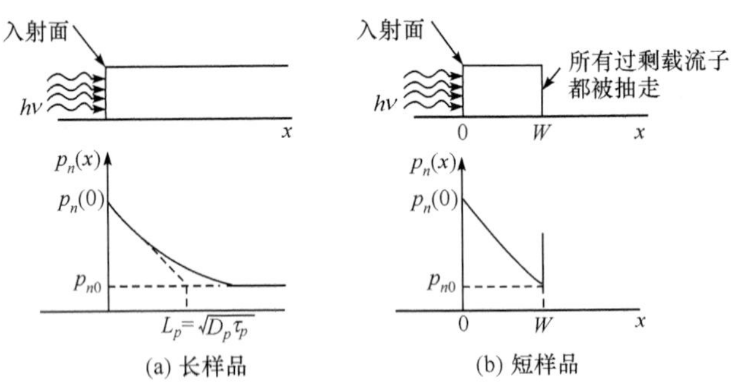

图 1.74 单侧稳态注入时少子的分布

如果样品的厚度 W 有限,即为短样品,则在样品另一侧所有的过剩载流子都被抽走,即 $p_n(x=W)=p_{n0}$,则微分方程的解为

$$p_n(x)=p_{n0}+[p_n(0)-p_{n0}]\left\{\frac{\mathrm{sh}[(W-x)/L_p]}{\mathrm{sh}(W/L_p)}\right\} \tag{1-153}$$

其中,sh(x)是双曲函数,$\text{sh}(x)=(e^x-e^{-x})/2$。短样品中空穴分布如图1.74(b)所示。

习 题

1. 锗与硅一样是金刚石结构,已知其晶格常数$a=5.65\text{Å}$,请针对锗材料,计算:

① (100)、(110)、(111)三个面的原子面密度。

② 原子体密度。

2. 体心立方晶体由原子A、B组成,A位于晶胞的顶角,B位于体心。A的有效半径为1.02Å,假设将每一个原子看作硬性球,最近邻A相互接触,计算:

① B原子的最大半径。

② A原子和B原子的体密度。

3. 两种原子以A、B最紧密排列的方式构成面心立方晶体,A位于晶胞顶角,B位于面心。已知A、B的有效半径分别为2.2Å和1.8Å,计算:

① 晶格常数和A、B原子的体密度。

② 如果B在顶角,A位于面心,晶格常数和A、B原子的体密度。

③ 比较上面的两个结果,得出什么结论。

4. 晶格常数为a的立方晶体,请画出并标明以下晶面和晶向。

① 晶面(100)、(110)、(310)、(230)。

② 晶向[100]、[110]、[310]、[230]。

5. 已知简单立方晶体的晶格常数为5.63Å,计算下列晶面的面间距:(100)、(110)、(111)。

6. 已知硅中替位杂质硼的浓度为$2\times10^{16}\text{cm}^{-3}$,计算:

① 硅原子被硼原子替位的百分比。

② 如果硼的浓度为10^{15}cm^{-3},硅原子被硼原子替位的百分比。

7. 已知硅中替位杂质金的浓度为$2\times10^{15}\text{cm}^{-3}$,利用硅的晶格常数,计算金原子的间距。

8. 电子运动速度为$1\times10^6\text{cm/s}$,计算电子能量、动量及德布罗意波长。

9. 自由空间电子波函数为$\Psi(x,t)=Ae^{j(kx-\omega t)}$,其中$k=1.5\times10^9\text{m}^{-1}$,$\omega=1.5\times10^{13}\text{rad/s}$。计算电子的波长、动量和动能(eV)。

10. 自由电子在宽度为100Å的势阱中,前三个电子能级的能量分别是多少?

11. $T=300\text{K}$下,计算硅中E_C至E_C+k_BT总的量子态数是多少?

12. $T=300\text{K}$下,设费米能级正好在禁带中央,请对Si、Ge、GaAs分别计算导带能级上量子态被电子占据的概率分别是多少?

13. 室温下,Si、Ge、GaAs中掺杂浓度都是$N_D=10^{15}\text{cm}^{-3}$,$N_A=0$,在平衡条件下,计算三种半导体材料的多子浓度和少子浓度。

14. 室温下,认为掺杂杂质全部电离,半导体材料中杂质浓度就是掺杂浓度。事实上,随着温度的降低,杂质的电离率是降低的。假设掺杂杂质能级上的载流子符合玻尔兹曼分布率,请问如果N型硅半导体掺杂杂质为磷,掺杂浓度为10^{16}cm^{-3},如果掺杂杂质只有80%发生电离,则温度是多少?

15. 已知 $N_D=10^{15}\text{cm}^{-3}$，$n_i=10^{10}\text{cm}^{-3}$，少子寿命 $\tau_p=10^{-6}\text{s}$，请问当 $\Delta p=10^{13}\text{cm}^{-3}$ 时，少子复合率是多少？

16. 厚度 0.1cm，截面积 1cm^2 的半导体材料。垂直入射的光波长为 6300Å，功率为 1W。假设一个光子产生一个电子-空穴对，在均匀吸收的条件下，单位体积单位时间产生的电子-空穴对是多少？如果少子的寿命是 $10\mu\text{s}$，则稳态时过量载流子浓度是多少？

17. $T=300\text{K}$，P 型 Si，$N_A=5\times10^{15}\text{cm}^{-3}$，费米能级与本征能级的距离是多少？如果产生的非平衡载流子是平衡时多子浓度的 10%，则准费米能级的位置如何？请用图表示费米能级和准费米能级的位置。

18. 已知 GaAs 样品掺杂浓度 $N_D=10^{17}\text{cm}^{-3}$，300K 时电子迁移率为 $5000\text{cm}^2/(\text{V}\cdot\text{s})$，计算电子的平均寿命；在外加电场 $E_e=10^3\text{V/cm}$ 下的漂移速度；300K 时的热运动速度。

19. 长方形 P 型半导体硅，长为 $1.2\times10^{-3}\text{cm}$，横截面积为 10^{-6}cm^2。在长度方向施加 5V 电压，则电流为 2mA，请问这块半导体材料的电阻是多少？电阻率是多少？掺杂浓度是多少？

20. $T=300\text{K}$，对完全补偿的硅，假设杂质全部电离，计算 $N_A=N_D=10^{14}\text{cm}^{-3}$ 和 $N_A=N_D=10^{18}\text{cm}^{-3}$ 时的电导率。

21. $T=300\text{K}$，N 型硅的电阻率为 $\rho=5\Omega\cdot\text{cm}$，计算掺杂浓度和在 $T=200\text{K}$ 及 $T=400\text{K}$ 时的电阻率。

22. PN 结准中性区少子分布分别可写为

$$p=10^{16}\exp(-x/L_p)\text{cm}^{-3},\quad L_p=5\times10^{-4}\text{cm}$$
$$n=5\times10^{14}\exp(-x/L_n)\text{cm}^{-3},\quad L_n=10^{-3}\text{cm}$$

其中，x 代表空间电荷区边界的距离；空穴和电子的扩散系数分别为 $D_p=10\text{cm}^2/\text{s}$ 和 $D_n=25\text{cm}^2/\text{s}$。计算总电流密度的大小。

23. N 型硅掺杂浓度为 $N_D=3\times10^{17}\text{cm}^{-3}$，长度为 $W=0.05\text{mm}$。在表面 $x=0$ 处有过量载流子注入，在背面 $x=W$ 处载流子被抽取，使得 $p_n(W)=p_{n0}$。已知少子寿命为 $50\mu\text{s}$，计算稳态条件下，$x=W$ 处少子扩散电流。

第 2 章　PN 结及二极管

2.1　概　　述

N 型和 P 型半导体紧密接触形成的结构叫 PN 结，也称为二极管。二极管具有整流特性，在一个电流方向是低阻态，能够传导电流，在另一个电流方向是高阻态，电流的传导受阻。PN 结有几种分类方法，按照材料可以分为同质结和异质结。同质结由同一种材料的 P 区和 N 区构成。异质结 P 区和 N 区的材料不同，其中金属-半导体接触形成的异质结又称为肖特基结，在半导体器件中有重要应用。PN 结的结构及符号如图 2.1 所示，其中 P 区称为阳极，N 区称为阴极[1-11]。

按照发展的时间顺序，PN 结的形成方法包括合金、扩散、离子注入、外延，以及化学气相沉积等。最早采用的合金法是让金属与半导体在合金温度下共熔从而实现掺杂，这一方法简单易行，满足了半导体学科初期发展的要求。扩散法在高温下利用掩蔽膜实现杂质的定位掺杂(图 2.2)。作为最早发展起来的半导体工艺技术，扩散在分立器件的制备与研究中被广泛采用。随着集成电路的发展，对掺杂剂的剂量及结深都提出了精确控制的要求，这促进了离子注入掺杂技术的发展。外延和化学气相沉积等各种薄膜制备技术可以在较低的温度下进行同步掺杂。

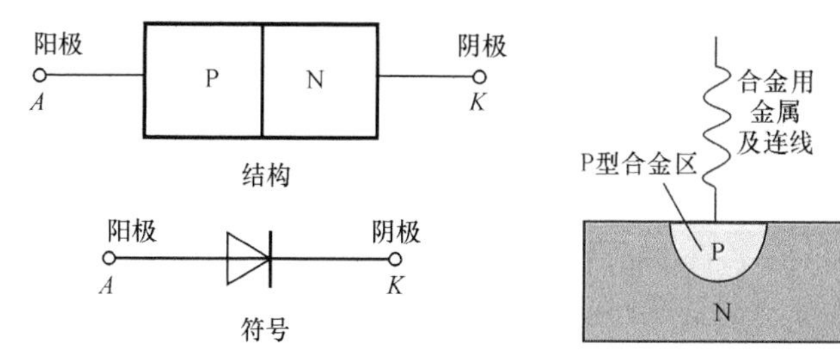

图 2.1　PN 结的结构及符号

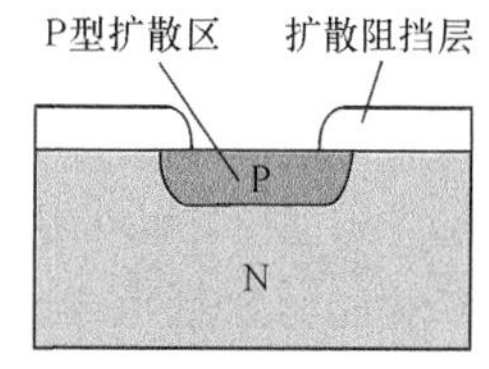

图 2.2　合金及扩散示意图

根据杂质分布形式，可以将 PN 结分为突变结和缓变结，如图 2.3(a)和图 2.3(b)所示。突变结的 P 区和 N 区都是均匀掺杂、在冶金结处(即 PN 结的界面处)掺杂类型及数量发生突然的变化，浓度梯度无限大。合金法得到的 PN 结是突变结，超浅结也可以用突变结近似。如果一侧的掺杂浓度远大于另一侧，称为单边突变结，高剂量离子注入法得到的浅 PN 结可以看成单边突变结(图 2.3(c))。扩散法掺杂杂质的分布不均匀，得到的 PN 结称为缓变结，将其冶金结附近的掺杂浓度近似看成线性变化，称为线性缓变结(图 2.3(d))。

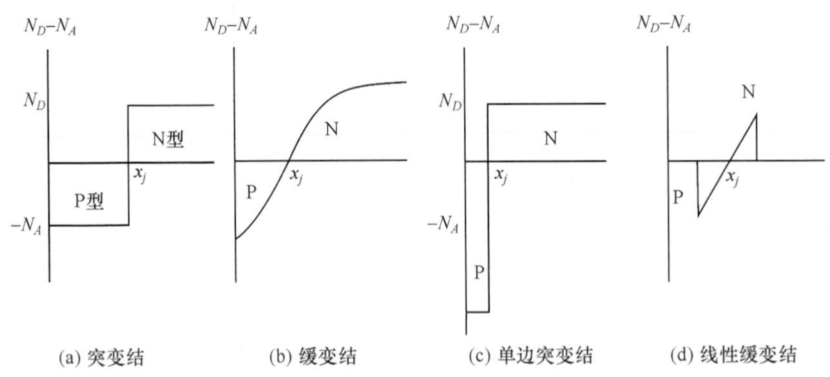

图 2.3　突变结、缓变结、单边突变结及线性缓变结

二极管虽然结构简单，但功能丰富，可实现整流、稳压、开关、微波、光电、变容和温敏等功能，充分表现出半导体材料特性及器件特性的可调控性。图 2.4 是几例二极管的符号。

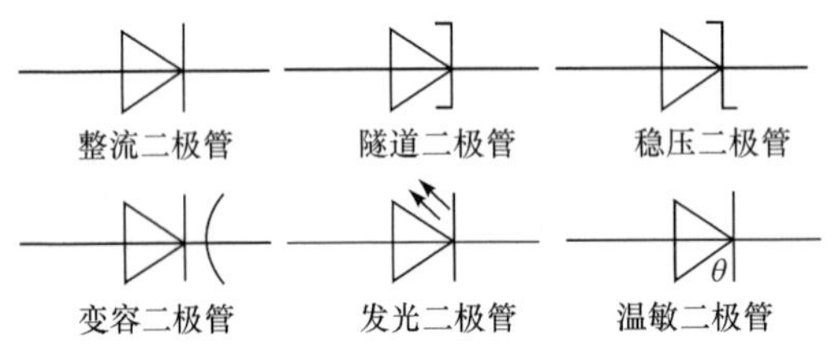

图 2.4　不同功能二极管的符号

PN 结二极管除了本身具有的各种功能，还是其他半导体器件的基本构成单元，因此学习并掌握 PN 结的分析方法及其基本特性是进一步学习半导体器件的基础。这里在介绍平衡 PN 结物理及特性的基础上，详细讨论二极管的直流特性、交流小信号特性、开关特性、击穿特性、功率特性，以及温敏特性等。二极管的发光特性或光敏特性在专门的半导体光电器件教材中有详细介绍。

2.2　平衡 PN 结

第 1 章详细介绍了能带理论及能带图。能带图是研究器件性能时重要且方便的工具。尤其对于结构复杂的器件，利用能带图的分析，会直观地呈现出器件工作的物理过程。尽早学会利用能带图分析问题,是器件物理学习的基本技能之一。下面从分析同质突变 PN 结的能带图开始研究二极管工作原理及器件特性。

2.2.1　平衡 PN 结、能带图与内建电势

1. 平衡 PN 结的建立及平衡 PN 结的能带图

如图 2.5 所示,均匀掺杂的 P 型和 N 型同质半导体材料没有接触的能带及相对位置,其中 P 型半导体的费米能级靠近价带而 N 型的靠近导带,两者并不在同一高度。N 型中的费米能级更高些,说明 N 型半导体中更多较高能级被电子占据,因此可以说 N 型半导体中电子的平均能量较高。

P 区和 N 区紧密接触形成 PN 结,成为一个热力学系统,达到平衡以后,整个系统具有统一的费米能级(图 2.6)。可以看出,相对于 N 区,P 区电子能量提高了,直到与 N 区电子具有同样的费米能级。此时,P 区和 N 区电子的平均能量相等。冶金结 $x_j=0$ 两侧从 $-x_p \sim x_n$ 能带发生了弯曲,弯曲量为 qV_{bi} ($V_{bi}>0$),把 V_{bi} 称为 PN 结的内建电势。在区间 $x<-x_p$ 和 $x>x_n$,能带仍然是平直的,即在 $x<-x_p$ 的 P 区,电子能量除了整体提高,没有别的变化,在 $x>x_n$ 的 N 区,电子能量不变。在过渡区,电子能量随位置而改变,从 $x=x_n$ 开始逐渐增加,直到 $x=-x_p$ 时达到最高值。以上是从能带图的角度分析平衡 PN 结中电子能量分布的特点。下面进一步说明平衡 PN 结形成时发生的物理过程,包括空间电荷区(space charge region,SCR)的建立及 PN 结自建电场的形成。

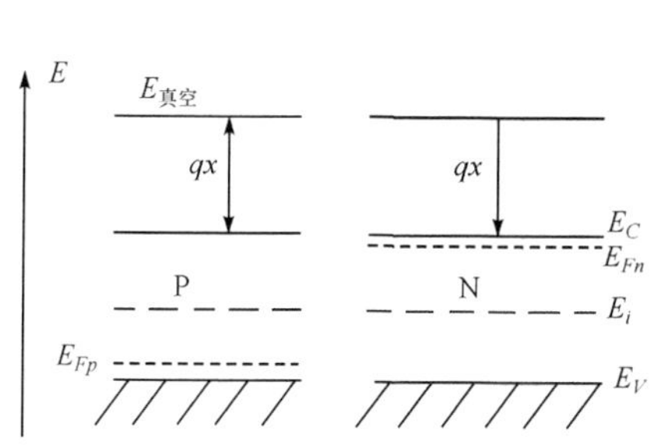

图 2.5　非接触 P 型和 N 型同质半导体能级相对位置示意图

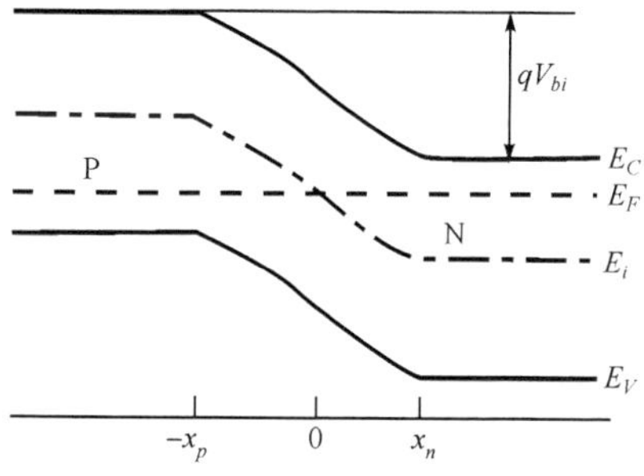

图 2.6　平衡 PN 结能带图

2. 空间电荷区及自建电场的建立

N 区电子浓度较高,P 区空穴浓度较高,两者接触后,在浓度梯度的作用下,电子将从 N 区向 P 区扩散,空穴从 P 区向 N 区扩散(图 2.7)。尽管电子和空穴的扩散方向相反,由于两者所带电荷符号相反,因此电流方向相同,都是从 P 区指向 N

区。总的扩散电流大小是电子扩散电流与空穴扩散电流数值之和。另外，由于电子和空穴分别离开原来的位置，电离了的带正电荷的施主和带负电荷的受主没有移动，形成空间电荷区，其中的电场从N区指向P区，这个电场被称为PN结的自建电场。电子和空穴在自建电场的作用下发生漂移。漂移方向与扩散方向相反，电子从P区向N区漂移，空穴从N区向P区漂移，因此漂移电流方向与扩散电流方向相反，当两者相等时，空间电荷区宽度不再变化。至此形成稳定的空间电荷区，自建电场的大小不再变化，PN结达到平衡。空间电荷区外没有电荷，称为中性区，分别为中性P区和N区。以上就是平衡PN结空间电荷区建立的物理过程。正是在自建电场的作用下，电子的能量由N区向P区逐渐提高。

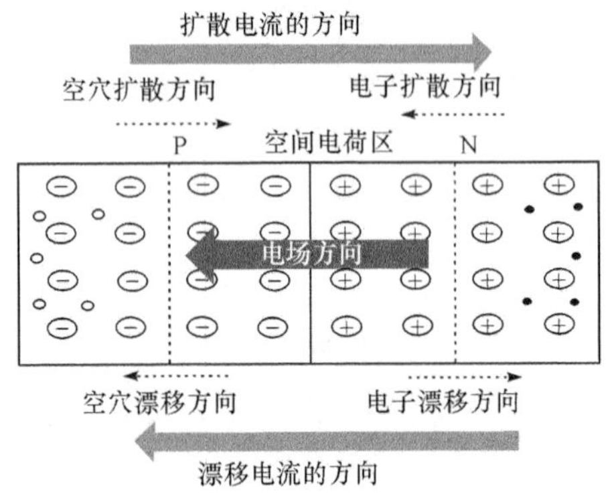

图2.7　平衡PN结建立过程

3. 证明平衡PN结有统一的费米能级

下面从平衡PN结的净电流为零出发，证明其费米能级是常数。通过这个过程，进一步熟悉并掌握利用能带图分析问题的方法。

定义冶金结位置坐标 $x=0$，空间电荷区边界坐标分别为 $-x_p$ 和 x_n。中性N区本征能级处的电势为零，则 $\varphi(x_n)=0$。自建电场方向由N区指向P区，所以整个空间电荷区的电势都小于零，用 $-\varphi(x)$ 表示（定义 $\varphi(x)>0$），如图2.8左下插图所示，中性P区电势为 $-V_{bi}$（$V_{bi}>0$），$\varphi(-x_p)=-V_{bi}$，qV_{bi} 代表PN结达到平衡时能带的弯曲量。用本征能级代表电子能量，则空间电荷区任一位置 x 处，电子能量为 $q\varphi(x)$。当然也可以采用导带和价带的变化表示，三者是等价的。采用本征能级一方面是约定俗成，另一方面是为了用费米势讨论问题更方便。费米势定义为本征能级与费米能级之差，中性P型区的费米势 ψ_{FP} 和中性N型区的费米势 ψ_{FN} 分别为

$$\psi_{FP}=\frac{E_i-E_{Fp}}{q}>0,\quad \text{中性P型区}$$

$$\psi_{FN}=\frac{E_i-E_{Fn}}{q}<0,\quad \text{中性 N 型区}$$

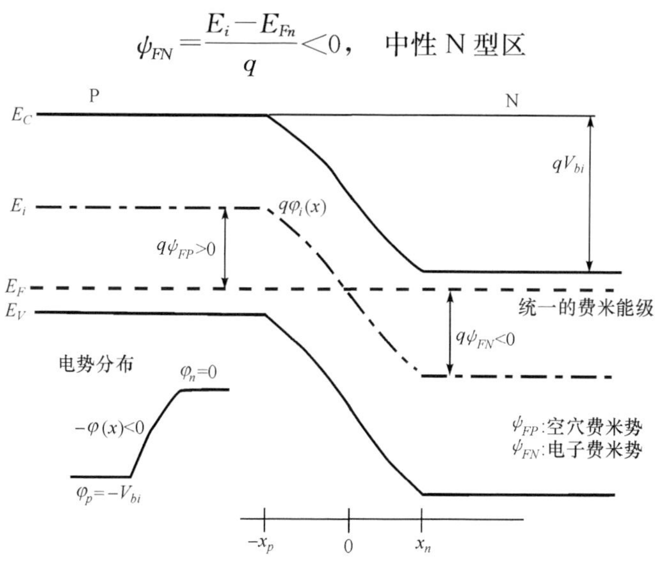

图 2.8　平衡 PN 结有统一的费米能级

在中性 P 区和 N 区，电子浓度和空穴浓度都是平衡时的值。在空间电荷区内，电子浓度和空穴浓度由本征能级与费米能级之差决定。以电子浓度为例，即

$$n(x)=n_i\exp[(E_F(x)-E_i(x))/k_BT]=n_i\exp[(E_F(x)-q\varphi_i(x))/k_BT]$$

其中，$E_i(x)=-q\varphi(x)=q\varphi_i(x)$。

总的电子电流是漂移电流与扩散电流之和，即

$$\begin{aligned}J_n&=qn\mu_nE_e+qD_n\frac{dn}{dx}=qn\mu_nE_e+qD_n\frac{qn}{k_BT}\left(\frac{dE_F}{qdx}-\frac{d\varphi_i(x)}{dx}\right)\\&=qn\mu_nE_e+qn\mu_n\left(\frac{dE_F}{qdx}-E_e\right)=n\mu_n\frac{dE_F}{dx}\end{aligned}\tag{2-1}$$

其中，$E_e=\frac{-d\varphi(x)}{dx}=\frac{d\varphi_i(x)}{dx}$。

上面的推导用了爱因斯坦关系，即$\frac{D_n}{\mu_n}=\frac{k_BT}{q}$。

可见，总的电子电流密度大小正比于费米能级梯度。对平衡 PN 结 $J_n=0$，所以费米能级是常数。

4. 内建电势 V_{bi}

从图 2.8 可以直观地看到，平衡 PN 结内建电势的大小等于 P 区空穴费米势及 N 区电子费米势的数值之和，即

$$V_{bi}=|\psi_{FP}|+|\psi_{FN}|$$

其中，$|\psi_{FN}|=\dfrac{k_BT}{q}\ln\left(\dfrac{N_D}{n_i}\right)$；$|\psi_{FP}|=\dfrac{k_BT}{q}\ln\left(\dfrac{N_A}{n_i}\right)$。

所以

$$V_{bi}=\frac{k_BT}{q}\ln\frac{N_AN_D}{n_i^2} \tag{2-2}$$

可以看出，掺杂浓度越高，内建电势越大；本征载流子浓度越高，内建电势越小。因此，Ge PN 结的内建电势约 0.3～0.4V，而 Si 的约为 0.6V。另外，PN 结的内建电势不可以直接测量，因为测量系统的引入，势必破坏 PN 结的平衡。

例 2.1 计算内建电势的大小，并比较掺杂浓度改变时，内建电势的改变。

已知 300K 时 Si PN 结的掺杂浓度分别为

$N_A=10^{18}\text{cm}^{-3}$，$N_D=10^{15}\text{cm}^{-3}$。

$N_A=10^{16}\text{cm}^{-3}$，$N_D=10^{15}\text{cm}^{-3}$；$n_i=10^{10}\text{cm}^{-3}$。

解

$$V_{bi}=\frac{k_BT}{q}\ln\frac{N_AN_D}{n_i^2}=0.026\ln\frac{10^{18}\times10^{15}}{10^{10}\times10^{10}}=0.778\text{V}$$

$$V_{bi}=\frac{k_BT}{q}\ln\frac{N_AN_D}{n_i^2}=0.026\ln\frac{10^{16}\times10^{15}}{10^{10}\times10^{10}}=0.659\text{V}$$

可见，掺杂浓度改变了两个数量级，内建电势只改变了 0.119V。

2.2.2 空间电荷区的分析与耗尽层近似理论

PN 结的性质是由空间电荷区决定的。耗尽层近似理论研究了空间电荷区的宽度与结压降的关系、最大电场的位置与大小等。

对空间电荷区做以下假设。

① 空间电荷区由电离了的施主和受主构成，无可动离子。

② 空间电荷区以外是中性区，中性区与空间电荷区之间的过渡区非常窄，认为是突变的，即空间电荷区以外电荷突然下降为零。

③ 电势只降落在空间电荷区上，中性区无电场。

以上假设被称为耗尽层近似。空间电荷区又被称为耗尽区，意指可动电荷耗尽为零。对均匀掺杂的突变 PN 结结构、电荷及电场分布如图 2.9 所示。电荷分布可表示为

$$Q=\begin{cases} qN_D, & 0<x<x_n \\ -qN_A, & -x_p<x<0 \end{cases} \tag{2-3}$$

泊松方程为

$$\frac{\mathrm{d}^2\varphi}{\mathrm{d}x^2}=\begin{cases} \dfrac{-qN_D}{\varepsilon_s}, & 0<x<x_n \\ \dfrac{qN_A}{\varepsilon_s}, & -x_p<x<0 \end{cases} \tag{2-4}$$

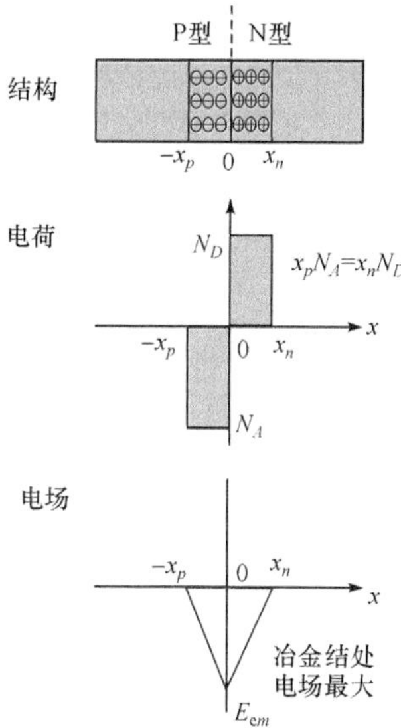

图 2.9　均匀掺杂的突变 PN 结结构、电荷及电场分布示意图

边界处电场为零，$E_e(-x_p)=E_e(x_n)=0$，所以

$$E_e(x)=-\frac{d\varphi}{dx}=\begin{cases}\dfrac{qN_D(x-x_n)}{\varepsilon_s}, & 0\leqslant x\leqslant x_n\\ -\dfrac{qN_A(x+x_p)}{\varepsilon_s}, & -x_p\leqslant x\leqslant 0\end{cases} \tag{2-5}$$

可见，均匀掺杂 PN 结空间电荷区的电场是线性分布的，最大电场位于冶金结 $x=0$ 处，即

$$E_{em}=E_e(0)=-\frac{qN_Ax_p}{\varepsilon_s}=-\frac{qN_Dx_n}{\varepsilon_s} \tag{2-6}$$

负号代表电场方向由 N 区指向 P 区。由式(2-6)可以得到下式，即

$$N_Ax_p=N_Dx_n \tag{2-7}$$

意味着空间电荷区中电离施主和电离受主的总量相等，空间电荷区中总电荷为零。

耗尽区总宽度 W 可以表示为

$$W=x_n+x_p \tag{2-8}$$

内建电势为

$$V_{bi}=-\int_{-x_p}^{x_n}E_e(x)dx=-\int_{-x_p}^{0}E_e(x)dx-\int_{0}^{x_n}E_e(x)dx=\frac{qN_Ax_p^2}{2\varepsilon_s}+\frac{qN_Dx_n^2}{2\varepsilon_s}=\frac{1}{2}E_{em}W \tag{2-9}$$

将式(2-7)和式(2-8)代入式(2-9)，可以得到

$$x_p=\left[\frac{2\varepsilon_s}{q}\frac{N_D}{(N_A+N_D)N_A}V_{bi}\right]^{\frac{1}{2}}$$

$$x_n=\left[\frac{2\varepsilon_s}{q}\frac{N_A}{(N_A+N_D)N_D}V_{bi}\right]^{\frac{1}{2}} \tag{2-10}$$

$$W=\left[\frac{2\varepsilon_s}{q}\frac{N_A+N_D}{N_AN_D}V_{bi}\right]^{\frac{1}{2}} \tag{2-11}$$

将式(2-10)或式(2-11)代入式(2-6)，可得下式，即

$$E_{cm}=\left[\frac{2q}{\varepsilon_s}\frac{N_AN_D}{N_A+N_D}V_{bi}\right]^{1/2} \tag{2-12}$$

对单边突变 P^+N 结 $N_A \geqslant N_D$，$x_p \approx 0$，所以有

$$W\approx x_n=\left(\frac{2\varepsilon_s}{qN_D}V_{bi}\right)^{\frac{1}{2}} \tag{2-13}$$

$$E_{cm}=\frac{qN_Dx_n}{\varepsilon_s}=\frac{qN_DW}{\varepsilon_s} \tag{2-14}$$

可见，PN 结中冶金结处电场最大；空间电荷区无可动电荷，无漂移电流；掺杂浓度越高，空间电荷区宽度越窄；对单边突变结，空间电荷区主要展宽在低掺杂区。

例 2.2　室温下，计算 Si PN 结空间电荷区总宽度及在结界面两侧宽度，计算最大电场及内建电势。已知

① $N_A=10^{15}\text{cm}^{-3}$，$N_D=10^{15}\text{cm}^{-3}$。

② $N_A=10^{16}\text{cm}^{-3}$，$N_D=10^{15}\text{cm}^{-3}$。

③ $N_A=10^{18}\text{cm}^{-3}$，$N_D=10^{15}\text{cm}^{-3}$。

解　① $N_A=10^{15}\text{cm}^{-3}$，$N_D=10^{15}\text{cm}^{-3}$。

$$V_{bi}=\frac{k_BT}{q}\ln\frac{N_AN_D}{n_i^2}=0.026\ln\frac{10^{15}\cdot 10^{15}}{10^{10}\cdot 10^{10}}\approx 0.6\text{V}$$

$$W=\left[\frac{2\varepsilon_s}{q}\frac{N_A+N_D}{N_AN_D}V_{bi}\right]^{\frac{1}{2}}=\left[\frac{2\times 11.7\times 8.854\times 10^{-14}}{1.6\times 10^{-19}}\times\frac{10^{15}+10^{15}}{10^{15}\times 10^{15}}\times 0.6\right]^{1/2}$$

$$=1.25\times 10^{-4}\text{cm}=1.25\mu\text{m}$$

$$x_n=\left[\frac{2\varepsilon_s}{q}\frac{N_A}{(N_A+N_D)N_D}V_{bi}\right]^{1/2}=0.625\mu\text{m}$$

$$x_p=\left[\frac{2\varepsilon_s}{q}\frac{N_D}{(N_A+N_D)N_A}V_{bi}\right]^{1/2}=0.625\mu\text{m}$$

$$E_{cm}=\frac{qN_Ax_p}{\varepsilon_s}=\frac{qN_Dx_n}{\varepsilon_s}=\frac{1.6\times 10^{-19}\times 10^{15}\times 0.625\times 10^{-4}}{11.7\times 8.854\times 10^{-14}}$$

$$=9.65\times 10^3\text{V/cm}$$

② $N_A=10^{16}\text{cm}^{-3}$，$N_D=10^{15}\text{cm}^{-3}$。

$V_{bi}=0.659\text{V}, W=0.968\mu\text{m}, x_n=0.88\mu\text{m}, x_p=0.088\mu\text{m}, E_{cm}=1.358\times10^4$ V/cm

③ $N_A=10^{18}\text{cm}^{-3}, N_D=10^{15}\text{cm}^{-3}$。

$V_{bi}=0.778\text{V}, W=1.001\mu\text{m}, x_n=1.0\mu\text{m}, x_p=0.001\mu\text{m}, E_{cm}=1.54\times10^4$ V/cm

以上计算结果表明，空间电荷区的宽度在微米量级，界面处电场大小约为 10^4 V/cm。

掺杂类型一致，掺杂浓度不同的两种半导体材料紧密接触形成的结叫同型结，也叫高低结。利用能带图，同样可以分析高低结的性质。

例 2.3　N 型掺杂的高低结，掺杂浓度分别为 10^{20}cm^{-3} 和 10^{15}cm^{-3}。请画出平衡时能带图；根据能带图算出内建电势的大小；定性画出电荷分布情况。

解　掺杂浓度达到 10^{20}cm^{-3} 的半导体是简并半导体，费米能级进入导带，一般认为在导带处(图 2.10)。重掺杂半导体的费米势为 1/2 的禁带宽度，即 $q\psi_{n1}=0.56\text{eV}$。掺杂浓度为 10^{15}cm^{-3} 侧的费米势 $q\psi_{n2}$ 为

$$q\psi_{n2}=k_BT\ln\left(\frac{N_D}{n_i}\right)=0.026\ln\left(\frac{10^{15}}{10^{10}}\right)=0.298\text{eV}$$

则内建电势 $V_{bi}=\psi_{n1}-\psi_{n2}=0.56-0.298=0.262\text{V}$。

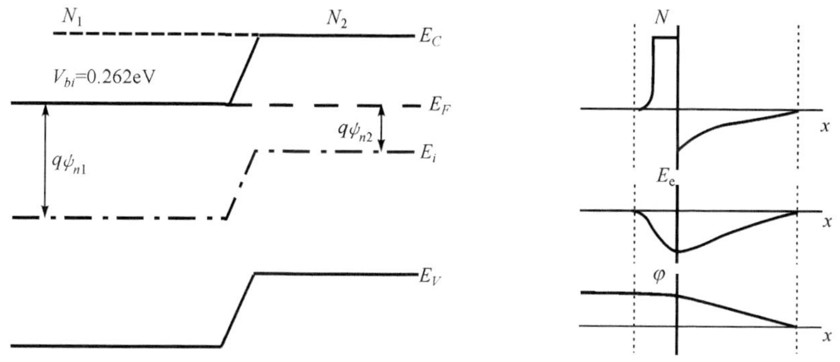

图 2.10　N 型高低结平衡时的能带图、电荷、电场和电势分布

平衡状态建立的过程就是电子由高掺杂区向低掺杂区扩散的过程。因为电离施主不能移动，所以高掺杂区电子离开以后留下带正电的电离施主，带负电的电子扩散到低掺杂区，形成一定的分布，其总电荷与电离施主总量相等，最终形成稳定的分布。图 2.10 定性地给出了 N 型高低结平衡时的能带图、电荷、电场及电势分布。

2.2.3　开路时正、反向偏置 PN 结

在开路条件下，给 PN 结两端施加电压，PN 结的平衡状态被打破，整个系统将不再具有统一的费米能级。在耗尽近似下，空间电荷区没有可动载流子，是高阻区，相比之下，空间电荷区以外是低阻区。因为是开路，没有电流，所以外加电压完

全降落在空间电荷区。

以P端接高电位、N端接低电位为正向偏置；反之，为反向偏置。反向偏置时，外加电场方向与自建电场方向一致，P端的电势相比平衡时降低V_R（V_R为反向偏置电压的大小），但电子能量提高qV_R。从能带图看，就是P端的费米能级相对于N端升高qV_R，整个空间电荷区的压降为$V_{bi}+V_R(V_R>0)$，大于平衡时的值，空间电荷区的宽度相比平衡时的值也增大了（图2.11）。正向偏置时，外加电场方向与自建电场方向相反，所以空间电荷区的压降降低为$V_{bi}-V_F$，空间电荷区宽度相应降低了。P区电势提高V_F，但电子能量却降低qV_F，所以费米能级降低qV_F，能带弯曲量为$q(V_{bi}-V_F)$。

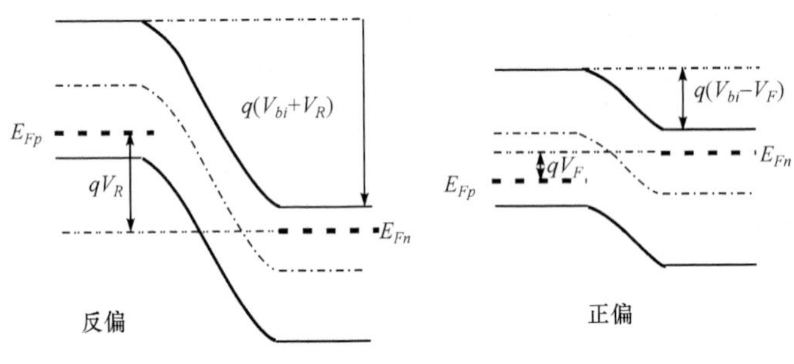

图2.11　反向和正向偏置下PN结的能带图

设外加偏置电压为V，反向偏置时，$V<0$；正向偏置时，$V>0$，空间电荷区的压降为$V_{bi}-V$，根据耗尽层近似理论，空间电荷区的宽度可以写为

$$x_p=\left[\frac{2\varepsilon_s}{q}\frac{N_D}{(N_A+N_D)N_A}(V_{bi}-V)\right]^{\frac{1}{2}}$$

$$x_n=\left[\frac{2\varepsilon_s}{q}\frac{N_A}{(N_A+N_D)N_D}(V_{bi}-V)\right]^{\frac{1}{2}}$$

$$W=\left[\frac{2\varepsilon_s}{q}\frac{N_A+N_D}{N_AN_D}(V_{bi}-V)\right]^{\frac{1}{2}} \tag{2-15}$$

对P^+N单边突变结，有

$$W\approx x_n=\left[\frac{2\varepsilon_s}{qN_D}(V_{bi}-V)\right]^{\frac{1}{2}} \tag{2-16}$$

相应可得到N^+P结的表达式。

例2.4　计算P^+N单边突变结反向偏置下空间电荷区的宽度。已知$N_D=10^{15}\text{cm}^{-3}$，$N_A=10^{16}\text{cm}^{-3}$，$V_R=5\text{V}$或$V_R=10\text{V}$。

解　$V_{bi}=\frac{k_BT}{q}\ln\frac{N_AN_D}{n_i^2}=0.026\ln\frac{10^{16}\times10^{15}}{10^{10}\times10^{10}}\approx0.659\text{V}$

平衡时，有

$$W=\left[\frac{2\varepsilon_s}{q}\frac{N_A+N_D}{N_AN_D}V_{bi}\right]^{\frac{1}{2}}=\left[\frac{2\times 11.7\times 8.854\times 10^{-14}}{1.6\times 10^{-19}}\times\frac{10^{16}+10^{15}}{10^{15}\times 10^{16}}\times 0.659\right]^{1/2}$$

$$=0.968\times 10^{-4}\,\text{cm}=0.968\mu\text{m}$$

$V_R=-5\text{V}$ 时，有

$$W=\left[\frac{2\varepsilon_s}{q}\frac{N_A+N_D}{N_AN_D}(V_{bi}-V_R)\right]^{\frac{1}{2}}$$

$$=\left[\frac{2\times 11.7\times 8.854\times 10^{-14}}{1.6\times 10^{-19}}\times\frac{10^{16}+10^{15}}{10^{15}\times 10^{16}}\times(0.659+5)\right]^{1/2}=2.84\mu\text{m}$$

$V_R=-10\text{V}$ 时，有

$$W=\left[\frac{2\varepsilon_s}{q}\frac{N_A+N_D}{N_AN_D}(V_{bi}-V_R)\right]^{\frac{1}{2}}$$

$$=\left[\frac{2\times 11.7\times 8.854\times 10^{-14}}{1.6\times 10^{-19}}\times\frac{10^{16}+10^{15}}{10^{15}\times 10^{16}}\times(0.659+10)\right]^{1/2}=3.89\mu\text{m}$$

可见，在反向偏置电压分别为 5V 和 10V 时，空间电荷区宽度由平衡时的 0.968μm 分别增加到 2.84μm 和 3.89μm。

2.2.4　结电容

空间电荷区宽度随外加电压变化，相当于空间电荷区电荷量随外加电压变化，因此认为 PN 结的空间电荷区具有电容效应，称为耗尽层电容，也称为势垒电容。PN 结空间电荷区的电容效应如图 2.12 所示。

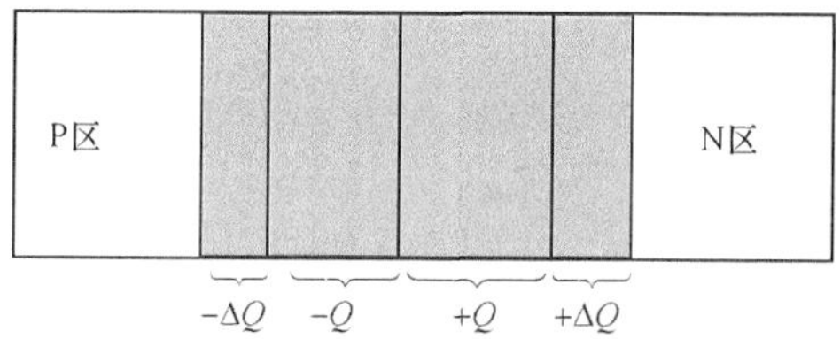

图 2.12　PN 结空间电荷区的电容效应

耗尽层电容为

$$C_j=\frac{\mathrm{d}Q}{\mathrm{d}V} \tag{2-17}$$

N 型侧空间电荷区宽度为

$$x_n=\left[\frac{2\varepsilon_s}{q}\frac{N_A}{(N_A+N_D)N_D}(V_{bi}-V)\right]^{\frac{1}{2}} \tag{2-18}$$

电离施主总量为

$$Q_n=qN_Dx_n=\left[\frac{2q\varepsilon_sN_AN_D}{N_A+N_D}(V_{bi}-V)\right]^{\frac{1}{2}} \tag{2-19}$$

所以

$$C_j=\left|\frac{\mathrm{d}Q_n}{\mathrm{d}V}\right|=\frac{1}{2}\left[\frac{2q\varepsilon_s N_A N_D}{N_A+N_D}\right]^{\frac{1}{2}}(V_{bi}-V)^{-\frac{1}{2}}=\left[2\frac{N_A+N_D}{q\varepsilon_s N_A N_D}(V_{bi}-V)\right]^{-\frac{1}{2}}$$

$$=\varepsilon_s\left[\frac{2\varepsilon_s}{q}\frac{N_A+N_D}{N_A N_D}(V_{bi}-V)\right]^{-\frac{1}{2}}=\frac{\varepsilon_s}{W} \tag{2-20}$$

W 为整个空间电荷区的宽度。可见，PN 结电容(势垒电容/耗尽层电容)相当于宽度为 W 的平板电容，随外加电压的改变而改变。

对于面积为 A 的 P^+N 单边突变结，即

$$C_j=A\left[\frac{q\varepsilon_s N_D}{2(V_R+V_{bi})}\right]^{1/2} \tag{2-21}$$

进一步，式(2-21)可以写成

$$\frac{1}{C_j^2}=\frac{2}{q\varepsilon_s N_D A^2}(V_R+V_{bi}) \tag{2-22}$$

可见，对均匀掺杂的单边突变平面结，根据测量的 $C_j\sim V_R$ 数据，绘出 $1/C_j^2\sim V_R$ 曲线，得到的是条直线，如图 2.13 所示。从直线的斜率可以知道低掺杂区的掺杂浓度，从其外延线与横坐标的交点，可以确定内建电势 V_{bi} 的大小。这是间接测量 PN 结内建电势的方法之一。

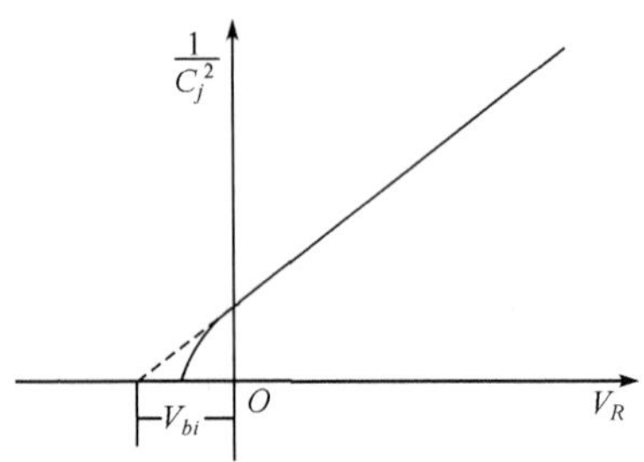

图 2.13 P^+N 二极管的 $1/C_j^2\sim V_R$ 曲线示意图

例 2.5 $T=300\text{K}$，$N_D=5\times10^{16}\,\text{cm}^{-3}$，$N_A=5\times10^{15}\,\text{cm}^{-3}$，$V_R=5\text{V}$，$A=10^{-4}\,\text{cm}^2$，求势垒电容。

解 利用式(2-2)和式(2-11)计算得到 $V_{bi}=0.742\text{V}$，$W=1.27\mu\text{m}$，再利用式(2-20)，得到 $C_j=8.1\times10^{-9}\,\text{F/cm}^2$，$C=0.81\text{pF}$。可见，势垒电容在 pF 量级或更小。

2.2.5 线性缓变结及其性质

图 2.14 不加证明地给出线性缓变结的电荷、电场、电势分布及能带图。

冶金结两侧空间电荷区的宽度分别为 x_0，整个空间电荷区的宽度为 $2x_0$，杂质浓度线性分布的梯度为 α，则有

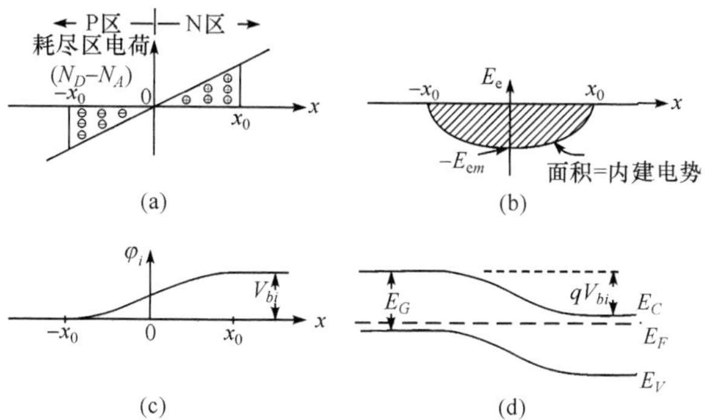

图 2.14　线性缓变结的电荷、电场、电势分布及能带图

$$x_0=\left\{\frac{3}{2}\frac{\varepsilon_s}{q\alpha}(V_{bi}-V_R)\right\}^{1/3} \tag{2-23}$$

$$V_{bi}=\frac{2k_BT}{q}\ln\left(\frac{\alpha x_0}{n_i}\right) \tag{2-24}$$

$$C_j=\left\{\frac{q\alpha\varepsilon_s^2}{12(V_{bi}+V_R)}\right\}^{1/3} \tag{2-25}$$

其中，C_j 为结电容。

冶金结处最大电场 E_{em} 为

$$E_{em}=\frac{-q\alpha x_0^2}{8\varepsilon_s}$$

2.3　PN 结的直流特性

不同于开路状态，在闭合电路中，正向偏置的 PN 结两端有大电流流过，反向偏置时流过的电流非常小，表现出单向导电性。理想 PN 结直流电流-电压（I-V）关系的解析表达式是由 Shockley 给出的，称为 Shockley 方程。实际 PN 结的 I-V 特性与理想 PN 结的 Shockley 方程有一定的偏差，这种偏差与半导体材料的特性有关，也与工作的条件有关。PN 结的 I-V 特性是理解半导体器件物理的基础，也是建立器件模型的根据。

2.3.1　理想 PN 结的直流 *I-V* 特性——Shockley 方程

1. 理想 PN 结的定义及建立 Shockley 方程的思想

所谓理想 PN 结，是指外加电压全部降落在耗尽区（空间电荷区）；耗尽区以外是准中性区，没有漂移电流；忽略准中性区的体电阻和接触电阻；准中性区掺杂是均匀的，无多数载流子的扩散电流；空间电荷区不存在复合电流，不产生电流；小注入条件成立，即 $p_n = p_{n0}\mathrm{e}^{qV/k_BT} \ll n_{n0}$，并且 $n_p = n_{p0}\mathrm{e}^{qV/k_BT} \ll p_{p0}$；P 区和 N 区都是非简并的。

理想 PN 结正向偏置时，外电场方向与自建电场方向相反，空间电荷区的电场低于平衡时的值，载流子漂移电流减小，会有净的空穴从 P 区注入 N 区，电子从 N 区注入 P 区。注入的空穴在准中性 N 区是少子，注入的电子在准中性 P 区也是少子。

少子注入准中性区后，首先在边界堆积，然后扩散，边扩散边与多子复合，这样少子的扩散电流逐渐转化为多子电流，但总电流大小不变，如图 2.15(a)所示。

不考虑空间电荷区载流子的产生与复合，则电子电流和空穴电流在空间电荷区保持不变，分别是少子在空间电荷区边界处的扩散电流，即

$$J_P = J_{PD}(x_n)$$

$$J_N = J_{ND}(-x_p)$$

其中，x_n 和 $-x_p$ 分别是空间电荷区与准中性 N 区和 P 区交界面的坐标。

总电流可以用以上两个扩散电流之和表示，即

$$J = J_{总} = J_{PD}(x_n) + J_{ND}(-x_p) \tag{2-26}$$

稳态情况下，少子在准中性区形成稳定的分布，如图 2.15(b)所示。因此，给出 PN 结 I-V 解析表达式的关键就是确定少子在准中性区的分布随外加电压变化的规律。以上就是 Shockley 方程建立的基本思想。下面给出详细推导。

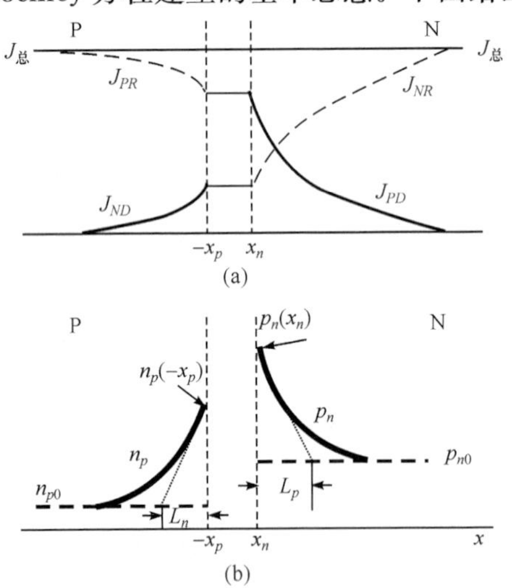

图 2.15 正向偏置理想 PN 结电流与少子分布

2. Shockley 方程推导 1：x_n、$-x_p$ 处少子浓度

平衡时，PN 结有统一的费米能级，空间电荷区以外半导体不受影响。空间电

荷区的能带弯曲，弯曲的量就是内建电势 V_{bi}，即

$$V_{bi}=\frac{k_BT}{q}\ln\frac{N_AN_D}{n_i^2}$$

可以写为

$$\frac{N_AN_D}{n_i^2}=\exp\left(\frac{qV_{bi}}{k_BT}\right)$$

对于均匀掺杂半导体，$N_A=p_{p0}$，$N_D=n_{n0}$，p_{p0} 和 n_{n0} 分别表示 P 区平衡时的空穴浓度和 N 区平衡时的电子浓度，故有

$$\frac{p_{p0}n_{n0}}{n_i^2}=\exp\left(\frac{qV_{bi}}{k_BT}\right)$$

$$p_{p0}=\frac{n_i^2}{n_{n0}}\exp\left(\frac{qV_{bi}}{k_BT}\right)=p_{n0}\exp\left(\frac{qV_{bi}}{k_BT}\right) \tag{2-27}$$

或者

$$p_{n0}=p_{p0}\exp\left(-\frac{qV_{bi}}{k_BT}\right) \tag{2-28}$$

同理，有

$$n_{p0}=n_{n0}\exp(-qV_{bi}/k_BT) \tag{2-29}$$

$$n_{n0}=n_{p0}\exp(qV_{bi}/k_BT) \tag{2-30}$$

可见，平衡 PN 结空间电荷区两侧的电子浓度或空穴浓度通过因子 $\exp(qV_{bi}/k_BT)$联系起来。这个结论用能带图可以很容易地理解。平衡 PN 结导带与费米能级间的距离如图 2.16 所示。电子浓度由导带底与费米能级的距离决定，P 区和 N 区导带与费米能级的距离相差 qV_{bi}，根据玻尔兹曼分布函数，空间电荷区两边的电子浓度相差因子 $\exp(qV_{bi}/k_BT)$。空穴亦如此。

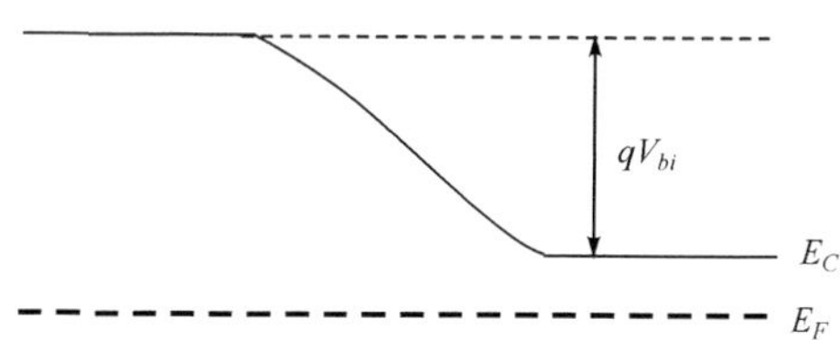

图 2.16　平衡 PN 结导带与费米能级间的距离

在正向偏置和反向偏置电压作用下，能带弯曲量发生变化，由平衡时的 qV_{bi} 变成 $qV_{bi}-qV_F$（正向偏置）和 $qV_{bi}+qV_R$（反向偏置），PN 结处于非平衡状态。在空间电荷区和少子扩散区，电子和空穴有各自的准费米能级。理想 PN 结正反向偏置时的能带图及准费米能级如图 2.17 所示。可见，准费米能级在经过空间电荷区时都不发生变化，因此在 $-x_p$ 和 x_n 处的电子或空穴浓度仍然与能带弯曲量有关。正向偏置时，即

$$p_n(x_n)=p_{p0}\exp[-q(V_{bi}-V_F)/k_BT]$$
$$=p_{p0}\exp(-qV_{bi}/k_BT)\exp(qV_F/k_BT)=p_{n0}\exp(qV_F/k_BT) \quad (2-31)$$

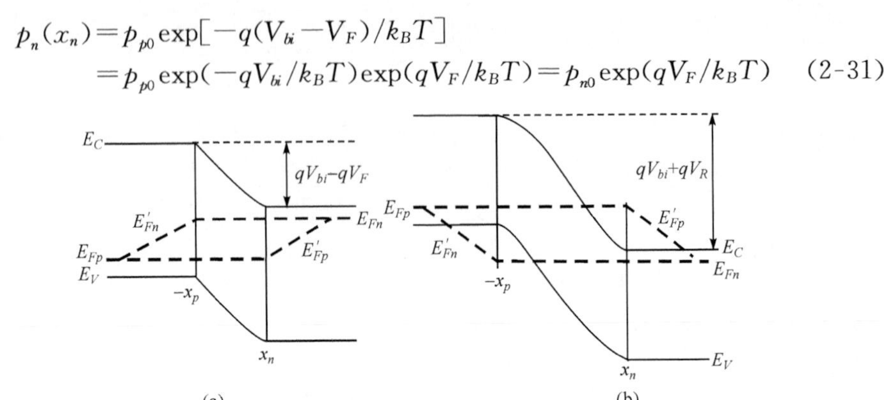

图 2.17 理想 PN 结正反向偏置时的能带图及准费米能级

同理，有

$$n_p(-x_p)=n_{n0}\exp[-q(V_{bi}-V_F)/k_BT]$$
$$=n_{n0}\exp(-qV_{bi}/k_BT)\exp(qV_F/k_BT)=n_{p0}\exp(qV_F/k_BT) \quad (2-32)$$

反向偏置时，有

$$p_n(x_n)=p_{p0}\exp[-q(V_{bi}+V_R)/k_BT]$$
$$=p_{p0}\exp(-qV_{bi}/k_BT)\exp(-qV_R/k_BT)=p_{n0}\exp(-qV_R/k_BT) \quad (2-33)$$

$$n_p(-x_p)=n_{n0}\exp[-q(V_{bi}+V_R)/k_BT]$$
$$=n_{n0}\exp(-qV_{bi}/k_BT)\exp(-qV_R/k_BT)=n_{p0}\exp(-qV_R/k_BT) \quad (2-34)$$

由以上分析可以看到，准中性区边界处少子浓度 $p_n(x_n)$ 和 $n_p(-x_p)$ 随外加电压而变化，正向偏置时，比平衡浓度增加了 $\exp(qV_F/k_BT)$ 倍；反向偏置时，少子浓度是平衡浓度的 $\exp(-qV_R/k_BT)$ 倍，当 $qV_R>3k_BT$ 时，为零，也就是说反向偏置下少子浓度在空间电荷区边界处降低为零，这种现象称为反向偏置电压的抽取作用。反向偏置 PN 结准中性区少子的分布如图 2.18 所示。

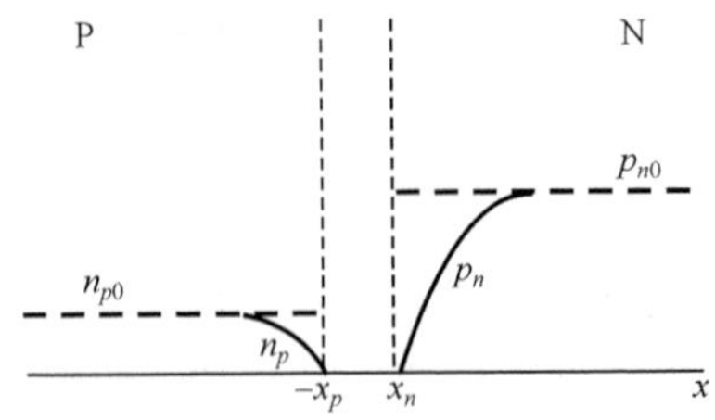

图 2.18 反向偏置 PN 结准中性区少子的分布

正向偏置电压在很大范围内调节了空间电荷区边界处少子的浓度。例如，N 区掺杂浓度为 $N_D=10^{15}\text{cm}^{-3}$，本征载流子浓度 $n_i=1.0^{10}\text{cm}^{-3}$，则平衡时少子浓度 $p_{n0}=10^5\text{cm}^{-3}$，当外加正电压 $V_F=0.4\text{V}$，$p_{n0}(x_n)=4.8\times10^6\text{cm}^{-3}$，比平衡时少子浓度高一个量级，但仍远小于掺杂浓度，因此称为小注入；当 $V_F=0.6\text{V}$ 时，$p_{n0}(x_n)=10^{15}\text{cm}^{-3}$，比平衡时浓度高 10 个量级，已经与掺杂多子浓度相当了，因此称为大注入。可见，正向偏置电压很小的改变，就可以使少子浓度发生数量级的变化。

3. Shockley 方程推导 2：准中性基区少子分布

从冶金结位置算起，N 区宽度为 W_n。空间电荷区的边界为 x_n，则准中性区的宽度为 W_n-x_n。根据假设，准中性区没有电场，所以空穴的电流连续性方程为

$$\frac{\mathrm{d}p_n}{\mathrm{d}t}=D_p\frac{\mathrm{d}^2p_n}{\mathrm{d}x^2}-\frac{p_n-p_{n0}}{\tau_p} \tag{2-35}$$

稳态条件下，有

$$\frac{\mathrm{d}^2p_n}{\mathrm{d}x^2}-\frac{p_n-p_{n0}}{D_p\tau_p}=0 \tag{2-36}$$

定义扩散长度为

$$L_p=\sqrt{D_p\tau_p} \tag{2-37}$$

则稳态时电流连续性方程可以表示为

$$\frac{\mathrm{d}^2(p_n-p_{n0})}{\mathrm{d}x^2}-\frac{p_n-p_{n0}}{L_p^2}=0 \tag{2-38}$$

在 x_n 处，有

$$p_n(x_n)-p_{n0}=p_{n0}[\exp(qV/k_BT)-1] \tag{2-39}$$

在 W_n 处，有

$$p_n(W_n)-p_{n0}=0 \tag{2-40}$$

式(2-38)的通解为

$$p_n(x)-p_{n0}=A\sinh\left(\frac{W_n-x}{L_p}\right)+B\sinh\left(\frac{x}{L_p}\right) \tag{2-41}$$

其中，$\sinh(\xi)=\dfrac{\exp(\xi)-\exp(-\xi)}{2}$。由边界条件(2-40)，可以确定 $B=0$，再由边界条件(2-39)可得下式，即

$$A=p_{n0}[\exp(qV/k_BT)-1]/\sinh\left(\frac{W_n-x_n}{L_p}\right) \tag{2-42}$$

将 A 和 B 代入式(2-41)，得到空穴在准中性 N 区的分布为

$$p_n(x)-p_{n0}=p_{n0}[\exp(qV/k_BT)-1]\frac{\sinh\left(\dfrac{W_n-x}{L_p}\right)}{\sinh\left(\dfrac{W_n-x_n}{L_p}\right)} \tag{2-43}$$

同理,在准中性 P 区($x\leqslant -x_p$),电子分布

$$n_p(x)-n_{p0}=n_{p0}[\exp(qV/k_BT)-1]\frac{\sinh\left(\dfrac{W_p+x}{L_n}\right)}{\sinh\left(\dfrac{W_p-x_p}{L_n}\right)} \tag{2-44}$$

准中性 N 区和 P 区中少子浓度分布如图 2.15(b)所示。

4. Shockley 方程推导 3:理想 PN 结 I-V 关系

根据式(2-43)和式(2-44),准中性 N 区任意位置处空穴扩散电流为

$$J_p(x)=-qD_p\frac{\mathrm{d}p_n(x)}{\mathrm{d}x}=q\frac{D_p}{L_p}p_{n0}[\exp(qV/k_BT)-1]\frac{\cosh\left(\dfrac{W_n-x}{L_p}\right)}{\sinh\left(\dfrac{W_n-x_n}{L_p}\right)} \tag{2-45}$$

其中,$\cosh(\xi)=\dfrac{\exp(\xi)+\exp(-\xi)}{2}$。

同理,准中性 P 区电子扩散电流为

$$J_n(x)=qD_n\frac{\mathrm{d}n_p(x)}{\mathrm{d}x}=q\frac{D_n}{L_n}n_{p0}[\exp(qV/k_BT)-1]\frac{\cosh\left(\dfrac{W_p+x}{L_n}\right)}{\sinh\left(\dfrac{W_p-x_p}{L_n}\right)} \tag{2-46}$$

少子在准中性区边扩散,边与多子复合,扩散电流逐渐转换为复合电流,但总电流大小不变,因此可以用 $x=x_n$ 处的空穴扩散电流及 $x=-x_p$ 处的电子扩散电流之和表示 PN 结的总电流。在 $x=x_n$ 处,有

$$\begin{aligned}J_p(x_n)&=q\frac{D_p}{L_p}p_{n0}[\exp(qV/k_BT)-1]\frac{\cosh\left(\dfrac{W_n-x_n}{L_p}\right)}{\sinh\left(\dfrac{W_n-x_n}{L_p}\right)}\\&=q\frac{D_p}{L_p}p_{n0}[\exp(qV/k_BT)-1]\frac{1}{\tanh(W_n'/L_p)}\end{aligned}$$

其中,$\tanh(\xi)=\dfrac{\exp(\xi)-\exp(-\xi)}{\exp(\xi)+\exp(-\xi)}$;$W_n'=W_n-x_n$。

在 $x=-x_p$ 处，有

$$J_n(-x_p)=q\frac{D_n}{L_n}n_{p0}[\exp(qV/k_BT)-1]\frac{1}{\tanh(W'_p/L_n)}$$

其中，$W'_p=W_p-x_p$。

因此，总电流为

$$\begin{aligned}J&=J_p(x_n)+J_n(-x_p)\\&=q\frac{D_p}{L_p}p_{n0}[\exp(qV/k_BT)-1]\frac{1}{\tanh(W'_n/L_p)}\\&\quad+q\frac{D_n}{L_n}n_{p0}[\exp(qV/k_BT)-1]\frac{1}{\tanh(W'_p/L_n)}\\&=J_s[\exp(qV/k_BT)-1]\end{aligned}\tag{2-47}$$

$$J_s=\left[q\frac{D_pp_{n0}}{L_p}\frac{1}{\tanh(W'_n/L_p)}+q\frac{D_nn_{p0}}{L_n}\frac{1}{\tanh(W'_p/L_n)}\right]\tag{2-48}$$

这就是 Shockley 给出的关于理想 PN 结 *I-V* 关系的解析表达式，又称为 Shockley 方程。

5. Shockley 方程的讨论 1：长 PN 结

所谓长 PN 结，是指准中性区的长度远大于少子的扩散长度，即 $W_n-x_n\gg L_p$，$W_p-x_p\gg L_n$，因此双曲函数中的负指数项趋于零，可以忽略，即

$$\begin{aligned}p_n(x)-p_{n0}&=p_{n0}[\exp(qV/k_BT)-1]\exp\left(\frac{W_n-x}{L_p}\right)\Big/\exp\left(\frac{W_n-x_n}{L_p}\right)\\&=p_{n0}[\exp(qV/k_BT)-1]\exp[-(x-x_n)/L_p]\end{aligned}\tag{2-49}$$

同理，有

$$n_p(x)-n_{p0}=n_{p0}[\exp(qV/k_BT)-1]\exp[(x+x_p)/L_n]\tag{2-50}$$

所以空穴和电子的扩散电流分别为

$$J_p(x)=q\frac{D_p}{L_p}p_{n0}[\exp(qV/k_BT)-1]\exp[-(x-x_n)/L_p]\tag{2-51}$$

$$J_n(x)=q\frac{D_n}{L_n}n_{p0}[\exp(qV/k_BT)-1]\exp[(x+x_p)/L_n]\tag{2-52}$$

通过 PN 结的总电流为

$$\begin{aligned}J&=J_p(x_n)+J_n(-x_p)\\&=q\left(\frac{D_p}{L_p}p_{n0}+\frac{D_n}{L_n}n_{p0}\right)[\exp(qV/k_BT)-1]=J_s[\exp(qV/k_BT)-1]\end{aligned}\tag{2-53}$$

$$J_s=q\frac{D_p}{L_P}p_{n0}+q\frac{D_n}{L_n}n_{p0}=q\left(\frac{D_p}{L_pN_D}+\frac{D_n}{L_nN_A}\right)n_i^2\tag{2-54}$$

反向偏置下，$V<0$，式(2-53)中指数项趋于零，因此 $J=-J_s$，所以 J_s 被称为反向饱和电流。反向偏置时，准中性区少子分布如图 2.18 所示，$p_n(x_n)=0, n_p(-x_p)=0$。准中性区靠近空间电荷区的扩散长度内，少子浓度低于平衡时的值，在边界处为零，这种现象被称为反向偏置电压作用下的少子抽取作用。在浓度梯度作用下，N 区内空穴扩散至空间电荷区边界，然后在电场作用下漂移至 P 区。P 区电子扩散到空间电荷区边界，然后在电场作用下漂移到 N 区。这两部分电流之和就是反向饱和电流，显然理想条件下反向饱和电流与外加电压无关。

图 2.19 是理想 PN 结 I-V 特性曲线在线性坐标系及半对数坐标系中的形式，在半对数坐标系中，$\ln J \sim qV/k_BT$ 为直线，对理想 PN 结，直线斜率为 1。

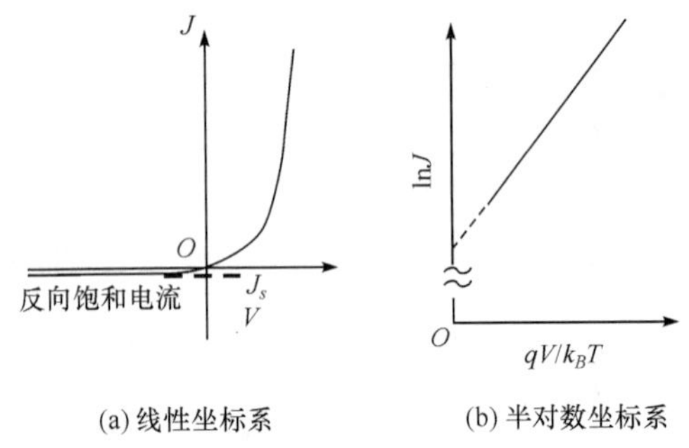

图 2.19　理想 PN 结 I-V 特性曲线在线性坐标系及半对数坐标系中的形式

6. Shockley 方程的讨论 2：短 PN 结

对短 PN 结，准中性区的宽度比少子扩散长度小得多，即 $W_n' \ll L_p, W_p' \ll L_n$，其中 $W_n'=W_n-x_n, W_p'=W_p-x_p$。对于 $\zeta \ll 1, \sinh\zeta \approx \zeta$，所以根据式(2-43)和式(2-44)，准中性区少子分布可表示为

$$p_n(x)-p_{n0}=p_{n0}[\exp(qV/k_BT)-1]\frac{W_n-x}{W_n-x_n}$$
$$=p_{n0}[\exp(qV/k_BT)-1]\left(1-\frac{x-x_n}{W_n'}\right) \quad (2\text{-}55)$$
$$n_p(x)-n_{p0}=n_{p0}[\exp(qV/k_BT)-1]\left(1+\frac{x+x_p}{W_p'}\right)$$

短 PN 结意味着少子注入后，没经过复合直接到达电极，成为电极电流，相当于少子寿命无限大，所以电流连续性方程有线性解。电流密度可以表示为

$$J_p=q\frac{D_p}{W_n'}p_{n0}[\exp(qV/k_BT)-1]$$
$$J_n=q\frac{D_n}{W_p'}n_{p0}[\exp(qV/k_BT)-1]$$

总电流密度为

$$J=J_s[\exp(qV/k_BT)-1]$$

其中，$J_s=q\left(\frac{D_p}{W'_nN_D}+\frac{D_n}{W'_pN_A}\right)n_i^2$，形式与长 PN 结完全一致。

例 2.6 计算反向饱和电流 I_s，其中 $N_A=N_D=10^{16}\text{cm}^{-3}$，$n_i=10^{10}\text{cm}^{-3}$，$D_n=25\text{cm}^2/\text{s}$，$D_p=10\text{cm}^2/\text{s}$，$\varepsilon_r=11.7$，$\tau_{p0}=\tau_{n0}=5\times10^{-7}\text{s}$。

解 $L_p=\sqrt{D_p\tau_{p0}}=\sqrt{10\times5\times10^{-7}}=2.24\times10^{-3}\text{ cm}$，$L_n=\sqrt{D_n\tau_{n0}}=\sqrt{25\times5\times10^{-7}}=3.54\times10^{-3}\text{ cm}$，则 $J_s=q\left(\frac{D_p}{L_pN_D}+\frac{D_n}{L_nN_A}\right)n_i^2=1.6\times10^{-19}\left(\frac{10}{2.24\times10^{-3}\times10^{16}}+\frac{25}{3.54\times10^{-3}\times10^{16}}\right)\times(10^{10})^2=1.84\times10^{-11}\text{A/cm}^2$。

如果面积 $A=10^{-4}\text{cm}^2$，则 $I_s=1.84\times10^{-15}\text{A}$。可见，理想情况下，反向饱和电流很小，且不随外加电压而改变。

关于准中性区的讨论。前面的讨论一直认为空间电荷区以外没有电场，但又称其为准中性。这个“准”字代表不完全的意思，即中性区不是绝对中性的，存在一个电场，但这个电场很小，可以忽略。下面讨论这个电场存在的意义，并估算其大小。

从载流子输运过程可以知道，少子注入后，首先在准中性区边界处堆积，然后向电极扩散，并不断与多子复合，扩散电流转化为复合电流，最终形成稳定的少子分布。其中与少子复合的多子来自电极，运动的驱动力是电场力。下面估算这个电场的大小。

例 2.7 已知 $J_s=1.84\times10^{-11}\text{A/cm}^2$，$N_D=10^{16}\text{cm}^{-3}$，$\mu_n=1000\text{cm}^2/\text{V}\cdot\text{s}$，估算准中性区电场。

解 当 $V=0.65\text{V}$ 时，$J=J_s[\exp(qV/k_BT)-1]=1.84\times10^{-11}[\exp(0.65/0.026)-1]=1.46\text{A/cm}^2$。

对于多子，$J=J_n=q\mu_nN_DE_e$，所以有

$$E_e=\frac{J}{q\mu_nN_D}=\frac{1.46}{1.6\times10^{-19}\times10^{16}\times1000}=0.91\text{V/cm}$$

如果准中性区的厚度为几十 μm，则其上的压降只有几 mV，远小于结上的压降，在计算中可以忽略，因此准中性区近似导致的误差是可以接受的。

2.3.2 实际 PN 结的直流特性

测量结果表明，Ge PN 结实际的 *I-V* 特性与理论曲线吻合较好，但 Si PN 结实际的 *I-V* 特性与理论计算的结果存在较大差异(图 2.20)。实线是根据 Shockley 方程给出的理想 PN 结正向偏置和反向偏置 *I-V* 曲线，也是 Ge PN 结的 *I-V* 曲

线，两者基本吻合。虚线是对 Si PN 结进行测量得到的 I-V 曲线，大量 Si PN 结实验结果都表现同样的规律，除了一段正电压区间，其他区间都存在较大偏差，主要表现在反向偏置时电流大于理想值，且不饱和，随反向电压增大而增大；正向偏置小电压下，实际电流大于理想值，且指数项系数不是 q/k_BT，而是 $q/2k_BT$；较大电压下，电流低于理想值，指数项中的系数也是 $q/2k_BT$；更高电压下，I/V 关系进入线性区，表现出欧姆特性。

研究表明，可以从以下三个方面来分析理论与实际的偏差，即空间电荷区的产生-复合电流、大注入效应、体电阻效应。

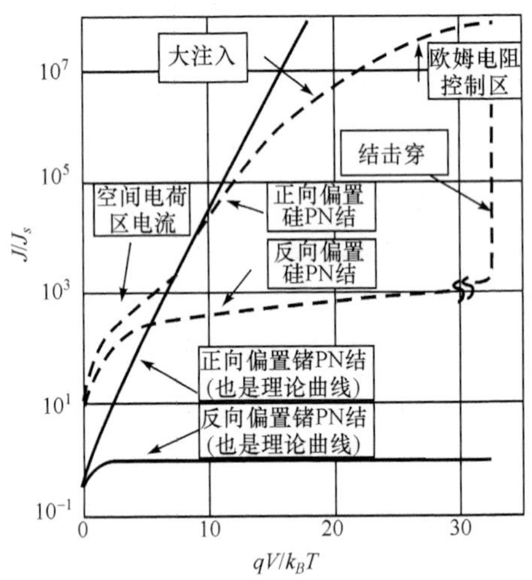

图 2.20 PN 结实际 I-V 特性与理想特性的比较

1. 空间电荷区的产生-复合电流

推导理想 PN 结 I-V 特性时，假设空间电荷区没有载流子的产生与复合。正向偏置时，大量电子和空穴注入空间电荷区，$np>n_i^2$，电子与空穴发生复合；反向偏置时，$np<n_i^2$，根据 SRH 理论，将有电子和空穴成对地产生。因此，除了扩散电流，实际的正向偏置电流还应该包括空间电荷区复合电流，而反向偏置电流还应该包括空间电荷区的产生电流，即

$$J_F=J_{FD}+J_{复合}$$

$$J_R=J_{RD}+J_{产生}$$

其中，J_F、J_{FD}、J_R和 J_{RD}分别表示正向偏置总电流、正向扩散电流、反向偏置总电流和反向偏置时的扩散电流；$J_{复合}$和 $J_{产生}$分别表示空间电荷区的正向复合电流、反向产生电流。下面比较产生-复合电流的大小及影响因素。

按照第1章的定义，产生率和复合率分别用G和R表示。空间电荷区的$I_{复合}$和$I_{产生}$与空间电荷区的体积有关，设A是结的面积，x_m是空间电荷区的宽度，则

$$I_{复合}=Aqx_mR$$

$$I_{产生}=Aqx_mG$$

假设复合中心在本征能级的位置，电子和空穴的寿命相等，用τ表示，则根据式(1-102)，得到最大净复合率的表达式为

$$U=\frac{n_i(\mathrm{e}^{qV/k_BT}-1)}{2\tau(\mathrm{e}^{qV/2k_BT}+1)}$$

当$U>0$时，表示净复合率R；当$U<0$时，表示净产生率G。

正向偏置时，$V_F\gg k_BT/q$，所以$R=\frac{n_i}{2\tau}\mathrm{e}^{qV/2k_BT}$。总的正向偏置电流为

$$J_F=J_{FD}+J_{复合}=J_s\mathrm{e}^{qV_F/k_BT}+Aqx_m\frac{n_i}{2\tau}\mathrm{e}^{qV_F/2k_BT}$$

对$\mathrm{P^+N}$结，复合电流与扩散电流之比为

$$J_{复合}/J_{FD}=\frac{Aqx_m\frac{n_i}{2\tau}\mathrm{e}^{qV_F/2k_BT}}{J_s\mathrm{e}^{qV_F/k_BT}}=\frac{Aqx_m\frac{n_i}{2\tau}\mathrm{e}^{qV_F/2k_BT}}{A\frac{qD_pn_i^2}{L_pN_D}\mathrm{e}^{qV_F/k_BT}}=\frac{x_mN_D}{2L_pn_i}\mathrm{e}^{-qV_F/2k_BT}$$

以硅为例，$N_D=10^{15}\mathrm{cm^{-3}}$，$\tau_p=1\mu\mathrm{s}$，$\mu_p=500\mathrm{cm^2/V\cdot s}$，$x_m=1\mu\mathrm{m}$，$n_i=1.0\times10^{10}\mathrm{cm^{-3}}$，则$J_{复合}/J_{FD}=10^2\times\mathrm{e}^{-qV_F/2k_BT}$。

进一步，当$J_{复合}/J_{FD}=1$，$V_F=0.24$时，$V_F<0.24$，$J_{复合}>J_{FD}$；当$V_F>0.24$时，$J_{复合}<J_{FD}$。可见，对硅来说，当正向电压较小时，复合电流远大于扩散电流，总电流主要是由复合电流决定的，且$I_F\propto\mathrm{e}^{qV_F/2k_BT}$。

锗中载流子寿命、迁移率及本征载流子浓度等都不同于硅，对锗$\mathrm{P^+N}$结，取$\tau_p=10\mu\mathrm{s}$，$\mu_p=2000\mathrm{cm^2/V\cdot s}$，$n_i=2.5\times10^{13}\mathrm{cm^{-3}}$，如果仍然取$N_D=10^{15}\mathrm{cm^{-3}}$，$x_m=1\mu\mathrm{m}$，则其复合电流与扩散电流之比的指数前因子只有$10^{-2}$，即

$$J_{复合}/J_{FD}=10^{-2}\times\mathrm{e}^{-qV_F/2k_BT}$$

可见，即使V_F只有0V，其复合电流与扩散电流之比也小于1%。这说明，即使在小的正向电压下，锗的正向偏置电流仍然主要是扩散电流，与理想方程较一致。

反向偏置时，$|V_R|\gg k_BT/q$，$G=\frac{n_i}{2\tau}$，因此有$I_{产生}=Aqx_m\frac{n_i}{2\tau}$。可见，反向产生电流与空间电荷区宽度成正比，所以随外加电压增大，空间电荷区宽度增加，产生电流随之增大，而不是达到饱和，这与实验结果是一致的。

产生电流与反向饱和电流之比为

$$J_{产生}/J_{RD}=\frac{Aqx_m\dfrac{n_i}{2\tau}}{\dfrac{AqD_pn_i^2}{L_pN_D}}=\frac{x_mN_D}{2L_pn_i}$$

在同样的参数下，对于硅，$J_{产生}/J_{RD}=100\gg1$，$J_{产生}>J_{RD}$；对于锗，$J_{产生}/J_{RD}=10^{-2}\ll1$，$J_{产生}<J_{RD}$。可见，对硅来说，反向产生电流远大于反向扩散电流，因此实验结果与理论曲线偏差较大，而对锗来说，反向偏置下的空间电荷区产生电流依然很小。

一般情况下，实际 PN 结电流可以写为

$$J=J_se^{qV/nk_BT} \tag{2-56}$$

其中，n 称为理想因子，一般在 1～2。

例 2.8　给定参数 $N_D=10^{17}\,\text{cm}^{-3}$，$N_A=10^{17}\,\text{cm}^{-3}$，$\tau_{n0}=\tau_{p0}=10^{-7}\,\text{s}$，$D_n=25\text{cm}^2/\text{s}$，$D_p=10\text{cm}^2/\text{s}$，载流子在耗尽层中的寿命$\tau_0=10^{-8}\,\text{s}$。计算电压为 0.5V 和 0.6V 时，二极管的电流，并进一步计算理想因子。

解　$J_s=q\dfrac{D_p}{L_p}p_{n0}+q\dfrac{D_n}{L_n}n_{p0}=q\left(\dfrac{D_p}{L_pN_D}+\dfrac{D_n}{L_nN_A}\right)n_i^2$

$$L_p=\sqrt{D_p\tau_{p0}}=\sqrt{10\times10^{-7}}=10^{-3}\,\text{cm}$$

$$L_n=\sqrt{D_n\tau_{n0}}=\sqrt{25\times10^{-7}}=1.58\times10^{-3}\,\text{cm}$$

则

$$\begin{aligned}J_s&=1.6\times10^{-19}\times\left(\frac{10}{10^{-3}\times10^{17}}+\frac{25}{1.58\times10^{-3}\times10^{17}}\right)\times(10^{10})^2\\&=4.13\times10^{-12}\,\text{A/cm}^2\end{aligned}$$

$$\begin{aligned}J_F(0.5)&=J_s[\exp(qV/k_BT)-1]=4.13\times10^{-12}\times[\exp(0.5/0.026)-1]\\&=9.28\times10^{-4}\,\text{A/cm}^2\end{aligned}$$

$$\begin{aligned}J_F(0.6)&=J_s[\exp(qV/k_BT)-1]=4.13\times10^{-12}\times[\exp(0.6/0.026)-1]\\&=4.35\times10^{-2}\,\text{A/cm}^2\end{aligned}$$

$$J_{复合}=qx_m\frac{n_i}{2\tau}e^{qV_F/2k_BT}$$

$$x_m=\left[\frac{2\varepsilon_s}{q}\frac{N_A+N_D}{N_AN_D}(V_{bi}-V)\right]^{\frac{1}{2}}$$

$$x_m(0.5)=\left[\frac{2\times11.7\times8.854\times10^{-14}}{1.6\times10^{-19}}\times\frac{10^{17}+10^{17}}{10^{17}\times10^{17}}(0.7-0.5)\right]^{\frac{1}{2}}=7.20\times10^{-6}\,\text{cm}$$

$$x_m(0.6)=\left[\frac{2\times11.7\times8.854\times10^{-14}}{1.6\times10^{-19}}\times\frac{10^{17}+10^{17}}{10^{17}\times10^{17}}(0.7-0.6)\right]^{\frac{1}{2}}=5.08\times10^{-6}\,\text{cm}$$

$$J_{复合}(0.5)=1.6\times10^{-19}\times7.2\times10^{-6}\times\frac{10^{10}}{2\times10^{-8}}\exp(0.5/(2\times0.026))$$
$$=8.64\times10^{-3}\text{A/cm}^2$$

$$J_{复合}(0.6)=1.6\times10^{-19}\times5.08\times10^{-6}\times\frac{10^{10}}{2\times10^{-8}}\exp(0.6/(2\times0.026))$$
$$=4.17\times10^{-2}\text{A/cm}^2$$

$$J_F=J_{FD}+J_{复合}\approx J_s\exp(qV/nk_BT)$$
$$J_F(0.5)=9.28\times10^{-4}+8.64\times10^{-3}=9.57\times10^{-3}\text{A/cm}^2$$
$$J_F(0.6)=4.35\times10^{-2}+4.17\times10^{-2}=8.52\times10^{-2}\text{A/cm}^2$$
$$\frac{J_F(0.6)}{J_F(0.5)}=\exp[q(0.6-0.5)/nk_BT]$$
$$n=\frac{q\Delta V}{k_BT\Delta\ln J_F}=1.76$$

n 接近于2，在0.5～0.6V之间，正向电流以复合电流为主。

例2.9 长硅PN结二极管，$N_D=10^{18}\text{cm}^{-3}$，$N_A=3\times10^{16}\text{cm}^{-3}$，$\tau_{n0}=\tau_{p0}=\tau_0=10^{-7}\text{s}$，$D_n=18\text{cm}^2/\text{s}$，$D_p=6\text{cm}^2/\text{s}$。一束光入射到空间电荷区，产生光电流的密度为 $J_G=25\text{mA/cm}^2$(图2.21)。二极管开路状态下，稳态时电路电流为零，因此PN结需要感应出一定的正向偏压，以使在这一正向偏压下的电流与产生电流方向相反，大小相等。试计算稳态时感应的PN结电压是多少？

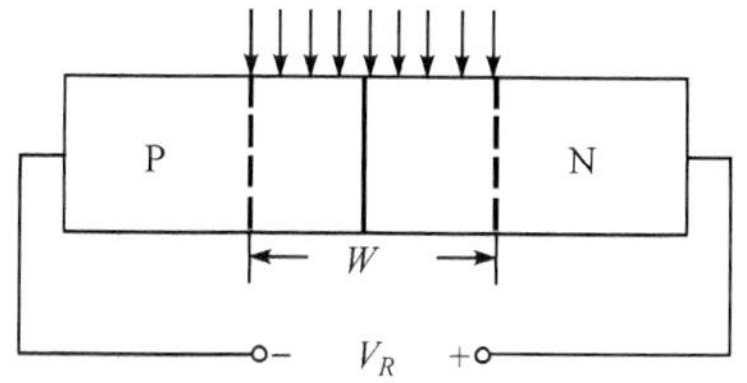

图2.21 例2.9

解 根据题意，$J_G=J_s\left[\exp\left(\frac{qV}{k_BT}\right)-1\right]$，其中 $J_s=q\left(\frac{D_p}{L_pN_D}+\frac{D_n}{L_nN_A}\right)n_i^2$。

$$L_p=\sqrt{D_p\tau_{p0}}=\sqrt{6\times10^{-7}}=7.74\times10^{-4}\text{cm}$$
$$L_n=\sqrt{D_n\tau_{n0}}=\sqrt{18\times10^{-7}}=1.34\times10^{-3}\text{cm}$$
$$J_s=1.6\times10^{-19}\times\left(\frac{6}{7.74\times10^{-4}\times10^{18}}+\frac{18}{1.34\times10^{-3}\times3\times10^{16}}\right)\times(10^{10})^2$$
$$=7.29\times10^{-12}\text{A/cm}^2$$

$$V=\frac{k_BT}{q}\ln\left(\frac{J_G}{J_s}\right)=0.026\ln\frac{25\times10^{-3}}{7.29\times10^{-12}}=0.57\text{V}$$

即 PN 结在光照下所感应的结电压为 0.57V。这个电压也称为 PN 结太阳能电池的开路电压。

2. 大注入效应

所谓大注入，是指注入准中性区的少子浓度接近或大于多子浓度。以准中性 N 区为例，大注入意味着关系式 $\Delta p_n(x)=p_n(x)-p_{n0}\approx n_n(x)$ 成立，如果准中性区没有任何响应，准中性条件必然要被破坏。为了在大注入条件下保持准中性，多子首先形成与注入少子同样的分布，以满足准中性成立的条件，同时建立一个电场阻止多子扩散，保持多子分布，从而保证准中性条件稳定成立。在稳态时，多子漂移电流与扩散电流大小相等，方向相反，多子净电流为零(以 N 型中性区为例)，即

$$J_n=qD_n\frac{\mathrm{d}n_n}{\mathrm{d}x}+qn_n\mu_nE_e=0$$

所以，有

$$E_e=-\frac{D_n}{\mu_n}\frac{1}{n_n}\frac{\mathrm{d}n_n}{\mathrm{d}x}=-\frac{k_BT}{q}\frac{1}{n_n}\frac{\mathrm{d}n_n}{\mathrm{d}x}=-\frac{k_BT}{q}\frac{\mathrm{d}\ln n_n}{\mathrm{d}x} \tag{2-57}$$

其中，E_e 称为大注入自建电场。

存在大注入自建电场时，准中性区的压降 V_D 为

$$V_D=\int_{x_n}^{W_n}E_e\mathrm{d}x=\int_{x_n}^{W_n}-\frac{k_BT}{q}\frac{\mathrm{d}\ln n_n}{\mathrm{d}x}\mathrm{d}x=\frac{k_BT}{q}\ln\frac{n_n(x_n)}{n_{n0}}$$
$$=\frac{k_BT}{q}\ln\frac{p_{n0}\mathrm{e}^{qV_J/k_BT}}{n_{n0}}=V_J+\frac{k_BT}{q}\ln\frac{p_{n0}}{n_{n0}}$$

其中，V_J 是结上的压降；PN 结的端电压 V_F、结上的压降 V_J 及准中性区上的压降 V_D 之间的关系为 $V_D+V_J=V_F$，所以有

$$V_J=V_F/2-\frac{k_BT}{q}\ln\frac{p_{n0}}{n_i} \tag{2-58}$$

$$p_n(x_n)=p_{n0}\mathrm{e}^{qV_J/k_BT}=p_{n0}\mathrm{e}^{\frac{qV_F}{2k_BT}}\frac{n_i}{p_{n0}}=n_i\mathrm{e}^{\frac{qV_F}{2k_BT}} \tag{2-59}$$

可见，在大注入条件下，准中性区边界处少子浓度与衬底掺杂浓度无关，也就是说与平衡时少子浓度无关。

大注入自建电场的存在，阻止了多子的扩散，但是会使少子在扩散的同时，叠加一个漂移运动，少子漂移运动方向与扩散方向相同，因此少子电流可以表示为

$$J_p|_{x=x_n}=\left(-qD_p\frac{\mathrm{d}p_n}{\mathrm{d}x}+q\mu_p p_n E_e\right)_{x=x_n}$$

考虑大注入条件下，多子形成与少子相同的分布，$\frac{\mathrm{d}n_n}{\mathrm{d}x}=\frac{\mathrm{d}p_n}{\mathrm{d}x}$，再将式(2-57)代入，并利用爱因斯坦关系可得下式，即

$$J_p|_{x=x_n}=-qD_p\left(1+\frac{p_n}{n_n}\right)\frac{\mathrm{d}p_n}{\mathrm{d}x}\bigg|_{x=x_n}$$

大注入条件下，$\frac{p_n}{n_n}\approx 1$，所以 $J_p=-2qD_p\frac{\mathrm{d}p_n}{\mathrm{d}x}\bigg|_{x=x_n}$。可见，相比小注入条件，大注入条件下，大注入自建电场的作用相当于使少子扩散系数增大了一倍。

对于短 PN 结，$W_n \ll L_p$，N 区少子近似线性分布，且有 $p_n(x_n)=n_i\mathrm{e}^{qV_F/2k_BT}$，所以 $J_p=\frac{2qD_pn_i}{W_n}\mathrm{e}^{qV_F/2k_BT}$。这与实验结果一致。

3. 串联电阻的影响

从硅的实际 I-V 特性曲线可以看出，大注入以后，随着电流的进一步增大，I-V 曲线进入线性区，这说明 PN 结串联电阻开始起作用了。这是因为电流足够大时，PN 结两端施加的电压大部分降落在串联电阻上，而结上的压降很小，所以满足 $I=\frac{V_F-V_J}{R_S}$，其中 R_S 为串联电阻，包括体电阻和接触电阻。

2.4　小信号特性——扩散电导与扩散电容

小信号特性是指在直流电压上加载具有一定频率的小幅值正弦电压，PN 结对这个正弦电压的响应特性就是小信号特性(图 2.22)。在直流 I-V 特性曲线上选择工作点 V_0、I_0，在 V_0上叠加正弦小信号 $v_s=V_1\mathrm{e}^{j\omega t}$，其中 $V_1 \ll k_BT/q$，则输出电流包括两部分，一部分是直流电流 I_0，另一部分为交流电流 i_s。i_s 是 PN 结对 v_s 的响应。PN 结的小信号响应特性与小信号的频率有关，也与工作点的选择有关。上一节对 PN 结直流特性的分析表明，PN 结是电压控制器件，结电压决定准中性区边界处少子的浓度分布，进而决定结电流的大小。同样，交流小信号电压调节的也是准中性区边界处的少子浓度及整个准中性区的少子分布，如图 2.23 所示。下面从电流连续性方程出发，研究 PN 结小信号交流响应特性，给出两个重要参量——扩散电导与扩散电容。

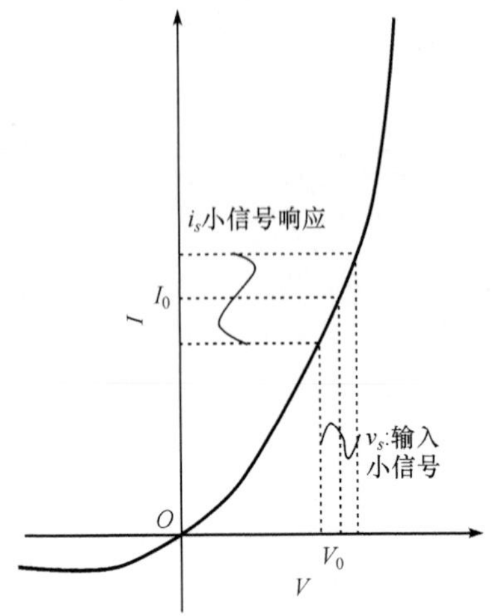

图 2.22　小信号响应示意图

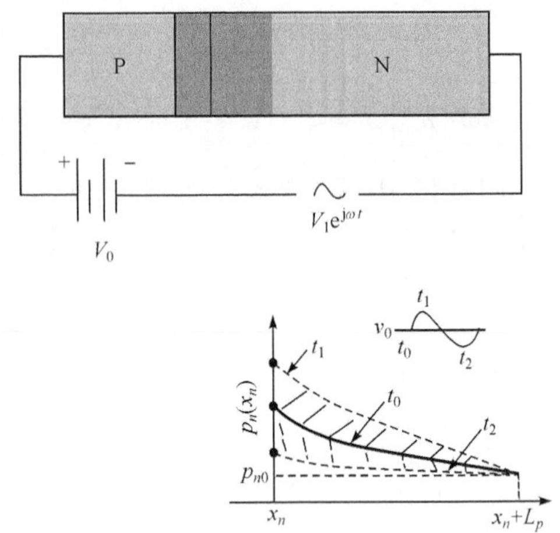

图 2.23　准中性区边界处的少子浓度及整个准中性区的少子分布

2.4.1　小信号电流的连续性方程

设 PN 结正向直流偏置电压为 V_0，在其上叠加频率为 ω 的交流小电压 $V_1\exp(j\omega t)$ $(V_1 \ll k_BT/q \ll V_0)$，则结上总电压为

$$V_J(t)=V_0+V_1\exp(j\omega t)$$

在 $x=x_n$ 处，空穴浓度为

$$\begin{aligned} p_n(x_n,t) &= p_{n0}\exp(qV_J/k_BT)=p_{n0}\exp\left[\frac{qV_0}{k_BT}+\frac{qV_1}{k_BT}\exp(j\omega t)\right] \\ &= p_{n0}\exp\left(\frac{qV_0}{k_BT}\right)\exp\left[\frac{qV_1}{k_BT}\exp(j\omega t)\right] \end{aligned}$$

因为 $V_1 \ll \frac{k_BT}{q}$，$\exp\left[\frac{qV_1}{k_BT}\exp(j\omega t)\right]\approx 1+\frac{qV_1}{k_BT}\exp(j\omega t)$，所以

$$\begin{aligned} p_n(x_n,t) &\approx p_{n0}\exp(qV_0/k_BT)\left(1+\frac{qV_1}{k_BT}\exp(j\omega t)\right) \\ &= p_{ns}(x_n)+p_{n1}(x_n)\exp(j\omega t) \end{aligned} \tag{2-60}$$

其中，$p_{ns}(x_n)$ 为 $p_n(x_n,t)$ 的直流分量，$p_{ns}(x_n)=p_{n0}\exp(qV_0/k_BT)$；$p_{n1}(x_n)$ 为 $p_n(x_n,t)$ 随时间变化部分的振幅，$p_{n1}(x_n)=\frac{qV_1}{k_BT}p_{n0}\exp(qV_0/k_BT)=\frac{qV_1}{k_BT}p_{ns}(x_n)$。

同样，N 型准中性区空穴的分布可以写成直流分量与交流小信号分量之和，即

$$p_n(x,t)=p_{ns}(x)+p_{n1}(x)\exp(j\omega t) \tag{2-61}$$

准中性区没有电场，电流连续性方程为(以 N 型区空穴为例)

$$\frac{\partial p_n(x,t)}{\partial t}=D_p\frac{\partial^2 p_n(x,t)}{\partial^2 x}-\frac{p_n(x,t)-p_{n0}}{\tau_p} \tag{2-62}$$

将式(2-61)代入式(2-62)，由于 $D_p\frac{\partial^2 p_{ns}}{\partial x^2}-\frac{p_{ns}-p_{n0}}{\tau_p}=0$，可以得到一个关于小信号振幅 $p_{n1}(x)$的微分方程，即

$$\mathrm{j}\omega p_{n1}(x)=D_p\frac{\partial^2 p_{n1}(x)}{\partial^2 x}-\frac{p_{n1}(x)}{\tau_p}$$

$$\frac{\mathrm{d}^2 p_{n1}}{\mathrm{d}x^2}-\frac{1+\mathrm{j}\omega\tau_p}{L_p^2}p_{n1}=0 \tag{2-63}$$

令 $L_p'=L_p/\sqrt{1+\mathrm{j}\omega\tau_p}$，则上式可以写为

$$\frac{\mathrm{d}^2 p_{n1}(x)}{\mathrm{d}x^2}-\frac{p_{n1}(x)}{L_p'^2}=0 \tag{2-64}$$

即稳态条件下小信号的电流连续性方程。其边界条件为

$$p_{n1}(W_n)=0,\quad x=W_n \tag{2-65}$$

$$p_{n1}(x_n)=\frac{qV_1}{k_BT}p_{n0}\exp(qV_0/k_BT),\quad x=x_n \tag{2-66}$$

W_n-x_n 是准中性区的宽度。

2.4.2　小信号电流与电压关系

在边界条件(2-65)和(2-66)约束下，式(2-64)的解为

$$p_{n1}(x)=p_{n1}(x_n)\frac{\sinh\left(\frac{W_n-x}{L_p'}\right)}{\sinh\left(\frac{W_n-x_n}{L_p'}\right)} \tag{2-67}$$

对于长 PN 结，双曲正弦函数中负指数项为零，式(2-67)可表示为

$$p_{n1}(x,t)=p_{n1}(x_n)\exp[-(x-x_n)/L_p']\exp(\mathrm{j}\omega t)$$

所以空穴电流的交流分量为

$$J_{p1}(t)=-qD_p\left.\frac{\partial p_n(x,t)}{\partial x}\right|_{x_n}=\frac{qD_pp_{n1}(x_n)}{L_p'}\exp(\mathrm{j}\omega t) \tag{2-68}$$

同理，准中性 P 区电子电流的交流分量为

$$J_{n1}(t)=\frac{qD_nn_{p1}(-x_p)}{L_n'}\exp(\mathrm{j}\omega t) \tag{2-69}$$

其中，$L_n' = L_n' / \sqrt{1+j\omega\tau_n}$；$n_{p1}(-x_p) = \frac{qV_1}{k_B T} n_{p0} \exp(qV_0/k_B T)$。

总的交流电流是电子交流电流与空穴交流电流之和，即

$$
\begin{aligned}
J_1(t) &= \left[\frac{qD_p p_{n1}(x_n)}{L_p'} + \frac{qD_n n_{p1}(-x_p)}{L_n'}\right]\exp(j\omega t) \\
&= \frac{qV_1}{k_B T}\left[\frac{qD_p p_{n0}}{L_p/\sqrt{1+j\omega\tau_p}} + \frac{qD_n n_{p0}}{L_n/\sqrt{1+j\omega\tau_n}}\right]\exp(qV_0/k_B T)\exp(j\omega t) \\
&= \frac{qV_1}{k_B T}\left[\frac{qD_p p_{n0}}{L_p}\sqrt{1+j\omega\tau_p} + \frac{qD_n n_{p0}}{L_n}\sqrt{1+j\omega\tau_n}\right]\exp(qV_0/k_B T)\exp(j\omega t) \\
&= J_{p1} + J_{n1}
\end{aligned}
$$

其中，$J_{p1} = I_{p1} e^{j\omega t}$，$I_{p1} = I_{p0}(1+j\omega\tau_p)^{1/2}\frac{qV_1}{k_B T}$；$I_{p0} = \frac{qD_p p_n}{L_p} e^{qV_0/k_B T}$；$J_{n1} = I_{n1} e^{j\omega t}$，$I_{n1} = I_{n0}(1+j\omega\tau_n)^{1/2}\frac{qV_1}{k_B T}$，$I_{n0} = \frac{qD_n n_p}{L_n} e^{qV_0/k_B T}$。

进一步，有

$$
\begin{aligned}
J_1 &= J_{p1} + J_{n1} = (I_{p1} + I_{n1})e^{j\omega t} \\
&= [I_{p0}(1+j\omega\tau_p)^{1/2} + I_{n0}(1+j\omega\tau_n)^{1/2}]\frac{qV_1}{k_B T} e^{j\omega t}
\end{aligned} \tag{2-70}
$$

2.4.3 扩散电导和扩散电容

从式(2-70)可以得到的导纳为

$$
Y = \frac{J_1}{V_1 e^{j\omega t}} = \frac{q}{k_B T}[I_{p0}(1+j\omega\tau_p)^{1/2} + I_{n0}(1+j\omega\tau_n)^{1/2}] \tag{2-71}
$$

一般条件下，等式 $\omega\tau_p \ll 1, \omega\tau_n \ll 1$ 成立，所以有

$$
\begin{aligned}
Y &= \frac{q}{k_B T}\left[(I_{p0} + I_{n0}) + \frac{1}{2}j\omega(I_{p0}\tau_p + I_{n0}\tau_n)\right] \\
&= g_D + j\omega C_D
\end{aligned} \tag{2-72}
$$

$$
g_D = \frac{q}{k_B T}(I_{p0} + I_{n0}) = \frac{qI_0}{k_B T} \tag{2-73}
$$

其中，g_D 称为二极管的扩散电导，其倒数称为扩散电阻。

$$
C_D = \frac{qI_{p0}}{k_B T}\frac{\tau_p}{2} + \frac{qI_{n0}}{k_B T}\frac{\tau_n}{2} \tag{2-74}
$$

其中，C_D 称为扩散电容，是与正向偏置 PN 结准中性区存储电荷随偏压变化相关的电容。

2.4.4 小信号等效电路

根据上面的分析结果，可以给出 PN 结交流小信号等效电路，如图 2.24 所示。r_s 是串联电阻，C_j 是 PN 结的势垒电容，势垒电容与扩散电容是并联的。正向偏置条件下，扩散电容远大于势垒电容。

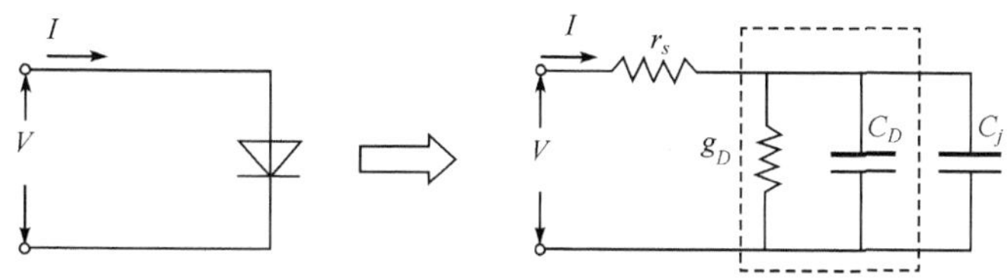

图 2.24　PN 结交流小信号等效电路

例 2.10　比较势垒电容和扩散电容。

在例 2.5 中，$T=300\text{K}$，PN 结的掺杂浓度分别为 $N_D=5\times10^{16}\text{cm}^{-3}$，$N_A=5\times10^{15}\text{cm}^{-3}$，反向偏置电压 $V_R=5\text{V}$ 时，$C_j=0.366\text{pF}$。对同样参数的 PN 结，设 $\tau_p=\tau_n=\tau=10^{-7}\text{s}$，正向工作电流 $I_0=1\text{mA}$ 时，扩散电容为

$$C_D\approx\frac{qI_0}{2k_BT}\tau=\frac{1}{2\times26}\times10^{-7}=1.92\times10^{-9}\text{F}=1.92\text{nF}$$

可见，扩散电容远大于势垒电容。另外，在同样的工作条件下，扩散电阻为

$$r_d=\frac{k_BT}{qI_0}=\frac{26\text{mV}}{1\text{mA}}=26\Omega$$

2.5　电荷存储效应及开关特性

PN 结正向偏置时工作于大电流低电压状态，反向偏置时工作于低电流高电压状态，这两个状态相当于电路中的开与关。PN 结的开关如图 2.25 所示。对于 PN 结的开关特性，需要关心的是开关能以多快的速度进行状态转换。在研究 PN 结小信号特性时，我们知道 PN 结小信号特性只与选定的一个静态工作点有关。而开关特性不同，开关过程是在两个静态工作点之间进行状态转换，其中一个是正向偏置，另一个是反向偏置。开关特性由选定的两个静态工作点决定。

PN 结直流特性分析已经表明，不同状态下准中性区少子的分布不同。反过来说也是正确的，即少子分布决定了 PN 结的状态。正向偏置状态下，准中性区有过量的少子堆积，相当于电荷的存储；反向偏置状态下，准中性区的少子低于平衡时的值，相当于存储电荷为零。因此，开关状态的转换可以看成是准中性区少子存储量的变化。为此我们研究少子在准中性区存储的量及其发生变化的过程，就是开关状态转换的过程。

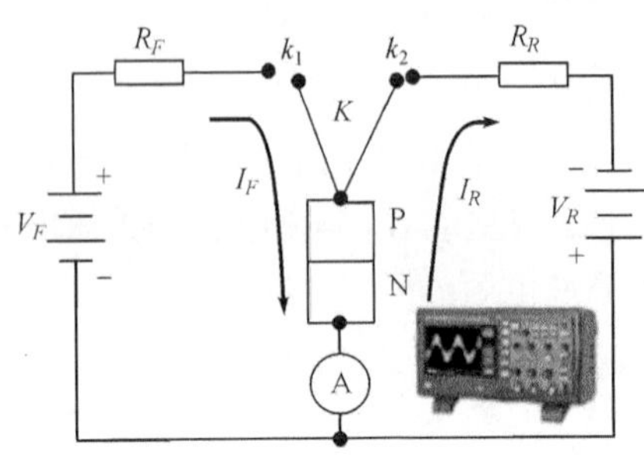

图 2.25　PN结的开关

2.5.1　正向偏置时准中性区的存储电荷

首先研究少子在准中性区的存储量与哪些参数有关。如图 2.25 所示，当机械开关 K 处于 k_1 时，PN 结正向偏置。以准中性 N 区空穴的存储为例，$Q_p = qA\int_{x_n}^{\infty}(p_n - p_{n0})\mathrm{d}x$，对长 PN 结，有

$$\begin{aligned} Q_p &= qA\int_{x_n}^{\infty} p_{n0}[\exp(qV_F/k_BT)-1]\exp[-(x-x_n)/L_p]\mathrm{d}x \\ &= qAL_p p_{n0}[\exp(qV_F/k_BT)-1]\int_{x_n}^{\infty}\exp[-(x-x_n)/L_p]\mathrm{d}x/L_p \\ &= qAL_p p_{n0}[\exp(qV_F/k_BT)-1] \end{aligned} \tag{2-75}$$

其中，A 是结面积；V_F是结的正向偏压。

利用 $I_{Fp}=\dfrac{qAD_p}{L_p}p_{n0}[\exp(qV_F/k_BT)-1]$和 $L_p=\sqrt{D_p\tau_p}$，则式(2-75)可以写为

$$Q_p=\tau_p I_{Fp} \tag{2-76}$$

同理，P 型准中性区存储电子的量为 $Q_n=\tau_n I_{Fn}$，其中 I_{Fp} 和 I_{Fn} 分别是正向偏置时的空穴电流和电子电流。

可见，正向偏置工作点电流越大，少子寿命越长，准中性区存储的电荷越多。

2.5.2　开关的瞬态过程

下面讨论状态转换时，存储少子的变化过程。在 $t=0$ 时，K 由 k_1 跳转至 k_2，PN 结两端由正向偏置直接转换至反向偏置，可以通过示波器显示 PN 结开关的瞬态过程，如图 2.26 所示。

在 $t=0$ 时，电流改变方向，电流数值由 I_F跳变至 I_R，即

$$I_F=V_F/R_F \tag{2-77}$$

$$I_R=V_R/R_R \tag{2-78}$$

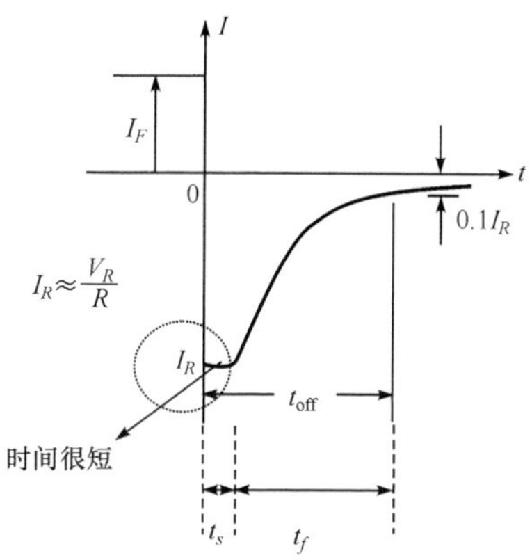

图 2.26　PN 结开关的瞬态过程

其中，R_F 和 R_R 分别是正向偏置电路和反向偏置电路的串联电阻。

正向偏置时结电压很小，可忽略，所以 $I_F=V_F/R_F$；在 $t=0$ 时，虽然机械开关 K 由 k_1 跳转至 k_2，但准中性区的少子分布不会立刻改变，仍然维持原状。因此，PN 结上的压降在开关转换的那一时刻保持不变，即

$$I_R=(0.7+V_R)/R_R \approx V_R/R_R$$

随后，在 t_s 时间段内，I_R 基本保持不变，t_s 称为维持时间。在这一时间段内，少子分布变化如图 2.27 所示。$t=0$ 时，少子分布与正向偏置电压相对应。正向电流的大小决定了 $x=x_n$ 处少子分布的梯度。电压瞬间反向后，电流大小和方向同时改变，这意味着 $x=x_n$ 处少子分布的梯度方向发生改变。在反向电流作用下，准中性区存储的电荷总量不断减小，因此边界处的空穴浓度不断下降。在维持时间内，I_R 保持不变，因此 $x=x_n$ 处少子分布梯度不变，直到在 $t=t_s$ 时，$p_n(x_n)=p_0$。在 t_s 时间段内，因为 $p_n(x_n)>p_0$，所以结电压仍然是正的，但随着 $p_n(x_n)$ 减小，结电压降低。可以认为，在 $t=t_s$ 时，$p_n(x_n)$ 降低到平衡时的值 p_0，结电压为零，存储的少子被抽取完毕。

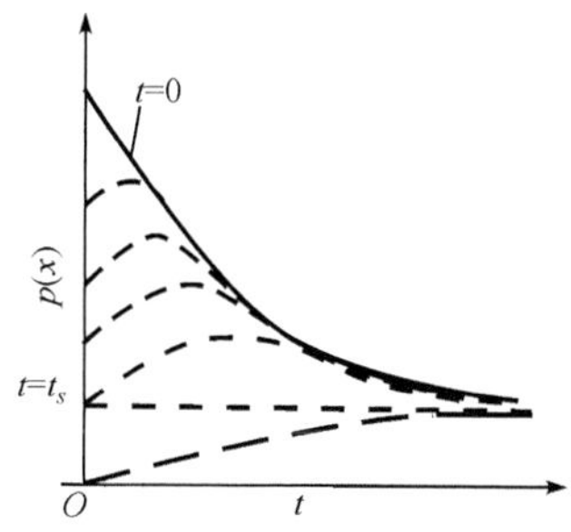

图 2.27　少子的分布变化

$t>t_s$ 后，$p_n(x_n)<p_0$，PN 结反向偏置，$\mathrm{d}p_n/\mathrm{d}x|_{x_n}$ 越来越小，I_D 也越来越小，直到降低为零。t_s 之后，电流继续下降至 10% I_R 所经历的时间称为下降时间，用 t_f 表示。维持时间与下降时间之和是关断时间，用 t_{off} 表示，即

$$t_{\mathrm{off}}=t_s+t_f \tag{2-79}$$

达到稳定的反向偏置状态之后($t\to\infty$)，由于反向偏压对电子和空穴的抽取作用，在 $x=x_n$ 处，$p_n(0)=0$，且 $V=-V_R$，$I=-I_s$。

根据以上对关断过程的定性描述，无法估算关断时间的大小，也无法确定影响关断时间的因素。要达到上述目的，需要借助理论模型——电荷控制方程。

2.5.3 电荷控制方程

仍然以准中性 N 区的空穴为例。在电场为零的准中性区，空穴连续性方程为

$$\frac{\partial p_n}{\partial t}=D_p\frac{\partial^2 p_n}{\partial x^2}-\frac{p_n-p_{n0}}{\tau_p} \tag{2-80}$$

对整个准中性区积分，并乘 qA(q 为电荷电量，A 为器件面积)，有

$$qA\frac{\partial}{\partial t}\int_{x_n}^{W_n}(p_n-p_{n0})\mathrm{d}x=qAD_p\int_{x_n}^{W_n}\frac{\partial^2 p_n}{\partial x^2}\mathrm{d}x-qA\frac{1}{\tau_p}\int_{x_n}^{W_n}(p_n-p_{n0})\mathrm{d}x \tag{2-81}$$

式(2-81)左边的积分结果是$\dfrac{\mathrm{d}\Delta Q_p(t)}{\mathrm{d}t}$，$\Delta Q_p(t)$为准中性区存储的过量空穴总量；右边第二项积分结果是$\dfrac{\Delta Q_p(t)}{\tau_p}$，右边第一项积分结果为

$$qAD_p\int_{x_n}^{W_n}\frac{\partial^2 p_n}{\partial x^2}\mathrm{d}x=qAD_p\left.\frac{\partial p_n}{\partial x}\right|_{x=W_n}-qAD_p\left.\frac{\partial p}{\partial x}\right|_{x_n}=I_p(t) \tag{2-82}$$

式(2-82)中间部分第一项为零，第二项正是空穴电流的表达式。将式(2-82)代入式(2-81)，有

$$I_p(t)=\frac{\mathrm{d}\Delta Q_p(t)}{\mathrm{d}t}+\frac{\Delta Q_p(t)}{\tau_p} \tag{2-83}$$

式(2-83)给出了空穴电流与准中性区存储过量空穴总量之间的关系，称为电荷控制方程，是电流连续性方程的积分形式。

2.5.4 开关时间

下面根据电荷控制方程给出正向偏置过程空穴存储量的变化。正向偏置时，式(2-83)左边为 $I_p(t)=I_F=V_F/R_1$。$t=0$ 时，$\Delta Q_p=0$，所以电荷控制方程的解为

$$\Delta Q_p(t)=I_F\tau_p(1-\mathrm{e}^{-t/\tau_p}) \tag{2-84}$$

可见，随时间增加，在保持分布形式不变的前提下（正向电流不变），存储的过量空穴总量 $\Delta Q_p(t)$ 随时间指数增加。当时间趋于无穷时，ΔQ_p 达到稳定状态，且 $\Delta Q_p = I_F\tau_p$，与式(2-76)计算结果一致。在正向偏置过程中，空穴分布随时间变化的过程如图2.28所示。

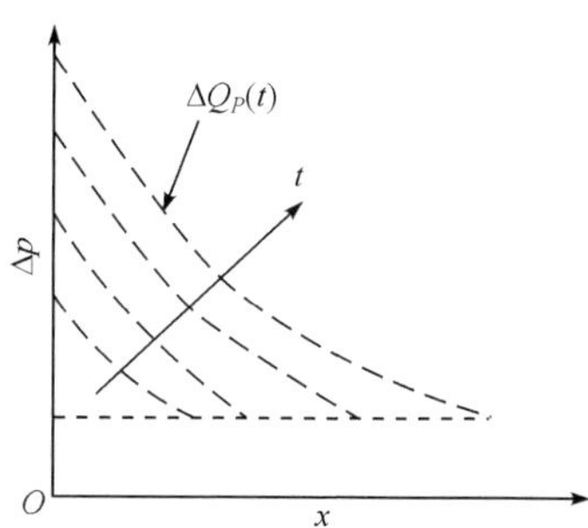

图2.28　空穴分布随时间变化的过程

相对导通过程，实际测量中发现关断过程所需的时间更长，是决定开关速度的主要因素。根据关断过程的分析及其 $I \sim t$ 关系，在维持时间内，反向抽取电流为 $-I_R$，所以电荷控制方程可以写为

$$-\frac{\mathrm{d}\Delta Q_p(t)}{\mathrm{d}t} = I_R + \Delta Q(t)/\tau_p \tag{2-85}$$

边界条件为 $t=0$，$Q_p(0)=I_F\tau_p$，所以有

$$Q_p(t) = -I_R\tau_p + (I_F + I_R)\tau_p \mathrm{e}^{-t/\tau_p} \tag{2-86}$$

定义 Q_p 降低为零需要的时间为维持时间，则根据 $\Delta Q_p(t_s)=0$，可以得到下式，即

$$t_s = \tau_p \ln\left(1 + \frac{I_F}{I_R}\right) \tag{2-87}$$

也可以对连续性方程进行精确求解，得到维持时间 t_s 和下降时间 t_f 与导通电流和关断电流的关系，即

$$\mathrm{erf}\sqrt{\frac{t_s}{\tau_p}} = \frac{I_F}{I_R + I_F} \tag{2-88}$$

及

$$\mathrm{erf}\sqrt{\frac{t_f}{\tau_p}} + \frac{\exp(-t_f/\tau_p)}{\sqrt{\pi(t_f/\tau_p)}} = 1 + 0.1\left(\frac{I_R}{I_F}\right) \tag{2-89}$$

其中，erf( )是余误差函数。

当 I_R/I_F 很小时，对 $W_n \gg L_p$，有

$$t_s + t_f \approx \frac{\tau_p}{2}\left(\frac{I_R}{I_F}\right)^{-1} \tag{2-90}$$

对 $W_n \ll L_p$，则

$$t_s + t_f \approx \frac{W_n^2}{2D_p}\left(\frac{I_R}{I_F}\right)^{-1} = \frac{W_n^2 \tau_p}{2L_p^2}\left(\frac{I_R}{I_F}\right)^{-1} \tag{2-91}$$

可见，要提高开关速度，降低少子寿命是非常关键的因素。一般工艺上常采用的方法是在半导体材料中引入金作为掺杂剂，因为金在禁带中央引入的能级可以作为复合中心。位于禁带中央的能级是最有效的复合中心，可以大大降低少子的寿命。

以上只分析了准中性区少子的分布随 PN 结偏置状态改变的情况。实际上，PN 结空间电荷区的宽度也在发生变化，相当于 PN 结势垒电容的充放电。

例 2.11 PN 结在零偏置时的结电容为 10pF，反向偏置电压为 10V 时，结电容为 4.2pF。已知少子寿命为 10^{-7}s，请问二极管由直流电流为 2mA 正向偏置状态通过一个 10kΩ 的电阻转换到反向偏置电压为 10V 的关断状态，关断时间是多少？

解 方法一：根据题意，$I_F = 2\text{mA}$，$I_R = \dfrac{V_R}{R_R} = \dfrac{10\text{V}}{10\text{k}\Omega} = 1\text{mA}$，所以 $t_s = \tau_p \ln\left(1+\dfrac{I_F}{I_R}\right) = 10^{-7}\ln\left(1+\dfrac{2}{1}\right) = 1.09\times10^{-7}\text{s}$。维持时间结束后，存储电荷降低为零。下降时间是结电容充电的过程，零偏置和 10V 反向偏置下空间电荷区电荷分别为

$V=0\text{V}$ 时，$Q_0 = C_0 V_{bi} = 10\times10^{-12}\times0.7 = 7\times10^{-12}\text{C}$。

$V=10\text{V}$ 时，$Q_1 = C_1(V_{bi} - V_R) = 4.2\times10^{-12}\times(0.7+10) = 4.494\times10^{-11}\text{C}$。

在 t_f 时间内，空间电荷区充电电荷为

$$\Delta Q = Q_1 - Q_0 = (44.94-7)\times10^{-12} = 3.794\times10^{-11} \approx 3.8\times10^{-11}\text{C}$$

充电电流为 I_R，所以 $t_f = \dfrac{\Delta Q}{I_R} = \dfrac{3.8\times10^{-11}}{1\times10^{-3}} = 3.8\times10^{-8}\text{s}$。

关断时间 $t_{\text{off}} = t_s + t_f = 1.09\times10^{-7} + 3.8\times10^{-8} = 1.47\times10^{-7}\text{s}$。

方法二：利用式(2-88)

$$\text{erf}\sqrt{\frac{t_s}{\tau_p}} = \frac{I_F}{I_R + I_F}$$

将 I_F 及 I_R 代入，查余误差函数表，得到 $t_s = 0.47\tau_p = 4.7\times10^{-8}\text{s}$。

再利用式(2-89)，以 t_f/τ_p 为横坐标，画出 $y = \text{erf}\sqrt{\dfrac{t_f}{\tau_p}} + \dfrac{\exp(-t_f/\tau_p)}{\sqrt{\pi(t_f/\tau_p)}}$ 及直线 $y = 1+0.1\left(\dfrac{I_R}{I_F}\right) = 1.05$，两条线的交点就是方程的解(图 2.29)，即

$$t_f = \tau_p = 10^{-7}\text{s}$$

所以关断时间为 $t_{off}=t_s+t_f=0.47\times10^{-7}+1.0\times10^{-7}=1.47\times10^{-7}$s。两种方法得到的关断时间是一致的，但维持时间与下降时间稍有不同。

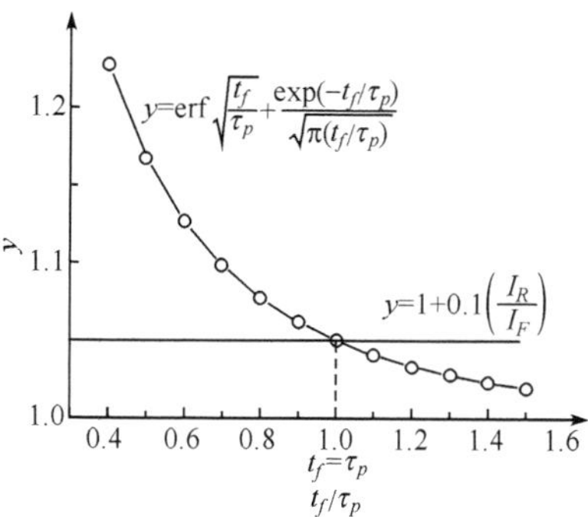

图 2.29　利用等式(2-89)解 t_f

2.6　PN 结的击穿特性

2.6.1　击穿及击穿的分类

PN 结反向偏置时，通常情况下电流非常小，可以忽略。但是，当反向电压增大到一定程度时，电流突然增大，这种现象称为 PN 结击穿，如图 2.30 所示。发生击穿时对应的电压称为击穿电压，用 V_B 表示，是 PN 结重要的参数。稳压器、瞬态电压抑制器等都是利用二极管的击穿特性来工作的。

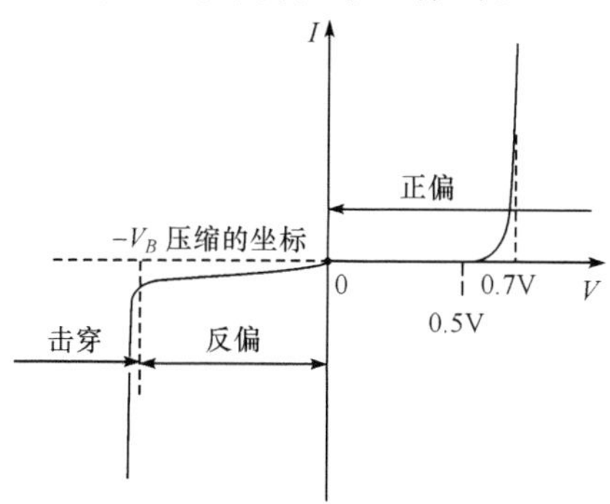

图 2.30　PN 结击穿

PN 结击穿分为可恢复击穿与不可恢复击穿两类。可恢复击穿是指击穿发生以后，降低电压使其低于击穿电压，则大电流可降低下来，回到小电流状态；当电压再次超过击穿电压后，击穿可再次发生。也就是说，可恢复击穿并没有破坏 PN 结的性能。不可恢复击穿发生后，器件被破坏，不再具有单向导电性。击穿分为雪崩击穿、隧道击穿及热击穿三种模式。雪崩击穿是指反向偏置时，空间电荷区电场比较强，载流子获得足够高的能量，与晶格原子碰撞产生新的电子-空穴对。新产生的电子与空穴在电场中也被加速而获得足够的能量与晶格原子碰撞产生新的电子-空穴对，如此反复形成击穿(图 2.31(a))。雪崩击穿是一种可恢复的击穿。对低掺杂的 PN 结，由于其空间电荷区比较宽，因此多发生雪崩击穿，具有正的温度系数。隧道击穿是指反向偏压增大，空间电荷区两侧的势垒升高，而空间电荷区宽度有限，导致空间电荷区内部导带与价带的水平距离减少，电子由价带量子隧穿至导带的概率增加，反向电流增大，从而导致 PN 结击穿(图 2.31(b))。隧道击穿也称为齐纳击穿，也是可恢复击穿。在窄带隙半导体材料，或重掺杂 PN 结中多发生的是隧道击穿，具有负的温度系数。热击穿是指反向电流增大，焦耳热使 PN 结局部温度升高，电流在这里进一步增大，在焦耳热的作用下形成过热点，导致器件烧毁，是永久性不可恢复的击穿，可以目测观察。结构缺陷、不均匀掺杂区及不平整的结面处往往是首先发生局部过热的地方。不可恢复的热击穿是物理击穿，而可恢复的雪崩击穿和隧道击穿属于电击穿。

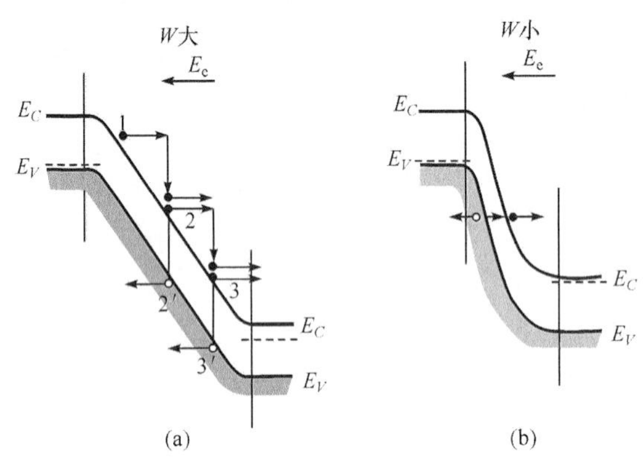

图 2.31　雪崩击穿与隧道击穿

2.6.2　雪崩击穿的条件

1. 倍增因子 M 及雪崩倍增条件

图 2.32 描述了雪崩击穿的微观过程。在较高的反向偏置电压作用下，空间电荷区宽度较大且电场较高，P 区电子和 N 区空穴从两侧分别进入空间电荷区，在电场作用下漂移一定的距离，获得足够的能量，与晶格碰撞产生新的电子和空穴。产生的电子和空穴从电场中也可以获得足够的能量，与晶格碰撞再产生新的电子和空穴。最终所有的电子被 N 区收集，而空穴被 P 区收集。以空间电荷区在 P 型一侧的边界为坐标零点，空间电荷区宽度为 W，则 N 型侧空间电荷区边界所处的

位置为 $x_n=W$(图 2.33)。

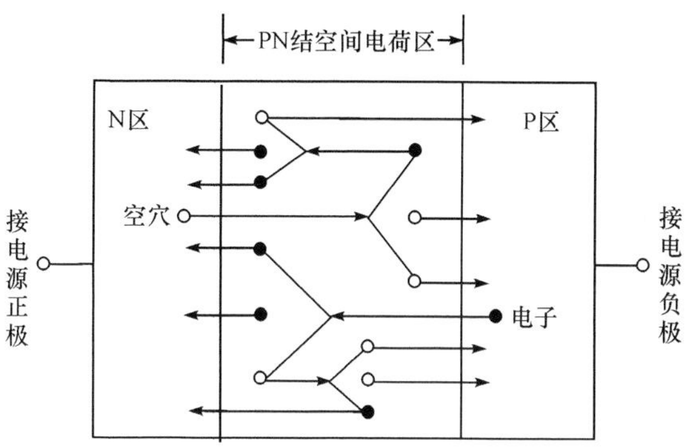

图 2.32　雪崩击穿的微观过程

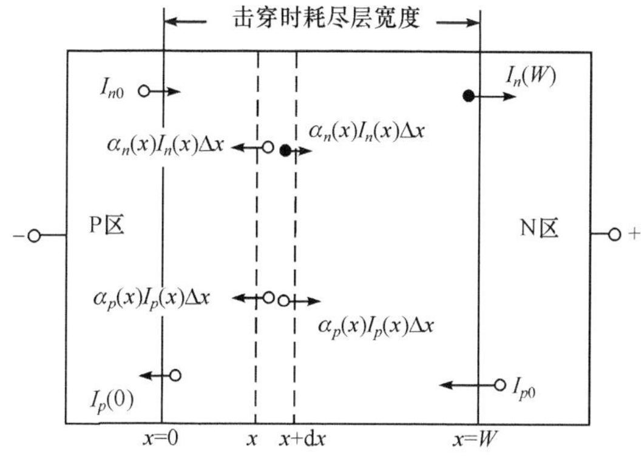

图 2.33　倍增因子

在区间 $x\sim x+\mathrm{d}x$,电子数目和空穴数目的增加是相等的,可以表示为

$$\mathrm{d}I_n=\mathrm{d}I_p=\alpha_n I_n \mathrm{d}x+\alpha_p I_p \mathrm{d}x$$

其中,α_n 和 α_p 分别是电子与空穴的电离率;I_n 和 I_p 分别是电子和空穴电流。

总电流是电子、空穴电流之和,即 $I=I_n+I_p$,则

$$\frac{\mathrm{d}I_n}{\mathrm{d}x}+(\alpha_p-\alpha_n)I_n=\alpha_p I,\quad \frac{\mathrm{d}I_p}{\mathrm{d}x}+(\alpha_n-\alpha_p)I_p=\alpha_n I$$

假设 $\alpha_p=\alpha_n=\alpha$,则有

$$I_n(x)=I\int_0^x \alpha \mathrm{d}x+I_{n0}$$

$$I_p(x)=I\int_x^W \alpha \mathrm{d}x+I_{p0}$$

两式相加,有

$$I=I\int_0^W \alpha \mathrm{d}x+I_0$$

定义倍增因子 M 为

$$M=\frac{I}{I_0}=\frac{1}{1-\int_0^W \alpha \mathrm{d}x} \tag{2-92}$$

因此可以得到雪崩倍增条件为

$$\int_0^W \alpha \mathrm{d}x=1 \tag{2-93}$$

雪崩倍增条件的物理意义是一个载流子通过整个空间电荷区，如果碰撞电离产生的电子-空穴对数目等于 1，就可以达到雪崩击穿发生的条件。

2. 雪崩击穿电压的经验公式

式(2-93)有助于理解雪崩击穿的物理机制，但应用起来不是那么直接，无法给出器件设计及应用时最需要的击穿电压解析表达式，为此需要研究电离率与哪些物理量有关。图 2.34[12]是硅中电离率随电场倒数的变化曲线。可见，随电场增大，电离率迅速增加，这意味着局部高电场的存在会大大降低击穿电压。还可以看出，电子的电离率比空穴的电离率高近一个数量级，因此在计算击穿电压的解析表达式时，引入有效电离率 α_{eff}，其与电场之间的关系可以用如下的经验公式[13]近似，即

$$\alpha_{\mathrm{eff}}=c_i E_{\mathrm{e}}^7 \tag{2-94}$$

其中，对 Si，c_i 近似为 $1.8\times10^{-35}\mathrm{cm^6/V^7}$；对 Ge，$c_i$ 近似为 $6.25\times10^{-34}\mathrm{cm^6/V^7}$。

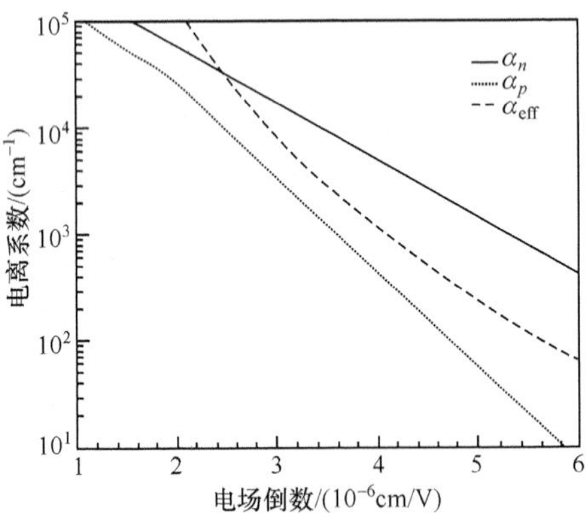

图 2.34　电离率与电场倒数的关系

对均匀掺杂的单边突变结，空间电荷区的电场是线性分布的，可以表示为

$$E_{\mathrm{e}}(x)=\frac{qN_A}{\varepsilon_s}(x_n-x) \tag{2-95}$$

在冶金结 $x=0$ 处，电场达到最大值 E_{em}，在空间电荷区边界 $x=x_n$ 处，电场为

零，即

$$E_e(0)=E_{em}=\frac{qN_A}{\varepsilon_s}x_n \tag{2-96}$$

$$E_e(x_n)=0 \tag{2-97}$$

将式(2-95)代入式(2-94)，再结合式(2-93)，可以得到发生雪崩倍增时冶金结处最大电场 $E_{em}=E_{eC}$ 的表达式，E_{eC} 又称为临界击穿电场，即

$$E_{eC}=\left(\frac{8qN_A}{\varepsilon_s c_i}\right)^{1/8} \tag{2-98}$$

空间电荷区宽度与外加电压的关系为 $x_n\approx\left(\frac{2\varepsilon_s}{qN_A}V\right)^{1/2}$，所以对单边突变结的击穿电压为

$$V_B=\frac{\varepsilon_s E_{eC}^2}{2qN_A}=\frac{1}{2}\left(\frac{\varepsilon_s}{q}\right)^{3/4}\left(\frac{8}{c_i}\right)^{1/4}N_A^{-3/4} \tag{2-99}$$

代入 c_i，则有 $V_B=6\times10^{13}N_0^{-\frac{3}{4}}$ V(Si 单边突变结)，$V_B=2.76\times10^{13}N_0^{-\frac{3}{4}}$ V(Ge 单边突变结)。

可见，在掺杂浓度相同的情况下，锗 PN 结的击穿电压低于硅 PN 结，原因是锗的禁带宽度比硅的禁带宽度小。下面是适用于各种半导体材料的单边突变结雪崩击穿电压的经验公式，即

$$V_B=60\left(\frac{E_G}{1.1}\right)^{3/2}\left(\frac{N_A}{10^{16}}\right)^{-3/4} \tag{2-100}$$

3. 线性缓变结雪崩击穿的相关公式

对线性缓变结，不加证明地给出下列公式。

临界击穿电场为

$$E_{eC}=\left[\frac{1}{0.636c_i}\left(\frac{-q\alpha_j}{2\varepsilon_s}\right)^{1/2}\right]^{2/15} \tag{2-101}$$

空间电荷区宽度与外加电压的关系为

$$x_m\approx\left(\frac{-12\varepsilon_s}{q\alpha_j}V\right)^{1/3} \tag{2-102}$$

击穿电压与临界击穿电场的关系为

$$V_B=\left(\frac{-32\varepsilon_s}{9q\alpha_j}\right)^{1/2}E_{eC}^{3/2}=\frac{4}{3}\left[\left(\frac{\varepsilon_s}{q\alpha_j}\right)^2\left(\frac{6.29}{c_i}\right)\right]^{1/5} \tag{2-103}$$

代入相应的系数，可以得到 $V_B=10.4\times10^9\alpha_j^{-\frac{2}{5}}$ V(Si 线性缓变结)，$V_B=5.05\times10^9\alpha_j^{-\frac{2}{5}}$ V(Ge 线性缓变结)。更加普适的线性缓变结的雪崩击穿电压的经验公式为

$$V_B=60\left(\frac{E_G}{1.1}\right)^{3/2}\left(\frac{\alpha_j}{3\times10^{20}}\right)^{-2/5} \tag{2-104}$$

图 2.35 是 Si 和 GaAs 材料的单边突变结及线性缓变结的雪崩击穿电压随掺杂浓度或浓度梯度的变化关系。可见，随掺杂浓度或浓度梯度的增大，击穿电压降低；线性缓变结的击穿电压低于单边突变结的击穿电压；Si 材料 PN 结的雪崩击穿电压低于 GaAs 材料 PN 结的雪崩击穿电压。

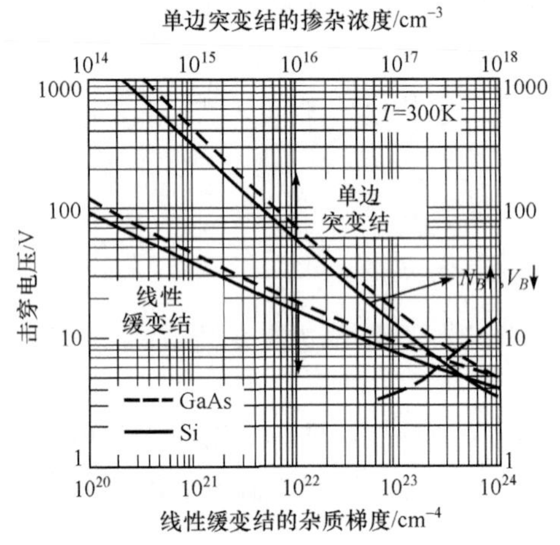

图 2.35　Si 和 GaAs 单边突变结及线性缓变结雪崩击穿电压随掺杂浓度或掺杂梯度的变化关系（长虚线代表隧穿机制开始起作用的位置）

例 2.12　设计一个 P^+N 硅突变平面结，使室温 300K 时的击穿电压 $V_B=110V$。求衬底掺杂浓度 N_B、临界击穿电场 E_{cC}、N 区的最小宽度 x_n。

解　查图 2.35 得 $N_B=4\times10^{15}\,cm^{-3}$

利用式(2-98)计算临界击穿电场，对硅，$c_i=1.8\times10^{-35}\,cm^6V^{-7}$，则

$$E_{cC}=\left(\frac{8qN_D}{\varepsilon_s c_i}\right)^{1/8}=\left(\frac{8\times1.6\times10^{-19}\times4\times10^{15}}{11.7\times8.85\times10^{-14}\times1.8\times10^{-35}}\right)^{1/8}=3.6\times10^5\,V/cm$$

N 区的最小宽度为

$$x_n=\left(\frac{2\varepsilon_s}{qN_B}V_B\right)^{1/2}=\left(\frac{2\times11.7\times8.85\times10^{-14}\times110}{1.6\times10^{-19}\times4\times10^{15}}\right)^{1/2}\approx6\times10^{-4}\,cm=6\mu m$$

2.6.3　实际 PN 结的击穿

不论是用扩散法还是离子注入法，通过掩膜版形成的 PN 结在边缘处都是具有一定半径的球面结或柱面结，如图 2.36 所示。相比平面结，在柱面或球面处，电场更集中，因此击穿电压降低。一般情况下，球面结的击穿电压低于柱面结的，两者都低于平面结的(图 2.37)。

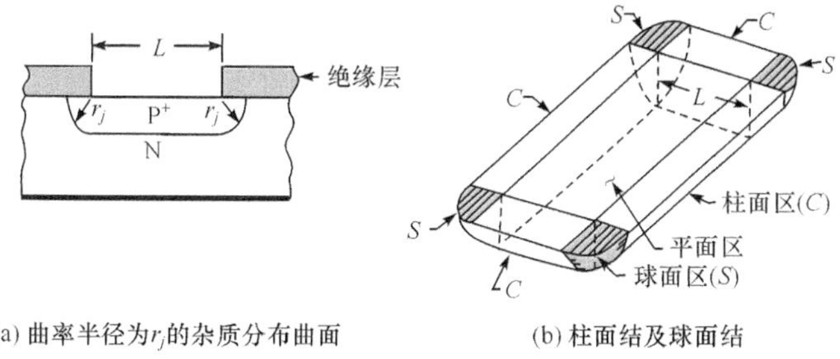

图 2.36　PN 结在掩膜版壁处扩散形成的球面结或柱面结

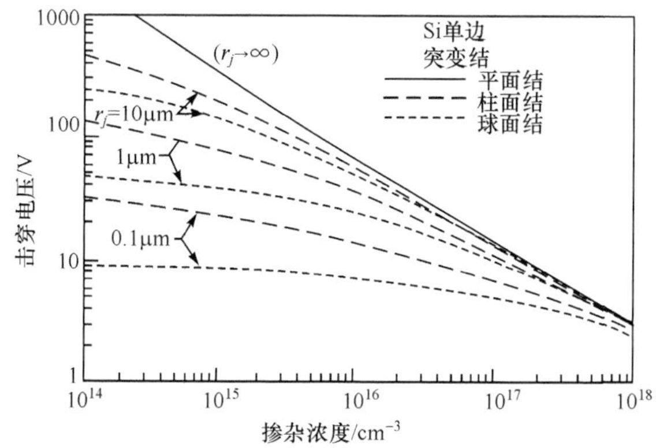

图 2.37　平面、柱形、球形单边突变结的击穿电压随掺杂浓度的变化

因此，高击穿电压的 PN 结都是平面结。通过刻蚀或施加保护环的方式可以形成如图 2.38 所示的平面结结构，从而避免因曲面的存在而导致的结击穿电压降低。

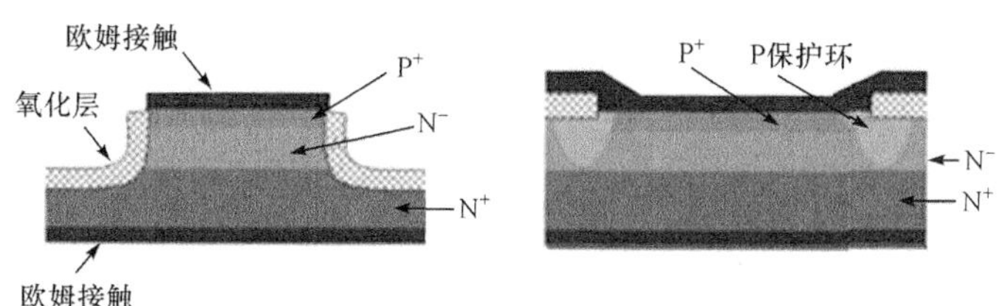

图 2.38　高击穿电压平面结示意图

2.6.4　穿通击穿

为减小串联电阻，PN 结或三极管都是做在重掺杂硅衬底的外延层上，图 2.38 就是大多数 PN 结的实际结构。这种结构的 PN 结雪崩击穿时存在一种情况，即结处最高电场还没达到临界击穿电场，空间电荷区已经扩展到重掺杂区。图 2.39

中的虚线 AB 是空间电荷区刚好扩展到重掺杂衬底时空间电荷区电场的分布。AB 与两个坐标轴所包围的面积是结上所施加的电压。由于重掺杂的衬底电阻非常低，当结电压继续增大，空间电荷区宽度不再向衬底展开，维持常数，而电场线向下平移(电荷是均匀分布的)，直到在冶金结处的电场达到临界击穿电场，这时结上的电压等于梯形 $OBCD$ 的面积，这也是重掺杂衬底外延层上 PN 结的击穿电压，这种击穿方式称为穿通。由图 2.39 可见，如果不受重掺杂衬底的影响，PN 结的击穿电压应该是三角形 OFD 的面积。可见，穿通发生时的击穿电压小于 PN 结固有的击穿电压。可以看到，如果用 V_{B-A} 表示 PN 结固有的雪崩击穿电压，用 V_{B-P} 表示穿通(punch-through breakdown)发生时的击穿电压，则

$$V_{B-A}=\frac{1}{2}E_{cm}W_m$$

$$V_{B-P}=V_{B-A}\frac{W_n}{W_m}\left(2-\frac{W_n}{W_m}\right) \tag{2-105}$$

其中，W_n 是外延层厚度；W_m 是 PN 结发生击穿时所能达到的最大空间电荷区宽度。

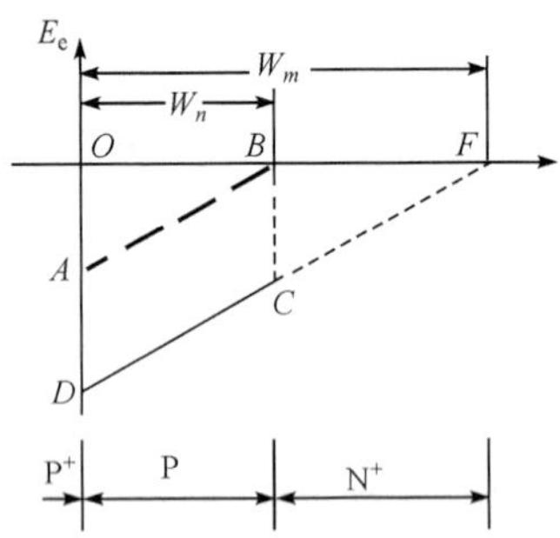

图 2.39　PN 结穿通击穿示意图

2.7　温敏特性

所有半导体器件的特性都受到温度的影响，二极管也不例外。正反向偏置 PN 结有不同的温敏特性。

2.7.1　反向偏置时的温敏特性

反向饱和电流 I_s 表示为

$$I_s=qA\left(\frac{D_n}{L_nN_A}+\frac{D_p}{L_pN_D}\right)n_i^2$$

其中，$n_i=(N_CN_V)^{1/2}\exp(-E_G/2k_BT)$，$N_C=2\left(\frac{m_{dn}k_BT}{2\pi\hbar^2}\right)^{3/2}$，$N_V=2\left(\frac{m_{dp}k_BT}{2\pi\hbar^2}\right)^{3/2}$；$I_s\propto n_i^2\propto T^3\exp(-E_{G0}/k_BT)$，$E_{G0}$是绝对零度时的禁带宽度，对硅为 1.17eV，则

$$\frac{\mathrm{d}I_s}{\mathrm{d}T}\propto 3T^2\exp\left(-\frac{E_{G0}}{k_BT}\right)+T^3\frac{E_{G0}}{k_BT^2}\exp\left(-\frac{E_{G0}}{k_BT}\right)=\frac{3}{T}I_s+\frac{I_sE_{G0}}{k_BT^2}$$

所以，有

$$\frac{1}{I_s}\frac{\mathrm{d}I_s}{\mathrm{d}T}=\frac{3}{T}+\frac{E_{G0}}{k_BT^2}$$

在室温附近，$\frac{3}{T}\approx 0$，所以$\frac{\mathrm{d}I_s}{I_s}=\frac{E_{G0}}{k_BT}\frac{\mathrm{d}T}{T}$。

上面的计算只考虑了反向扩散电流，没有考虑空间电荷区产生的电流，适用于锗 PN 结。计算表明，对锗 PN 结，室温下，温度每上升 1℃，反向饱和电流增加 8.5%，也就是说，温度每增加约 8℃，锗 PN 结的反向电流增加一倍。对硅 PN 结，空间电荷区产生的电流可以表示为

$$I_G=\frac{Aqx_mn_i}{2\tau}\propto T^{3/2}\exp(-E_{G0}/2k_BT)$$

为此反向电流可以表示为

$$I_{\mathrm{rev}}=I_s+I_G\propto A\exp(-E_{G0}/\eta k_BT)$$

$$\frac{\mathrm{d}I_{\mathrm{rev}}}{I_{\mathrm{rev}}}\approx\frac{E_{G0}}{\eta k_BT}\frac{\mathrm{d}T}{T}\tag{2-106}$$

对 Ge，$\eta=1$；对 Si 和 GaAs，$\eta=2$。对 Ge、Si 和 GaAs，E_{G0}/η 分别是 0.66、0.55 和 0.71，因此同样温度下，Ge 和 GaAs 的电流变化率高于 Si，但实际反向电流随温度的变化是 I_{rev} 及 E_{G0}/η 的函数，而 Ge、Si 和 GaAs 的 I_{rev} 分别在 μA、nA 和 pA 量级，因此 I_{rev} 对温度变化的绝对值按 Ge、Si 和 GaAs 的顺序减小。

2.7.2　正向偏置时的温敏特性

正向偏置时需要考虑复合电流和正向扩散电流的影响，分别为

$$I_{\text{复合}}=qA\frac{Wn_i}{2\tau_r}\exp(qV/2k_BT)$$

$$I_{\text{扩散}}=I_s\exp(qV/k_BT)$$

两者之比为

$$\frac{I_{\text{扩散}}}{I_{\text{复合}}}=\frac{2\tau_r}{W}\left(\frac{D_n}{L_nN_A}+\frac{D_p}{L_pN_D}\right)n_i\exp(qV/2k_BT)$$

对 Ge 来说，$I_{\text{复合}}<I_{\text{扩散}}$总是成立；对 Si 来说，电压超过 0.3V 时，扩散电流就远大于复合电流；对 GaAs 也一样，所以只考虑正向扩散电流随温度的变化。因为

$I_s \propto n_i^2 \propto T^3 \exp(-E_{G0}/k_BT)$，所以 $I_{扩散} \propto n_i^2 \propto T^3 \exp[(qV-E_{G0})/k_BT]$。两边取对数，$\ln I_{扩散} \propto 3\ln T+(qV-E_{G0})/k_BT$。微分可以得到下式，即

$$\frac{\mathrm{d}I_{扩散}}{I_{扩散}}=\frac{3}{T}\mathrm{d}T+\frac{q}{k_BT}\mathrm{d}V-\frac{(qV-E_{G0})}{k_BT^2}\mathrm{d}T \tag{2-107}$$

室温下，忽略式(2-107)右边第一项，则

$$\frac{\mathrm{d}I_{扩散}}{I_{扩散}}=\frac{q}{k_BT}\mathrm{d}V-\frac{(qV-E_{G0})}{k_BT^2}\mathrm{d}T \tag{2-108}$$

恒压下，$\mathrm{d}V=0$，所以

$$\frac{\mathrm{d}I_{扩散}}{I_{扩散}}=\frac{(E_{G0}-qV)}{k_BT}\frac{\mathrm{d}T}{T} \tag{2-109}$$

对硅来说，室温下，$E_{G0}=1.12\mathrm{eV}$，$V=0.6\mathrm{V}$，则温度每增加 1℃，电流增加约 6.7%，温度每增加 10℃，电流增加一倍。

恒流时，由式(2-108)可以得到下式，即

$$\mathrm{d}V=\frac{(V-E_{G0}/q)}{T}\mathrm{d}T \tag{2-110}$$

室温下，硅的工作电压仍然取 0.6V，则

$$\frac{\mathrm{d}V}{\mathrm{d}T}=-\frac{1.12-0.6}{300}=-0.0017(\mathrm{V/K})=-1.7(\mathrm{mV/K})$$

室温恒流条件下，硅 PN 结电压变化率约为 −1.7mV/℃，也就是说结电压对温度非常敏感，这一特性被用来精确测温和控温。

2.8 异质 PN 结

不同材料之间形成的 PN 结称为异质结，具有许多独特的性质，在双极型晶体管、光电器件、小尺寸 MOSFET 器件及量子效应器件中有重要应用。20 世纪 50 年代，Kroemr 提出宽带隙材料作为发射区的异质结晶体管(heterojunction-bipolar transistor，HBT)具有更高的工作频率。20 世纪 70 年代中期，随着分子束外延(molecular beam epitaxy，MBE)和金属有机物化学气相沉积(metal organic chemical vapor deposition，MOCVD)技术的发展，制备出性能良好的 AlGaAs/GaAs 异质结双极型晶体管。1986 年前后，Bernard 和 Meyerson 等利用超高真空度的化学气相沉积技术制备了 $Si_{1-x}Ge_x$ 薄膜。1987 年，Luyer 等成功制备出高频率的锗硅基区异质结晶体管。之后，随着薄膜应变技术的发展，异质结在新型器件中得到广泛应用。

异质 PN 结与同质 PN 结在本质上没有区别，分析异质结特性时涉及的概念没有变化，如空间电荷区、内建电势、平衡 PN 结等。但是，界面处的带阶差和不同

的介电常数使空间电荷区宽度及电势降落方面的计算变得相当复杂。本节直接给出分析方法及所用的公式，不进行详细推导。详细的推导过程可参见虞丽生教授的《半导体异质结物理》。

2.8.1　异质结的分类

不同的电子亲和势及禁带宽度决定了两种半导体材料能带的相对位置，据此可将异质结分为嵌套型、交错型及错开型，如图 2.40 所示。图中 E_{VAC} 表示真空能级，$q\chi$ 表示电子亲和势。一般地，将禁带宽度小的一侧用下标 1 表示，禁带宽度大的一侧用下标 2 表示。电子亲和势就是真空能级与导带之间的距离，即

$$q\chi = E_{VAC} - E_C$$

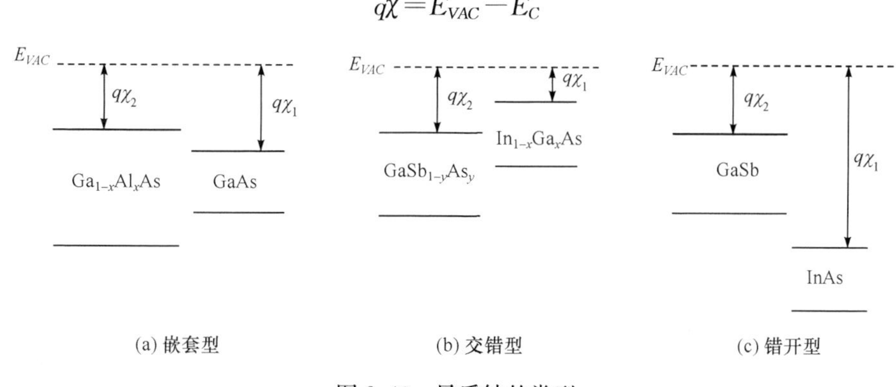

图 2.40　异质结的类型

对元素来说，电子亲和势的物理意义在于将一个电子由真空能级移动至原子上使其成为负离子所释放的能量。在固体物理学中，电子亲和势是将一个电子由半导体表面外的真空能级移动至半导体内导带底所释放的能量。显然，两者不完全相同。以硅为例，孤立硅原子的电子亲和势为 1.39eV，而固体硅表面的电子亲和势为 4.05eV。

功函数是真空能级与费米能级之间的能量差，由于费米能级随掺杂浓度而变，而对于同一种半导体，电子亲和势是不变的量，因此将电子亲和势作为参考量。尽管电子亲和势受到半导体表面状态的影响，但实际上更多的是将电子亲和势用于确定金属与半导体接触或不同半导体材料相互接触时能带的相对位置，很少关注固体表面外的电子移动到固体内导带底时所释放的能量。

可以看出，电子亲和势的大小决定了两种材料导带的相对位置，可以根据禁带宽度确定价带的相对位置，进而确定异质结的类型。导带能级的差 ΔE_C 和价带能级的差 ΔE_V 统称为带阶差。下面以嵌套型异质结为例讨论其特点。

2.8.2 平衡异质结能带图及内建电势

图 2.41 是嵌套型 N_2P_1 异质 PN 结接触前的能带结构及相对位置。其中 N 型半导体的禁带宽度大于 P 型半导体的禁带宽度，即 $E_{GN}>E_{GP}$，并且 P 型半导体的能带完全处于 N 型禁带中，因此这是嵌套型异质结。与同质结一样，热平衡时将在冶金结的两侧形成空间电荷区，整个系统形成统一的费米能级，空间电荷区的压降即内建电势的大小等于接触前各自费米能级的高度差，因此可以写出以下三种表达方式，即

$$\begin{aligned}V_{bi}&=V_{b1}+V_{b2}=W_1-W_2\\&=E_{G2}-\Delta E_V-V_N-V_P\\&=E_{G1}+\Delta E_C-V_N-V_P\end{aligned}$$

其中，V_{b1} 和 V_{b2} 分别为 P 区和 N 区能带弯曲量，也是自建电场分别在 P 区和 N 区的压降；ΔE_C 和 ΔE_V 分别为导带与价带的带阶差；V_N 和 V_P 分别为 N 型半导体中费米能级与导带的距离和 P 型半导体中费米能级与价带的距离。

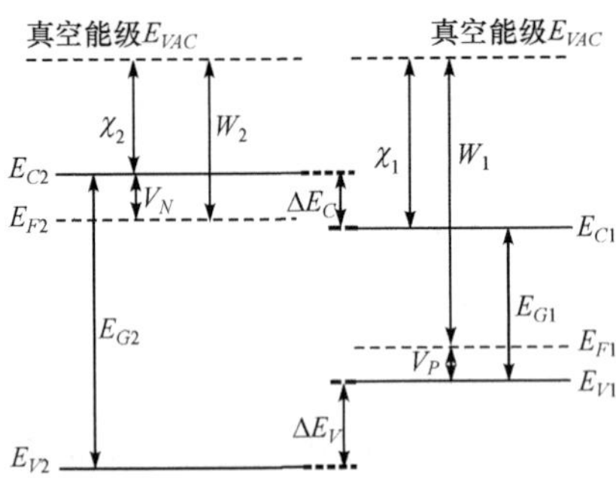

图 2.41 异质 PN 结接触前的能带结构及相对位置

图 2.42 是 N_2P_1 嵌套型异质结平衡时的能带图。可见，在界面处，能带的相对位置保持不变，导带和价带因为带阶差的存在而不连续。N 侧电子势垒为 qV_{b2}，P 区界面处形成电子的势阱，势阱深度为 qV_{b1}。价带处空穴的势垒高度 $qV_h=\Delta E_V+qV_{bi}$。

图 2.43 是 P_2N_1 嵌套型异质结接触前及平衡时的能带图。同样，接触前能带的相互位置决定内建电势，即

$$\begin{aligned}V_{bi}&=V_{b1}+V_{b2}\\&=W_2-W_1\\&=E_{G2}-\Delta E_C-V_N-V_P\\&=E_{G1}+\Delta E_V-V_N-V_P\end{aligned}$$

平衡后，在 N 区形成空穴的势阱和电子的势垒。

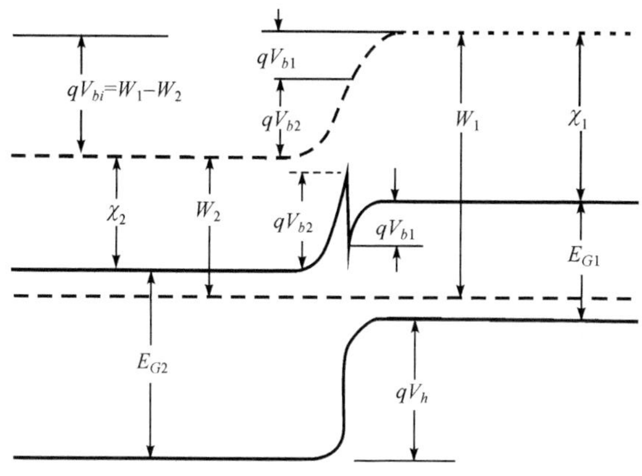

图 2.42　N_2P_1 嵌套型异质结平衡时能带图

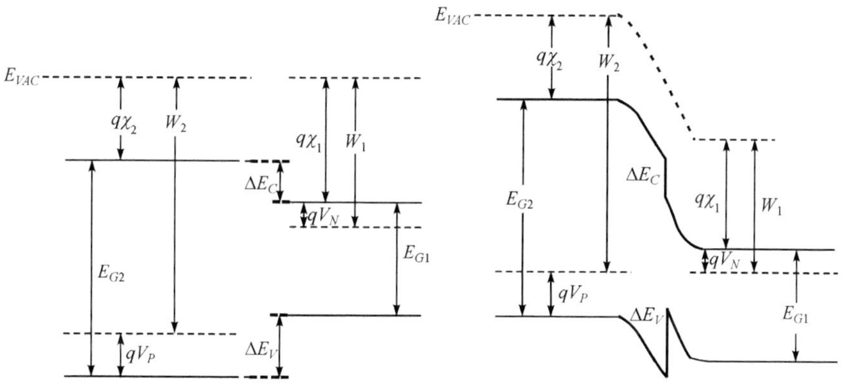

图 2.43　P_2N_1 嵌套型异质结接触前及平衡时的能带图

2.8.3　平衡异质结空间电荷区相关的计算公式

与同质结一样，可以用泊松方程研究异质结空间电荷区的性质，不同的是界面处电场不连续，界面两侧的介电常数不同，但计算方法是一样的，结果为

$$x_1=\left[\frac{2N_2\varepsilon_1\varepsilon_2V_{bi}}{qN_1(\varepsilon_1N_1+\varepsilon_2N_2)}\right]^{1/2}$$

$$x_2=\left[\frac{2N_1\varepsilon_1\varepsilon_2V_{bi}}{qN_2(\varepsilon_1N_1+\varepsilon_2N_2)}\right]^{1/2}$$

$$C=\left[\frac{qN_1N_2\varepsilon_1\varepsilon_2}{2(\varepsilon_1N_2+\varepsilon_2N_1)V_{bi}}\right]^{1/2}$$

$$\frac{V_{b1}}{V_{b2}}=\frac{N_2\varepsilon_2}{N_1\varepsilon_1}$$

$$x_1N_1 = x_2N_2$$

在外加电压的作用下，用 $V_{bi}-V$ 代替上式中的 V_{bi} 即可。x_1+x_2 为整个空间电荷区的宽度。

习　题

1. 当 $N_A=N_D$ 时，称为对称 PN 结，请分别对 Si 和 GaAs 计算掺杂浓度由 10^{14}cm^{-3} 增大到 10^{19}cm^{-3} 的过程中，内建电势的变化是怎样的，即计算 $N_A=N_D=10^{14}$、10^{15}、10^{16}、10^{17}、10^{18}、10^{19}cm^{-3} 时内建电势的大小？

2. 对于硅单边突变 P^+N 结，$N_D=10^{15}\text{cm}^{-3}$，请画出平衡时的能带图，计算内建电势大小、空间电荷区宽度和最大电场。

3. 对如图 2.44 所示的杂质分布，画出平衡时能带图；计算内建电势；给出电场分布示意图。

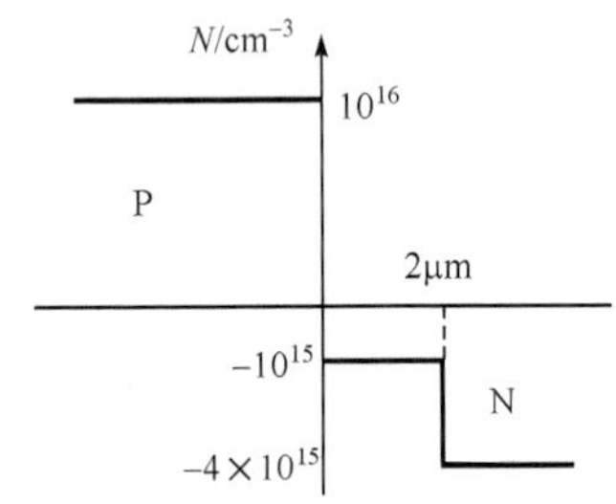

图 2.44　杂质分布图

4. 300K 时，N^+P 硅二极管参数如下，$N_D=10^{18}\text{cm}^{-3}$，$N_A=10^{16}\text{cm}^{-3}$，$n_i=10^{10}\text{cm}^{-3}$，$D_n=25\text{cm}^2/\text{s}$，$D_p=10\text{cm}^2/\text{s}$，$\varepsilon_r=11.7$，$\tau_{p0}=\tau_{n0}=1\mu\text{s}$，$A=10^{-4}\text{cm}^2$，计算正反向偏置电压分别为 0.5V 时的正反向电流。

5. 定义空间电荷区边界处少子浓度低于多子浓度的 1/10 为小注入，计算题 4 中满足小注入条件的最高偏置电压。

6. 请分析串联电阻对二极管特性的影响。设 $T=300\text{K}$ 时，反向饱和电流 $I=10^{-10}\text{A}$，$\rho_n=0.2\Omega\cdot\text{cm}$，$\rho_p=0.1\Omega\cdot\text{cm}$，设中性区的长度都是 10^{-2}cm，面积为 $2\times10^{-5}\text{cm}^2$，计算当电流分别为 $I=1\text{mA}$ 和 10mA 时需要施加的电压，忽略串联电阻时会怎样？

7. 硅 PN 结，在电压 $0.1\text{V}<V_F<0.6\text{V}$ 时，画出结电流及复合电流随电压的变化曲线。已知 $N_D=N_A=10^{16}\text{cm}^{-3}$，$D_n=25\text{cm}^2/\text{s}$，$D_p=10\text{cm}^2/\text{s}$，$\varepsilon_r=11.7$，$\tau_{p0}=\tau_{n0}=0.5\mu\text{s}$，$A=10^{-4}\text{cm}^2$。

8. 已知 $V_F=0.72\text{V}$，$I_F=2.0\text{mA}$，设在 N 区和 P 区电子和空穴的寿命都是 $\tau_n=\tau_p=1\mu\text{s}$，计算 $T=300\text{K}$ 时，二极管的交流小信号导纳。

9. 二极管从正向偏置到反向偏置过程，请设计 I_R/I_F 的比，使维持时间 $\tau_s=0.2\tau_p$。

10. 对称掺杂 PN 结，$N_D=N_A=5\times10^{16}\text{cm}^{-3}$，如果临界击穿电场 $E_c=4\times10^5\text{V/cm}$，计算击穿电压。

11. 硅 P^+PN^+ 结，P 区掺杂浓度为 $2\times10^{16}\text{cm}^{-3}$，已知临界击穿场强 $E_c=4\times10^5\text{V/cm}$，如

果 P 区厚度分别为 0.8μm 和 5μm，计算击穿电压分别是多少？

12. 可以用硅二极管在稳恒电流条件下测量温度，其结电压是温度的函数。如果 300K 时，二极管电压是 0.60V，那么 $T=310\text{K}$ 和 $T=320\text{K}$ 时电压分别是多少？

参考文献

[1] Mishra U K, Singh J. Semiconductor Device Physics and Design[M]. Netherlands: Springer, 2008.

[2] Neamen D A. Semiconductor Physics and Devices Basic Principles[M]. Third Edition. New York: The McGraw-Hill, 2003.

[3] Sze S M, Kwok K N. Physics of Semiconductor Devices[M]. New Jersey: Wiley & Sons, 2007.

[4] Zeghbroeck B V. Principles of electronic devices[EB/OL]. http://ecee.colorado.edu/~bart/book/book/[2018-06-05].

[5] 虞丽生. 半导体异质结物理[M]. 北京：科学出版社，2006.

[6] 刘恩科. 半导体物理[M]. 北京：电子工业出版社，2003.

[7] 刘树林. 半导体器件物理[M]. 北京：电子工业出版社，2005.

[8] 曾树荣. 半导体器件物理[M]. 北京：北京大学出版社，2007.

[9] 甘学温，黄如，刘晓彦，等. 纳米 CMOS 器件[M]. 北京：科学出版社，2004.

[10] 孟庆巨，刘海波，孟庆辉. 半导体器件物理[M]. 北京：科学出版社，2009.

[11] 施敏. 半导体器件物理与工艺[M]. 苏州：苏州大学出版社，2002.

[12] Overstraeten V R, Man H D. Measurement of the ionization rates in diffused silicon P-N junctions[J]. Solid-State Electron, 1970, 13: 583-608.

[13] Fulop W. Calculation of avalanche breakdown of silicon-junctions[J]. Solid-State Electron, 1967, 10: 39-43.

第 3 章　双极型晶体管

双极型晶体管是 1947 年由 Bell 实验室的肖克利、巴丁和布拉顿发明的，他们因此共同获得 1956 年的诺贝尔物理学奖。双极型晶体管是最早出现的具有放大功能的三端半导体器件，可以实现电流放大、电压放大及小信号放大，因此被称为有源器件，而 PN 结是无源器件。迄今，双极型晶体管作为分立器件在高速电路、模拟电路及放大电路中有着重要的应用。双极型晶体管又称双极结型晶体管(bipolar junction transistor，BJT)。

本章对双极型晶体管的基本结构、放大原理、直流特性、交流特性、开关特性、击穿特性及器件模型等知识进行论述，并简要介绍几种新型高性能双极型晶体管。

3.1　基本结构及工作原理简述

3.1.1　基本结构

双极型晶体管是由两个背靠背的 PN 结构成的三层双结结构，分为 NPN 型和 PNP 型两种，如图 3.1 所示。以 NPN 型晶体管为例，中间 P 型层是公共区，称为基区，典型的掺杂浓度为 $10^{17}\,cm^{-3}$，基区两侧是 N 型区，一侧掺杂浓度高，典型值为 $10^{19}\,cm^{-3}$，称为发射区；另一侧掺杂浓度低，典型值为 $10^{15}\,cm^{-3}$，称为集电区。从三个区引出的电极分别称为发射极、基极和集电极，对应的符号分别是 E、B 和 C。两个 PN 结分别称为发射结和集电结。双极型晶体管不是两个二极管的简单叠加，基区的宽度必须非常窄，远小于少子的扩散长度，这样两个结可以相互作用，从而产生晶体管特性。

以 NPN 型为例，实际晶体管结构如图 3.2 所示。图 3.2(a)为立体结构，发射极和基极在晶圆的同一侧，集电极在另一侧。发射极电流垂直流过芯片，被集电极收集，大功率晶体管往往采用这种结构。图 3.2(b)为平面结构，三个电极位于晶圆的同一侧，其中 P 型衬底内的重掺杂 N 型区是埋层，作用是减小体串联电阻。显然，平面结构利于器件集成。

本章以 NPN 型晶体管为例讨论双极型晶体管的原理和特性，所用的物理思想、数学方法，以及所得到的结论同样适用于 PNP 型晶体管。只要将 NPN 晶体管的电压极性和导电载流子类型互换就可以描述 PNP 型晶体管。

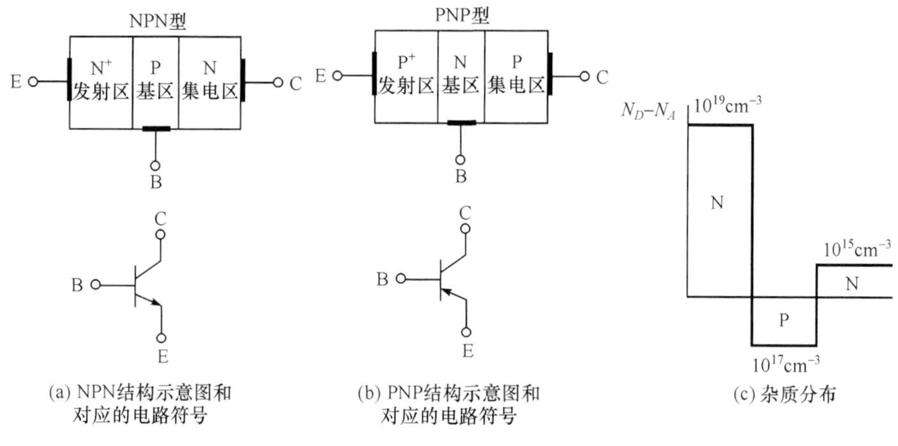

(a) NPN结构示意图和对应的电路符号　(b) PNP结构示意图和对应的电路符号　(c) 杂质分布

图 3.1　双极型晶体管

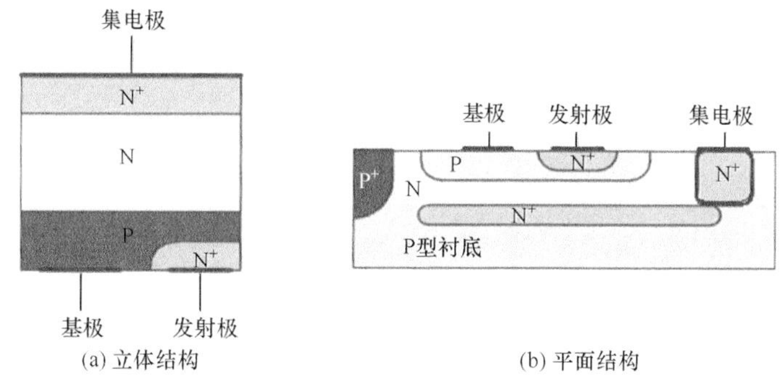

(a) 立体结构　(b) 平面结构

图 3.2　NPN 型晶体管结构

3.1.2　正向有源放大模式的工作条件

双极型晶体管是两个背靠背的 PN 结，因此是多参数器件，两个结有四种偏置方式。正向有源放大模式是最常用的模式。在这一模式下，发射结正偏，集电结反偏，对 NPN 晶体管，就是要求 $V_{BE}>0$，$V_{BC}<0$。图 3.3(a)是正向有源放大模式下整个晶体管的能带图。结两侧准中性区边界处的少子浓度由结电压调制。发射结正向偏置，结两侧少子浓度是平衡值的指数倍，而集电结反向偏置，因此结两侧少子浓度为零。在非常窄的基区，少子分布梯度非常大，近似线性分布。稳态时整个晶体管中少子分布如图 3.3(b)所示。发射区注入基区的电子基本上都可以到达集电结空间电荷区边界，并在集电结空间电荷区电场作用下通过漂移运动到达集电区，进而被收集，成为集电极电流。可见，小的基区宽度是晶体管具有放大作用的必要条件，否则发射极注入基区的电子不能到达集电极，两个 PN 结之间没有相

互作用。实际上,基区宽度是一个重要的结构参数,晶体管的多项性能都与其有关。下面详细讨论晶体管工作于正向有源放大模式下端电流的组成及相互关系。

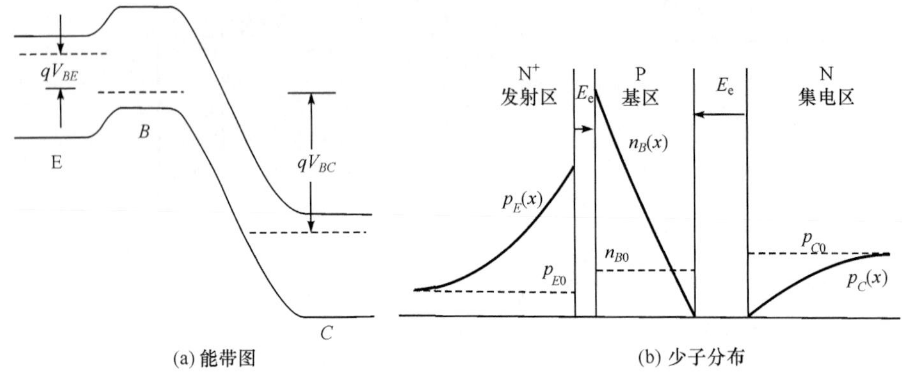

(a) 能带图　　(b) 少子分布

图 3.3　正向有源放大模式下 NPN 晶体管的能带图和少子分布

3.1.3　正向有源放大模式下的端电流分析

NPN 晶体管有源放大模式下端电流的方向及构成如图 3.4 所示,实线表示空穴运动方向,虚线表示电子运动方向。可以看出,发射极电流除了包含电子扩散电流 I_{En} 和空穴扩散电流 I_{Ep},还有电子和空穴在发射结空间电荷区复合产生的电流,即发射结复合电流 I_{ER},这一复合电流分量在发射极总电流比较小时非常重要。总的发射极电流 I_E 可以表示为

$$I_E = I_{En} + I_{Ep} + I_{ER} \tag{3-1}$$

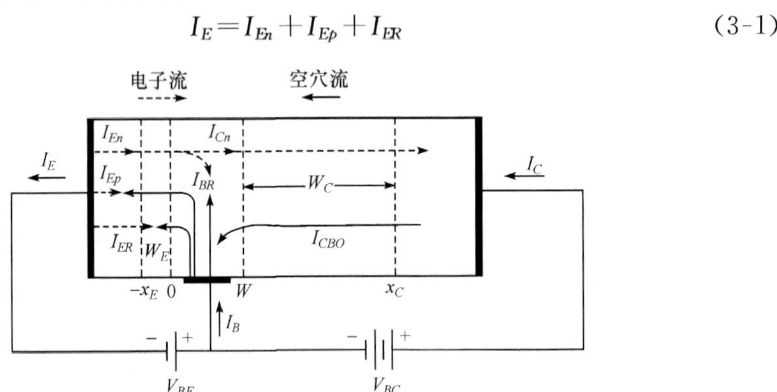

图 3.4　NPN 晶体管有源放大模式下端电流的方向及构成

理想情况下,电子由发射区注入基区以后,全部到达集电结空间电荷区,实际上总会有一小部分与由基极注入的空穴复合,成为基区复合电流 I_{BR}。如果到达集电极的电子电流为 I_{Cn},则基区复合电流 $I_{BR} = I_{En} - I_{Cn}$。集电结反向偏置电流用 I_{CBO} 表示,其中下标表示发射极开路,因此 I_{CBO} 表示发射极开路时的集电结反向饱

和电流。基极电流包括注入发射区的空穴电流、发射结空间电荷区的复合电流、基区复合电流及集电结反向饱和电流，所以基极总电流 I_B 为

$$I_B = I_{Ep} + I_{ER} + (I_{En} - I_{Cn}) - I_{CBO} \tag{3-2}$$

集电极电流包括由发射极注入且通过基区被集电极收集的电流 I_{Cn} 和集电结反向饱和电流 I_{CBO}，即

$$I_C = I_{Cn} + I_{CBO} \tag{3-3}$$

由此可以得到下式，即

$$I_E = I_B + I_C \tag{3-4}$$

3.1.4　直流电流增益

双极型晶体管在电路中有两种接法，图3.5(a)为共基极接法，图3.5(b)为共发射极接法。顾名思义，共基极接法是以基极为公共极，输入电压为 V_{BE}，输出电压为 V_{BC}；共发射极接法以发射极为公共电极，输入电压为 V_{BE}，输出电压为 V_{CE}。两种接法的用途不同。共基极接法一般又称为电流跟随器，共发射极接法多用于电流放大或功率放大。

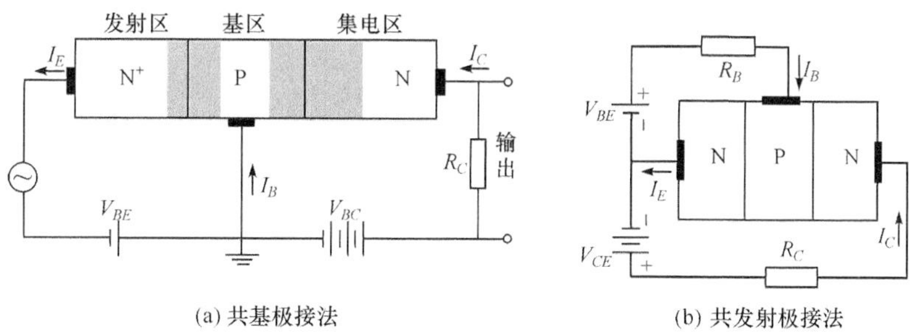

图3.5　NPN晶体管两种接法电路示意图

1. 共基极直流电流增益

定义共基极直流电流增益为 α_0，即

$$\alpha_0 = \frac{I_{Cn}}{I_E} \tag{3-5}$$

将式(3-1)代入，可得下式，即

$$\alpha_0 = \frac{I_{Cn}}{I_{En} + I_{Ep} + I_{ER}} = \left[\frac{I_{En}}{I_{En} + I_{Ep} + I_{ER}}\right]\left[\frac{I_{Cn}}{I_{En}}\right] = \gamma\alpha_T \tag{3-6}$$

其中，γ 称为发射效率。

对NPN晶体管来说，发射效率就是发射极电流中注入基区的电子电流所占的比例，即

$$\gamma = \frac{I_{En}}{I_{En} + I_{Ep} + I_{ER}} \tag{3-7}$$

定义 α_T 为基区传输因子，物理意义是由发射区注入基区的电子通过基区到达集电结空间电荷区并成为集电极电流的比例，即

$$\alpha_T = \frac{I_{Cn}}{I_{En}} \tag{3-8}$$

对设计良好的晶体管，I_{Ep} 和 I_{ER} 远小于 I_{En}，并且 I_{Cn} 与 I_{En} 十分接近，α_T 和 γ 趋于 1，所以 α_0 也接近 1。利用式(3-5)和式(3-3)，集电极电流可表示为

$$I_C = \alpha_0 I_E + I_{CBO} \tag{3-9}$$

2. 共发射极直流电流增益

NPN 晶体管共发射极接法在正向有源放大模式下，发射结正向偏置，作为输入电压，即 $V_{BE}>0$。输出电流控制电压 $V_{CE}=V_{CB}+V_{BE}$，由于 $V_{BE}>0$，因此只有 $V_{CE}>V_{BE}$ 时，$V_{CB}>0$ 才成立，才能使集电结反向偏置，保证器件工作于正向有源放大模式。

利用式(3-3)～式(3-5)，集电极电流可表示为

$$I_C = \alpha_0 (I_C + I_B) + I_{CBO} \tag{3-10}$$

整理可得下式，即

$$I_C = \frac{\alpha_0}{1-\alpha_0} I_B + \frac{I_{CBO}}{1-\alpha_0} \tag{3-11}$$

令

$$\beta_0 = \frac{\Delta I_C}{\Delta I_B} = \frac{\alpha_0}{1-\alpha_0} \tag{3-12}$$

$$I_{CEO} = \frac{I_{CBO}}{1-\alpha_0} \tag{3-13}$$

则有

$$I_C = \beta_0 I_B + I_{CEO} \tag{3-14}$$

式(3-14)是共发射极接法端电流关系表达式，其中 β_0 称为共发射极直流电流增益，是集电极电流与基极电流之比；I_{CEO} 是基极开路（$I_B=0$）时，集电极-发射极的漏电流。因为 α_0 接近于 1，所以 $I_{CEO} \gg I_{CBO}$。

例 3.1　对于一个理想 NPN 晶体管，其内部的电流分量分别为 $I_{En}=5\text{mA}$，$I_{Ep}=0.03\text{mA}$，$I_{Cn}=4.98\text{mA}$，$I_{CBO}=0.002\text{mA}$，试计算发射效率 γ，基区传输因子 α_T，共基极直流电流增益 α_0，共发射极直流电流增益 β_0，基极开路时集电极-发射极漏电流 I_{CEO}。

解　由于该晶体管为理想晶体管，所以复合电流 $I_{ER}=0$，发射效率为

$$\gamma=\frac{I_{En}}{I_{En}+I_{Ep}+I_{ER}}\approx\frac{I_{En}}{I_{En}+I_{Ep}}=\frac{5}{5+0.03}=0.994$$

$$\alpha_T=\frac{I_{Cn}}{I_{En}}=\frac{4.98}{5}=0.996$$

$$\alpha_0=\gamma\alpha_T=0.994\times0.996=0.99$$

$$\beta_0=\frac{\alpha_0}{1-\alpha_0}=\frac{0.99}{1-0.99}=99$$

$$I_{CEO}=\frac{I_{CBO}}{1-\alpha_0}=\frac{0.002}{1-0.99}=0.2\text{mA}$$

可见，γ、α_T 和 α_0 是接近于 1 的值；I_{CEO} 是 I_{CBO} 的 100 倍。

3.2　理想晶体管的直流电流-电压关系

下面以 NPN 型晶体管为例，讨论理想晶体管的直流电流-电压关系。理想晶体管是指掺杂均匀、结空间电荷区没有产生-复合电流、无串联电阻，且满足小注入条件的晶体管。对均匀掺杂的典型晶体管，其杂质分布及空间电荷区如图 3.6 所示。准中性基区的边界分别为 0 和 W_B，W_B 也是准中性基区的宽度；准中性发射区和集电区边界分别为 $-W_E$、$-x_E$ 和 x_C、W_C；准中性发射区和准中性集电区的宽度分别为 W_E-x_E 及 W_C-x_C。

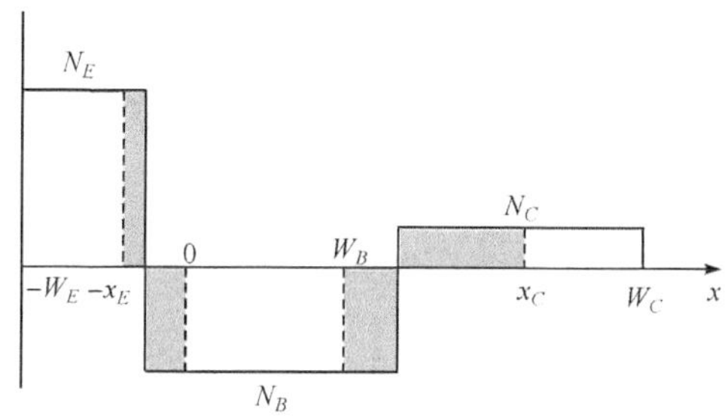

图 3.6　均匀掺杂晶体管的杂质分布及空间电荷区

3.2.1　正向有源放大模式下少子分布

正向有源放大模式下少子分布如图 3.3(b) 所示。下面通过解电流连续性方程给出准中性发射区、基区和集电区少子分布的解析解。

1. 基区

稳态时准中性基区没有电场，也不产生电流项，电子的连续性方程可以写为

$$\frac{\mathrm{d}^2 n_B}{\mathrm{d}x^2}-\frac{n_B-n_{B0}}{L_{Bn}^2}=0 \tag{3-15}$$

满足的边界条件为

$$n_B(0)=n_{B0}\exp(qV_{BE}/k_BT) \tag{3-16}$$

$$n_B(W_B)=n_{B0}\exp(qV_{BC}/k_BT) \tag{3-17}$$

其中，n_B为P型基区的电子浓度；n_{B0}为P型基区电子的平衡浓度；L_{Bn}为基区电子的扩散长度，$L_{Bn}=\sqrt{D_{Bn}\tau_{Bn}}$，$\tau_{Bn}$为基区电子的寿命。

由此可得下式，即

$$n_B(x)=n_{B0}+n_{B0}[\exp(qV_{BE}/k_BT)-1]\left[\frac{\sinh\left(\frac{W_B-x}{L_{Bn}}\right)}{\sinh\left(\frac{W_B}{L_{Bn}}\right)}\right]+n_{B0}[\exp(qV_{BC}/k_BT)-1]\left[\frac{\sinh\left(\frac{x}{L_{Bn}}\right)}{\sinh\left(\frac{W_B}{L_{Bn}}\right)}\right] \tag{3-18}$$

可见，基区电子分布同时受到发射结电压和集电结电压的调制。式(3-18)是解连续性方程得到的解析解，其中包含双曲正弦函数，用起来不方便，同时也不容易直接看到电子分布的特点。实际的双极型晶体管基区宽度远小于少子扩散长度，即$W_B/L_{Bn}\ll 1$。因为$y\ll 1$，$\sinh(y)\approx y$，即$\sinh\left(\frac{W_B}{L_{Bn}}\right)\approx\frac{W_B}{L_{Bn}}$，所以基区内的电子分布可以表示为

$$n_B(x)=n_{B0}+n_{B0}[\exp(qV_{BE}/k_BT)-1]\left(1-\frac{x}{W_B}\right)+n_{B0}[\exp(qV_{BC}/k_BT)-1]\frac{x}{W_B} \tag{3-19}$$

实际上，当$y\ll 0.4$时，$\sinh(y)$与y的误差小于3%，如图3.7所示。

可见，由于晶体管的基区宽度远小于少子扩散长度，少子分布可以用线性函数合理地近似。正向有源放大模式下，发射结正向偏置，集电结反向偏置，式(3-19)可以进一步简化为

$$n_B(x)=n_{B0}+n_{B0}[\exp(qV_{BE}/k_BT)-1]\left(1-\frac{x}{W_B}\right)-n_{B0}\cdot\frac{x}{W_B} \tag{3-20}$$

显然，集电结边界处基区少子浓度为零。这一状态下，整个晶体管中少子的分布如图3.8所示。虚线是线性近似的结果。发射区少子空穴的分布由正向偏置的发射结电压控制，而集电区少子空穴的分布由反向偏置的集电结电压决定。

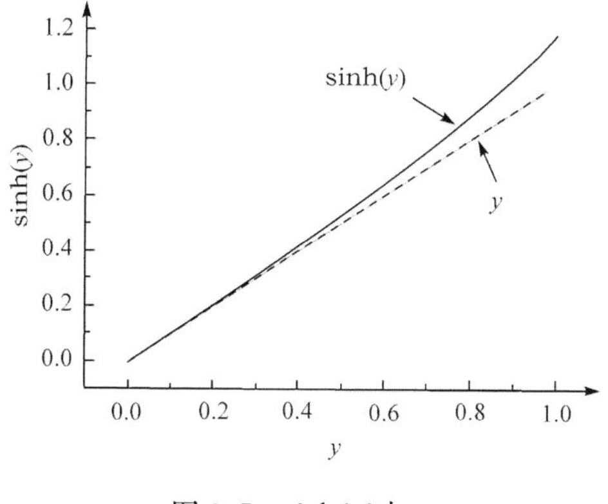

图 3.7　sinh(y)与 y

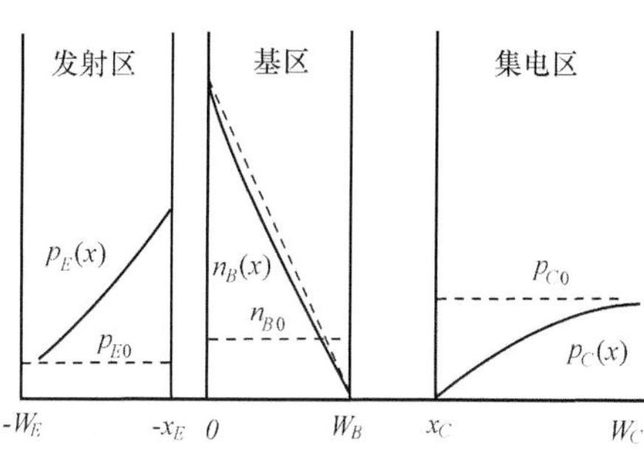

图 3.8　NPN 晶体管中少子的分布

2. 发射区和集电区少子分布的解析表达式

准中性发射区和集电区空穴连续性方程分别为

$$\frac{d^2 p_E(x)}{dx^2}-\frac{p_E(x)-p_{E0}}{L_{Ep}^2}=0, \quad \text{发射区} \tag{3-21}$$

$$\frac{d^2 p_C(x)}{dx^2}-\frac{p_C(x)-p_{C0}}{L_{Cp}^2}=0, \quad \text{集电区} \tag{3-22}$$

边界条件分别为

$$p_E(-x_E)=p_{E0}\exp(qV_{BE}/k_BT) \tag{3-23}$$

$$p_E(-W_E)=p_{E0} \tag{3-24}$$

$$p_C(x_C)=p_{C0}\exp(qV_{BC}/k_BT) \tag{3-25}$$

$$p_C(W_C)=p_{C0} \tag{3-26}$$

其中，p_E 为准中性发射区空穴的浓度；p_{E0} 为准中性发射区空穴的平衡浓度；p_C 为准中性集电区少子空穴的浓度；p_{C0} 为准中性集电区少子空穴的平衡浓度；L_{Ep} 为发射区空穴的扩散长度；L_{Cp} 为集电区空穴的扩散长度。

由式(3-21)、式(3-23)及式(3-24)可以得到发射区空穴的分布，即

$$p_E(x)=p_{E0}+p_{E0}[\exp(qV_{BE}/k_BT)-1]\frac{\sinh\left(\frac{W_E+x}{L_{Ep}}\right)}{\sinh\left(\frac{W_E-x_E}{L_{Ep}}\right)}, \quad x\leqslant -x_E \tag{3-27}$$

由式(3-22)、式(3-25)和式(3-26)可以得到集电区空穴的分布，即

$$p_C(x)=p_{C0}+p_{C0}[\exp(qV_{BC}/k_BT)-1]\frac{\sinh[(W_C-x)/L_{Cp}]}{\sinh[(W_C-x_C)/L_{Cp}]}, \quad x\geqslant x_C \tag{3-28}$$

在重掺杂发射区,空穴扩散长度一般小于准中性发射区的宽度,所以存在关系式 $W_E - x_E \gg L_{En}$,式(3-27)可以写为

$$p_E(x) = p_{E0} + p_{E0}[\exp(qV_{BE}/k_BT) - 1]\exp[(x + x_E)/L_{Ep}], \quad x \leqslant -x_E \tag{3-29}$$

作为体区,集电区的宽度往往比较大,存在 $W_C \gg L_{En}$ 关系,所以有

$$p_C(x) = p_{C0} + p_{C0}[\exp(qV_{BC}/k_BT) - 1]\exp[-(x - x_C)/L_{Cp}], \quad x \geqslant x_C \tag{3-30}$$

3. 其他工作模式下少子分布

双极型晶体管有四种偏置状态,对应四种工作模式。除了上面讨论的正向有源放大模式,还有截止、饱和及反向有源放大模式。NPN 双极型晶体管四种工作模式的特点如表 3.1 所示。四种工作模式下的少子分布情况如图 3.9 所示。

表 3.1　NPN 双极型晶体管四种工作模式的特点

工作模式	V_{BE}	V_{BC}	特点
正向有源	+	−	发射效率高,放大倍数大
截止	−	−	大偏置电压,小输出电流
饱和	+	+	小偏置电压,大输出电流
反向有源	−	+	发射效率较低

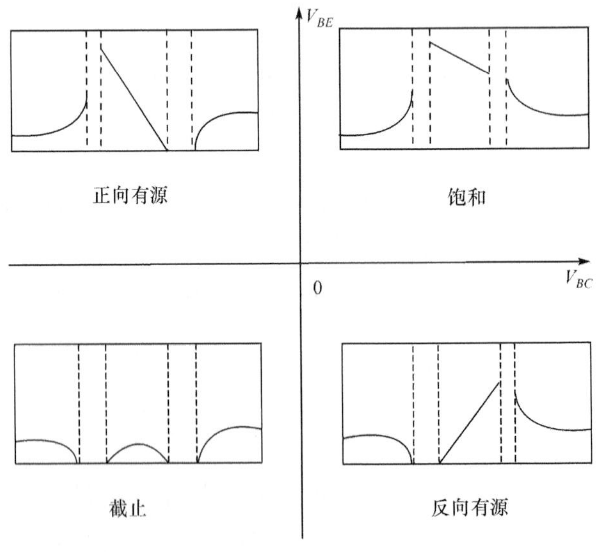

图 3.9　四种工作模式下的少子分布示意图

正向有源模式是最常应用的模式，发射效率高，放大倍数大。在截止模式下，发射结和集电结都是反向偏置，端电流主要是很小的 PN 结反向饱和电流，空间电荷区边界处少子浓度都为零，导致整个窄基区少子基本耗尽。在饱和状态下，发射结和集电结都是正向偏置，空间电荷区边界处少子浓度大于平衡值，基区有过量少子堆积，电导很大。饱和状态下端电流的大小往往由外电路决定。反向有源放大模式下集电结正向偏置，发射结反向偏置，与正向有源放大模式看起来像是对称的，但由于发射区和集电区掺杂浓度不相同，所以性能上不是对称的。集电区掺杂浓度非常低，发射率低，因此反向有源放大模式下器件的放大倍数远小于正向有源放大模式下器件的放大倍数。

3.2.2 理想晶体管的电流

准中性区少子扩散电流决定了端电流的大小。由方程(3-18)可以得到从发射区注入基区的电子电流，即

$$\begin{aligned}I_{En}&=AqD_{Bn}\frac{\mathrm{d}n_B(x)}{\mathrm{d}x}\bigg|_{x=0}\\&=-qA\frac{D_{Bn}}{L_{Bn}}n_{B0}\left\{\frac{\cosh(W_B/L_{Bn})}{\sinh(W_B/L_{Bn})}[\exp(qV_{BE}/k_BT)-1]-\frac{\exp(qV_{BC}/k_BT)-1}{\sinh(W_B/L_{Bn})}\right\}\\&=-qA\frac{D_{Bn}n_i^2}{L_{Bn}N_B}\left[\frac{\exp(qV_{BE}/k_BT)-1}{\tanh(W_B/L_{Bn})}-\frac{\exp(qV_{BC}/k_BT)-1}{\sinh(W_B/L_{Bn})}\right]\end{aligned}\tag{3-31}$$

其中，A 为结面积；N_B 为基区受主杂质的掺杂浓度，负号表示实际电流沿 $-x$ 方向。

同理，利用式(3-27)可以得到由基区注入发射区的空穴电流，即

$$\begin{aligned}I_{Ep}&=-AqD_{Ep}\frac{\mathrm{d}p_E(x)}{\mathrm{d}x}\bigg|_{x=-x_E}\\&=-qA\frac{D_{Ep}}{L_{Ep}}P_{E0}[\exp(qV_{BE}/k_BT)-1]\\&=-qA\frac{D_{Ep}n_i^2}{L_{Ep}N_E}[\exp(qV_{BE}/k_BT)-1]\end{aligned}\tag{3-32}$$

其中，D_{Ep} 为发射区空穴的扩散系数；N_E 为发射区施主杂质的掺杂浓度。发射极总电流为

$$\begin{aligned}I_E&=I_{En}+I_{Ep}\\&=-qAn_i^2\left\{\left[\frac{D_{Bn}}{L_{Bn}N_B\tanh(W_B/L_{Bn})}+\frac{D_{Ep}}{L_{Ep}N_E}\right][\exp(qV_{BE}/k_BT)-1]\right.\\&\qquad\left.-\frac{D_{Bn}}{L_{Bn}N_B\sinh(W_B/L_{Bn})}[\exp(qV_{BC}/k_BT)-1]\right\}\end{aligned}\tag{3-33}$$

由于$W_B/L_{Bn} \ll 1$，利用$y \ll 1$，$\sinh(y) \approx y$和$\tanh(y) \approx y$，可得下式，即

$$I_E \approx -qn_i^2 A\left\{\left(\frac{D_{Bn}}{N_B W_B}+\frac{D_{Ep}}{N_E L_{Ep}}\right)\left[\exp(qV_{BE}/k_B T)-1\right] -\frac{D_{Bn}}{N_B W_B}\left[\exp(qV_{BC}/k_B T)-1\right]\right\} \tag{3-34}$$

同理，流过集电结的电子电流I_{Cn}为

$$\begin{aligned} I_{Cn} &= AqD_{Bn}\left.\frac{\mathrm{d}n_p(x)}{\mathrm{d}x}\right|_{x=W_B} \\ &= -qA\frac{D_{Bn}}{L_{Bn}}n_{B0}\left\{\frac{1}{\sinh(W_B/L_{Bn})}\left[\exp(qV_{BE}/k_B T)-1\right] -\frac{\cosh(W_B/L_{Bn})}{\sinh(W_B/L_{Bn})}\left[\exp(qV_{BC}/k_B T)-1\right]\right\} \\ &= -qAn_i^2\frac{D_{Bn}}{L_{Bn}N_B}\left[\frac{\exp(qV_{BE}/k_B T)-1}{\sinh(W_B/L_{Bn})}-\frac{\exp(qV_{BC}/k_B T)-1}{\tanh(W_B/L_{Bn})}\right] \end{aligned} \tag{3-35}$$

由式(3-30)可以得到集电结空穴电流，即

$$I_{Cp} = -AqD_{Cp}\left.\frac{\mathrm{d}p_C(x)}{\mathrm{d}x}\right|_{x=x_C} = qAn_i^2\frac{D_{Cp}}{L_{Cp}N_C}\left[\exp(qV_{BC}/k_B T)-1\right] \tag{3-36}$$

其中，N_C为集电区施主杂质的掺杂浓度；L_{Cp}和D_{Cp}分别为集电区空穴的扩散长度和扩散系数。

集电极总电流为

$$\begin{aligned} I_C &= I_{Cn}+I_{Cp} \\ &= -qAn_i^2\left\{\frac{D_{Bn}}{L_{Bn}N_B\sinh(W/L_{Bn})}\left[\exp(qV_{BE}/k_B T)-1\right] -\left[\frac{D_{Bn}}{L_{Bn}N_B\tanh(W/L_{Bn})}+\frac{D_{Cp}}{L_{Cp}N_C}\right]\left[\exp(qV_{BC}/k_B T)-1\right]\right\} \end{aligned} \tag{3-37}$$

再利用$W_B/L_{Bn} \ll 1$，$\sinh\left(\frac{W_B}{L_{Bn}}\right) \approx \frac{W_B}{L_{Bn}}$和$\tanh\left(\frac{W_B}{L_{Bn}}\right) \approx \frac{W_B}{L_{Bn}}$，则$I_C$可以表示为

$$I_C \approx -qAn_i^2\left\{\frac{D_{Bn}}{N_B W_B}\left[\exp(qV_{BE}/k_B T)-1\right] -\left(\frac{D_{Bn}}{N_B W_B}+\frac{D_{Cp}}{N_C L_{Cp}}\right)\left[\exp(qV_{BC}/k_B T)-1\right]\right\} \tag{3-38}$$

基极电流I_B可由$I_B=I_E-I_C$求得。式(3-34)和式(3-38)是适用于NPN晶体管所有工作模式的电流基本方程。

3.2.3 正向有源放大模式下电流增益

根据3.1节的定义，晶体管的电流增益是发射效率与基区输运因子的乘积。

对于 NPN 晶体管，发射效率就是发射极电流中电子电流所占的比例，基区输运因子就是注入基区的电子到达集电极的比例。3.2.1 和 3.2.2 节从电流连续性方程出发，严格推导了准中性发射区、基区、集电区少子的分布及电流的数学表达式。下面给出电流增益的数学表达式。

1. 发射效率 γ

当发射结电压 V_{BE} 比较小时，发射结耗尽区的复合电流 I_{ER} 比较小可以忽略不计，所以发射效率的表达式(3-7)可以写为

$$\gamma=\frac{I_{En}}{I_{En}+I_{Ep}}=\frac{1}{1+\dfrac{I_{Ep}}{I_{En}}} \tag{3-39}$$

正向有源放大模式下，发射结正向偏置，$V_{BE}>0$；集电结反向偏置，$V_{BC}<0$。关系式 $W_B/L_{Bn}\ll1$ 恒成立，有 $\sinh\left(\dfrac{W_B}{L_{Bn}}\right)\approx\dfrac{W_B}{L_{Bn}}$ 和 $\tanh\left(\dfrac{W_B}{L_{Bn}}\right)\approx\dfrac{W_B}{L_{Bn}}$，则由式(3-31)可以得到下式，即

$$I_{En}\approx-qA\frac{D_{Bn}n_i^2}{W_BN_B}\exp(qV_{BE}/k_BT) \tag{3-40}$$

同理

$$I_{Ep}=-qA\frac{D_{Ep}n_i^2}{L_{Ep}N_E}\exp(qV_{BE}/k_BT) \tag{3-41}$$

所以

$$\gamma=\frac{1}{1+\dfrac{D_{Ep}}{D_{Bn}}\dfrac{W_B}{L_{Ep}}\dfrac{N_B}{N_E}} \tag{3-42}$$

由此可见，为了提高发射效率，除了采用尽可能小的基区宽度，还可以尽可能降低 N_B/N_E 达到目的，这就是发射区采用较高掺杂浓度的原因，但是发射区重掺杂以后，禁带变窄及俄歇复合效应会使发射效率降低。同时，基区掺杂浓度也没办法减小，否则基区电阻将增大。为此，提出不同的新型晶体管结构，最典型的是异质发射结晶体管，3.8 节将讨论。

2. 基区输运因子

正向有源放大模式下，忽略式(3-31)和式(3-35)括号中第二项的影响，则

$$\alpha_T=\frac{I_{Cn}}{I_{En}}\approx\frac{1}{\cosh\left(\dfrac{W_B}{L_{Bn}}\right)}\approx1-\frac{W_B^2}{2L_{Bn}^2} \tag{3-43}$$

其中，$W_B/L_{Bn}\ll 1$；$\cosh\left(\frac{W_B}{L_{Bn}}\right)\approx 1+\frac{1}{2}\left(\frac{W_B}{L_{Bn}}\right)^2$。

可见，要想提高基区传输因子，降低基区的宽度非常重要，这也是基区宽度远小于电子扩散长度的原因之一。

例 3.2 一个理想硅 NPN 晶体管，其发射区、基区和集电区的掺杂浓度分别为 $N_E=1\times10^{18}\text{cm}^{-3}$、$N_B=4\times10^{16}\text{cm}^{-3}$ 和 $N_C=3\times10^{15}\text{cm}^{-3}$，三个区的少子寿命分别为 10^{-8}s、10^{-7}s 和 10^{-6}s，少子扩散系数分别为 $3\text{cm}^2/\text{s}$、$28\text{cm}^2/\text{s}$ 和 $9\text{cm}^2/\text{s}$，器件的横截面积为 $6\times10^{-4}\text{cm}^2$，基区宽度为 0.7μm，发射结上的正向偏压为 0.7V。已知硅的本征载流子浓度为 $1.0\times10^{10}\text{cm}^{-3}$，300K 时，计算发射结边界处的少数载流子浓度，求出 I_{En} 和 I_{Ep}。

解

$$n_B(0)=n_{B0}\exp(qV_{BE}/k_BT)=\frac{(1.0\times10^{10})^2}{4\times10^{16}}\times\exp\left(\frac{0.7}{0.0259}\right)$$

$$=1.37\times10^{15}\text{cm}^{-3}$$

$$p_E(-x_E)=p_{E0}\exp(qV_{BE}/k_BT)=\frac{(1.0\times10^{10})^2}{1\times10^{18}}\times\exp\left(\frac{0.7}{0.0259}\right)$$

$$=5.48\times10^{13}\text{cm}^{-3}$$

因为 $L_{Bn}=\sqrt{D_{Bn}\tau_{Bn}}=\sqrt{28\times10^{-7}}=1.67\times10^{-3}\text{cm}$，所以 $W_B/L_{Bn}\approx 0.04\ll 1$，则有

$$I_{En}=qA\frac{n_i^2D_{Bn}}{W_BN_B}\exp(qV_{BE}/k_BT)$$

$$=1.6\times10^{-19}\times6\times10^{-4}\times\frac{(1.0\times10^{10})^2\times28}{4\times10^{16}\times0.7\times10^{-4}}\times\exp\left(\frac{0.7}{0.0259}\right)$$

$$=5.26\times10^{-2}\text{A}$$

$$I_{Ep}=qA\frac{D_{Ep}n_i^2}{L_{Ep}N_E}\exp(qV_{BE}/k_BT)$$

$$=1.6\times10^{-19}\times6\times10^{-4}\times\frac{(1.0\times10^{10})^2\times3}{1\times10^{18}\times\sqrt{3\times10^{-8}}}\times\exp\left(\frac{0.7}{0.0259}\right)$$

$$=9.12\times10^{-5}\text{A}$$

可见，由于发射区掺杂浓度远大于基区掺杂浓度，因此由发射区注入基区的电子电流远大于由基区注入发射区的空穴电流。

3.3 非理想特性分析

前面讨论了理想晶体管及其特性，实际晶体管对理想特性的偏离，统称为非理想效应，包括缓变基区晶体管、发射区重掺杂效应、发射极电流集边效应、基区展宽效

应、基区电导调制效应、基区宽度调制效应，以及萨哈(Saha)效应和韦氏(Webster)效应等。本节详细分析这些非理想效应的物理机制。

3.3.1　缓变基区晶体管

理想晶体管假设发射区、基区和集电区都是均匀掺杂的。实际晶体管制备过程通常采用均匀掺杂的外延片做衬底，外延层是集电区，再经过两次扩散或者是采用离子注入方法，分别完成基区和发射区的掺杂。根据扩散和离子注入理论，实际杂质分布及载流子分布如图 3.10 所示。发射结较浅，可以用单边突变结近似；基区非常窄，在微米量级，而两边是掺杂浓度相差约四个量级的发射区和集电区，因此基区必然存在着非常大的杂质分布梯度及载流子浓度梯度，这会对器件性能产生影响。我们将这类晶体管称为缓变基区晶体管。

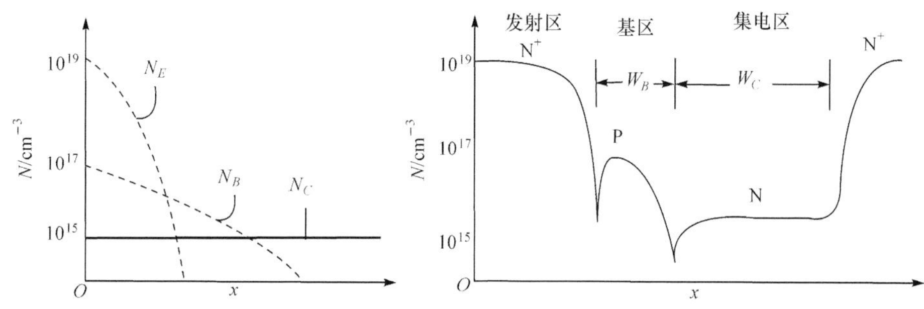

图 3.10　实际杂质分布及载流子分布

以 NPN 缓变基区晶体管为例，由于基区受主杂质存在较大的浓度梯度，会使空穴有向浓度低的集电区扩散的趋势。然而，空穴一旦离开，基区的电中性将被破坏，为了维持电中性，就要产生一个电场，使空穴在电场力的作用下，不再发生扩散，从而维持其分布，保证基区的准中性条件成立。这个电场称为缓变基区自建电场，用 E_{eB} 表示，可以利用稳态条件下空穴总电流为零这一条件确定 E_{eB} 的大小。基区空穴的漂移电流等于它的扩散电流，即

$$qp_B\mu_{Bp}E_{eB}-qD_{Bp}\frac{\mathrm{d}p_B}{\mathrm{d}x}=0 \tag{3-44}$$

利用爱因斯坦关系 $\frac{D_{Bp}}{\mu_{Bp}}=\frac{k_BT}{q}$，可得下式，即

$$E_{eB}(x)=\frac{k_BT}{q}\cdot\frac{1}{p_B(x)}\cdot\frac{\mathrm{d}p_B(x)}{\mathrm{d}x} \tag{3-45}$$

E_{eB} 的方向由集电结指向发射结。当电子由发射区注入基区以后，将在缓变基区自建电场作用下，产生指向集电结的漂移运动，也就是说漂移运动与电子的扩散运动方向一致，因此总的电子电流表示为

$$J_n = qn_B(x)\mu_{Bn}E_{eB}(x) + qD_{Bn}\frac{dn_B(x)}{dx} \tag{3-46}$$

把 E_{eB}代入，并利用爱因斯坦关系 $\mu_n = \frac{qD_{Bn}}{k_BT}$，式(3-46)可写为

$$\frac{I_n}{qAD_{Bn}} = \frac{dn_B(x)}{dx} + \frac{n_B(x)}{p_B}\frac{dp_B(x)}{dx} \tag{3-47}$$

其中，A 为晶体管面积，整理后可得下式，即

$$\frac{I_n p_B(x)}{qAD_{Bn}}dx = dn_B(x)p_B(x) \tag{3-48}$$

忽略基区复合，则 I_n 为常数。将上式在整个准中性基区积分，在正向有源放大模式下，$n_B(W_B)=0$，可得下式，即

$$\frac{I_n}{qAD_{Bn}}\int_{W_B}^{0} p_B(x)dx = n_B(0)p_B(0) \tag{3-49}$$

在 $x=0$ 处，$n_B(0)p_B(0) = n_i^2 e^{qV_{BE}/k_BT}$，式(3-49)可以写为

$$I_n = -\frac{qAD_{Bn}n_i^2 e^{qV_{BE}/k_BT}}{\int_0^{W_B} p_B(x)dx} \tag{3-50}$$

即缓变基区晶体管电子电流表达式。分母中的积分代表准中性基区多子的总量，称为根梅尔数，用符号 Q_G 表示。在小注入情况下，根梅尔数就是基区掺杂杂质总量，可以写为

$$Q_G = \int_0^{W_B} N_B(x)dx \tag{3-51}$$

均匀掺杂基区晶体管电流表达式(3-40)分母中的 N_BW_B正是根梅尔数。可见，根梅尔数的引入，一方面非常简单地给出了缓变基区晶体管发射极电子电流的表达式，另一方面也将均匀基区和缓变基区晶体管发射极电流表达式统一了起来。根梅尔数也可以用在发射区，请看下面的例题。

例 3.3 一个硅 NPN 晶体管，已知中性发射区杂质浓度为 $N_E(x)=N_E(0)\times e^{-x/\lambda}$，其中 $N_E(0)=5\times10^{20}\,cm^{-3}$，在距发射结耗尽区边界 0.6μm 处降至 $1\times10^{17}\,cm^{-3}$。重掺杂效应(禁带变窄和俄歇复合)使发射区有效根梅尔数 Q_{GE}降至实际总掺杂浓度的 2%。中性基区宽度为 0.8μm，掺杂浓度为 $N_B=5\times10^{16}\,cm^{-3}$。求这个晶体管的发射效率 γ。假设基区电子的寿命为 2×10^{-7}s，求晶体管的共发射极电流增益 β_0(已知 $D_{Bn}=26cm^2/s$，$D_{Ep}=3cm^2/s$)。

解 $Q_{GB}=N_BW=5\times10^{16}\times0.8\times10^{-4}=4\times10^{12}\,cm^{-2}$

$$N_E(x)=N_E(0)\times e^{-x/\lambda}$$

$$N_E(0.6)=5\times10^{20}e^{-\frac{0.6\times10^{-4}}{\lambda}}=1\times10^{17}$$

由此可得，$\lambda=7.045\times10^{-6}$ cm。

$$Q_{GE}=\int_0^{W_E}N_E(x)\mathrm{d}x\approx N_E(0)\lambda$$

所以

$$Q_{GE}=N_E(0)\lambda=7.045\times10^{-6}\times5\times10^{20}=3.523\times10^{15}\text{cm}^{-2}$$

$$\gamma=\frac{1}{1+\frac{D_{Ep}Q_{GB}}{D_{Bn}Q_{GE}}}=\frac{1}{1+\frac{3}{26}\times\frac{4\times10^{12}}{3.523\times10^{15}}}=0.9999$$

$$\alpha_T=1-\frac{W_{\mathrm{B}}^2}{2L_{Bn}^2}=1-\frac{(0.8\times10^{-4})^2}{2\times26\times2\times10^{-7}}=0.9994$$

$$\beta_0=\frac{\lambda\alpha_T}{1-\lambda\alpha_T}=\frac{0.9999\times0.9994}{1-0.9999\times0.9994}=1427.69$$

3.3.2　基区扩展电阻和发射极电流集边效应

平面晶体管的结构如图 3.11 所示。发射区和集电区之间狭长的空间是基区。基极电流 I_B注入基区以后，沿着狭长的通道平行于发射结结面逐渐输运至发射结空间电荷区边界并注入发射区。由于基区很窄，平行于发射结方向的基区电阻不可忽视，把它称为基区扩展电阻。在基区扩展电阻及基极电流的共同作用下，基区的电势将从发射结边缘至中心逐渐降低。由于发射区是重掺杂的，认为整个发射区处于同一电位，因此发射结上的压降不是处处相等，而是从边缘向中心降低。发射极电流与发射结上的压降是指数关系，因此发射结上的电流由边缘至中心也是指数降低。一旦结上压降降低 k_BT/q，则电流降低至 1/e。也就是说，发射结电流从发射结边缘向中心指数衰减，这种现象称为发射极电流集边效应。

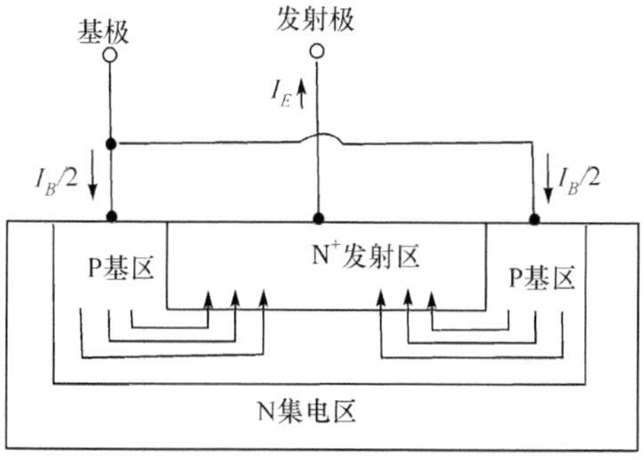

图 3.11　平面晶体管的结构

发射极电流集边效应的存在，给器件设计确定了原则：增加长度、减小宽度、提高面积利用率。将电压降低 k_BT/q 的宽度定义为有效宽度 S_{eff}，则发射极的最大条宽采用为$2S_{\mathrm{eff}}$比较合理。下面给出发射结有效宽度的表达式，即

$$S_{\text{eff}}=1.86\left(\frac{\beta_0 k_B T}{q R_{Bs} J_E}\right)^{1/2} \tag{3-52}$$

其中，β_0为共发射极电流放大倍数；J_E 为发射极电流密度；$R_{Bs}=\bar{\rho}_B/W_B$为基区的薄层电阻。

可见，发射极电流密度越大，电流集边效应越显著，有效宽度越小。大功率器件需要设计成梳状结构(图 3.12)。梳状结构以高的周长/面积比来有效地增加发射结面积，从而增大工作电流。

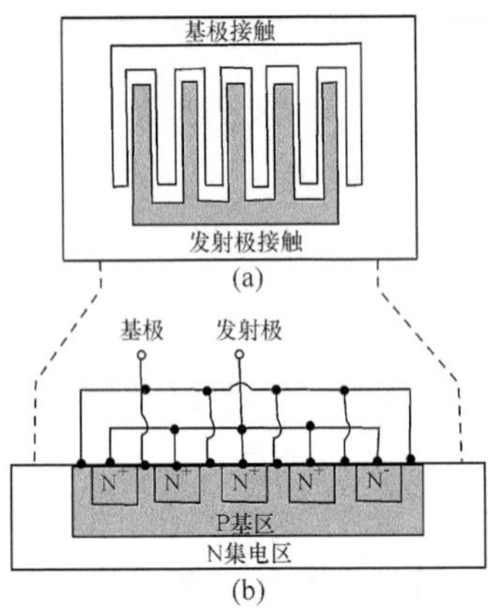

图 3.12　梳状结构 NPN 型晶体管的俯视图和截面图

3.3.3　发射区重掺杂效应

前面讨论过，增大发射区掺杂浓度是提高发射系数、改善器件性能的有效途径之一。发射系数主要有三个等效的表达方法，即

$$\gamma=\frac{1}{1+\dfrac{D_{Ep}}{D_{Bn}}\dfrac{W_B}{L_{Ep}}\dfrac{p_{E0}}{n_{B0}}}=\frac{1}{1+\dfrac{D_{Ep}}{D_{Bn}}\dfrac{W_B}{L_{Ep}}\dfrac{N_B n_{iE}^2}{N_E n_{iB}^2}}=\frac{1}{1+\dfrac{D_{Ep}}{D_{Bn}}\dfrac{W_B}{L_{Ep}}\dfrac{N_B}{N_E}} \tag{3-53}$$

其中，$p_{E0}=n_{iE}^2/N_E$；$n_{B0}=n_{iB}^2/N_B$

对于同质结晶体管，利用式(3-32)和式(3-40)，直接得到发射系数的第一个和第二个表达式。不考虑重掺杂效应，室温下 $n_{iE}=n_{iB}=n_i$，则进一步得到第三个表达式，这个表达式直接以发射区掺杂浓度和基区掺杂浓度来表达，更加方便理解，也便于器件设计。从第三个表达式可以看出，增大发射区掺杂浓度可以提高发射系数。实际上，这个表达式不总是成立，因为发射区重掺杂会导致禁带宽度变窄，本征载流子浓度增大，同样的掺杂浓度下，会使少子浓度更高。

本征载流子浓度表达式为

$$n_i=(N_C N_V)^{1/2}\exp(-E_G/2k_B T) \tag{3-54}$$

由于掺杂浓度增大引起禁带变窄 ΔE_G，发射区本征载流子浓度可以表示为

$$n_{iE}=n_i\exp(\Delta E_G/2k_BT) \tag{3-55}$$

所以发射区少子空穴浓度表示为

$$p_{E0}=\frac{n_i^2}{N_E}\exp(\Delta E_G/k_BT) \tag{3-56}$$

ΔE_G 随掺杂浓度的变化如图 3.13 所示。

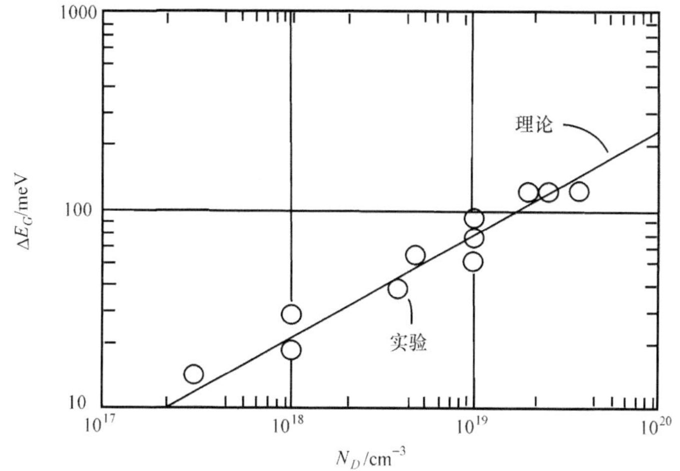

图 3.13　ΔE_G 随掺杂浓度的变化

表 3.2 给出不考虑或者考虑禁带变窄效应(非简并或简并)两种情况下，掺杂浓度分别为 10^{17}、10^{18}、10^{19} cm^{-3}时，发射区少子浓度的变化。不考虑重掺杂导致的禁带变窄效应，则随着发射区掺杂浓度的增大，少子浓度以同样的比例降低，所以发射系数提高。实际上，禁带变窄效应的影响很大，即使掺杂浓度只有 10^{17} cm^{-3}，禁带宽度降低 0.01eV，与非简并条件相比，少子浓度增加约 1.47 倍，导致发射系数降低；当发射区掺杂浓度达到 10^{18} cm^{-3}时，少子浓度并没有降低 10 倍，仅降低了 1/4 左右，是不考虑禁带变窄效应的 3.17 倍。掺杂浓度达到 10^{19} cm^{-3}时，禁带宽度降低量达到 0.1eV，这时与掺杂浓度 10^{18} cm^{-3} 相比，少子浓度反而增加了约 1.5 倍，且与不考虑禁带变窄相比，少子浓度增加了约 47 倍。通过增大发射区掺杂浓度来提高发射系数的做法受到限制。

表 3.2　禁带变窄效应导致的少子浓度的变化

N_E/cm^{-3}	ΔE_G/eV	非简并 P_{E0}/cm^{-3}	简并 P_{E0}/cm^{-3}
10^{17}	0.01	1000	1469
10^{18}	0.03	100	317
10^{19}	0.1	10	468

3.3.4 基区宽度调制效应

在前面的讨论中，当给定发射结电压 V_{BE}，W_B 是常数时，准中性基区少子的分布不变，集电极电流是常数，不随集电结电压的改变而改变，因此输出电导为零。实际情况并非如此，如图 3.14(a)所示。随着 V_{CE} 增大，集电结空间电荷区宽度增加，基区宽度降低，在发射结电压不变的条件下，基区少子梯度增加(图 3.14(b))，集电极电流随之增大(图 3.14(c))，也就是说集电极电流随 V_{CE} 增大而增大，输出电导不为零。这种现象称为基区宽度调制效应，也称为厄利(Early)效应。

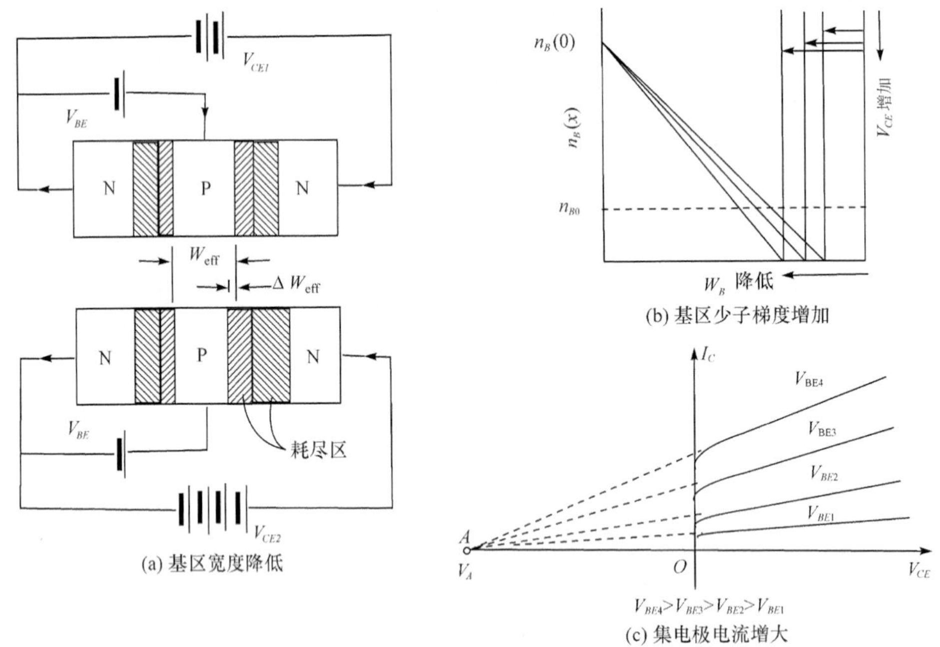

图 3.14 基区宽度调制效应

图 3.14(c)给出了不同 V_{BE} 下一簇 $I_C \sim V_{CE}$ 曲线，每一条曲线的外延线与横坐标交于一点，这一点与坐标原点的距离即是厄利电压 V_A。用厄利电压可以给出输出电导，即

$$\frac{dI_C}{dV_{CE}} \equiv g_0 = \frac{I_C}{V_A + V_{CE}} \tag{3-57}$$

厄利电压 V_A 的大小可以表示基区宽度调制效应的程度。对每一个特定的器件，V_A 是常数，一般在 100～300V 之间。V_A 越大，基区宽度调制效应越不明显，而 V_A 较小时，输出电导较大，表示基区宽度调制效应明显。下面讨论厄利电压的物理意义。

利用根梅尔数给出集电极电流(式(3-50))，即

$$I_C \approx I_{En} = -\frac{qAD_{Bn}n_i^2 \mathrm{e}^{qV_{BE}/k_BT}}{\int_0^{W_B} p_B(x)\mathrm{d}x} \tag{3-58}$$

由于 W_B 是 V_{BC} 的函数，微分可得下式，即

$$\frac{\partial I_C}{\partial V_{CB}} = I_C\left[\frac{p_B(W_B)}{\int_0^{W_B} p_B(x)\mathrm{d}x} \cdot \frac{\partial W_B}{\partial V_{CB}}\right] = I_C/(V_A + V_{CB} + V_{BE}) \tag{3-59}$$

$V_{BE} \ll V_A$，因此

$$V_A \equiv \left.\frac{\int_0^{W_B} p_B(x)\mathrm{d}x}{p_B(W_B)\frac{\partial W_B}{\partial V_{CB}}}\right|_{V_{CB}=0} \tag{3-60}$$

其中，分子是集电结电压为零时，准中性基区的掺杂杂质总量，用 Q_B' 表示；分母是零偏置时集电结电容，用 C_{jC} 表示。

厄利电压可以表示为

$$V_A = Q_B'/C_{jC} \tag{3-61}$$

可见，厄利电压与基区电荷的电容效应有关。还可以看到，当基区掺杂浓度比较低时，厄利电压也比较小，意味着厄利效应明显，这也可以用 PN 结空间电荷区宽度与掺杂浓度的关系来说明，当掺杂浓度较低时，空间电荷区宽度随结电压变化较大，厄利效应就会显著。

例 3.4　一个 NPN 晶体管的参数如下，$N_E = 1\times10^{18}\,\mathrm{cm}^{-3}$、$N_B = 5\times10^{16}\,\mathrm{cm}^{-3}$ 和 $N_C = 3\times10^{15}\,\mathrm{cm}^{-3}$。基区宽度 $W_B = 0.7\mu\mathrm{m}$，设基区 $D_{Bn} = 25\mathrm{cm}^2/\mathrm{s}$、$\tau_{Bn} = 2\times10^{-7}\mathrm{s}$、$V_{BE} = 0.6\mathrm{V}$。当 $T = 300\mathrm{K}$ 时，在 V_{CB} 分别为 2V 和 10V 的条件下，分别计算中性基区宽度 W（假设发射结的影响可忽略）、集电极电流密度 $|J_C|$、厄利电压 V_A。

解　(1) $V_{bi} = \frac{k_BT}{q}\ln\frac{N_BN_C}{n_i^2} = 0.026\ln\frac{15\times10^{31}}{10^{20}} = 0.73\mathrm{V}$

当 $V_{CB} = 2\mathrm{V}$ 时

$$x_{pc} = \left[\frac{2\varepsilon_s}{q}\frac{N_C}{(N_B+N_C)N_B}(V_{bi}+V_{CB})\right]^{1/2} = 6.32\times10^{-6}\mathrm{cm}$$
$$= 6.32\times10^{-2}\mu\mathrm{m}$$
$$W_B = W_B - x_{pc} = 0.7 - 0.0632 = 0.637\mu\mathrm{m}$$

当 $V_{CB} = 10\mathrm{V}$ 时

$$x_{pc} = \left[\frac{2\varepsilon_s}{q}\frac{N_C}{(N_B+N_C)N_B}(V_{bi}+V_{CB})\right]^{1/2} = 1.25\times10^{-5}\mathrm{cm} = 0.125\mu\mathrm{m}$$
$$W_B = W_B - x_{pc} = 0.7 - 0.125 = 0.575\mu\mathrm{m}$$

(2) $J_C \approx -q\dfrac{n_i^2 D_{Bn}}{W_B N_B}\exp(qV_{BE}/K_B T)$

当 $V_{CB}=2\text{V}$ 时

$$|J_C|=1.6\times10^{-19}\times10^{20}\times\frac{25}{5\times10^{16}\times0.637\times10^{-4}}\exp\left(\frac{0.6}{0.026}\right)=1.32\text{A/cm}^2$$

当 $V_{CB}=10\text{V}$ 时

$$|J_C|=1.6\times10^{-19}\times10^{20}\times\frac{25}{5\times10^{16}\times0.575\times10^{-4}}\exp\left(\frac{0.6}{0.026}\right)=1.46\text{A/cm}^2$$

(3) $\dfrac{J_C}{V_{CE}+V_A}=\dfrac{\Delta J_C}{\Delta V_{CE}}$

当 $V_{CB}=2.0\text{V}$ 时，$V_{CE}=2.6\text{V}$

$$\frac{1.32}{2.6+V_A}\approx\frac{1.46-1.32}{10-2}=0.0175$$

所以，$V_A=72.82\text{V}$。

3.3.5　萨哈效应和韦氏效应

放大倍数与集电极电流的关系如图 3.15(a)所示。可见，只有在中间电流段，放大倍数 β 为常数，与电流大小无关；在小电流段，随着电流的减小，β 减小，在大电流段，随着电流的增大，β 也是减小的。图 3.15(b)同时给出了 I_C 和 I_B 随 V_{BE} 变化的半对数坐标关系。可以看出，只有在中间电流段，I_C、I_B 与 V_{BE} 有相同的指数关系，因此 β 不随电流变化；V_{BE} 越小，发射结空间电荷区-复合电流的影响越大，导致放大倍数减小，称为萨哈效应；V_{BE} 比较大时，大注入效应使 I_C 越来越低于理想值，从而导致 β 减小，称为韦氏效应。

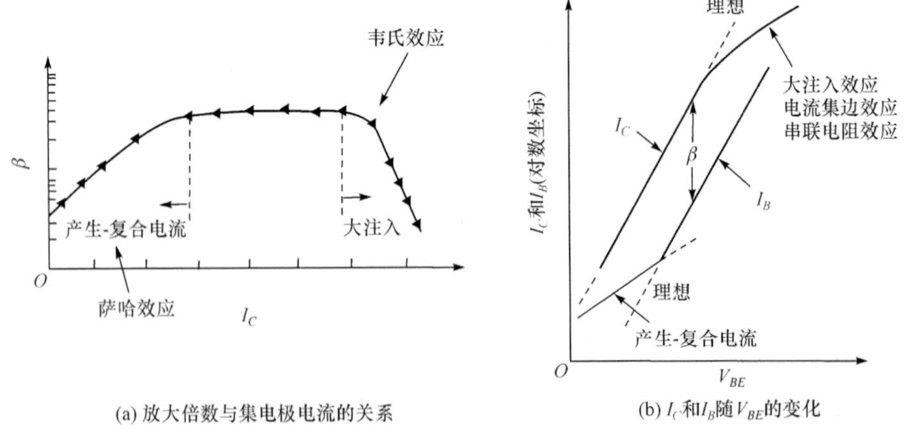

(a) 放大倍数与集电极电流的关系　　(b) I_C和I_B随V_{BE}的变化

图 3.15　萨哈效应和韦氏效应

1. 萨哈效应

讨论理想晶体管特性时没考虑正向偏置发射结中复合电流的影响，因此认为β是常数，与电流无关。实际上，V_{BE}较小时，发射结空间电荷区的复合电流不能忽视，甚至占基极电流的大部分，即 $I_B \approx AJ_R = Aqx_E \dfrac{n_i}{2\tau} e^{qV_{BE}/2k_BT}$，$x_E$ 为发射结空间电荷区宽度，τ 为少子寿命，而 $I_{Cn} \propto e^{qV_{BE}/k_BT}$，所以小电流时放大倍数可以表示为

$$\beta_{\text{小电流}} = \frac{I_{Cn}}{I_B} \propto e^{qV_{BE}/2k_BT} \tag{3-62}$$

可见，$\beta_{\text{小电流}}$是V_{BE}的指数函数，随V_{BE}的增大呈指数上升。

2. 韦氏效应

少子注入基区后会改变基区的带电情况。为保持基区准中性，少子注入会感应产生等量且相同分布的多子。在小注入情况下，感应产生的多子与平衡值相比非常小，可以忽略，但是在大注入情况下，注入少子的数目与多子平衡时的值可以相比，因此产生多子的数量与其平衡时的值也可以相比(图 3.16)。这时式(3-50)中的根梅尔数不仅是掺杂杂质总量，还包括感应产生的空穴总量，即

$$Q_{GB} = \int_0^{W_B} p_p(x)\mathrm{d}x = \int_0^{W_B} N_B(x)\mathrm{d}x + \int_0^{W_B} p_B(x)\mathrm{d}x \tag{3-63}$$

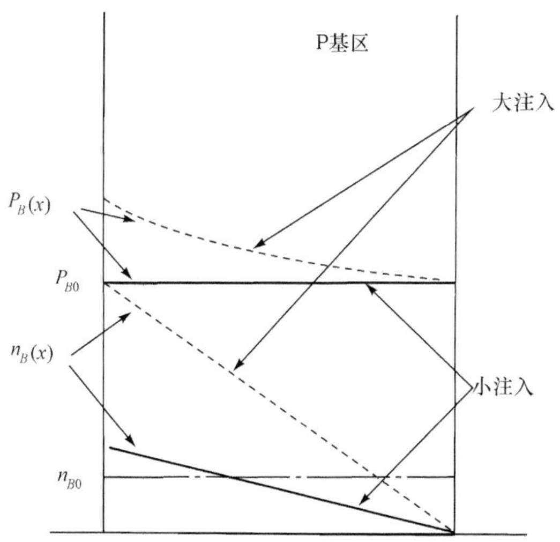

图 3.16　韦氏效应示意图(半对数坐标)

第二个等号后面的第一项代表基区的掺杂杂质总量,第二项代表基区感应产生的空穴总量,随注入电流的增大而增加,因此根据式(3-50),集电极电流随注入电流的增大而下降,从而导致放大倍数下降。这称为韦氏效应,是大注入效应引起的现象之一。

3.3.6 基区展宽效应

基区展宽效应又称为 Kirk 效应,是大电流注入引起的又一个效应。尽管也与基区宽度变化有关,但要注意与基区宽度调制效应的区别。基区宽度调制效应是 V_{BC}增大导致基区宽度降低。这一节讨论的 Kirk 效应是在大电流作用下基区宽度增加的现象。两者的物理过程及对器件性能的影响完全不一样。Kirk 效应发生后会使器件的放大倍数减小,特征频率下降。

在 NPN 晶体管正向有源放大模式下,发射区注入基区的电子到达集电结空间电荷区并以饱和速度 v_s 通过。这些电子相当于集电结空间电荷区的可动电荷。如果集电极电流密度为 J_C,可动电荷浓度可用 n_m 来代表,即

$$n_m = \frac{J_C}{qv_s} \tag{3-64}$$

对于均匀掺杂的 NPN 晶体管,集电结空间电荷区在基区一侧是带负电荷的电离受主,浓度为 N_B^-;在集电区一侧是带正电荷的施主,浓度为 N_C^+。当 J_C 较小时,这些可动电荷对集电结空间电荷区电荷及电场分布的影响可以忽略,但是在大注入情况下,可动电荷会使基区侧负电荷浓度增大,集电区侧正电荷浓度降低,即

$$n_{基区侧} = N_B^- + J_C/qv_s \tag{3-65}$$

$$n_{集电区侧} = N_C^+ - J_C/qv_s \tag{3-66}$$

在同样 V_{BC}的作用下,对应不同的 V_{BE} 及 J_C,集电结空间电荷区的宽度不同,电场分布也不一样。图 3.17(a)没有考虑可动电荷的影响。图 3.17(b)表现出大注入下可动电荷使基区侧负电荷浓度增加,空间电荷区宽度减小,集电区侧空间电荷浓度降低,空间电荷区宽度增加,同时冶金结处电场强度降低。外延片上制备的 N^+PNN^+结构的双极型晶体管是最常见的结构。在这一结构中,由于集电区厚度有限,随着 J_C 持续增大,集电结空间电荷区很快到达重掺杂的 N^+衬底。图 3.18 详细给出了这一结构晶体管随电流增大,6 种典型情况下的空间电荷及电场分布,从中可以理解基区展宽的过程,即 Kirk 效应的物理过程。

情形(a),集电结空间电荷区扩展到整个集电区。集电区与重掺杂衬底的界面处电场为零,把这时候的集电极电流用 J_I 表示,$J_I/qv_s<N_C$,集电区电荷仍然是正的。对给定的集电结电压 V_{BC}和集电区掺杂浓度,根据空间电荷区宽度与掺杂浓度的关系,可以给出这种情况下可动电荷浓度满足的关系,即

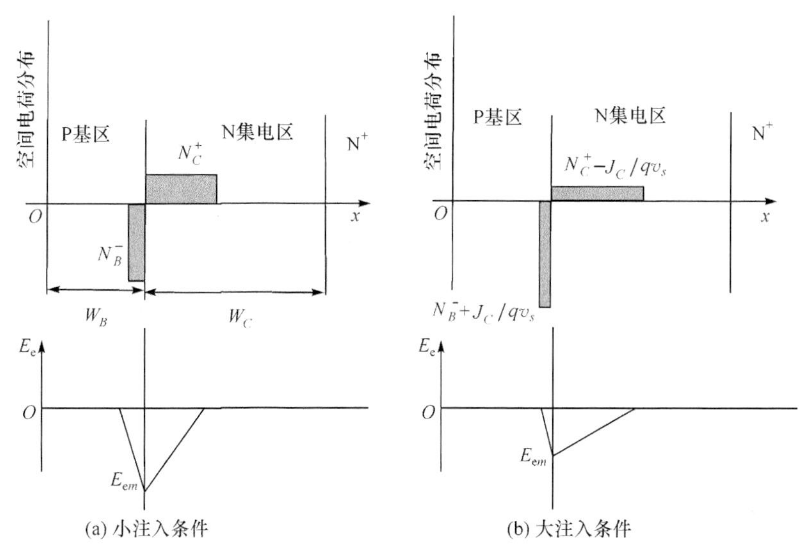

图 3.17　相同的 V_{BC} 下，小注入和大注入条件下集电结空间电荷区及其电场分布示意图

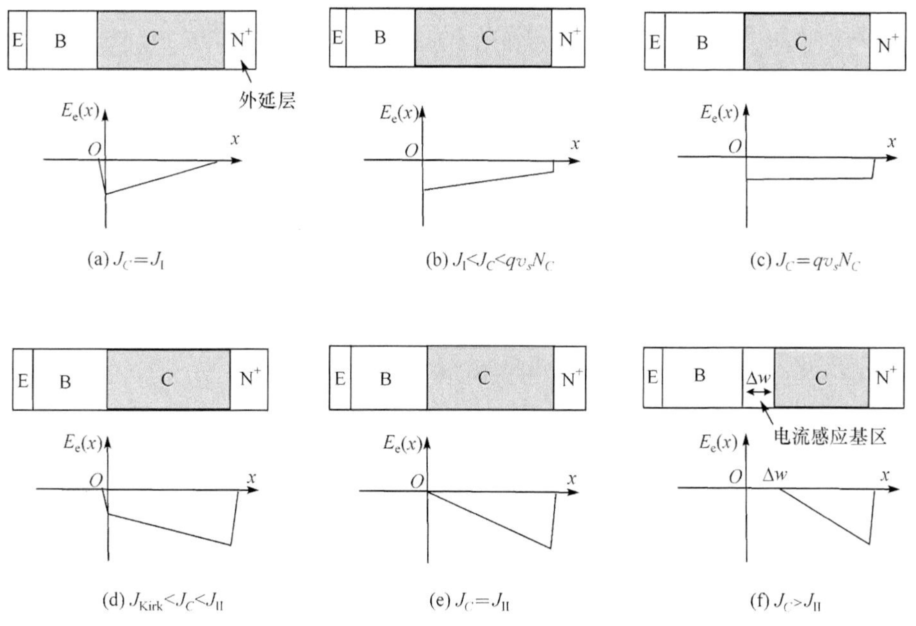

图 3.18　Kirk 效应的物理过程

$$N_C-n_m=\frac{2\varepsilon_s}{qW_C^2}V_{BC} \tag{3-67}$$

所以

$$J_{\mathrm{I}}=qv_s n_m=qv_s\left(N_C-\frac{2\varepsilon_s}{qW_C^2}V_{BC}\right) \tag{3-68}$$

情形(b)，J_C 继续增加，满足关系 $J_{\mathrm{I}}<J_C<qv_sN_C$。集电区正电荷净数目减少，空间电荷区宽度应该增加，但由于空间电荷区已经到达集电区与高掺杂衬底界面处，不可能再增加，因此集电区与衬底界面处电场增强。电场线下的面积不再是三角形，而是梯形。梯形的面积就是集电结电压。

情形(c)，$J_C=qv_sN_C$，这时整个集电区净电荷为零，集电结相当于一个 PIN 管。整个集电区是电中性的，电场为常数，正的空间电荷区在重掺杂的衬底中展开，将这时的集电极电流定义为 Kirk 电流，即

$$J_{\mathrm{Kirk}}=qv_sN_C \tag{3-69}$$

情形(d)，$J_C>J_{\mathrm{Kirk}}$，这时集电区电荷改变极性，由正电荷变为负电荷，所以电场方向改变了。集电区相当于 P 型区，PN 结转移到集电区与衬底的边界处，将这个结称为感应结。集电结的冶金结处电场降低。

情形(e)，J_C 继续增加，集电结冶金结处的电场降低为零，这时准中性基区的边界扩展到了集电结的冶金结处。利用与情形(a)同样的方法，可以得到下式，即

$$n_m-N_C=\frac{2\varepsilon_s}{qW_C^2}V_{BC} \tag{3-70}$$

定义这一情形下的集电极电流为 J_{II}，则

$$J_{\mathrm{II}}=qv_s\left(N_C+\frac{2\varepsilon_s}{qW_C^2}V_{BC}\right) \tag{3-71}$$

情形(f)，集电极电流进一步增大，$J_C>J_{\mathrm{II}}$，则准中性基区的边界进入集电区，电学上的基区宽度增加，这就是基区展宽效应，也称为 Kirk 效应。Kirk 效应发生以后，少子渡越时间增加，放大倍数减小，频率特性下降。

$J_C>J_{\mathrm{II}}$以后基区展宽的量为 ΔW，则有

$$\Delta W=W_C\left[1-\left(\frac{J_{\mathrm{II}}-qN_Cv_s}{J_C-qN_Cv_s}\right)^{\frac{1}{2}}\right] \tag{3-72}$$

例 3.5 对 NPN 晶体管，基区 $N_B=2\times10^{17}\,\mathrm{cm^{-3}}$，$W_B=0.15\mu\mathrm{m}$，$D_{Bn}=17\mathrm{cm^2/s}$；重掺杂衬底上的集电区 $N_C=2\times10^{16}\,\mathrm{cm^{-3}}$，$W_C=0.5\mu\mathrm{m}$。设 $V_{CB}=2\mathrm{V}$，$V_{bi}=0.8\mathrm{V}$，器件面积为 $10^{-7}\mathrm{cm^2}$。计算 Kirk 电流 I_{Kirk}，以及准中性基区开始进入集电区对应的电流。

解　$I_{\mathrm{Kirk}}=AJ_{\mathrm{Kirk}}=Aqv_sN_C=10^{-7}\times1.6\times10^{-19}\times2\times10^{16}\times10^{7}=3.2\mathrm{mA}$

基区开始进入集电区时，电场分布如图 3.18(e)所示。这时集电区有效掺杂浓度为 $N_{\mathrm{eff}}=J_C/qv_s-N_C$。在集电结上压降 $V_{bi}-V_{BC}$ 作用下，集电结空间电荷区电场宽度为 W_C，即

$$W_C=\sqrt{\frac{2\varepsilon_s}{qN_{\mathrm{eff}}}\times(V_{bi}-V_{BC})}\text{，则}$$

$$N_{\mathrm{eff}}=\frac{2\varepsilon_s}{qW_C^2}\times(V_{bi}-V_{BC})=\frac{2\times11.7\times8.854\times10^{-14}\times(0.8+2)}{1.6\times10^{-19}\times(0.5\times10^{-4})^2}=1.45\times10^{16}\mathrm{cm}^{-3}$$

所以

$$I=Aq(N_C+N_{\mathrm{eff}})v_s=A\times1.6\times10^{-19}\times(2+1.45)\times10^{16}\times10^{7}=5.5\mathrm{mA}$$

即 Kirk 电流大小为 3.2mA，导致准中性基区开始进入集电区的最小电流为 5.5mA。

3.4　工作曲线及击穿特性

前面介绍了电路中晶体管有两种基本的接法——共基极和共发射极。下面结合晶体管的工作原理，给出两种接法晶体管的工作曲线。

3.4.1　共基极接法

以基极为公共极，其输入特性曲线是 $I_E\sim V_{BE}$ 关系，输出特性曲线是 $I_C\sim V_{CB}$ 关系，如图 3.19 所示。可以看到，输入特性曲线就是发射结本身的电流-电压特性曲线。不同于单一 PN 结，它会受到集电结电压的调制，随 V_{CB} 增大向左移动，这一现象可以用厄利效应来解释。输出特性曲线 $I_C\sim V_{CB}$ 有以下几个特点。一是 I_C 基本上等于 I_E，在 I_E 不变的情况下，I_C 不随 V_{CB} 改变，因此共基极接法的晶体管又称为电流跟随器。二是当 V_{CB} 接近零的时候，I_C 并没有明显的降低，只有当 $V_{CB}<0$，即集电结正向偏置后，I_C 才开始减小并最终降低为零。忽略基区宽度的变化，图 3.20 给出基区少子分布随 V_{BC} 的变化。可以看到，集电结反向偏置和零偏置相比，W_B 处少子浓度变化很小，基区少子梯度相差不大，因此 $V_{CB}=0$ 时，集电极电流只有很小的减小。然而，当集电结正向偏置时，有大量电子由集电区注入基区，W_B 处少子浓度随 V_{CB} 指数增大，少子梯度大大降低，直到为零，集电极电流随之减小为零。这时发射结和集电结都是正向偏置，大量电子从发射区和集电区同时注入基区，因此基区电阻率大大降低，晶体管处于低压低阻的饱和状态，如图 3.19(b)阴影部分所示。

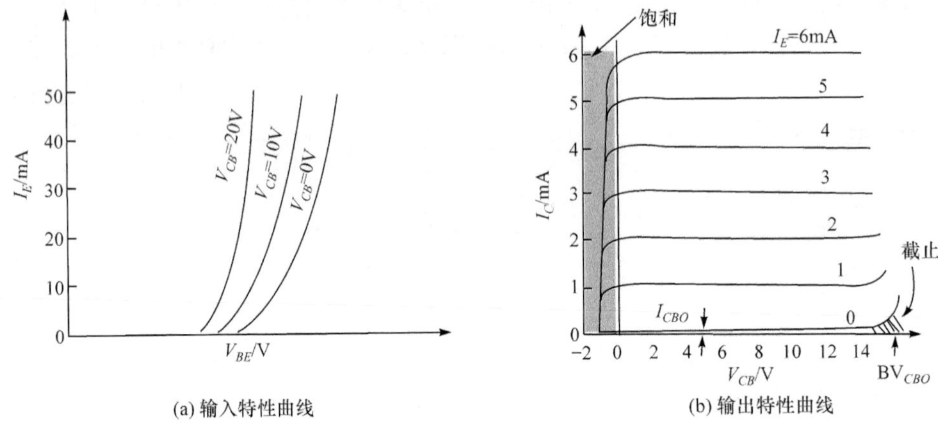

(a) 输入特性曲线　　(b) 输出特性曲线

图 3.19　共基极接法的输入特性曲线和输出特性曲线

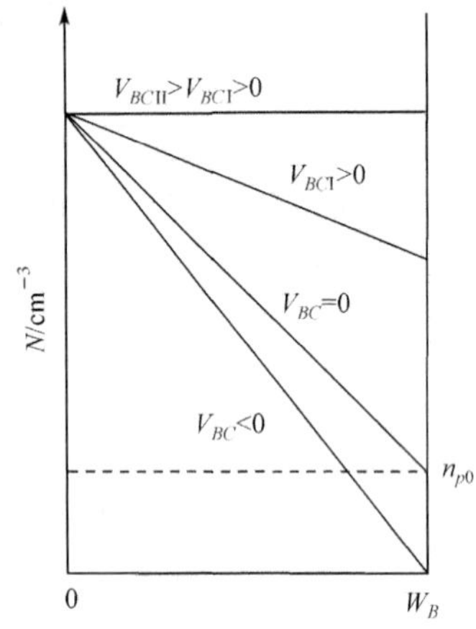

图 3.20　共基极接法基区少子分布随 V_{BC} 的变化示意图

3.4.2　共发射极接法

以发射极为公共电极，输入特性曲线是 $I_B \sim V_{BE}$ 关系，而输出特性曲线是 $I_C \sim V_{CE}$ 关系，如图 3.21 所示。

输入特性曲线的特点有两个。一个是开启电压之前，基极电流为零。另一是随着 V_{CE} 从零开始增加，曲线向右移动到一定位置后不再变化，反向偏置集电结电压增大，基极电流减小。原因是当 $V_{CE}=0$ 时，发射结和集电结都是正向偏置，都向基区注入少子，因此基区复合电流大。随着 V_{CE} 增大，集电结正向偏置电压逐渐减小，注入基区的少子数减小，基极电流减小。当集电结进一步达到反向偏置后，基区复合电流变化不大，$I_B \sim V_{BE}$ 关系不再随 V_{CE} 变化。

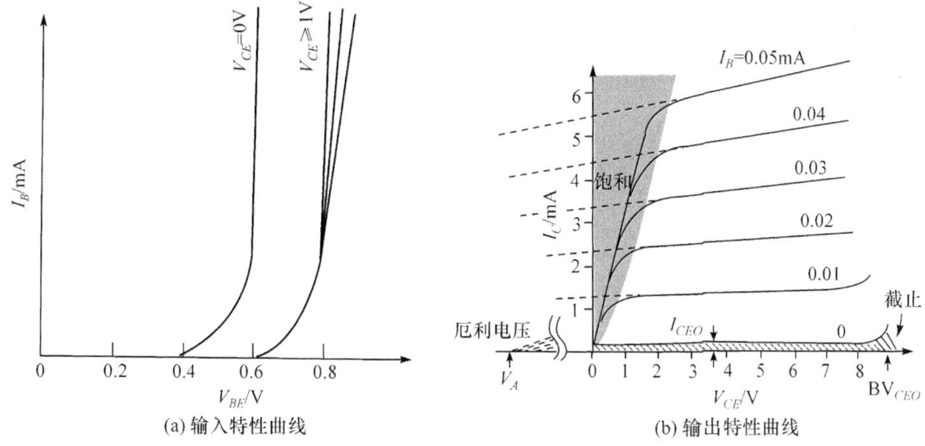

图 3.21　共射极接法的输入特性曲线和输出特性曲线

共发射极接法与共基极接法不同之处非常明显。首先，由于厄利效应的影响，I_C 不饱和，随 V_{CE} 增大而增大。其次，在 V_{CE} 没有到达零点时，I_C 电流开始减小，并随 V_{CE} 减小而很快变为零。原因是 $V_{CE}=V_{CB}+V_{BE}$，其中 V_{BE} 是大于零的常数，因此当 $V_{CE}=V_{BE}$ 时，$V_{CB}=0$；当 $V_{CE}<V_{BE}$ 时，$V_{CB}<0$。

3.4.3　反向饱和电流

在正向有源放大模式下，集电结反向偏置，它的反向饱和电流与晶体管的状态有关，分为基极开路时的 I_{CEO}、发射极开路时的 I_{CBO}，以及基极-发射极短路时的 I_{CBS}。下面根据这三种情况下基区少子的分布讨论(图 3.22)。因为三种情况下，集电结都是反向偏置，所以 $n_B(W_B)=0$。在基极开路的共射极电路中，$V_{BE}>0$，所以 $n_B(0)>n_{B0}$。当基极-发射极短路时，$V_{BE}=0$，所以 $n_B(0)=n_{B0}$；当共基极电路发射极开路时，$I_E=0$，所以 $\left.\frac{dn_B}{dx}\right|_{x=0}=0$。根据少子分布梯度可得下式，即

$$I_{CEO}>I_{CBS}>I_{CBO} \tag{3-73}$$

此外，基极开路时，$I_{CEO}=\alpha_0 I_{CEO}+I_{CBO}$，可得下式，即

$$I_{CEO}=\frac{I_{CBO}}{1-\alpha_0}\gg I_{CBO} \tag{3-74}$$

其中，$\alpha_0\approx1$。

可见，共射极接法的反向饱和电流远大于共基极接法的反向饱和电流。需要说明的是，I_{CBS} 就是集电结本身的反向饱和电流。

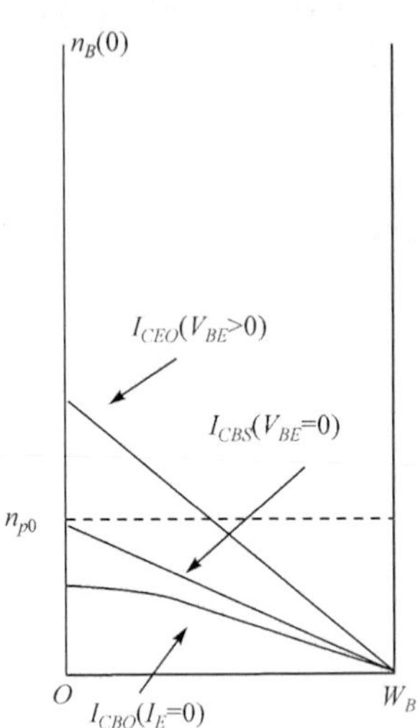

图 3.22　不同条件下少子分布对反向饱和电流的影响

3.4.4　击穿电压

在放大状态下，当 V_{CB}（共基极接法）或 V_{CE}（共发射极接法）超过某一临界值时，晶体管的集电极电流会因雪崩效应急剧增大，对应的临界电压称为击穿电压。下面分别求两种接法开路时的击穿电压。在共基极电路中，发射极开路时的击穿电压用BV_{CBO}表示，由集电结本身的雪崩击穿电压决定，即

$$BV_{CBO} \approx \frac{\varepsilon_s E_{cC}^2}{2qN_C} \tag{3-75}$$

其中，E_{cC}是临界击穿电场，即 PN 结发生击穿时的最大电场；N_C 是集电区的掺杂浓度。

对共发射极接法，基极开路时的击穿电压用 BV_{CEO} 表示。$I_B=0$，因此 $I_E=I_C=I$，所以有

$$M(I_{CBO}+\alpha_0 I)=I \tag{3-76}$$

其中，M 是集电结中的雪崩倍增因子，因此

$$I=\frac{MI_{CBO}}{1-\alpha_0 M} \tag{3-77}$$

可见，共射接法基极开路时集电结发生雪崩倍增的条件是 $\alpha_0 M=1$。集电结本身的雪崩击穿电压为 BV_{CBO}，则它的雪崩倍增因子 M 用经验公式可以表示为

$$M=\frac{1}{1-(V/BV_{CBO})^n} \tag{3-78}$$

其中，n 是经验参数，对于硅材料，n 在 2～6。

当 $V=BV_{CEO}$ 时，利用 $\alpha_0 M=1$，可得下式，即

$$BV_{CEO}=BV_{CBO}(1-\alpha_0)^{1/n} \tag{3-79}$$

因为 $\alpha_0\approx 1$，所以 BV_{CEO} 远小于 BV_{CBO}。这是由于发射极向集电结注入了大量载流子。图 3.23 给出了两种接法下，反向饱和电流和反向击穿电压的关系。可见，共射电路有较低的击穿电压和较高的反向饱和电流。

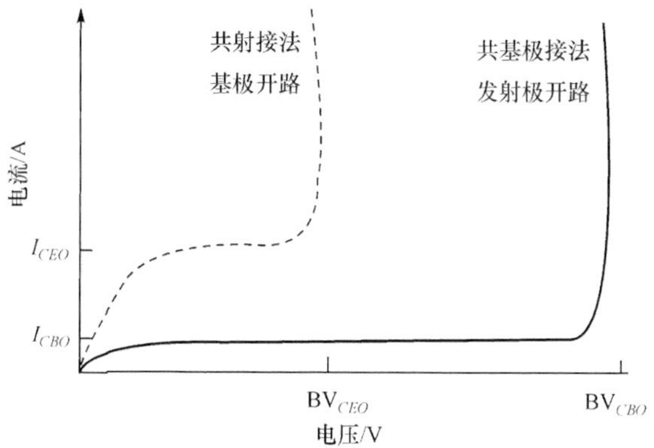

图 3.23　两种接法下反向饱和电流和反向击穿电压的关系

例 3.6　设计一个硅 NPN 晶体管，其基区掺杂浓度 $N_B=10^{16}\text{cm}^{-3}$，共发射极电流增益 $\beta_0=50$，BV_{CEO} 至少为 60V。试确定满足此击穿电压要求的最大集电区掺杂浓度 N_C（假定经验参数 $n=3$）

解　$\beta_0=\dfrac{\alpha_0}{1-\alpha_0}$，则 $\alpha_0=0.98$，$BV_{CEO}=BV_{CBO}(1-\alpha_0)^{\frac{1}{3}}\rightarrow BV_{CBO}\geqslant\dfrac{60}{(1-0.98)^{1/3}}$ $\geqslant 221\text{V}$

根据式(2-100)，有

$$BV_{CBO}=60\left(\frac{E_G}{1.1}\right)^{3/2}\left(\frac{N_A}{10^{16}}\right)^{-3/4}$$

所以

$$N_A=10^{16}\left(\frac{E_G}{1.1}\right)^2\left(\frac{BV_{CBO}}{60}\right)^{4/3}=10^{16}\left(\frac{1.12}{1.1}\right)^2\left(\frac{221}{60}\right)^{4/3}\approx 1.81\times 10^{15}\text{cm}^{-3}$$

3.4.5　穿通击穿

在晶体管基区宽度很小或掺杂浓度比较低的情况下，有可能在集电结发生雪崩击穿之前，集电结的空间电荷区已经扩展到发射结的空间电荷区边界。此时中性基区的宽度降为零，这种现象称为基区穿通。图 3.24 是 NPN 双极型晶体管在基区发生穿通前(V_{R1})和穿通后(V_{R2})的能带图。

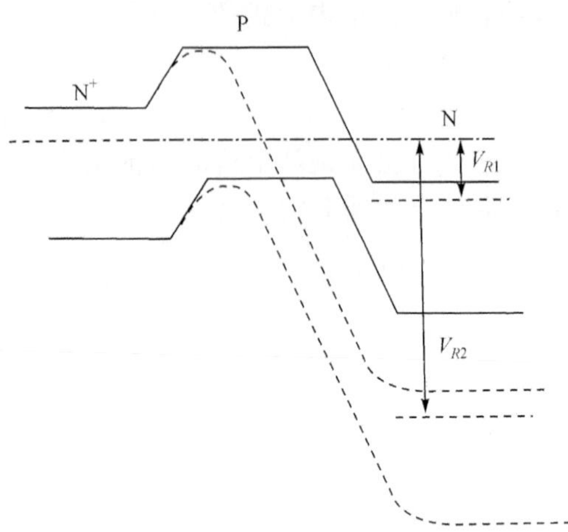

图 3.24　NPN 双极型晶体管在穿通前(V_{R1})和穿通后(V_{R2})的能带图

通常把穿通发生时的集电结电压称为穿通电压,用 V_{PT} 表示,下面推导其表达式。以均匀掺杂晶体管为例,集电结空间电荷区在基区内的宽度为

$$d=\left[\frac{2\varepsilon_s}{q}\cdot\frac{N_C}{N_B(N_B+N_C)}(V_{CB}+V_{bi})\right]^{1/2} \tag{3-80}$$

发生基区穿通时,$d=W_B$,此时 $V_{CB}=V_{PT}$。忽略集电结内建电势 V_{bi},则有

$$V_{PT}\approx\frac{q}{2\varepsilon_s}\frac{N_B}{N_C}(N_B+N_C)W_B^2 \tag{3-81}$$

由于 N_B 至少比 N_C 大一个数量级,所以式(3.81)可以表示为

$$V_{PT}\approx\frac{q}{2\varepsilon_s}\frac{N_B^2}{N_C}W_B^2 \tag{3-82}$$

例 3.7　设计集电极的掺杂浓度及宽度,以满足对穿通电压的要求。已知 $T=300\text{K}$,$N_B=10^{16}\text{cm}^{-3}$,设冶金基区的宽度为 $0.5\mu\text{m}$,$V_{PT}=25\text{V}$。

解　$d=\left[\frac{2\varepsilon_s}{q}\cdot\frac{N_C}{N_B^2}V_{CB}\right]^{1/2}$

$$0.5\times10^{-4}=\left[\frac{2\times11.7\times8.854\times10^{-14}}{1.6\times10^{-19}}\times\frac{N_C}{10^{16}\times10^{16}}\times25\right]^{1/2}$$

$$N_C=8.38\times10^{14}\text{cm}^{-3}$$

$$x_c=\left[\frac{2\varepsilon_s}{q}\cdot\frac{1}{N_C}V_{PT}\right]^{1/2}$$

$$=\left[\frac{2\times11.7\times8.854\times10^{-14}}{1.6\times10^{-19}}\times\frac{1}{8.38\times10^{14}}\times25\right]^{1/2}=5.97\mu\text{m}$$

对于 $N_B=10^{16}\text{cm}^{-3}$，$N_C=8.38\times10^{14}\text{cm}^{-3}$ 的集电结，其雪崩击穿电压应该超过 300V。可见，基区穿通电压大大低于结本身所能达到的雪崩击穿电压。

3.5 器件模型

借助计算机进行电路分析已经成为一种基本的电路设计与分析手段，因此建立器件模型是器件物理的基本任务之一。第 2 章给出了 PN 结的直流模型和小信号交流模型。下面介绍埃伯斯-莫尔（Ebers-Moll）模型和根梅尔-普恩（Gummel-Poon）模型，这两个模型又称为 E-M 模型和 G-P 模型。

3.5.1 E-M 模型

1954 年，埃伯斯和莫尔提出一个描述双极型晶体管直流特性的模型，简称 E-M 模型。该模型的晶体管由两个二极管和两个电流源组成，适用于晶体管的所有四个工作状态。其等效电路如图 3.25 所示。

两个背靠背的二极管表示发射结和集电结，与其并联的两个电流源表示两个结之间的相互作用，α_F 是共基极接法的正向放大倍数，α_R 是共基极接法的反向放大倍数。二极管、电流源及端电流的方向如图 3.25 所示。其中

$$I_F=I_{F0}[\exp(qV_{BE}/k_BT)-1] \tag{3-83}$$

$$I_R=I_{R0}[\exp(qV_{BC}/k_BT)-1] \tag{3-84}$$

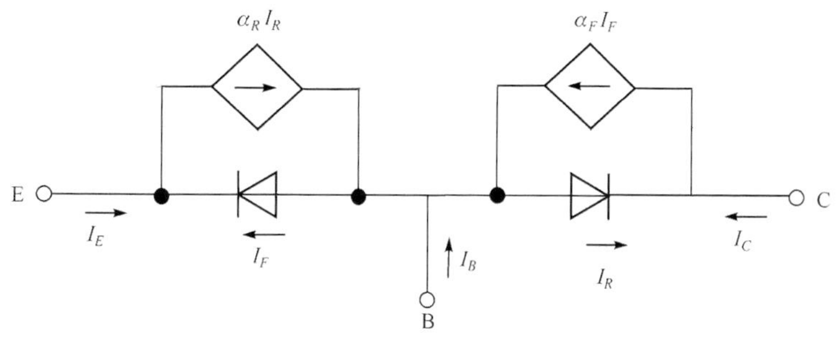

图 3.25　E-M 模型的等效电路

端电流可以表示为

$$I_E=-I_F+\alpha_R I_R \tag{3-85}$$

$$I_C=\alpha_F I_F-I_R \tag{3-86}$$

$$I_B=(1-\alpha_F)I_F+(1-\alpha_R)I_R \tag{3-87}$$

将式(3-83)、式(3-84)代入式(3-85)和式(3-86)，可得下式，即

$$I_E = -I_{F0}[\exp(qV_{BE}/k_BT-1)] + \alpha_R I_{R0}[\exp(qV_{BC}/k_BT)-1] \tag{3-88}$$

$$I_C = \alpha_F I_{F0}[\exp(qV_{BE}/k_BT)-1] - I_{R0}[\exp(qV_{BC}/k_BT)-1] \tag{3-89}$$

根据 Shockley 方程，定义

$$a_{11} = -I_{F0} = -qA\left(\frac{D_{Bn}}{N_BW_B} + \frac{D_{Ep}}{N_EL_{EP}}\right)n_i^2 \tag{3-90}$$

$$a_{22} = -I_{R0} = -qA\left(\frac{D_{Bn}}{N_BW_B} + \frac{D_{Cp}}{N_CL_{Cp}}\right)n_i^2 \tag{3-91}$$

$$a_{12} = a_{21} = \alpha_F I_{F0} = \alpha_R I_{R0} \approx qA\frac{D_{Bn}}{N_BW_B}n_i^2 \tag{3-92}$$

所以

$$\begin{bmatrix} I_E \\ I_C \end{bmatrix} = \begin{bmatrix} a_{11} a_{12} \\ a_{21} a_{22} \end{bmatrix} \begin{bmatrix} e^{qV_{BE}/k_BT}-1 \\ e^{qV_{BC}/k_BT}-1 \end{bmatrix} \tag{3-93}$$

E-M 模型的参数由器件结构参数、物理参数等决定。

3.5.2 G-P 模型

1. 集电极电流的电荷控制方程表达式

G-P 模型是基区电流密度方程积分的结果，反映晶体管电流的电荷控制属性，与 PN 结中的电荷控制方程具有同样的思想。G-P 模型比 E-M 模型可以反映更多的非理想效应，能方便地处理非均匀基区晶体管。G-P 模型有更多的参数，模型精度更高。

在缓变基区晶体管中，推导出了电流密度表达式(3-48)，对其在整个基区积分，即

$$\frac{J_n}{qD_{Bn}}\int_0^{W_B} p_B(x)\mathrm{d}x = \int_0^{W_B} \mathrm{d}n_B(x)p_B(x) \tag{3-94}$$

所以

$$\begin{aligned} I_C &= \frac{AqD_{Bn}[n_B(W_B)p_B(W_B) - n_B(0)p_B(0)]}{\int_0^{W_B} p_B(x)\mathrm{d}x} \\ &= \frac{A^2q^2D_{Bn}n_i^2}{Aq\int_0^{W_B} p_B(x)\mathrm{d}x}[\exp(qV_{BE}/k_BT) - \exp(qV_{BC}/k_BT)] \end{aligned} \tag{3-95}$$

其中，A 为面积。

令

$$Q_B = Aq\int_0^{W_B} p_B(x)\mathrm{d}x \tag{3-96}$$

其中，Q_B为准中性基区多子空穴的总量。

令

$$Q_{B0} = qA\int_0^{W_B} p_B(x)\mathrm{d}x\Big|_{\substack{V_{BE}=0\\V_{BC}=0}} \tag{3-97}$$

其中，Q_{B0}为平衡时基区多子空穴的总量。

令

$$I_S=\frac{A^2q^2D_{Bn}n_i^2}{Q_{B0}} \tag{3-98}$$

其中，I_S 为集电结零偏置时发射结的反向饱和电子电流，或者是发射结零偏时集电结的反向饱和电子电流。

下式与 E-M 模型非常相似，即

$$I_C=\frac{I_SQ_{B0}}{Q_B}[\exp(qV_{BE}/k_BT)-\exp(qV_{BC}/k_BT)]=I_F-I_R \tag{3-99}$$

其中，I_F称为正向传输电流；I_R称为反向传输电流。

$$I_F=\frac{I_SQ_{B0}}{Q_B}[\exp(qV_{BE}/k_BT)-1] \tag{3-100}$$

$$I_R=\frac{I_SQ_{B0}}{Q_B}[\exp(qV_{BC}/k_BT)-1] \tag{3-101}$$

G-P 模型的核心问题是对基区电荷 Q_B的分析，基区电荷与结电压一起决定了端电流的大小。

2. 基区电荷分析

准中性基区的电荷可以分解为

$$Q_B = qA\int_0^{W_B} p_B(x)\mathrm{d}x = Q_{B0}+Q_{jE}+Q_{jC}+Q_{dE}+Q_{dC} \tag{3-102}$$

其中，Q_{B0}如式(3-97)中定义，表示发射结和集电结零偏置时准中性基区的电荷；Q_{jE}和 Q_{jC}为与两个结的势垒电容相关的电荷，即由于结电压改变引起空间电荷区宽度变化从而导致准中性基区电荷改变的部分；Q_{dE}和 Q_{dC}为与结扩散电容相关的电荷，与两个结注入基区的电荷有关。

注入电荷可以用传输电流表示，即

$$Q_{dE}=B\tau_BI_F \tag{3-103}$$

$$Q_{dC}=\tau_{BR}I_R \tag{3-104}$$

其中，τ_B为基区渡越时间；B 为基区展宽系数，小注入时，$B=1$，大注入时，$B>1$；τ_{BR}为反向基区渡越时间。

由于集电区掺杂浓度最低，很难实现大注入，因此这里基区展宽系数为 1。

式(3-102)中的前三项可以用 Q_1 表示，即

$$Q_1 = Q_{B0} + Q_{jE} + Q_{jC} \tag{3-105}$$

后两项可以用 Q_2 表示，即 $Q_2 = Q_{dE} + Q_{dC} = B\tau_B I_F + \tau_{BR} I_R$，代入式(3-100)和式(3-101)，有

$$Q_2 = \frac{Q_{B0} I_S}{Q_B}\{B\tau_B[\exp(qV_{BE}/k_B T) - 1] + \tau_{BR}[\exp(qV_{BC}/k_B T) - 1]\} \tag{3-106}$$

令

$$I_S\{B\tau_B[\exp(qV_{BE}/k_B T) - 1] + \tau_{BR}[\exp(qV_{BC}/k_B T) - 1]\} = Q_2' \tag{3-107}$$

Q_B 可以表示为

$$Q_B = Q_1 + Q_{B0} Q_2'/Q_B \tag{3-108}$$

解上式，得

$$Q_B = \frac{Q_1}{2} + \frac{Q_1}{2}\sqrt{1 + \frac{4Q_{B0} Q_2'}{Q_1^2}} \tag{3-109}$$

放大状态下 $V_{BE} \gg k_B T/q$，$V_{BC} \ll 0$，所以有

$$I_C \approx I_F = \frac{Q_{B0} I_S}{Q_B}[\exp(qV_{BE}/k_B T) - 1] \tag{3-110}$$

小注入时，$Q_B \approx Q_1$，所以有

$$I_C \approx I_F = \frac{Q_{B0} I_S}{Q_1}[\exp(qV_{BE}/k_B T) - 1] \tag{3-111}$$

大注入时式(3-109)近似为

$$Q_B \approx \sqrt{Q_{B0} Q'} \approx \sqrt{Q_{B0} I_S B\tau_B}\exp(qV_{BE}/2k_B T) \tag{3-112}$$

将式(3-112)代入式(3-100)，可得下式，即

$$I_C \approx \sqrt{\frac{Q_{B0} I_S}{B\tau_B}}\exp(qV_{BE}/2k_B T) \tag{3-113}$$

可见，大注入时电流随电压增加的速度变慢了，因为指数中的因子为 2。

3. NPN 晶体管 G-P 模型的电路图

图 3.26 是考虑串联电阻的 G-P 模型电路图。G-P 模型是 SPICE 软件的基础。

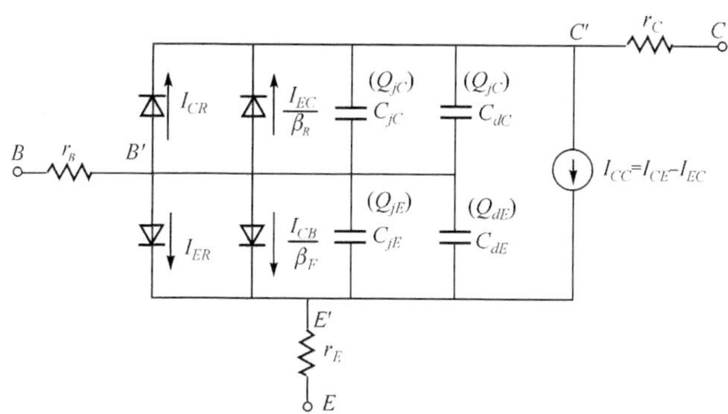

图 3.26　G-P 模型电路图

3.6　小信号响应——频率特性

正向有源放大模式下工作的晶体管是重要的小信号放大器件。晶体管小信号的放大电路如图 3.27 所示，其中 $V_{BE}>0$、$V_{BC}<0$ 给晶体管提供固定的直流工作点。输入的正弦小信号 V_{in}叠加在 V_{BE}上，输出信号 V_{out}的特性由晶体管的小信号响应特性决定，与 V_{in}的频率有关。

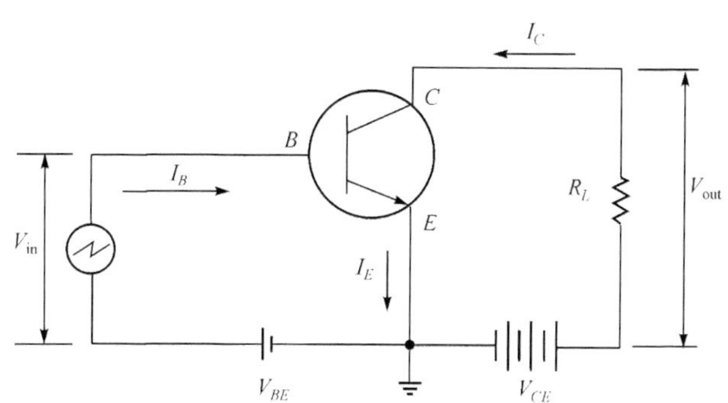

图 3.27　晶体管小信号的放大电路

3.6.1　小信号等效电路

前面讨论的是晶体管处于直流偏置时的特性，下面讨论它的交流特性。晶体管是两个背靠背的 PN 结，因此可以根据 PN 结的小信号等效电路构建晶体管的小信号等效电路。方法是从晶体管的两端看进去，将看到的电路元素记录下来。图 3.28 是 PN 结电路符号和小信号等效电路，其中 r_s 为串联电阻，g_D 为扩散电导，C_D 为 PN 结扩散电容，C_j 为 PN 结势垒电容。

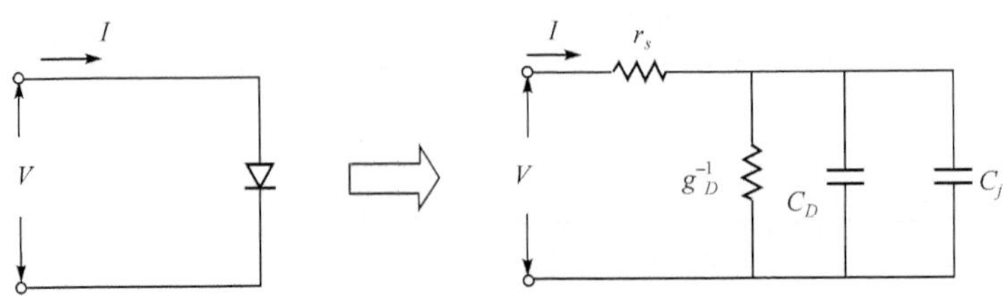

图 3.28　PN 结电路符号和小信号等效电路

图 3.29 是晶体管的截面图和小信号等效电路，其中 B′、E′和 C′之间是晶体管本征部分，B、E 和 C 是晶体管与外电路相连的电极。本征电极与外电极之间往往是串联电阻或寄生电容、寄生电感等。r_E、r_B 和 r_C 是相应的串联电阻，r_E 一般只有 1～2Ω，经常被忽略。晶体管本征部分的小信号等效电路从发射极和基极看进去是发射结，因此其等效的小信号电路包括发射结扩散电容 C_{dE}、发射结扩散电导 g_{BE}，以及发射结势垒电容 C_{jE}。发射极和集电极之间看进去，是受到发射结电压控制的集电极电流 $g_M V_{BE1}$ 和与厄利电压有关的输出电导的倒数 r_0，下标“1”表示交流小信号，V_{BE1} 表示施加在发射结直流偏置电压上的交流小信号电压。基极与集电极之间是反向偏置的集电结，扩散电容非常小，可以忽略；势垒电容 C_{jC} 也不大，但由于米勒效应而不能忽视；反向偏置集电结的扩散电导很小，其倒数 r_{jC} 在 MΩ 量级，可以忽略。集电极与衬底之间是反向偏置结的势垒电容，用 C_S 表示。

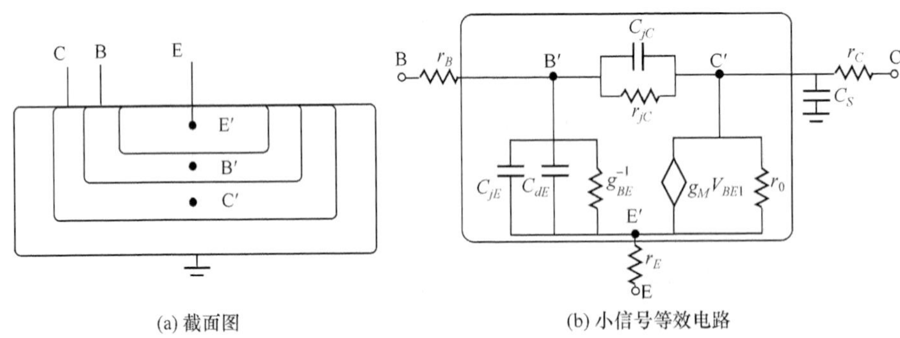

图 3.29　晶体管的截面图和小信号等效电路

由于 $I_C = \alpha_F I_{F0}[\exp(qV_{BE}/k_B T) - 1]$，因此有

$$g_M \equiv \frac{\partial I_C}{\partial V_{BE}} = \frac{qI_C}{k_B T} \tag{3-114}$$

其中，g_M 称为跨导，与集电极直流电流成正比，说明交流小信号等效电路的性质与直流偏置工作点的选择有关。

图 3.29 中的 g_{BE} 称为输入电导，定义为

$$g_{BE}=\frac{\partial I_B}{\partial V_{BE}}=\frac{\partial(I_C/\beta_0)}{\partial V_{BE}}=g_M/\beta_0 \tag{3-115}$$

多数情况下，r_0 和 r_{jC} 在 MΩ 量级，这两个电阻所在的并联支路可以认为是断开的，而 r_E 一般只有 1～2Ω，可以认为电路在此处是短路。C_S 比较小，可以忽略。令 $C_{jE}+C_{dE}=C_E$，可以得到如图 3.30 所示的晶体管高频小信号等效电路。在低频时，电容相当于断路，可以得到如图 3.31 所示的低频小信号等效电路。

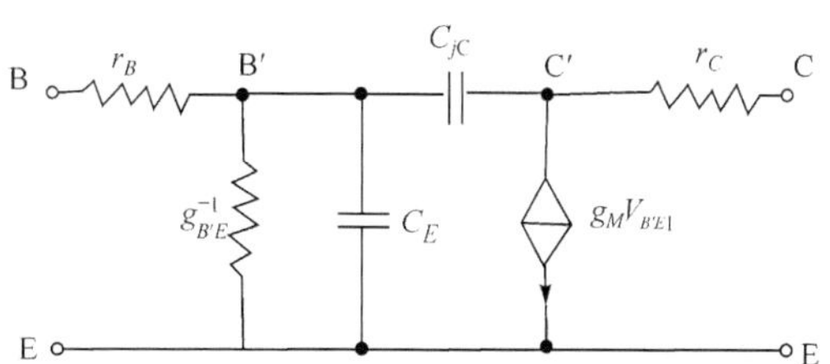

图 3.30　晶体管高频小信号等效电路

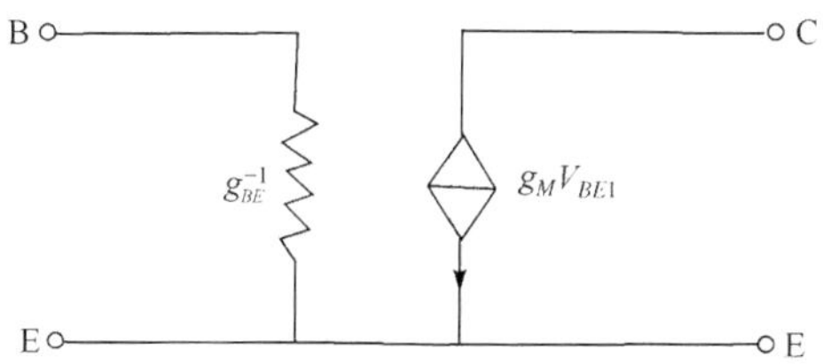

图 3.31　晶体管低频小信号等效电路

3.6.2　频率特性分析

1. 米勒电容

由高频小信号等效电路，可以写出基极电流的表达式(用带 1 的下标表示交流小信号变量)，即

$$I_{B1}=g_{B'E}V_{B'E1}+\mathrm{j}\omega C_E V_{B'E}+\mathrm{j}\omega C_{jC}(V_{B'E1}-V_{C'E1}) \tag{3-116}$$

根据基尔霍夫定律，有

$$g_M V_{B'E1}+\mathrm{j}\omega C_{jC}(V_{C'E1}-V_{B'E1})+\frac{V_{C'E1}}{r_C}=0 \tag{3-117}$$

由式(3-117)可得下式，即

$$V_{C'E1}=-\frac{(g_M-\mathrm{j}\omega C_{jC})r_C}{1+\mathrm{j}\omega C_{jC}r_C}V_{B'E1} \tag{3-118}$$

将其代入式(3-116)，可得下式，即

$$I_{B1}=g_{B'E}V_{B'E1}+\mathrm{j}\omega\left[C_E+C_{jC}\left(\frac{1+g_M r_C}{1+\mathrm{j}\omega r_C C_{jC}}\right)\right]V_{B'E1} \tag{3-119}$$

通常$\mathrm{j}\omega r_C C_{jC}$很小可以忽略，则

$$I_{B1}=g_{B'E}V_{B'E1}+\mathrm{j}\omega[C_E+(1+g_M r_C)C_{jC}]V_{B'E1} \tag{3-120}$$

令

$$(1+g_M r_C)C_{jC}=C_\mu \tag{3-121}$$

则有

$$I_{B1}=g_{B'E}V_{B'E1}+\mathrm{j}\omega[C_E+C_\mu]V_{B'E1} \tag{3-122}$$

其中，C_μ 称为米勒电容。

由式(3-121)可见，米勒电容的意义是把集电结势垒电容倍乘后反馈到输入端，增大输入端电容，所以小的集电结电容一般不能忽略。引入米勒电容以后，输出端交流短路时晶体管的高频小信号等效电路如图 3.32 所示。

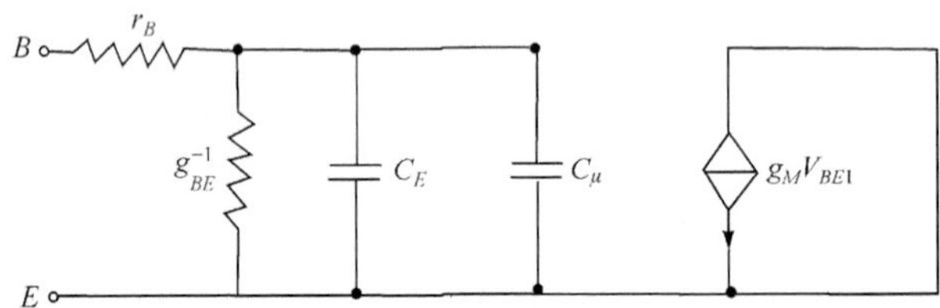

图 3.32　输出端交流短路时晶体管的高频小信号等效电路

2. 截止频率

共发射极电路输出端交流短路时，高频小信号放大倍数 β 为

$$\beta=\frac{I_{C1}}{I_{B1}}=\frac{g_M}{g_{B'E}+\mathrm{j}\omega(C_E+C_\mu)}=\frac{\beta_0}{1+\mathrm{j}\omega/\omega_\beta} \tag{3-123}$$

其中，β_0是低频时的小信号放大倍数，即

$$\beta_0=\frac{g_M}{g_{B'E}} \tag{3-124}$$

$$\omega_\beta=\frac{g_{B'E}}{C_E+C_\mu} \tag{3-125}$$

将 $\omega=2\pi f$ 和 $\omega_\beta=2\pi f_\beta$ 代入式(3-123)，可得下式，即

$$\beta=\frac{\beta_0}{1+\mathrm{j}(f/f_\beta)} \tag{3-126}$$

可见，$f=f_\beta$ 时，$\beta=\beta_0/\sqrt{2}$。f_β 称为 β 截止频率。可以看出，β 随频率的增大而减小，可以表示为

$$\beta=\frac{\beta_0}{\sqrt{1+(f/f_\beta)^2}} \tag{3-127}$$

3. α 截止频率

共基极接法小信号交流放大倍数 α 与 β 的关系为

$$\beta=\frac{\alpha}{1-\alpha} \tag{3-128}$$

所以

$$\alpha=\frac{\beta}{1+\beta} \tag{3-129}$$

将式(3-126)代入式(3-129),可得下式,即

$$\alpha=\frac{\beta_0}{1+\beta_0+\mathrm{j}f/f_\beta}=\frac{\alpha_0}{1+\mathrm{j}f/f_\alpha} \tag{3-130}$$

其中,$\alpha_0=\frac{\beta_0}{1+\beta_0}$是共基极接法输出交流短路时的低频小信号放大倍数。

$$f_\alpha=(1+\beta_0)f_\beta \tag{3-131}$$

当 $f=f_\alpha$ 时,$\alpha=\alpha_0/\sqrt{2}$。f_α 称为 α 截止频率。可以看出,α 随频率的增大而减小,即

$$\alpha=\frac{\alpha_0}{\sqrt{1+(f/f_\alpha)^2}} \tag{3-132}$$

α 和 β 随频率的变化如图 3.33 所示。

定义 $\beta=1$ 时的频率为特征频率,用 f_T 表示。特征频率的物理意义将在下节讨论。

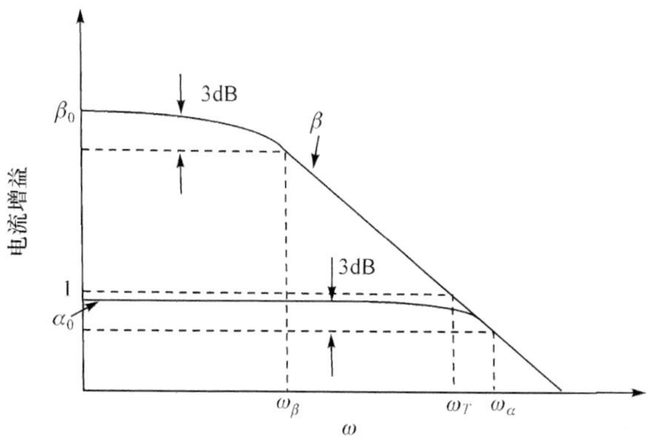

图 3.33　α 和 β 随频率的变化示意图

3.6.3　特征频率及渡越时间

根据PN结的小信号等效电路可以构建晶体管的小信号等效电路，进而建立晶体管的小信号特性与频率的关系。其典型的表现是随着频率增大，放大倍数减小。与PN结一样，晶体管的小信号特性也是由少子变化决定的。当输入小信号叠加在直流偏置电压上时，准中性区少子的分布围绕直流偏置对应的分布小幅度周期性变化，输出信号也围绕直流输出点而变化。将这个变化的小信号分离出来，就是输出小信号。它与输入小信号之比就是小信号放大倍数。在低频下，少子的分布跟得上输入小信号的变化，因此低频小信号放大倍数与直流放大倍数是一样的。随着频率增大，载流子分布的变化跟不上输入信号的变化时，小信号放大倍数β就要减小，直至1，这时所对应的频率就是特征频率。

晶体管对输入小信号响应的过程就是载流子从发射极到集电极的过程，因此晶体管是渡越时间器件。载流子从发射极到集电极需要的时间就是渡越时间，用τ_T表示。如果渡越时间远小于信号变化周期，那么载流子在从发射极到集电极的渡越过程中感受不到外界信号的改变，因此放大倍数与直流放大倍数是一致的。当载流子在一个信号周期内刚好完成一次渡越时，放大倍数就是1。如果小信号频率过高，那么载流子在一个信号周期内无法完成一次渡越，β将小于1。特征频率与渡越时间的关系为

$$f_T=(2\pi\tau_T)^{-1} \tag{3-133}$$

渡越时间由发射结电容充电时间τ_E、基区渡越时间τ_B、集电结耗尽区渡越时间τ_D及集电结充电时间τ_C组成，即

$$\tau_T=\tau_E+\tau_B+\tau_D+\tau_C \tag{3-134}$$

1. 发射结电容充电时间τ_E

PN结具有电容效应，是势垒电容C_{jE}和扩散电容C_{dE}的并联，所以发射结电容充电时间为

$$\tau_E=r_E(C_{jE}+C_{dE}) \tag{3-135}$$

其中，r_E是发射结的扩散电阻，由发射结直流电压大小决定，在小信号等效电路中用g_{BE}^{-1}表示，即

$$r_E=\frac{k_BT}{q}\cdot\frac{1}{I_E} \tag{3-136}$$

2. 基区渡越时间τ_B

基区渡越时间是少子经过准中性基区需要的时间。少子在$\mathrm{d}t$时间段所走的距离为$\mathrm{d}x=v(x)\mathrm{d}t$，其中$v(x)$为少子在$x$处的有效速度，则基区电子电流密度为

$$J_n = qn_B(x)v(x) \tag{3-137}$$

其中，$n_B(x)$为基区 x 处少子的浓度，即

$$v(x) = \frac{J_n}{qn_B(x)} \tag{3-138}$$

基区渡越时间为

$$\tau_B = \int_0^{W_B} \frac{\mathrm{d}x}{v(x)} = \int_0^{W_B} \frac{qn_B(x)\mathrm{d}x}{J_n} = \frac{Q_n}{J_n} \tag{3-139}$$

在有源放大模式下，基区少子近似线性分布，即

$$n_B(x) \approx n_{B0}\exp\left(\frac{qV_{BE}}{k_BT}\right)\left(1-\frac{x}{W_B}\right) \tag{3-140}$$

所以基区总的少子数为

$$Q_n = qn_B(0)\frac{W_B}{2} = qn_{B0}\exp\left(\frac{qV_{BE}}{k_BT}\right)\frac{W_B}{2} \tag{3-141}$$

基区电子电流密度为

$$J_n = qD_{Bn}\frac{\mathrm{d}n_B(x)}{\mathrm{d}x} = qD_{Bn}n_{B0}\exp\left(\frac{qV_{BE}}{k_BT}\right)\frac{1}{W_B} \tag{3-142}$$

将式(3-141)和式(3-142)代入式(3-139)，可以得到下式，即

$$\tau_B = \frac{Q_n}{J_n} = \frac{W_B^2}{2D_{Bn}} \tag{3-143}$$

对于双极型晶体管，小的 τ_B 值意味着短的信号延迟或高的工作效率。可以看出，为了改善器件的频率特性，就要把晶体管设计成窄基区。在硅材料中，电子的扩散系数是空穴的 3 倍，所以高频硅晶体管都做成 NPN 型。另一个降低基区渡越时间的方法就是利用有内建电场的缓变掺杂基区，掺杂浓度变化产生的内建电场有助于载流子向集电极移动，从而缩短基区渡越时间。

3. 集电结耗尽层渡越时间 τ_D

反向偏置集电结的空间电荷区宽度随电压增大而增加。进入其中的载流子在电场作用下，以饱和速度越过，需要的时间即为集电结空间电荷区的渡越时间 τ_D，即

$$\tau_D = \frac{x_{dc}}{v_s} \tag{3-144}$$

其中，x_{dc} 为集电结空间电荷区的宽度；v_s 为电子的饱和速度。

4. 集电结电容充电时间 τ_C

反向偏置集电结没有载流子注入，因此它的扩散电容很小，可以忽略。但是，集电极与衬底之间的电容 C_S 与集电极电阻 r_C 是串联的，因此集电结的充电时间为

$$\tau_C = r_C(C_{jC} + C_S) \tag{3-145}$$

电子从发射极到集电极的渡越时间(全部延迟时间)为

$$\tau_T = r_E(C_{jE} + C_{dE}) + \frac{W_B^2}{2D_{Bn}} + \frac{x_{dc}}{v_s} + r_C(C_{jC} + C_S) \tag{3-146}$$

特征频率 f_T 可以表示为

$$f_T = \frac{1}{2\pi\tau_T} = \frac{1}{2\pi}\left[r_E(C_{jE} + C_{dE}) + \frac{W_B^2}{2D_{Bn}} + \frac{x_{dc}}{v_s} + r_C(C_{jC} + C_S)\right]^{-1} \tag{3-147}$$

3.6.4 增益带宽乘积

从式(3-127)可以得到，当 $f \gg f_\beta$ 时，有

$$\beta = \frac{\beta_0}{\sqrt{1+(f/f_\beta)^2}} \approx \frac{\beta_0 f_\beta}{f} \tag{3-148}$$

所以

$$\beta f = \beta_0 f_\beta = f_T \tag{3-149}$$

这表明，当工作频率远大于 β 截止频率时，工作频率与此频率下放大倍数的乘积等于特征频率，因此特征频率又称增益带宽乘积。

根据式(3-149)，可以间接测量特征频率 f_T。例如，在一个具体的振荡电路中，其振荡频率一般是知道的，再测出晶体管该频率下的 β 值，由 $f_T = f \times \beta$，就可以计算 f_T 值。

3.6.5 最高工作频率

晶体管的输出阻抗通常大于输入阻抗，因此即使 $\beta \leqslant 1$，仍可以获得功率放大。为了说明晶体管工作频率上的限制，又专门定义功率增益等于 1 时的工作频率为晶体管的最高工作频率 f_M，即

$$f_M = \sqrt{\frac{f_T}{8\pi(r_B + \pi f_T L)C_{jC}}} \approx f_T\,(8\pi r_B f_T C_{jC})^{-1/2} \tag{3-150}$$

其中，r_B 为基区电阻；L 为发射极引线电感，$\pi f_T L \ll r_B$，所以引线的感抗可以忽略。

显然，当 $f = f_M$ 时，晶体管的功率放大倍数等于 1，其输出端功率反馈到输入端时刚好可以维持振荡状态。如果频率再高一点，电路就会停止振荡，因此 f_M 又

被称为最高振荡频率。

例 3.8　$T=300\text{K}$，硅 NPN 晶体管 $I_E=1\text{mA}$，$W_B=0.5\mu\text{m}$，$D_{Bn}=25\text{cm}^2/\text{s}$，$x_{dC}=2.2\mu\text{m}$，$C_{jE}=1\text{pF}$，$C_{jC}=0.1\text{pF}$，$C_S=0.1\text{pF}$，$r_C=30\Omega$，忽略扩散电容 C_{dE}，计算渡越时间 τ_T 和特征频率 f_T。

解　(1) $\tau_E=\dfrac{k_BT}{q}\dfrac{1}{I_E}(C_{jE}+C_{dE})\approx\dfrac{k_BT}{qI_E}C_{jE}=\dfrac{0.0259}{10^{-3}}\times10^{-12}=25.9\text{ps}$

$$\tau_B=\frac{W_B^2}{2D_{Bn}}=\frac{(0.5\times10^{-4})^2}{2\times25}=50\text{ps}$$

$$\tau_D=\frac{x_{dc}}{v_s}=\frac{2.2\times10^{-4}}{10^7}=22\text{ps}$$

$$\tau_C=r_C(C_{jC}+C_S)=30\times(0.2\times10^{-12})=6\text{ps}$$

$$\tau_T=\tau_E+\tau_B+\tau_D+\tau_C=25.9+50+22+6=103.9\text{ps}$$

(2) $f_T=\dfrac{1}{2\pi\tau_T}=\dfrac{1}{2\pi\times103.9\times10^{-12}}=1.53\text{GHz}$

3.7　开关特性

晶体管直流偏置状态有 4 种，其中饱和时处于大电流低电压状态，截止时处于小电流高电压状态，分别对应开关的导通态和关断态。因此，晶体管在电路中还可以作为开关使用。作为开关使用的晶体管，需要关心它的开关速度。作为双极器件，晶体管与 PN 结一样，其状态是由少子分布决定的，因此开关状态的转变速度就是晶体管中少子分布状态改变的速度。

3.7.1　开关电路、开态与关态

图 3.34 是共发射极接法晶体管作为开关时的电路，其中 R_B 为输入电阻，V_{BB} 为输入端的直流偏置电压，V_{in} 为晶体管状态转换的触发信号，R_L 为负载电阻，V_{CC} 为输出电路的直流偏置电压。当 $V_{\text{in}}=V_{inl}=0$，即触发电位处于低电位时，发射结反向偏置，输入电流为零，集电极电流 $I_C=0$，则输出电压 V_{CE} 为

$$V_{CE}=V_{CC}-I_CR_L\approx V_{CC}\tag{3-151}$$

可见，这时输出回路没有电流，晶体管相当于断开。当 $V_{\text{in}}=V_{inh}=1$，即触发信号处于高电位时，发射结正向偏置，忽略发射结上小的正向导通电压，则输入回路电流 I_B 为

$$I_B=\frac{V_{inh}-V_{BB}}{R_B}\tag{3-152}$$

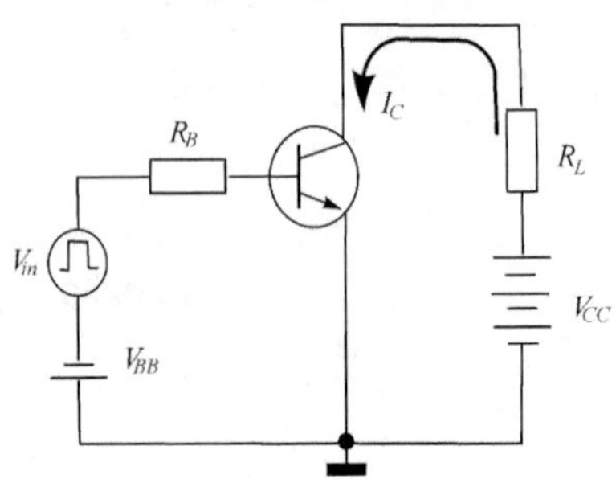

图 3.34　晶体管作为开关时的电路

在输出回路中，$I_C=\beta_0 I_B$，$V_{CE}=V_{CC}-I_C R_L$。当 I_C 足够大时，V_{CE}会足够低，甚至 $V_{CE}<V_{BE}$。这意味着集电极电位低于基极电位，集电结正向偏置，晶体管处于饱和状态，这时 $V_{CE}\rightarrow 0$，晶体管在输出回路中相当于是导通的，这时 I_C 约为

$$I_C=I_{CC}=\frac{V_{CC}}{R_L} \tag{3-153}$$

图 3.35 是晶体管的输出特性曲线，两个阴影区分别是饱和区和截止区，作为开关应用的晶体管状态就是在这两个区间转换。直线称为负载线，满足下面的方程，即

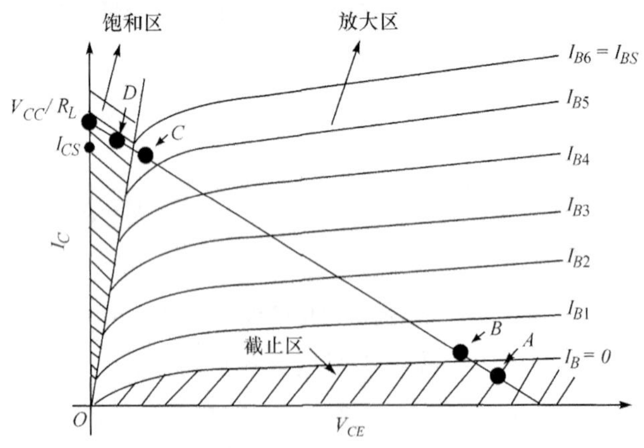

图 3.35　晶体管的输出特性曲线

$$I_C=\frac{V_{CC}-V_{CE}}{R_L} \tag{3-154}$$

可见，负载线的斜率由负载电阻决定。输入端控制晶体管状态改变的触发信号是跳变的，但是输出端的状态不能跳变，是沿着负载线连续变化的。原因是饱和状态和截止状态与不同的少子分布相对应，少子分布的改变是个渐变过程，不能突变。

3.7.2　开关过程

图 3.36 是在方形波触发电压作用下,开关过程中 I_B、I_C 及 V_{CE} 的变化。导通过程分为延迟和上升两个部分,导通时间、延迟时间、上升时间分别用 t_{on}、t_d 和 t_r 表示,则有

$$t_{on}=t_d+t_r \tag{3-155}$$

关断过程分为存储和下降两个过程,关断时间、存储时间和下降时间分别用 t_{off}、t_s 和 t_f 表示,则有

$$t_{off}=t_s+t_f \tag{3-156}$$

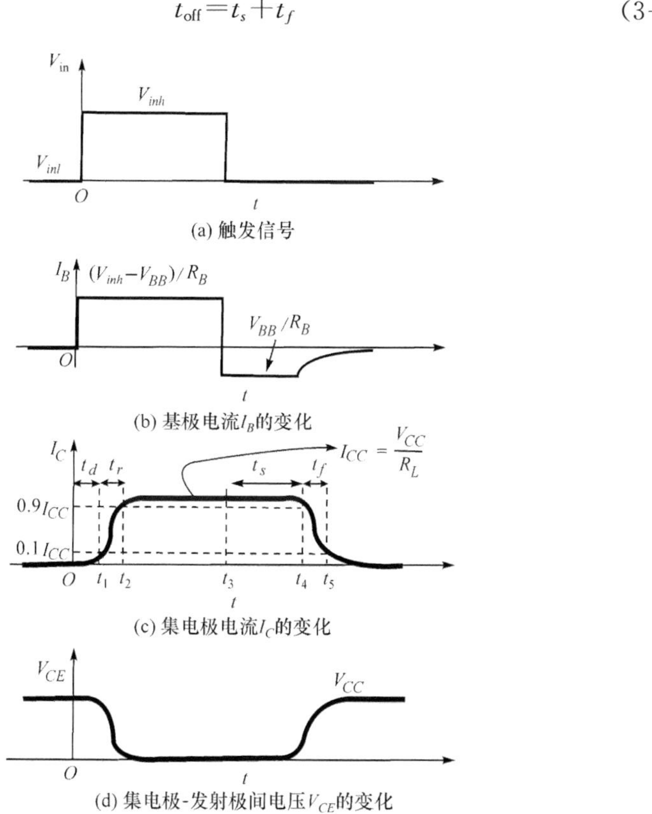

图 3.36　开关过程中 I_B、I_C 及 V_{CE} 的变化

1. 导通过程

施加触发电压之前,晶体管是截止的,它的状态位于图 3.35 中 A 点,发射结和集电结都是反向偏置。在 $t=0$ 时刻,施加阶跃电压,基极电流直接跃变至$(V_{inh}-V_{BB})/R_B$,但集电极电流没有随之跃变至最大值,而是经过一个滞后过程。滞后

过程分为两个时间段，第一段是基极电流对发射结充电，使发射结空间电荷区边界附近的电荷中性化，边界收缩，发射结压降由负偏转为弱正偏。这个过程中的准中性基区存储电荷很少，集电极电流 I_C 增加缓慢，在 t_1 时刻达到最大集电极电流的10%。这段时间称为延迟时间 t_d。在 t_1 时刻，器件处于图 3.35 中 B 点的位置。

在第二个时间段，发射结电压由弱正偏到正偏，基区注入的少子增加，少子分布梯度增大，I_C 增加，同时 V_{CE} 降低。在 t_2 时刻，$V_{BC}=0$ 在，意味着 $V_{CE}=V_{BE}$。这时 I_C 大约达到最大值的 90%，晶体管进入临界饱和状态。$t_1 \rightarrow t_2$ 这个时间段称为上升时间，用 t_r 表示。在 t_2 时刻，器件位于图 3.35 中 C 点的位置。

图 3.37(a)～图 3.37(c)分别是 $t=0$、$t=t_1$ 和 $t=t_2$ 时，晶体管中少子的分布。可见，导通过程就是先后对发射结空间电荷区充电、基区少子注入、集电结空间电荷区充电的过程。$t=t_2$ 时，晶体管处于临界饱和状态。随着 I_C 的增大，V_{CE} 进一步降低，使集电极电位低于基极电位，即 $V_{CE}<V_{BE}$。这时 $V_{BC}>0$，集电区电子也被注入基区，同时基区的空穴注入集电区。这时器件越过临界饱和点，进入饱和区。图 3.37(d)中的实线给出 $t>t_2$ 时，越过临界饱和点后晶体管少子的分布。这一状态对应于图 3.35 中的 D 点，这时晶体管完全导通。

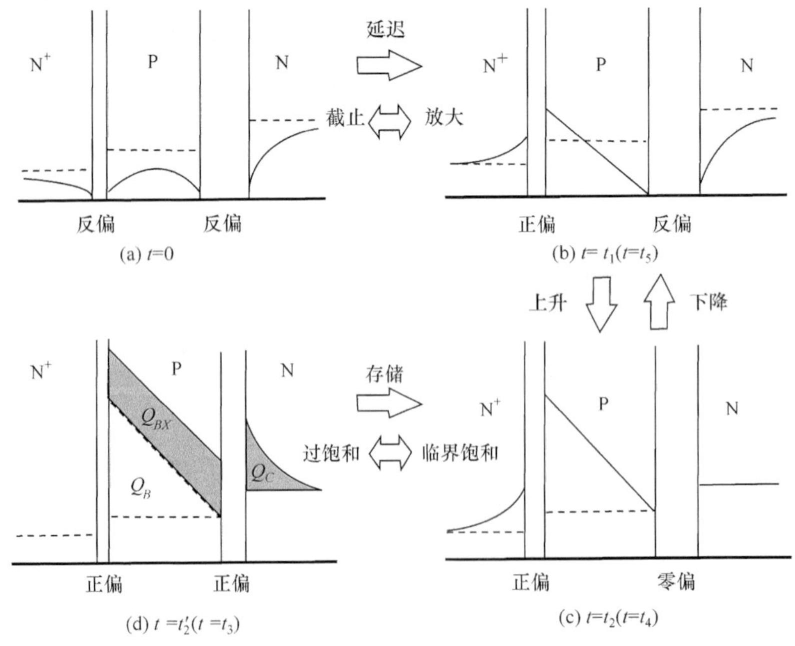

图 3.37　开关过程中少子分布变化示意图

2. 关断过程

关断过程是导通过程的逆过程，基区和集电区存储的少子需要抽取干净，发射结和集电结需要由正偏转为反偏。$t=t_3$时刻以前(图 3.36 和图 3.37)，器件处于导通状态，基区和集电区都有过量的少子存储。$t=t_3$时，触发电压由高电平 V_{inh} 跳变至低电平 V_{inl}，输入回路中的基极电流改变方向，并在数值上发生跃变，即

$$I_B=\frac{V_{BB}+0.7}{R_{BB}}\approx\frac{V_{BB}}{R_{BB}} \tag{3-157}$$

少子分布跟不上触发电压的变化，发射结仍然维持正向偏置，改变方向的基极电流从基区抽取少子，使基区存储的少子总量降低，但少子分布梯度不变，因此集电极电流改变不大。$t=t_4$时，基区和集电区过量少子被抽取为零，集电结电压降为零，晶体管到达临界饱和状态。这时集电极电流降至最大值的 90%。$t_3\sim t_4$ 称为存储时间，用 t_s 表示。t_4时刻之后，随着基区存储电荷的减少，基极电流降低；同时基区少子分布梯度降低，集电极电流降低，在 $t=t_5$时刻，发射结弱正向偏置，集电结反向偏置，集电极电流降至最大值的 10%，V_{CE} 接近 V_{CC}。$t_4\sim t_5$称为下降时间，用 t_f表示。之后，基极电流越来越接近零，发射结反向偏置，器件进入完全的截止状态，关断过程结束。

3.7.3　开关模式及饱和深度

研究结果表明，存储时间是决定晶体管开关速度的关键参数。降低存储时间意味着要降低基区和集电区存储的过量少子总数(图 3.37(d))。Q_B是器件处于临界饱和状态时基区存储的电荷，这部分电荷是维持晶体管处于导通状态必需的。Q_{BX}和 Q_C 是晶体管越过临界饱和状态，集电结正向偏置后注入基区和集电区的过量存储电荷。因此，引入饱和深度 S 的概念。集电极临界饱和电流 I_{CS}为

$$I_{CS}=\frac{V_{CC}}{R_L} \tag{3-158}$$

基极临界饱和电流 I_{BS}为

$$I_{BS}=\frac{I_{CS}}{\beta} \tag{3-159}$$

晶体管导通时，基极电流为 I_B，则饱和深度定义为

$$S=\frac{I_B}{I_{BS}} \tag{3-160}$$

可见，$S=1$ 时，晶体管处于临界饱和状态，S 越大，饱和程度越深，存储的过量少子越多，存储时间越长，开关速度越慢。从图 3.35 的负载线可以看出，与临界饱和状态相比，深度饱和状态下集电极电流略高，V_{CE}略低，也就是说处于深度饱和

状态时,晶体管的导通特性略好,但这会牺牲开关速度。因此,开关晶体管的工作模式可分为两种,一种是在饱和状态与截止状态之间转换,另一种是在临界饱和甚至邻近临界饱和的放大状态与截止状态之间转换,分别称为饱和模式和放大模式。显然,放大模式具有更快的开关速度。

3.7.4　提高开关速度的途径及钳位二极管

1. 提高开关速度的途径

从上面讨论可以知道,晶体管的开关过程主要是对发射结、集电结的充放电及基区电荷的注入和抽取,因此提高开关速度有以下途径:通过减小结面积来减小结电容,缩短结的充放电时间;增大导通过程基极注入电流,增大关断过程中的基极抽取电流;降低基区宽度,减小基区少子的存储量;降低饱和深度,减少存储时间;降低少子寿命,降低基区和集电区少子的存储量。常用的方法是掺金。金是有效的复合中心,能极大地降低少子寿命。

2. 钳位二极管

钳位二极管就是金属-半导体结,具有单向导电性。其特点是正向导通电压低,约在 0.3V 左右。因此,将金属-半导体结与晶体管的集电结并联(图 3.38),会将集电结电压钳制,使其不超过 0.3V,从而降低饱和深度,提高开关速度。

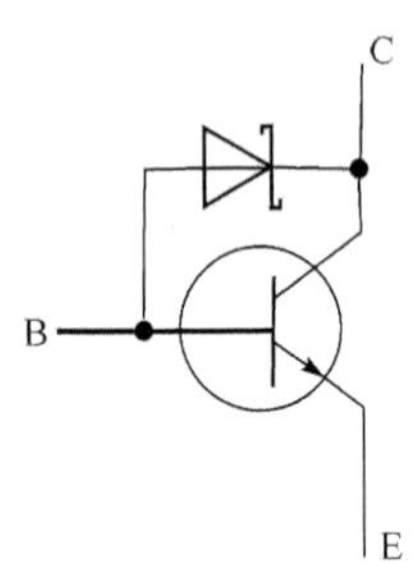

图 3.38　钳位二极管示意图

钳位二极管与晶体管集电结的并联非常容易,在开关晶体管中被广泛采用。

3.8　新型晶体管

从以上分析可知,要提高晶体管的性能,需要提高发射效率,增大基区输运因子,减小基区宽度,减小基区电阻,这很难同时实现。首先,提高发射极的发射效率,需要尽可能增大发射区掺杂浓度,降低基区掺杂浓度。重掺杂效应会使发射效率降低，因此发射极掺杂浓度受到限制。降低基区掺杂浓度和减小基区宽度会导致基区电阻增大，基区宽度调制效应显著，穿通电压降低。也就是说，一般的双极型晶体管难以同时实现高频、高增益和高耐压。

下面介绍两种典型的宽带隙发射极异质结晶体管，即 $Al_xGa_{1-x}As$ 宽带隙发射极晶体管和锗硅基区晶体管。

3.8.1　$Al_xGa_{1-x}As$ 宽带隙发射极晶体管

下面以 $Al_xGa_{1-x}As/GaAs$ 异质结晶体管为例讨论宽带隙发射极晶体管。$Al_xGa_{1-x}As$ 是 AlAs 与 GaAs 的合金材料。两者的晶格常数及禁带宽度如表 3.3 所示。两者的晶格失配度只有 0.1%，因此两种材料之间可以实现外延生长。但是，两者的禁带宽度有较大的差别，AlAs 的禁带宽度达到 2.168eV，而 GaAs 的只有 1.424eV。AlAs 与 GaAs 可以以任意比例共熔，所形成化合物 $Al_xGa_{1-x}As$ 的晶格常数在两者的晶格常数之间。$Al_xGa_{1-x}As$ 的禁带宽度也处于两种材料的禁带宽度之间，随 x 的不同而不同。当 $x=0.3$ 时，$Al_xGa_{1-x}As/GaAs$ 禁带宽度差 $\Delta E_G=0.375eV$，其中导带的带阶差 $\Delta E_C=0.237eV$，价带的带阶差 $\Delta E_V=0.138eV$。

表 3.3　AlAs 和 GaAs 的晶格常数及禁带宽度

参数	AlAs	GaAs
晶格常数/Å	5.6605	5.6533
禁带宽度/eV	2.168	1.424

典型的异质结晶体管以 N 型 $Al_xGa_{1-x}As$ 作为发射区、P 型 GaAs 作为基区、N 型 GaAs 作为集电区。图 3.39(a)是 NPN 异质结晶体管热平衡时的能带图，图 3.39(b)是其在放大状态下的能带图。可以看出，与电子从发射区向基区注入不同，空穴由基区向发射区注入时要克服一个附加的势垒 ΔE_V，这就使发射结的注入比 I_{En}/I_{Ep} 不受发射区和基区掺杂浓度的影响，可以达到很高，因此发射效率很高。

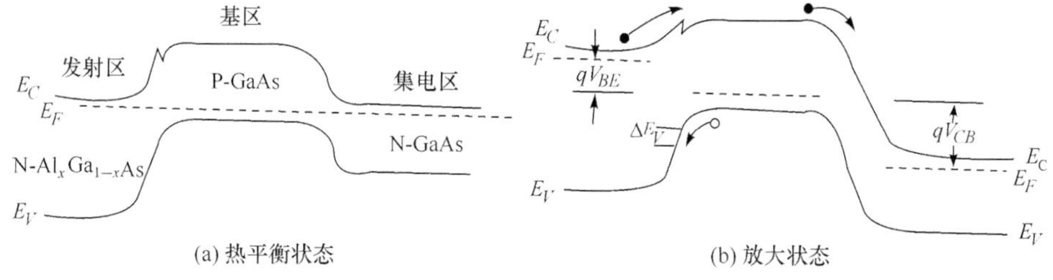

图 3.39　NPN 异质结晶体管在热平衡和放大状态下的能带图

在放大状态下，基极电流主要包括发射结空间电荷区复合电流 I_{ER}；基区复合电流 I_{BR}；基区向发射区注入的空穴电流 I_{Ep}；集电极电流主要是发射结注入并穿

过基区的电流 I_{Cn}。于是,共发射极接法的电流增益可以表示为

$$\beta_0=\frac{I_{Cn}}{I_{Ep}+I_{BR}+I_{ER}}<\beta_{max}=\frac{I_{En}}{I_{Ep}} \tag{3-161}$$

其中,β_{max}为注入比。

根据式(3-40)和式(3-41),在放大状态下(不计符号)有

$$I_{En}=qA\frac{D_{Bn}}{N_B W_B}n_{iB}^2[\exp(qV_{BE}/k_BT)-1] \tag{3-162}$$

$$I_{Ep}=qA\frac{D_{Ep}}{N_E L_{Ep}}p_{E0}n_{iE}^2[\exp(qV_{BE}/k_BT)-1] \tag{3-163}$$

其中,n_{iB}和n_{iE}分别为 P 型 GaAs 基区和 N 型 $Al_xGa_{1-x}As$ 发射区的本征载流子浓度。把式(3-162)和式(3-163)代入式(3-161)可得下式,即

$$\beta_{max}=\frac{D_{Bn}}{D_{Ep}}\cdot\frac{L_{Ep}}{W_B}\cdot\frac{N_E}{N_B}\cdot\frac{n_{iB}^2}{n_{iE}^2} \tag{3-164}$$

如果忽略不同半导体材料之间的有效态密度 N_C 和 N_V 的差别,有

$$\frac{n_{iB}^2}{n_{iE}^2}=\frac{\exp E_{EG}}{\exp E_{BG}} \tag{3-165}$$

其中,E_{EG}和E_{BG}分别表示发射区和基区半导体材料的禁带宽度。

将上述的比值代入式(3-164)可得下式,即

$$\beta_{max}=\frac{D_{Bn}}{D_{Ep}}\cdot\frac{L_{Ep}}{W_B}\cdot\frac{N_E}{N_B}\exp(\Delta E_G/k_BT) \tag{3-166}$$

如果掺杂浓度完全相同,则 HBT 与 BJT 的 β_{max}之比为

$$\frac{\beta_{max}(\mathrm{HBT})}{\beta_{max}(\mathrm{BJT})}=\exp(\Delta E_G/k_BT) \tag{3-167}$$

可见,宽禁带发射区异质结可以使双极型晶体管的电流增益大幅度提高。通常选用 ΔE_G 大于 250meV(室温下约为 $10k_BT$)的材料,与同质结相比,β_{max}提高 10^4 倍。这样可以增大基区掺杂浓度,甚至达到 $10^{20}\mathrm{cm}^{-3}$。基区高掺杂将使器件性能大大改善,主要表现在以下几个方面,即基区不容易穿通,从而厚度可以做得很小,有利于器件尺寸的缩小;基区电阻可以显著减小,从而提高振荡频率;基区电导调制不明显,从而在大电流密度时电流增益不会明显下降;基区电荷对输出电压(集电结电压)不敏感,从而厄利电压显著增大。此外,还可以使发射结耗尽层电容大大减小,提高器件的电流增益截止频率。

例 3.9 一个 HBT 发射区的禁带宽度为 1.62eV,基区禁带宽度为 1.42eV,另一 BJT 发射区和基区的禁带宽度皆为 1.42eV,发射区掺杂浓度为 $10^{18}\mathrm{cm}^{-3}$,基区掺杂浓度为 $10^{15}\mathrm{cm}^{-3}$。假设两器件的其他参数相同,计算与 BJT 相比,HBT 的电流增益改善了多少?如果 HBT 的发射区掺杂浓度和电流增益与 BJT 相同,可

以将 HBT 基区的掺杂浓度增大到多少？

解
$$\frac{\beta_{max}(\mathrm{HBT})}{\beta_{max}(\mathrm{BJT})}=\exp(\Delta E_G/k_BT)=\exp\left(\frac{1.62-1.42}{0.0259}\right)=2257$$

$$\frac{N_E}{N_B'}\exp\left(\frac{1.62-1.42}{0.0259}\right)=\frac{N_E}{N_B}$$

$$N_B'=N_B\times 2257=2.257\times 10^{18}\mathrm{cm}^{-3}$$

可见，在完全相同的掺杂浓度下，HBT 与 BJT 相比，电流增益提高了 2257 倍。当 HBT 与 BJT 有相同的发射区掺杂浓度和电流增益时，HBT 基区的掺杂浓度可以由 BJT 的 $10^{15}\mathrm{cm}^{-3}$ 增大到 $2.257\times 10^{18}\mathrm{cm}^{-3}$，基区电阻因此会大大减小。

3.8.2　锗硅基区晶体管

Ge 的禁带宽度是 0.67eV，要明显小于 Si 的禁带宽度 1.12eV。Si 和 Ge 能以任意比例组成合金，合金的禁带宽度介于两者之间。Si 和 Ge 的晶格常数分别为 5.43Å 和 5.65Å，失配度达到 4%。基区 $\mathrm{Si}_x\mathrm{Ge}_{1-x}$ 中的 x 不是常数，而是在靠近发射结处要尽量大，靠近集电结处要尽量小。

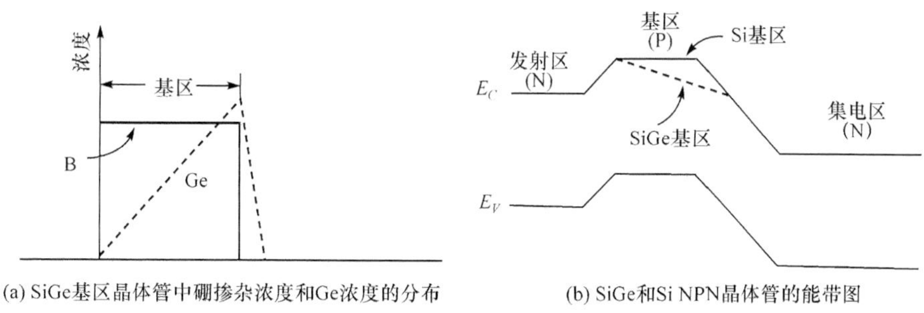

(a) SiGe基区晶体管中硼掺杂浓度和Ge浓度的分布　　(b) SiGe和Si NPN晶体管的能带图

图 3.40　SiGe 晶体管基区特性示意图

从图 3.40 可以看到，基区的禁带宽度从靠近发射结向靠近集电结处是降低的，而本征载流子浓度是增加的，即

$$\frac{n_i^2(\mathrm{SiGe})}{n_i^2(\mathrm{Si})}=\exp\left(\frac{\Delta E_G}{k_BT}\right) \tag{3-168}$$

其中，$n_i^2(\mathrm{SiGe})$为 SiGe 材料的本征载流子浓度；$n_i^2(\mathrm{Si})$为 Si 材料的本征载流子浓度；ΔE_G 为 SiGe 和 Si 材料的带隙差。

平衡时，少子浓度可以表示为

$$n_{B0}=\frac{n_i^2}{N_B} \tag{3-169}$$

因为基区掺杂浓度 N_B 为常数，所以平衡时基区少子浓度随本征载流子浓度平方的增大而增大(图 3.41)。

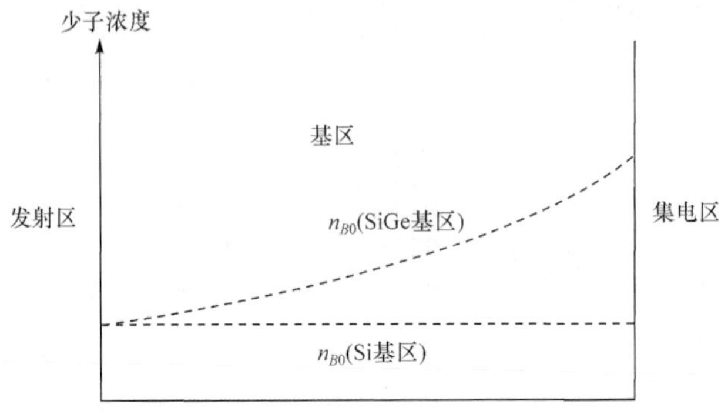

图 3.41　SiGe 和 Si 晶体管平衡时基区少子浓度随位置的变化关系

与缓变基区晶体管相似，为了维持基区的准中性，需要形成一个自建电场，以维持平衡时基区少子的分布梯度。当基区宽度在 30nm 时，自建电场将达到约 10^4V/cm 量级。这个电场将阻止平衡时电子从集电极边界向发射极边界扩散，但是会增加由发射极注入基区的电子向集电区输运，相当于增大注入少子扩散系数。这就意味着，SiGe 晶体管的电流增益大大增加。如果禁带宽度减小 100meV，集电极电流和电流增益将提高大约 4 倍。同时，基区渡越时间及发射极-基极充放电时间都会缩短，截止频率得到提高。

习　题

1. 双极型晶体管工作于正向有源放大模式。

① $I_B=5\mu A$，$I_{Cn}=200\mu A$，计算 β、α_B、I_E。

② 如果 $I_{CBO}=15nA$，计算 I_{CEO}。

2. 一个硅 NPN 型晶体管的基区传输因子为 0.998，发射效率为 0.996，I_{CBO} 为 10nA，计算晶体管的 α_0 和 β_0；如果 $I_B=0$，发射极电流是多少？

3. 一个硅 NPN 晶体管的发射区、基区和集电区的掺杂浓度分别为 $N_E=1\times10^{18}cm^{-3}$、$N_B=3\times10^{16}cm^{-3}$ 和 $N_C=2\times10^{15}cm^{-3}$，基区宽度为 1.0μm，器件的横截面积为 0.2mm^2。当发射结上的正向偏压为 0.5V，集电结上的反向偏压为 8V 时，计算 300K 时，中性基区宽度、发射结边界处的少数载流子浓度、基区内少数载流子(电子)的电荷量。

4. 对于一个 NPN 晶体管，假设发射区、基区和集电区内少数载流子的扩散系数分别为 $D_{Ep}=10cm^2/s$、$D_{Bn}=25cm^2/s$ 和 $D_{Cp}=15cm^2/s$，少子寿命分别为 10^{-8}s、6×10^{-8}s 和 10^{-7}s，中性基区宽度 $W_B=0.5\mu m$，掺杂浓度分别为 $10^{17}cm^{-3}$、$10^{15}cm^{-3}$ 和 $10^{14}cm^{-3}$，计算少数载流子扩散长度、发射效率 γ、基区传输系数 α_T、电流增益 α_0 和 β_0。

5. 对于 NPN 型晶体管，$N_B=1\times10^{16}cm^{-3}$，基区宽度 $W_B=0.7\mu m$，$\mu_p=400cm^2/(V\cdot s)$，发射极长度 $L_E=100\mu m$，计算当 $I_B/2=10\mu A$ 时，发射极的有效宽度 S_{eff}。

6. 对于 NPN 晶体管，$N_E=1\times10^{18}cm^{-3}$，$N_B=1\times10^{17}cm^{-3}$，$N_C=1\times10^{16}cm^{-3}$，冶金基区

宽度 $W_B=0.5\mu m$。设 $D_{Bn}=25cm^2/s$，$\tau_{Bn}=2\times10^{-7}s$，$V_{BE}=0.5V$，在 $T=300K$，V_{CB} 分别为 2V 和 10V 的条件下，计算中性基区宽度 W（假设发射结的影响可忽略）、集电极电流密度 $|J_C|$、厄利电压 V_A。

7. 设计集电极的掺杂浓度及宽度，以满足对穿通电压的要求。已知 $T=300K$，$N_B=8\times10^{16}cm^{-3}$，设冶金基区的宽度为 $0.5\mu m$，$V_{PT}=30V$。

8. 针对 E-M 模型，当基极开路（$I_B=0$），集电极-发射极加偏压 V_{CE} 时，请导出集电极电流 I_C（恒等于 I_{CEO}）的表达式。

9. 欲设计一双极型晶体管，其截止频率 $f_T=8GHz$，假设 $D_{Bn}=25cm^2/s$，忽略发射极和集电极的延迟，计算中性基区的宽度。

10. 一个 NPN 晶体管的基区宽度为 $0.5\mu m$，基区少数载流子扩散系数为 $10cm^2/s$，寿命为 $10^{-7}s$。晶体管偏压 $V_{CC}=5V$，负载电阻 $R_L=10k\Omega$。若在基极加 $2\mu A$ 的脉冲电流，持续时间为 $1\mu s$，计算基区的存储电荷 $Q_S(t_s)$ 和存储延迟时间 t_s。

11. 硅 NPN 晶体管在 $T=300K$ 下，$I_E=0.5mA$，$W_B=0.7\mu m$，$D_{Bn}=25cm^2/s$，$x_{dc}=2.0\mu m$，$C_{jE}=0.8pF$，$C_{jC}=0.06pF$，$C_S=0.06pF$，$r_C=20\Omega$，$\beta=50$，忽略扩散电容 C_{dE}，计算渡越时间 τ_T、特征频率 f_T 和截止频率 f_β。

第 4 章　MOS 电容

金属-氧化物-半导体(metal-oxide-semiconductor，MOS)电容又称 MOS 二极管，是 MOSFET 的核心组成部分，同时在半导体材料性能参数的表征、半导体界面行为的研究及半导体工艺水平的标定方面有重要的应用，是半导体物理和半导体器件研究的重要工具之一。金属栅电极最早采用的是铝，后来自对准工艺的发展促使重掺杂的多晶硅在很长一段时间内被用作栅电极材料。随着器件的特征尺寸进入纳米量级，金属硅化物等复合电极被更多地采用。

本章介绍 MOS 电容的性质，主要内容包括理想 MOS 电容的定义；不同栅电压作用下的半导体表面状态改变；阈值电压的概念；理想 MOS 结构的电容-电压(C-V)曲线，以及实际 MOS 结构的 C-V 曲线。

4.1　理想 MOS 结构及性质

4.1.1　理想 MOS 结构的定义

图 4.1 是 MOS 结构示意图，是金属栅电极-氧化层-半导体组成的三层结构。半导体的背面与金属电极形成欧姆接触并置于零电位，氧化层的金属称为栅，栅电压 V_G 改变时，半导体表面状态随之发生改变。氧化层的厚度用 t_{ox} 表示，用氧化层实现栅与半导体表面之间的电隔离。

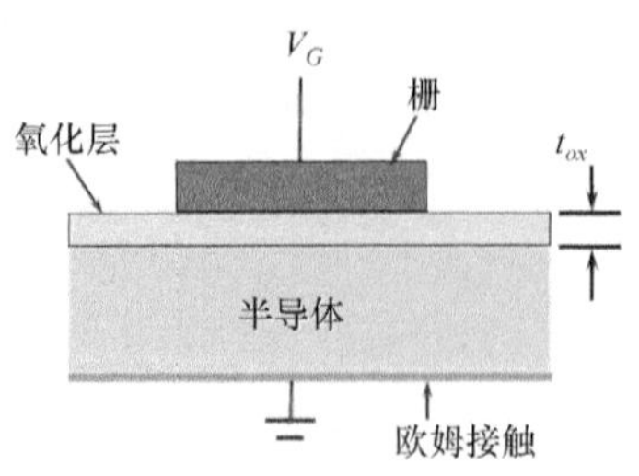

图 4.1　MOS 结构示意图

图 4.2 是理想 MOS 结构平衡时的能带图。所谓理想 MOS 结构，是指金属-半导体功函数差为零，即 $\phi_{MS}=0$；在任何偏置条件下，氧化层中不存在电荷，所有电荷只存在于半导体表面层及金属，且二者符号相反，数量相等；在直流偏置条件下，氧化层没有电流通过，也就是说氧化层电阻无限大；界面态电荷密度为零。

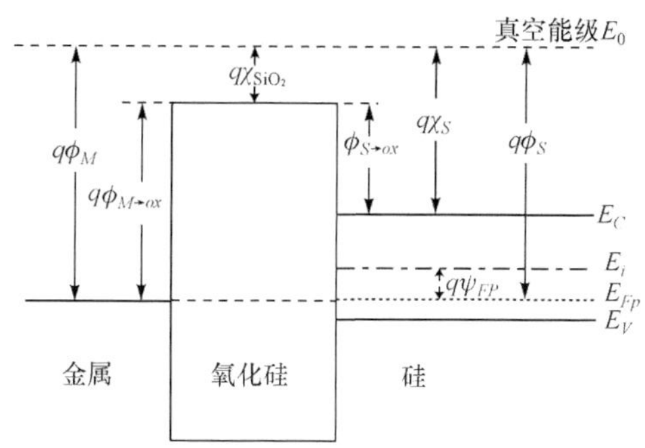

图 4.2　理想 MOS 结构平衡时的能带图

图中，E_0为真空能级，χ_{Si}为半导体的电子亲和势，约 4.03eV；χ_{SiO_2}为氧化硅的电子亲和势，约 0.9eV；$q\phi_M$ 为金属功函数；$q\phi_S$ 为半导体功函数。半导体的功函数是真空能级与费米能级之间的距离，即 $q\phi_S=q\chi_S+E_G-(E_F-E_V)$。理想 MOS 结构金属-半导体的功函数差为零，氧化层及界面处电荷为零，所以平衡时能带是平直的，金属及半导体表面没有电荷，半导体表面及氧化层没有电场。

在栅压 V_G 的作用下，氧化层两侧感应出符号相反的等量电荷。在金属栅一侧，电荷分布的区间厚度可以不考虑。在半导体一侧，感应电荷与栅上电荷符号相反，总量相等，但分布情况比较复杂，有时位于氧化层与硅界面处的薄层内，有时分布在半导体表面一定的厚度内，表现出不同的状态，需要具体分析。以下所有的分析，都以 P 型半导体为例，以半导体本征能级处的电势为参考零电势。此外，还需要明确指出能带图中导带和价带表示的是电子能量。因此，当半导体表面势低于体内，即 $V_S<0$ 时，电子能量增大，相应的能级位置上升；当半导体表面电势高于体内，即 $V_S>0$ 时，电子能量降低，相应的能级位置下降。半导体表面能带变化与电场方向的关系如图 4.3 所示，箭头所指为电场方向。可见，当电场方向不同时，半导体表面能带弯曲的方向不同。能带弯曲的量为半导体表面势与单位电荷的乘积，即$|\Delta E|=|qV_S|$。

4.1.2　半导体表面状态

半导体表面状态可以分为积累、平带、耗尽、弱反型和强反型等。下面以 P 型半导体理想 MOS 结构为例，研究栅极电压 V_G 从负向正扫描时半导体表面状态的变化。

1. 积累态

栅压小于零($V_G<0$)，半导体表面处能带上移，由于 E_{Fp} 是常数，表面处价带与

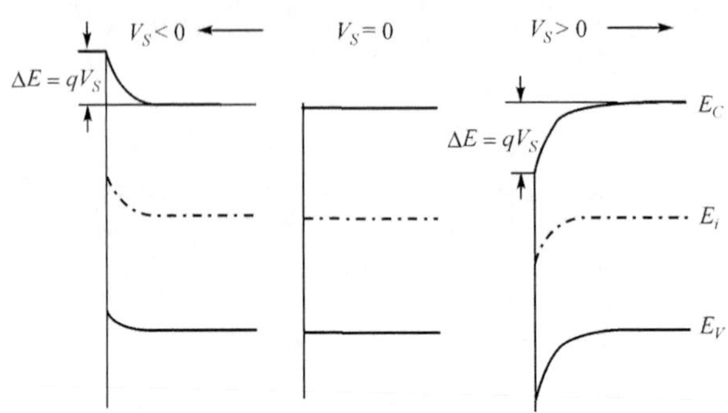

图 4.3　半导体表面能带变化与电场方向关系示意图

费米能级的距离减小，因此空穴浓度高于体内，$p_s>p_0$，即空穴积累在半导体表面，称为积累态。此时，空穴聚集在硅表面很薄的区间内，屏蔽了栅电压对半导体内部的影响。积累态时 MOS 结构的能带图、电荷分布及电场分布如图 4.4 所示。

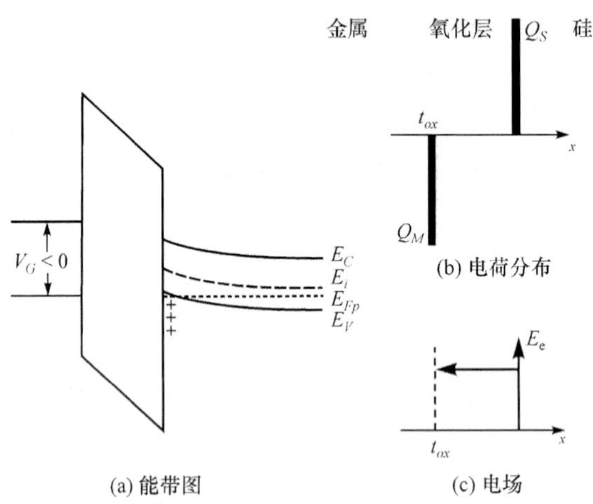

图 4.4　积累态时 MOS 结构的能带图、电荷分布及电场分布示意图

2. 平带状态

栅压为零时，对理想 MOS 结构来说，平衡状态下，半导体表面电场和表面电势都为零，能带是平直的，称为平带状态。理想 MOS 结构在平衡条件下，半导体表面处于平带时的能带图。平带状态是非常重要的参考状态。

3. 耗尽态及耗尽层性质

栅压大于零时，半导体表面电势为正($V_G>0$，且 $0<V_S<\psi_{FP}$)，表面处能带向下行，由于表面势的数值低于费米势($V_S<\psi_{FP}$)，因此半导体表面处的费米能级在本征能级以下，半导体表面仍然是 P 型的，如图 4.5(a)所示。表面处价带与费米能级的距离大于体内，所以空穴浓度低于体内，即 $p_s<p_0$，也就是说，半导体表面处于空穴耗尽的状态，称为耗尽态。耗尽态时，半导体表面由带负电的电离受主组成，由于掺杂浓度有限，因此耗尽层需要达到一定的宽度，才能使其中的电离受主电荷面密度与金属栅上的正电荷面密度相等，如图 4.5(b)所示。此时，氧化层两侧的电荷面密度为

$$Q_M=-Q_S=qN_AW$$

其中，W 为耗尽区宽度。

氧化层电容 $C_{OX}=\varepsilon_{ox}/t_{ox}$，氧化层压降为

$$V_{OX}=\frac{Q_S}{C_{OX}}$$

因为氧化层没有电荷，所以电场为

$$E_{eOX}=\frac{V_{OX}}{t_{ox}}=\frac{qN_AW}{\varepsilon_{ox}}$$

对于均匀掺杂半导体，负的电离受主电荷均匀分布，其电场是线性的。半导体表面处于耗尽态时，整个 MOS 结构中电场分布，如图 4.5(c)所示。

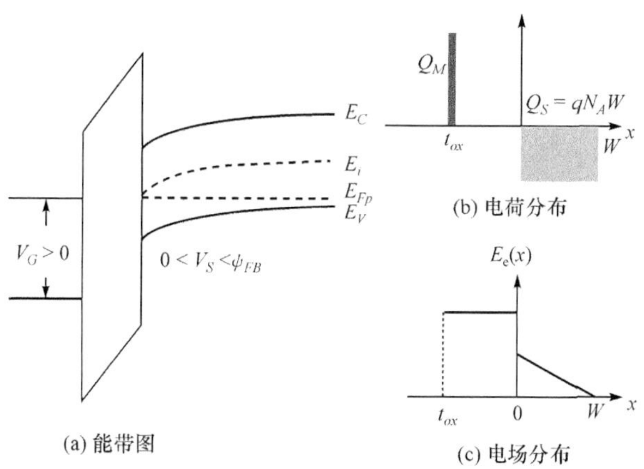

图 4.5 半导体表面耗尽态时的能带图、电荷分布及电场分布

耗尽层理论仍然适用于半导体表面的耗尽层。如果空间电荷区宽度是 W_e，以氧化层-半导体界面为坐标原点，则耗尽区电场 E_e 和电势可以分别表示为

$$E_e = -\frac{qN_A}{\varepsilon_s}(W - x) \tag{4-1}$$

$$V = V_S\left(1 - \frac{x}{W}\right)^2 \tag{4-2}$$

耗尽区宽度 W 与表面势 V_S 的关系可以表示为

$$W = \left(\frac{2\varepsilon_s V_S}{qN_A}\right)^{1/2} \tag{4-3}$$

因此,半导体表面电荷与半导体表面势的关系为

$$Q_S = qN_A W = (2q\varepsilon_s N_A V_S)^{1/2} \tag{4-4}$$

进一步,有

$$V_G = V_{OX} + V_S = \frac{(2q\varepsilon_s N_A V_S)^{1/2}}{C_{OX}} + V_S \tag{4-5}$$

可见,当半导体表面处于耗尽态时,由式(4-5)可给出在一定栅电压下半导体表面势的大小。

4. 反型态

栅压进一步向正方向增大,半导体表面势也随之增大,当满足 $V_S > \psi_{FP} > 0$ 时,从能带图(图 4.6(a))看,表面本征能级降低到费米能级以下,这意味着电子浓度高于空穴浓度,也就是说相比 P 型衬底,半导体表面发生了反型,因此称为反型态。当 $\psi_{FP} < V_S < 2\psi_{FP}$ 时,尽管表面发生了反型,但半导体表面电子浓度远小于体内空穴浓度,即 $n_s < p_0$,因此称为弱反型。当栅压继续增大,V_S 达到 $2\psi_{FP}$ 时,表面费米能级与本征能级的距离也是 ψ_{FP},这时半导体表面电子浓度等于甚至大于体内空穴浓度,因此称为强反型(图 4.6(b))。

反型层位于氧化层与硅的界面处,厚度通常非常小,可忽略不计,反型层的压降也可以忽略。反型层中的电子数与耗尽层中的电离受主电荷之和,与金属电极上的正电荷数相等(图 4.6(c))。强反型以后,栅压继续增大,半导体表面电荷的变化将在 4.1.3 节详细介绍。

以上以 P 型半导体为例,介绍随栅压由负向正变化,半导体表面所经历的四种状态,即积累、平带、耗尽和反型,其中反型又包括弱反型和强反型。对 N 型衬底的理想 MOS 结构,随栅压由正到负扫描,半导体表面会依次经历同样的状态变化。

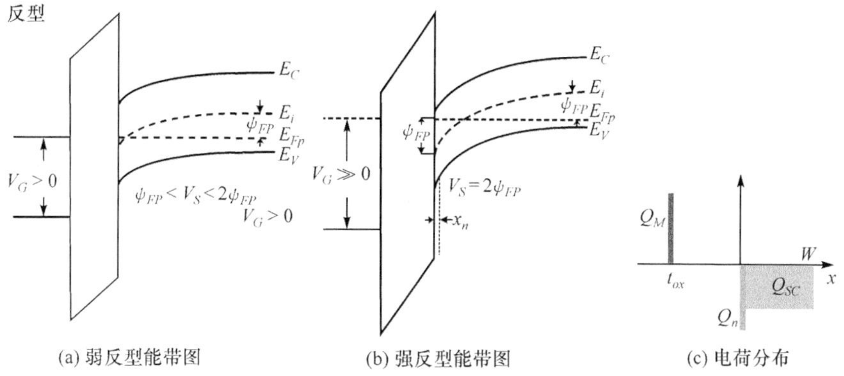

(a) 弱反型能带图　(b) 强反型能带图　(c) 电荷分布

图 4.6　半导体表面处于反型态时 MOS 结构能带图和电荷分布示意图

4.1.3　理想 MOS 结构的阈值电压及强反型以后的最大耗尽层宽度

使半导体表面达到强反型时施加的栅压称为阈值电压,用 V_T 表示。强反型发生时,半导体表面电势可以表示为

$$V_S=2\psi_{FP}=\frac{2k_BT}{q}\ln\left(\frac{N_A}{n_i}\right) \tag{4-6}$$

此时,半导体表面空间电荷区(耗尽层)宽度 W 为

$$W=\sqrt{\frac{2\varepsilon_s(2\psi_{FP})}{qN_A}}=\sqrt{\frac{4\varepsilon_s k_B T\ln\left(\frac{N_A}{n_i}\right)}{q^2N_A}} \tag{4-7}$$

耗尽层的电荷总量为

$$Q_{SC}=\sqrt{4q\varepsilon_s N_A\psi_{FP}} \tag{4-8}$$

半导体表面刚刚进入强反型态时,忽略反型层中电子的数量,即 $Q_n=0$,半导体表面电荷面密度就是耗尽层中电荷面密度,即

$$Q_S=Q_{SC}$$

考虑栅电压等于氧化层上压降与半导体表面压降之和,有

$$V_T=\frac{\sqrt{4q\varepsilon_s N_A\psi_{FP}}}{C_{OX}}+2\psi_{FP} \tag{4-9}$$

其中,C_{OX} 代表氧化层电容,$C_{OX}=\frac{\varepsilon_{ox}}{t_{ox}}$。

可见,对理想 MOS 结构,阈值电压是由掺杂浓度及氧化层厚度决定的。

当半导体表面进入强反型以后,栅压继续增大,半导体表面电势将维持两倍费米势不变,即 $V_S=2\psi_{FP}$,相应的耗尽层宽度达到最大值。下面的分析可以帮助理解这一点：强反型以后，如果半导体表面势 V_S 有一点点增加，那么反型层少子浓度将指数增加，足以屏蔽栅电压进一步增大对半导体内部的影响，使表面势的增加被忽略。图 4.7 给出了强反型以后，半导体表面电荷、表面耗尽区宽度随栅电压进一步增大的变化情况。图 4.7(a)是临界强反型态，反型层中的电荷近似为零，所以阈值电压表示为式(4-9)。图 4.7(b)和图 4.7(c)是栅电压进一步增大以后，半导体表面电荷的变化，可见耗尽层宽度不再扩展，半导体表面势不变，反型层中的电荷增加。

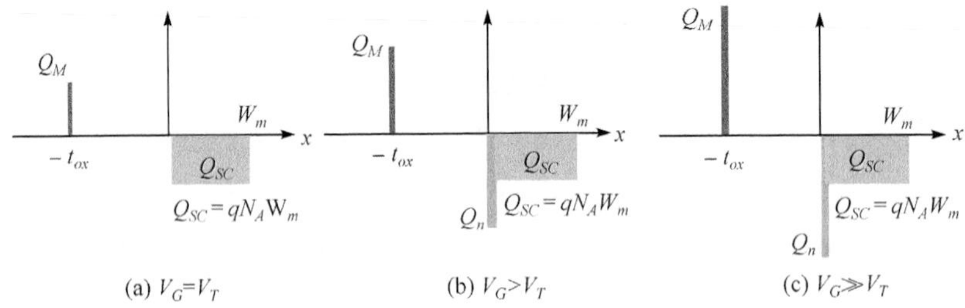

图 4.7 半导体表面强反型以后电荷及耗尽层宽度随栅压变化示意图

超过阈值电压后，可以认为栅压进一步增大的部分被反型层中的电子屏蔽，因此反型层中电子面密度可以表示为

$$Q_n=C_{OX}(V_G-V_T) \tag{4-10}$$

事实上，有

$$V_G=V_{OX}+V_S=\frac{Q_n}{C_{OX}}+\frac{qN_AW_m}{C_{OX}}+2\psi_{FP} \tag{4-11}$$

其中，W_m 为最大耗尽层宽度，可以通过式(4-7)计算；式(4-11)最右侧的两项之和是阈值电压，由式(4-11)也可以得到式(4-10)。

例 4.1 P 型硅理想 MOS 电容，衬底掺杂浓度为 $N_A=10^{16}\text{cm}^{-3}$，氧化硅层厚度为 $t_{ox}=50\text{nm}$。请问它的阈值电压是多少？当 $V_G-V_T=0.5\text{V}$ 时，计算反型层中的电子面密度。

解 首先计算费米势 $\psi_{FP}=\frac{k_BT}{q}\ln\frac{N_A}{n_i}=0.026\times\ln\frac{10^{16}}{10^{10}}=0.359\text{V}$。再确定强反型时半导体表面势 $V_S=2\psi_{FP}=0.718\text{V}$。相应的最大空间电荷区宽度为

$$W_{\text{m}}=\left(\frac{4\varepsilon_s\psi_{FP}}{qN_A}\right)^{1/2}=\left(\frac{4\times11.7\times8.854\times10^{-14}\times0.359}{1.6\times10^{-19}\times10^{16}}\right)^{1/2}=3.05\times10^{-5}\text{cm}=0.305\mu\text{m}$$

耗尽层中的电荷量为

$$Q_S=qN_AW_{\text{m}}=1.6\times10^{-19}\times10^{16}\times0.305\times10^{-4}=4.88\times10^{-8}\text{C/cm}^2$$

$$C_{OX}=\frac{\varepsilon_{ox}}{t_{ox}}=\frac{3.9\times 8.854\times 10^{-14}}{50\times 10^{-7}}=6.906\times 10^{-8}\mathrm{F/cm^2}$$

阈值电压为

$$V_T=2\psi_{FP}+\frac{Q_S}{C_{OX}}=0.718+\frac{4.88\times 10^{-8}}{6.906\times 10^{-8}}=1.425\mathrm{V}$$

当 $V_G-V_T=0.5\mathrm{V}$ 时，有

$$Q_n=C_{OX}\times(V_G-V_T)=6.906\times 10^{-8}\times 0.5=3.403\times 10^{-8}\mathrm{C/cm^2}$$

$$N_S=\frac{Q_n}{q}=\frac{3.403\times 10^{-8}}{1.6\times 10^{-19}}=2.13\times 10^{11}/\mathrm{cm^2}$$

可见，在衬底掺杂浓度为 $10^{16}\,\mathrm{cm^{-3}}$ 时，半导体表面最大耗尽层宽度只有 $0.305\mu\mathrm{m}$ 左右，即使降低掺杂浓度，这个宽度有所增加，但数量级不会改变。另外，MOS 器件的载流子通道位于只有几纳米的反型层中，因此说 MOSFET 是表面器件。

以上针对 P 型半导体的 MOS 结构，分析栅压由负向正扫描时，半导体表面状态的改变，对 N 型半导体的理想 MOS 结构，栅压从正到负扫描时，半导体表面经历积累、平带、耗尽、弱反型到强反型的变化。它的阈值电压为负值，可以表示为

$$V_T=-\frac{\sqrt{4q\varepsilon_s N_D\psi_{FN}}}{C_{OX}}-2\psi_{FN} \tag{4-12}$$

4.1.4　半导体表面电荷与表面势

前面定性讨论了积累、平带、耗尽及反型等几种半导体表面状态，认为积累态和反型态下电荷堆积在氧化层-半导体界面处很薄的区域，而耗尽时，电荷分布在半导体表面一定的空间中，这种不同状态下电荷分布的特点决定了 MOS 电容的性质。更重要的，电容是电荷随电压变化的表现，因此需要明确半导体表面电荷 Q_S 与表面电势 V_S 之间的函数关系。另外，对理想 MOS 结构来说，栅压施加于氧化层和半导体上，有 $V_G=V_{OX}+V_S$，其中 $V_{OX}=Q_S/C_{OX}$，因此确定 Q_S 与 V_S 之间的函数关系，就可以根据所加栅电压的大小，确定半导体表面势，进而确定半导体表面状态。

建立 Q_S 与 V_S 关系的出发点是泊松方程。半导体表面层 x 处电荷的一般表达式为 $\rho(x)=q(N_D^+-N_A^-+p_p-n_p)$，其中 N_D^+ 和 N_A^- 分别表示电离的施主浓度和受主浓度，p_p 和 n_p 分别表示可动的空穴和电子浓度。解泊松方程，可以给出半导体表面处电场 E_{eS} 的表达式，即

$$E_{eS}=\pm\frac{\sqrt{2}k_BT}{qL_D}\left\{\exp\left(-\frac{qV_S}{k_BT}\right)+\frac{qV_S}{k_BT}-1+\frac{n_{p0}}{p_{p0}}\left[\exp\left(\frac{qV_S}{k_BT}\right)-\frac{qV_S}{k_BT}-1\right]\right\}^{1/2} \tag{4-13}$$

其中，V_S 为半导体表面势；L_D 为德拜长度，即

$$L_D\equiv\left(\frac{\varepsilon_s k_BT}{q^2N_A}\right)^{1/2} \tag{4-14}$$

简单说，德拜长度是非平衡多数载流子存在的有效空间范围。少子存在的有效空间范围用扩散长度表示，通常远大于德拜长度。对于 PN 结来说，空间电荷区边界的过渡层厚度就是德拜长度。

定义 F 函数为

$$F\left(\frac{qV_S}{k_BT},\frac{n_{p0}}{p_{p0}}\right)=\left\{\exp\left(-\frac{qV_S}{k_BT}\right)+\frac{qV_S}{k_BT}-1+\frac{n_{p0}}{p_{p0}}\left[\exp\left(\frac{qV_S}{k_BT}\right)-\frac{qV_S}{k_BT}-1\right]\right\}^{1/2} \tag{4-15}$$

则半导体表面处电场为

$$E_{eS}=\pm\frac{\sqrt{2}k_BT}{qL_D}F\left(\frac{qV_S}{k_BT},\frac{n_{p0}}{p_{p0}}\right) \tag{4-16}$$

根据高斯定理，有

$$Q_S=-\varepsilon_sE_{eS}=\mp\frac{\sqrt{2}\varepsilon_sk_BT}{qL_D}F\left(\frac{qV_S}{k_BT},\frac{n_{p0}}{p_{p0}}\right) \tag{4-17}$$

式(4-17)中的符号可根据所加栅压来判断。$V_G>0$，Q_S 取负号；$V_G<0$，Q_S 取正号。式(4-17)建立了表面电荷面密度 Q_S 与表面电势 V_S 之间的函数关系。下面结合表 4.1 定性地讨论 Q_S 随 V_S 的变化规律。

表 4.1 P 型半导体表面电荷面密度 Q_S 与表面电势 V_S 的关系

状态	Q_S	V_S
积累	$V_S<0, F\left(\frac{qV_S}{k_BT},\frac{n_{p0}}{p_{p0}}\right)=\exp\left(-\frac{qV_S}{k_BT}\right)$	$Q_S\propto\exp\left(-\frac{qV_S}{2k_BT}\right)$
平带	$V_S=0, E_{eS}=0$	$Q_S=0$
耗尽	$V_S>0, \frac{n_{p0}}{p_{p0}}\ll 1, F\left(\frac{qV_S}{k_BT},\frac{n_{p0}}{p_{p0}}\right)=\sqrt{V_S}$	$Q_S\propto\sqrt{V_S}$
反型	$V_S>0, F\left(\frac{qV_S}{k_BT},\frac{n_{p0}}{p_{p0}}\right)\propto\left(\frac{n_{p0}}{p_{p0}}\right)^{1/2}\exp\left(\frac{qV_S}{2k_BT}\right)$	$Q_S\propto\exp\left(\frac{qV_S}{2k_BT}\right)$

如果将 F 函数括号中的 $\exp\left(-\frac{qV_S}{k_BT}\right)+\frac{qV_S}{k_BT}-1$ 称为第一项，余下部分称为第二项，则在积累区，$V_S<0$，且 $\frac{n_{p0}}{p_{p0}}$ 比较小，只需要考虑第一项中的指数部分，其他项可以忽略，因此 $Q_S\propto\exp\left(-\frac{qV_S}{2k_BT}\right)$；在耗尽区，$V_S>0$，且 $\frac{n_{p0}}{p_{p0}}\ll 1$，只需要考虑第一项中的线性项部分，即 $F\left(\frac{qV_S}{k_BT},\frac{n_{p0}}{p_{p0}}\right)=V_S^{1/2}$，因此 $Q_S\propto V_S^{1/2}$；在反型区，$V_S>2\psi_{FP}>0$，$F\left(\frac{qV_S}{k_BT},\frac{n_{p0}}{p_{p0}}\right)\propto\left(\frac{n_{p0}}{p_{p0}}\right)^{1/2}\exp\left(\frac{qV_S}{2k_BT}\right)$，因此 $Q_S\propto\exp\left(\frac{qV_S}{2k_BT}\right)$。从积累态到反型态，$Q_S$ 与 V_S 的关系如图 4.8 所示。

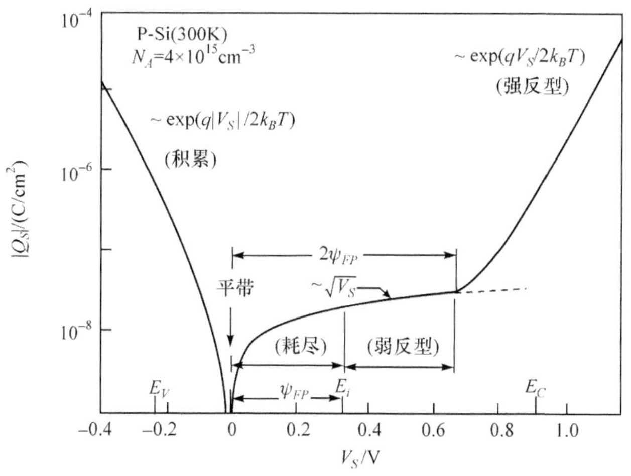

图 4.8 Q_S 与 V_S 的关系

可见，在积累区和反型区，半导体表面电荷面密度与表面势之间是指数关系，表面势的微小变化，都会导致表面电荷指数级改变，因此积累区电荷和反型层电荷位于氧化层与半导体的界面处，完全屏蔽栅压对半导体内部的影响。在耗尽区，表面电荷完全由电离受主组成，且 $Q_S\sim V_S^{1/2}$，由于掺杂浓度有限，因此耗尽区需要扩展到一定的宽度来屏蔽栅电压对半导体内部的影响。

4.2 实际 MOS 电容的平带电压及阈值电压

与理想 MOS 电容相比，实际 MOS 电容存在几个方面的问题需要考虑，包括金属与半导体功函数差、氧化物电荷、界面态，以及泄漏电流等。本节讨论直接影响阈值电压的两个因素，即金属与半导体功函数差和氧化层电荷。这两个因素都会使零栅压下MOS结构的半导体表面不再处于平带状态。为了使半导体表面恢复到平带状态需要施加的栅压称为平带电压，用V_{FB}表示。

4.2.1　金属-半导体功函数差

假设实际的金属、氧化硅、半导体硅(P型)的能带结构及相对位置如图4.9所示。金属和半导体的功函数大多数情况下不相同，表4.2给出了常用金属的功函数。常用半导体材料的电子亲和势如表4.3所示。金属-半导体的功函数差$q\phi_{MS}$可表示为

$$q\phi_{MS}=q\phi_M-q\phi_S=q\phi_M-\left(q\chi_{\text{Si}}+\frac{E_G}{2}+\psi_{FP}\right) \tag{4-18}$$

当这三层材料紧密接触，不施加栅压，系统达到热平衡状态时的能带如图4.10所示。可以看到，氧化层的能带发生了倾斜，半导体表面的能带发生了弯曲，两个弯曲量的和等于金属-半导体的功函数差，这说明在金属-半导体功函数差作用下，热平衡时氧化层和半导体表面都有压降，用V_{OX}和V_S表示，且$V_{OX}+V_S=|\phi_{MS}|$。

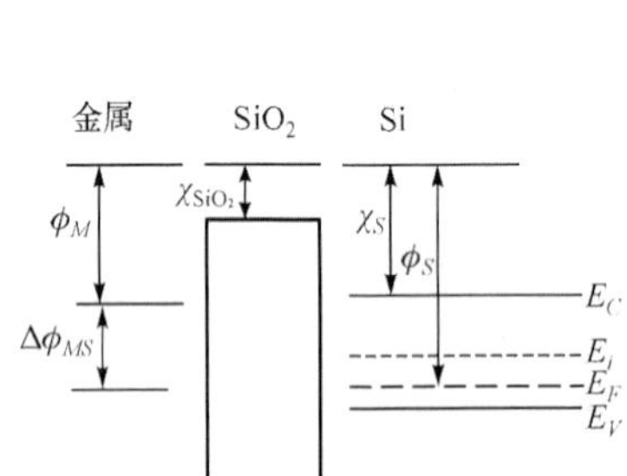

图4.9　金属、氧化硅、硅的能带结构及相对位置

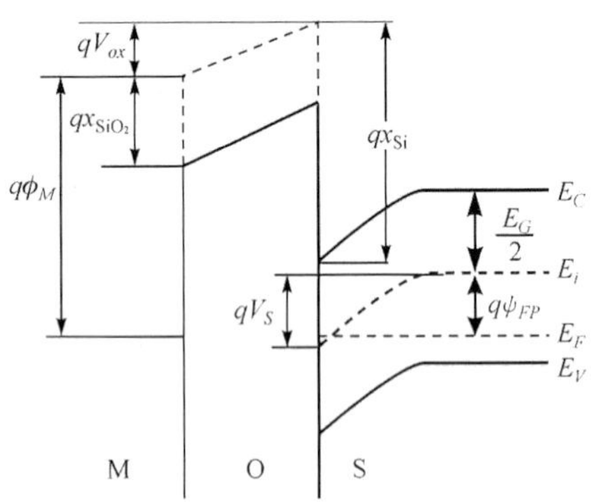

图4.10　系统达到热平衡状态时的能带图

针对图4.10中的情况，半导体表面可能处于耗尽态，也可能已经达到反型，具体情况需要计算V_S，即

$$|V_S|+\frac{(2q\varepsilon_s N_A|V_S|)^{\frac{1}{2}}}{C_{OX}}=|\phi_{MS}| \tag{4-19}$$

根据$|V_S|$的大小，就可以判断半导体表面的状态。如果$V_S<2\psi_{FP}$，半导体表面处于耗尽态；如果$V_S>2\psi_{FP}$，半导体表面反型，这时表面势$V_S=2\psi_{FP}$，$V_{OX}=|\phi_{MS}|-|2\psi_{FP}|$。

表 4.2　常用金属的功函数

元素	功函数 ϕ_M/V
Ag	4.26
Al	4.28
Au	5.1
Cr	4.5
Mo	4.6
Ni	5.15
Pd	5.12
Pt	5.65
Ti	4.33
W	4.55

表 4.3　常用半导体材料的电子亲和势

元素	电子亲和势χ/V
Ge	4.13
Si	4.03
GaAs	4.07
AlAs	3.5

要使半导体表面恢复平带状态，需要施加一定的栅压以消除金属-半导体功函数差的影响，这个栅压就是平带电压 V_{FB}，且有

$$V_{FB}=\phi_M-\phi_S \tag{4-20}$$

在金属-半导体功函数差不为零的情况下，阈值电压 V_T 为平带电压 V_{FB} 与理想条件下的阈值电压 V_{T0} 之和，即

$$V_T=V_{FB}+V_{T0} \tag{4-21}$$

例 4.2　对例 4.1 中提到的理想 MOS 电容，如果其中的栅电极材料是 N 型重掺杂的多晶硅，请问平衡时半导体表面是什么状态？这一 MOS 电容的平带电压和阈值电压分别是多少？

解　首先计算平带电压和阈值电压。N 型重掺杂多晶硅栅是简并半导体，费米能级已经在导带之上，计算中认为它处于导带的位置，所以这一结构的金属-半导体功函数差为

$$\phi_{MS}=-\left(\frac{E_G}{2q}+\psi_{FP}\right)=-(0.56+0.359)=-0.919\text{V}$$

$$V_{FB}=\phi_M-\phi_S=-0.919\text{V}$$

由例 4.1 的计算结果可以知道，相应理想结构的阈值电压为 $V_{T0}=1.414\text{V}$，所以实际的阈值电压为

$$V_T=V_{FB}+V_{T0}=-0.919+1.414=0.495\text{V}$$

下面计算平衡时半导体的表面状态，设半导体还没有达到强反型，表面势为 V_S，则

$$-\phi_{MS}=V_S+\frac{Q_S}{C_{OX}}=V_S+\frac{(2qN_A\varepsilon_s V_S)^{1/2}}{C_{OX}}$$

$$0.919=V_S+\frac{(2\times1.6\times10^{-19}\times10^{16}\times11.7\times8.854\times10^{-14}\times V_S)^{1/2}}{6.906\times10^{-8}}=V_S+0.83V_S^{1/2}$$

$$C_{OX}=\frac{\varepsilon_{ox}}{t_{ox}}=\frac{3.9\times8.854\times10^{-14}}{50\times10^{-7}}=6.906\times10^{-8}\text{F/cm}^2$$

计算结果为 $V_S=0.396\text{V}$。$\psi_{FP}<V_S<2\psi_{FP}$，表明半导体表面没有达到强反型，而只是处于弱反型。

由此可以看出，在实际的 MOS 结构中，由于金属-半导体功函数差的存在，半导体表面已经处于弱反型态，因此只需要再施加一个很小的栅压，半导体表面就可以达到强反型。这时的阈值电压要低于理想时的值。

4.2.2　氧化物电荷及其影响

理想 MOS 结构假设氧化层中没有电荷，在电压作用下也没有电流通过。实际上，结构特点决定了氧化硅中存在大量电荷，它们会对半导体表面状态产生影响。二氧化硅结构最小单元是正四面体结构，硅原子位于中心位置，氧原子位于四个顶角。这样的正四面体通过共用氧原子而相互桥联形成非晶氧化硅薄膜。从图 4.11 可以看出，并不是所有的氧原子都能被桥联，非桥联氧之间存在一定尺寸的空洞，一些直径较小的碱金属离子可以在这些空洞驻留或者迁移，称为可动离子，带正电荷。可动离子主要源于化学试剂中的残留、容器和设备材料中的残留、

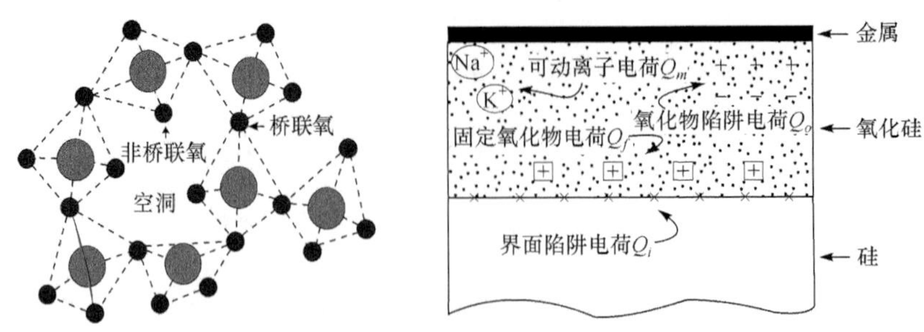

图 4.11　氧化硅内部分子结构及氧化层中的电荷

人的呼吸及汗液等，典型的是 Na^+、K^+ 等直径较小的碱金属离子。MOS 结构在一定的温度和电压下工作时，这些碱金属离子因为直径较小很容易移动。因此，可以通过对可动离子的测量反映工艺水平。

氧化硅薄膜中存在的大量不完整结构，具有捕获载流子的能力。这对载流子来说是陷阱中心，称为氧化物陷阱电荷。例如，由于氧具有较高的电负性，因此非桥联氧很容易捕获载流子而带电。这些氧化物陷阱电荷一般可以通过退火来降低。

氧化层的生长过程是氧原子穿过氧化层到达界面与硅反应形成新的氧化硅分子，因此距界面 3nm 以内的过渡区，因缺氧而带正电荷，称为固定氧化物电荷。同时，界面处存在大量硅的悬挂键而在禁带中引入能级，称为界面态。根据这些界面态在禁带中的位置，分为施主型或受主型两种。施主型能级靠近价带，被电子占据后呈电中性，而空态时呈正电性。受主型界面态靠近导带，没被电子占据时呈电中性，被电子占据后呈负电性。随着半导体表面势的变化，界面处费米能级在带隙中的位置改变，在某一位置处，界面呈电中性，这一位置以下，呈正电性；这一位置以上呈负电性。也就是说，根据界面态被电子占据的情况，界面呈现不同的带电状态，称为界面陷阱电荷。界面陷阱电荷密度随表面势不同而改变。

总之，氧化层包括可动离子电荷、氧化物陷阱电荷、固定氧化物电荷及界面陷阱电荷。可动离子电荷的分布会随工作电压及温度变化。氧化层陷阱捕获电荷的数量会随器件工作时间的增加而增大。固定氧化物电荷的密度一般不改变。界面陷阱电荷会随半导体表面势变化。下面分析氧化物电荷对半导体表面性质的影响。

不加区分地将氧化物电荷在氧化层中的分布用 $\rho(x)$ 表示(图 4.12)。以金属-氧化层界面为坐标原点，氧化层的厚度为 t_{ox}。位置 x 处氧化物电荷体密度为 $\rho(x)$，则 $x \sim x+\mathrm{d}x$ 薄层中电荷面密度为 $\rho(x)\mathrm{d}x$。在平衡条件下，$\rho(x)\mathrm{d}x$ 发出的电力线一部分终止于金属栅电极，另一部分终止于硅表面产生的感应电荷。为了消除对半导体表面的影响，使半导体表面处于平带状态，需要在栅上施加电压，使其发出的电力线全部终止于金属栅。将金属-氧化层界面与面电荷所在平面之间看成一个平板电容，电容大小为 ε_{ox}/x，则为消除 $\rho(x)\mathrm{d}x$ 对半导体表面的影响需要施加的栅电压(平带电压)为

$$\mathrm{d}V_{FB}=-\frac{x\rho(x)\mathrm{d}x}{\varepsilon_{ox}} \tag{4-22}$$

由此可见，电荷在氧化层中的位置不同，对平带电压的影响也不同，在氧化层-半导体界面影响最大；在金属-氧化层界面没有影响。要消除整个氧化层电荷对半导体表面的影响，需要对式(4-22)在整个氧化层积分，即

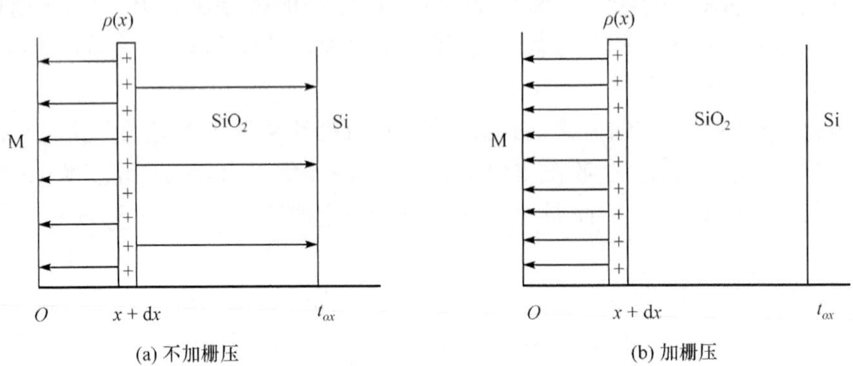

(a) 不加栅压　　(b) 加栅压

图 4.12　氧化层电荷对平带电压的影响示意图

$$V_{FB}=-\int_0^{t_{ox}}\frac{x\rho(x)\mathrm{d}x}{\varepsilon_{ox}}=-\frac{1}{C_{OX}}\int_0^{t_{ox}}\frac{x\rho(x)\mathrm{d}x}{t_{ox}} \tag{4-23}$$

对实际 MOS 结构，为使半导体表面处于平带状态，施加的栅电压需要分别考虑如何消除金属-半导体功函数差的影响，以及氧化物电荷的影响。可以将这两部分的影响分别用 V_{FB1} 和 V_{FB2} 表示，则总的平带电压为

$$V_{FB}=V_{FB1}+V_{FB2}=\phi_{MS}-\frac{1}{C_{OX}}\int_0^{t_{ox}}\frac{x\rho(x)\mathrm{d}x}{t_{ox}} \tag{4-24}$$

实际 MOS 结构的阈值电压 V_T 为

$$V_T=V_{FB}+V_{T0}=\phi_{MS}-\frac{1}{C_{OX}}\int_0^{t_{ox}}\frac{x\rho(x)\mathrm{d}x}{t_{ox}}+\frac{(4q\varepsilon_sN_A\psi_{FP})^{\frac{1}{2}}}{C_{OX}}+2\psi_{FP} \tag{4-25}$$

例 4.3　P 型硅衬底 MOS 结构，衬底掺杂浓度为 $N_A=10^{14}\mathrm{cm}^{-3}$，氧化层厚度为 $t_{ox}=500\text{Å}$，栅是 N^+ 多晶硅，氧化物电荷密度为 $5\times10^{10}\mathrm{cm}^{-2}$，且位于氧化硅-硅界面处，请确定平带电压和阈值电压。

解

$$\psi_{FP}=0.026\ln\left(\frac{10^{14}}{1.0\times10^{10}}\right)=0.239\mathrm{eV}$$

$$\phi_{MS}=-\frac{E_G}{2}-\psi_{FP}=-0.56-0.239=-0.799\mathrm{eV}$$

$$C_{OX}=\frac{\varepsilon_{ox}}{t_{ox}}=\frac{3.9\times8.854\times10^{-14}}{500\times10^{-8}}=6.9\times10^{-8}\mathrm{F/cm^2}$$

$$Q_{OX}=5\times10^{10}\times1.6\times10^{-19}=8.0\times10^{-9}\mathrm{C/cm^2}$$

$$V_{FB}=\phi_{MS}-\frac{Q_{OX}}{C_{OX}}=-0.799-\frac{8.0\times10^{-9}}{6.9\times10^{-8}}=-0.915\mathrm{V}$$

对于衬底掺杂浓度为 $N_A = 10^{14}\,\text{cm}^{-3}$，氧化层厚度为 $t_{ox} = 500\text{Å}$ 的理想 MOS 电容，它的阈值电压为

$$V_{T0} = 2\psi_{FP} + \frac{(4\varepsilon_s q N_A \psi_{FP})^{\frac{1}{2}}}{C_{OX}}$$

$$= 2\times 0.239 + \frac{(4\times 11.7\times 8.854\times 10^{-14}\times 1.6\times 10^{-19}\times 10^{14}\times 0.239)^{\frac{1}{2}}}{6.9\times 10^{-8}}$$

$$= 0.478 + 0.058 = 0.535\text{V}$$

这一实际 MOS 电容的阈值电压为

$$V_T = V_{T0} + V_{FB} = -0.915 + 0.535 = -0.38\text{V}$$

P 型半导体 MOS 的阈值电压为负值，说明由于金属-半导体功函数差及氧化物电荷的影响，在平衡状态下，半导体表面已经处于反型态。与例 4.1 相比，衬底掺杂浓度由 $10^{16}\,\text{cm}^{-3}$ 降至 $10^{14}\,\text{cm}^{-3}$，导致理想 MOS 的阈值电压由 1.414V 降至 0.535V，低于金属-半导体的功函数差，也就是说仅考虑金属-半导体功函数差的影响，平衡时半导体表面就已经处于反型态了。衬底掺杂浓度越低，阈值电压越小。

4.3 MOS 结构的电容-电压特性

4.3.1 理想 MOS 电容的 C-V 特性

栅压扫描速度较小时，可以认为整个扫描过程中 MOS 结构一直处于准稳态。在扫描电压上叠加交流小信号电压，就可以测量 MOS 结构的电容随栅电压的变化，即 C-V 曲线。测量电路如图 4.13 所示。

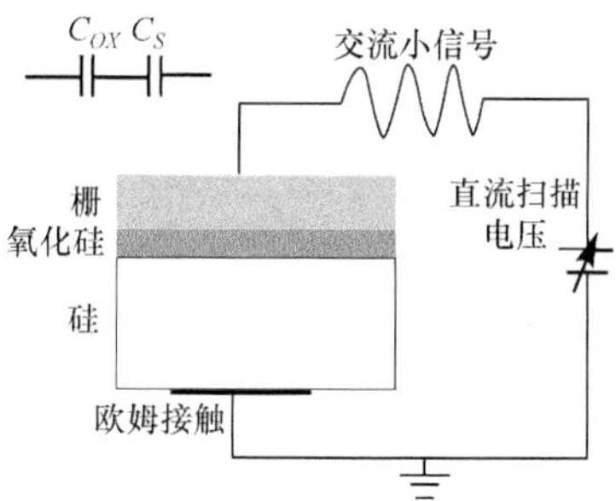

图 4.13 MOS 结构的 C-V 曲线测量电路

图 4.13 左上角给出了 MOS 电容的组成，是氧化层电容与半导体表面电容的串联，即

$$\frac{1}{C}=\frac{1}{C_{OX}}+\frac{1}{C_S} \tag{4-26}$$

其中,C 为单位面积 MOS 电容;$C_{OX}=\frac{\varepsilon_{ox}}{t_{ox}}$ 为单位面积氧化层电容;C_S 为单位面积半导体表面电容。

式(4-26)还可以写为

$$\frac{C}{C_{OX}}=\frac{1}{1+C_{OX}/C_S} \tag{4-27}$$

其中,C/C_{OX} 称为归一化电容。

P 型硅衬底理想 MOS 结构的 C-V 曲线如图 4.14 所示。下面根据半导体表面状态的变化对其进行讨论。

当 $V_G \ll 0$ 时,半导体表面处于积累态。半导体表面电荷 Q_S 与表面势 V_S 有如下的指数关系,即

$$Q_S \propto \exp(-qV_S/2k_BT)$$

所以

$$C_S=|\mathrm{d}Q_S/\mathrm{d}V_S| \propto \frac{q}{2k_BT}Q_S=\frac{q}{2k_BT}C_{OX}|V_G-V_S| \tag{4-28}$$

其中,Q_S 用氧化层压降与氧化层电容的乘积表示。

将式(4-28)代入式(4-27),则积累状态下 MOS 结构的 C-V 关系可以表示为

$$\frac{1}{C}=\frac{1}{C_{OX}}+\frac{1}{C_S}=\frac{1}{C_{OX}}\left(1+\frac{2k_BT/q}{|V_G-V_S|}\right) \tag{4-29}$$

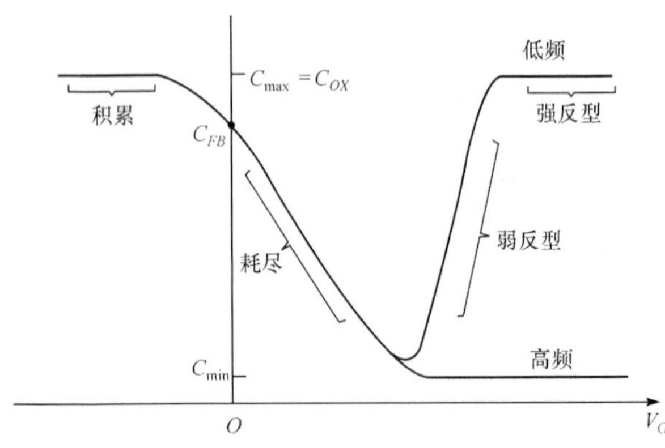

图 4.14　P 型硅衬底理想 MOS 结构的 C-V 曲线

积累状态下,$|V_G-V_S| \gg 2k_BT/q$,括号中的第二项接近零,所以 $C=C_{OX}$,即积累区 MOS 结构的总电容等于氧化层电容。这与积累态时电荷在氧化硅-硅界面的分布有关。当负偏压的数值逐渐减小时,Q_S 随之减小。由式(4-28)可知,C_S

变小，总电容 C 也变小，这正是图 4.14 中由积累态向平带过渡的部分。

当 $V_G=0$ 时，理想 MOS 结构的 V_S 也等于零，即半导体表面处于平带状态。这时的 MOS 电容称为平带电容，用 C_{FB} 表示。利用式(4-17)和式(4-15)，半导体表面电容 C_{S0} 可以表示为

$$C_{S0}=\left.\frac{dQ_S}{dV_S}\right|_{V_S=0}=\frac{\varepsilon_s}{L_D}\left.\frac{\left\{\exp\left(-\frac{qV_S}{k_BT}\right)+1+\frac{n_{p0}}{p_{p0}}\left[\exp\left(\frac{qV_S}{k_BT}\right)-1\right]\right\}^{1/2}}{F\left(\frac{qV_S}{k_BT},\frac{n_{p0}}{p_{p0}}\right)}\right|_{V_S=0}=\frac{\varepsilon_s}{L_D} \tag{4-30}$$

$$L_D=\left(\frac{\varepsilon_s k_B T}{q^2 N_A}\right)^{1/2}$$

将式(4-30)代入式(4-27)，可得下式，即

$$\frac{C_{FB}}{C_{OX}}=\frac{1}{1+\frac{\varepsilon_{ox}L_D}{\varepsilon_s t_{ox}}} \tag{4-31}$$

可见，平带电容 C_{FB} 由硅的掺杂浓度和氧化层厚度决定，与金属-半导体功函数差及氧化层电荷没有关系，是 MOS 电容 C-V 特性测试中重要的参考值。

$V_G>0$ 且比较小时，半导体表面进入耗尽态。在稳态条件下，小信号改变的是耗尽层宽度，相应区间的电荷改变表现出电容效应(图 4.15)。

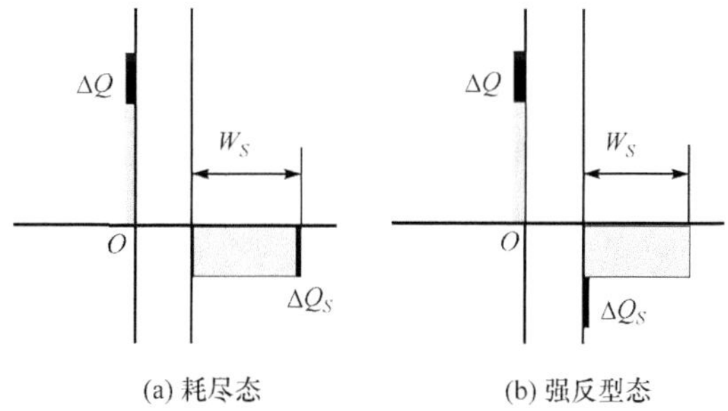

(a) 耗尽态　　(b) 强反型态

图 4.15　耗尽态及强反型态下半导体表面电荷分布及小信号响应示意图

此时，C_S 为

$$C_S=\left|\frac{dQ_S}{dV_S}\right|=\frac{d(2\varepsilon_s qN_AV_S)^{1/2}}{dV_S}=\frac{\varepsilon_s}{W_S} \tag{4-32}$$

其中，W_S 是半导体表面耗尽层的宽度，与半导体表面势 V_S 间的关系见式(4-3)。

$$W_S=\left(\frac{2\varepsilon_s V_S}{qN_A}\right)^{1/2}$$

可见，耗尽态下半导体表面电容相当于平板电容。

MOS归一化电容为

$$\frac{C}{C_{OX}}=\frac{1}{1+\dfrac{C_{OX}}{C_S}}=\frac{1}{1+\dfrac{\varepsilon_{ox}W_S}{\varepsilon_s t_{ox}}} \tag{4-33}$$

可见,在耗尽区,随着栅电压增大,半导体表面势增加,空间电荷区宽度增大,半导体表面电容减小,因此整个MOS结构的电容减小。此时,MOS总电容与栅电压之间的关系如下,即

$$V_G=V_{OX}+V_S=-\frac{Q_S}{C_{OX}}+V_S=\frac{qN_AW_S}{C_{OX}}+\frac{qN_AW_S^2}{2\varepsilon_s}$$

即

$$W_S^2+\frac{2\varepsilon_s W_S}{C_{OX}}-\frac{2\varepsilon_s}{qN_A}V_G=0$$

解得

$$W_S=-\frac{\varepsilon_s}{C_{OX}}+\frac{\varepsilon_s}{C_{OX}}\left(1+\frac{2C_{OX}^2}{q\varepsilon_s N_A}V_G\right)^{1/2} \tag{4-34}$$

式(4-34)代入式(4-33),可以得到下式,即

$$\frac{C}{C_{OX}}=\left[1+\frac{2\varepsilon_{ox}{}^2}{qN_A\varepsilon_s t_{ox}^2}V_G\right]^{-\frac{1}{2}} \tag{4-35}$$

式(4-35)是耗尽态下,$C\sim V_G$ 的关系。对于均匀掺杂半导体,$\left(\dfrac{C_{OX}}{C}\right)^2$ 与 V_G 的关系(图4.16)为

$$\left(\frac{C_{OX}}{C}\right)^2=1+\frac{2\varepsilon_{ox}^2}{qN_A\varepsilon_s t_{ox}^2}V_G \tag{4-36}$$

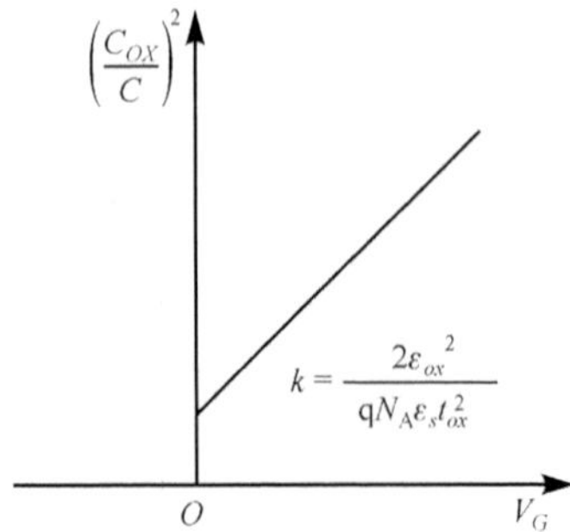

图4.16 $\left(\dfrac{C_{OX}}{C}\right)^2\sim V_G$ 关系

直线斜率为 k,则半导体掺杂浓度为

$$N_A = \frac{2\varepsilon_{ox}^2}{qk\varepsilon_s t_{ox}^2} \tag{4-37}$$

强反型以后，随着栅电压进一步增大，半导体表面势不再明显变化，耗尽层宽度不再增大。根据式(4-10)，反型层载流子数随栅电压增大线性增加。这时 MOS 对交流小信号的响应与小信号频率有关，原因在于反型层载流子的产生方式。

反型层载流子有两个来源：一个是与浓度梯度相关的扩散过程，少子从中性区经过耗尽区扩散至反型层；另一个是耗尽区非平衡状态下的产生过程。这两个过程有各自不同的时间常数。当小信号的频率比较低，扩散和产生过程都跟得上信号的变化，反型层载流子的变化也跟得上小信号的变化时，整个 MOS 电容表现出来的就是氧化层电容。当频率信号比较高，产生过程和扩散过程都比较慢，反型层载流子的变化跟不上小信号的变化时，MOS 电容将是氧化层电容与具有最大耗尽层宽度的半导体表面电容的串联。这时 MOS 电容将具有最小值，即

$$\frac{C_{\min}}{C_{OX}} = \frac{1}{1+\dfrac{\varepsilon_{ox} W_{\max}}{\varepsilon_s t_{ox}}} \tag{4-38}$$

其中，$W_{\max} = \left(\dfrac{4\varepsilon_s \psi_{FP}}{qN_A}\right)^{1/2}$。

图 4.17 是 C-V 曲线随频率变化的测量结果。可见，当小信号的频率为 100Hz 时，少子的变化已经有所延迟，而频率达到 1MHz 时，少子已经完全跟不上小信号的变化了。这时半导体表面一旦达到反型，总电容 $C=C_{\min}$。

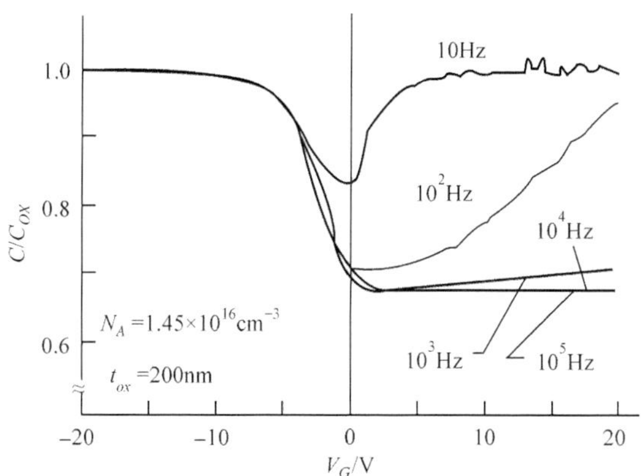

图 4.17　C-V 曲线随频率变化的测量结果

例 4.4　在室温下，P 型硅衬底 MOS 结构，衬底掺杂浓度为 $N_A=10^{16}\,\text{cm}^{-3}$，氧化层厚度为 $t_{ox}=500\text{Å}$，请计算 C_{OX}、$C_{\min}$和 C_{FB}。

解　氧化层电容为

$$C_{OX}=\frac{\varepsilon_{ox}}{t_{ox}}=\frac{3.9\times 8.854\times 10^{-14}}{500\times 10^{-8}}=6.9\times 10^{-8}\,\mathrm{F/cm^2}$$

计算最小电容，需要先计算费米势 ψ_{FP} 及最大空间电荷区宽度 W_{max}，即

$$q\psi_{FP}=0.026\ln\left(\frac{10^{16}}{1.0\times 10^{10}}\right)=0.359\mathrm{eV}$$

$$W_{max}=\left(\frac{4\varepsilon_s\psi_{FP}}{qN_A}\right)^{1/2}=\left(\frac{4\times 11.7\times 8.854\times 10^{-14}\times 0.359}{1.6\times 10^{-19}\times 10^{16}}\right)^{1/2}$$
$$=3.05\times 10^{-5}\,\mathrm{cm}=0.305\mu\mathrm{m}$$

因此

$$C_{min}=\frac{\varepsilon_{ox}}{t_{ox}+\dfrac{\varepsilon_{ox}}{\varepsilon_s}W_{max}}=\frac{3.9\times 8.854\times 10^{-14}}{500\times 10^{-8}+\dfrac{3.9}{11.7}\times 0.305\times 10^{-4}}=2.27\times 10^{-8}\,\mathrm{F/cm^2}$$

$$C_{FB}=\frac{\varepsilon_{ox}}{t_{ox}+\dfrac{\varepsilon_{ox}}{\varepsilon_s}L_D}=\frac{\varepsilon_{ox}}{t_{ox}+\dfrac{\varepsilon_{ox}}{\varepsilon_s}\sqrt{\dfrac{k_BT}{q}\dfrac{\varepsilon_s}{qN_A}}}$$
$$=\frac{3.9\times 8.854\times 10^{-14}}{500\times 10^{-8}+\dfrac{3.9}{11.7}\times\sqrt{0.026\times\dfrac{11.7\times 8.854\times 10^{-14}}{1.6\times 10^{-19}\times 10^{16}}}}=5.42\times 10^{-8}\,\mathrm{F/cm^2}$$

此外，还可以得到下式，即

$$\frac{C_{min}}{C_{OX}}=\frac{2.27\times 10^{-8}}{6.9\times 10^{-8}}=0.329$$
$$\frac{C_{FB}}{C_{OX}}=\frac{5.42\times 10^{-8}}{6.9\times 10^{-8}}=0.785$$

据此，可以知道 C-V 曲线中 C_{min} 及 C_{FB} 与 C_{OX} 比的相对大小。

4.3.2 实际 MOS 电容的 C-V 曲线

1. 金属-半导体功函数差及氧化层电荷的影响

从理想 MOS 的 C-V 曲线分析可知，半导体表面状态随栅压的改变导致 MOS 电容的改变。金属-半导体功函数差及氧化物电荷(除界面态电荷)对半导体表面状态的影响表现在平带电压 V_{FB} 上，因此与理想情况相比，实际 MOS 电容(除界面态电荷)的 C-V 曲线只是发生平移，平移的量为 V_{FB}(图 4.18)。当 $V_{FB}<0$ 时，实际 C-V 曲线向左移；当 $V_{FB}>0$ 时，向右移。由于平带电容 C_{FB} 只与氧化层厚度及衬底掺杂浓度有关，与金属-半导体功函数差及氧化物电荷无关，因此利用 C_{FB}，可以读出平带电压 V_{FB}。当然，这时无法区分金属-半导体功函数差的影响及氧化物

电荷的影响。

2. 温度-偏压实验

温度-偏压实验也称 $B\text{-}T$ 实验，利用这一实验可以确定氧化层可动离子电荷的总量。由于电荷在氧化层中的位置不同，对半导体表面状态的影响也不同，即 V_{FB} 不同。$B\text{-}T$ 实验利用这一特性测量可动离子电荷量。实验第一步，室温下测量 MOS 的 $C\text{-}V$ 曲线，得到初始曲线 A(图 4.19)。第二步，将样品置于 120℃的样品台，在栅电极上施加正电压，作用一段时间，确保氧化层所有的可动离子电荷都迁移到氧化硅-硅界面，然后测量其 $C\text{-}V$ 曲线。根据式(4-22)，电荷在氧化层-硅界面处时平带电压最大，可动离子带正电荷，因此 $C\text{-}V$ 曲线由 A 平移至 B。第三步，将样品再置于 120℃的样品台上，在栅电极上施加负电压，作用一段时间，使氧化层中的可动离子都迁移到金属-氧化硅界面，不再影响半导体表面。此时测得的 $C\text{-}V$ 曲线将移动到 C 的位置，利用平带电容确定 B、C 之间的平带电压差，就可得到可动离子电荷的面密度，即

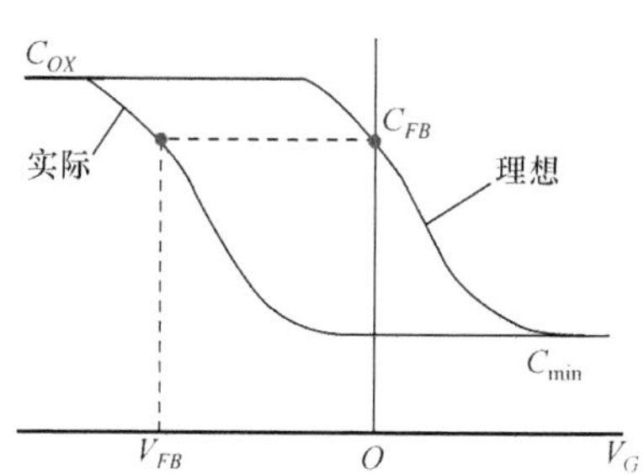

图 4.18 实际 MOS 电容的 $C\text{-}V$ 曲线

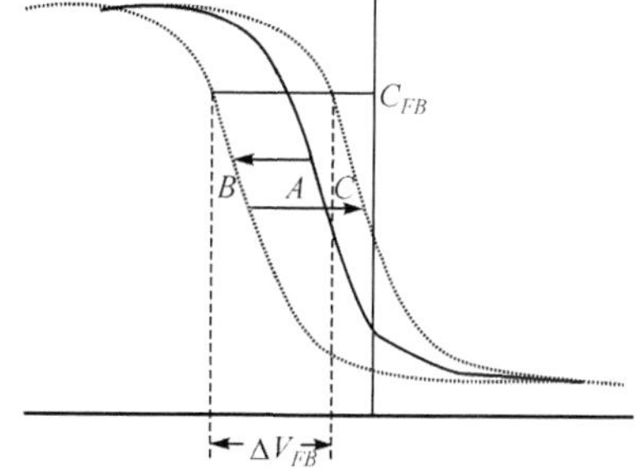

图 4.19 利用 $C\text{-}V$ 曲线的温偏实验测量可动离子电荷总量

$$Q_m = C_{OX}\Delta V_{FB} \tag{4-39}$$

可动离子电荷的总量反映加工的工艺和管理水平，因此 $B\text{-}T$ 实验在生产中被广泛用来监测工艺质量。

3. 界面电荷的影响

随着半导体表面状态的改变，氧化硅-硅界面处的费米能级在能带中的位置发生变化。这意味着，对同样的界面态分布，半导体表面状态不同时，界面态所带电荷的数量及符号都要改变。一般情况下，界面态存在一个能级 E_0。E_0 以上的界面态是受主型，以下的界面态是施主型。当费米能级位于 E_0 时，界面态电荷为零；在它之上时，界面带负电荷，且随 $E_F - E_0$ 的增大而增大；当在它之下时，界面态带

正电荷，并随 E_0-E_F 的增大而增大。因此，界面态对 C-V 曲线的影响比较复杂(图 4.20)。实线和虚线分别表示不受界面态影响和受界面态影响的 C-V 曲线，两者的交点表明在对应的栅电压 V_{G1} 作用下，界面费米能级正好位于 E_0 处，界面态电荷密度为零。这一能级以下所有的能级都被电子占据，不带电荷。当 $V_G>V_{G1}$ 以后，表面处能带向下行，E_F 将在 E_0 之上，所以界面态带负电荷，会使 C-V 曲线向右侧偏移，且随着 V_G 的增大，偏移量增大，直到半导体表面达到反型；当 $V_G<V_{G1}$ 时，半导体表面能带上移，E_F 位于 E_0 之下，界面态带正电荷，使 C-V 曲线向左偏移。同样，随 V_G 继续减小，C-V 曲线向左偏移的量增大，直到半导体表面达到积累态。实际上，利用 C-V 曲线的形状变化，可以研究界面态在能带中的分布。

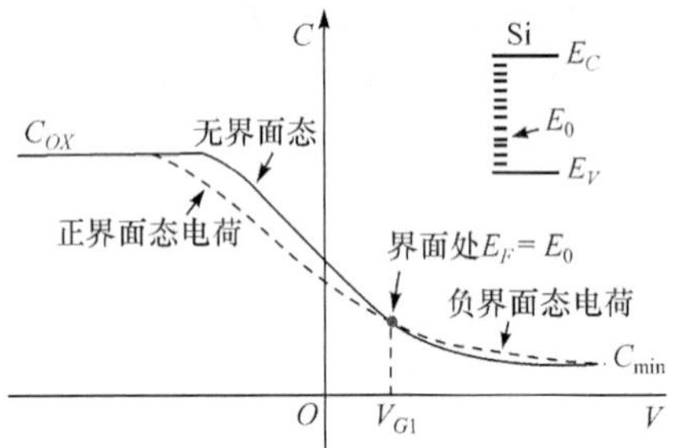

图 4.20 界面电荷对 C-V 曲线的影响

习 题

1. 室温下，P 型硅衬底 MOS 电容衬底掺杂浓度为 10^{16}cm^{-3}，氧化层厚度为 50nm，请问阈值电压是多少？反型态下，最大耗尽区宽度是多少？如果氧化层厚度为 20nm，情况如何？如果衬底掺杂浓度为 10^{15}cm^{-3}，情况如何？

2. 室温下，P 型硅衬底 MOS 电容衬底掺杂浓度为 10^{16}cm^{-3}，氧化层厚度为 50nm，计算栅电极分别为 Al($q\phi_M=4.1$eV)、N^+ 多晶硅、P^+ 多晶硅时，平带电压及阈值电压。

3. 室温下，P 型硅衬底 MOS 电容衬底掺杂浓度为 10^{16}cm^{-3}，氧化层厚度为 50nm，栅电极分别为 Al($\phi_M=4.1$eV)、N^+ 多晶硅、P^+ 多晶硅三种情况，计算平衡时半导体表面电势、氧化层压降、半导体表面电场及氧化层电场。

4. 室温下，P 型硅衬底 MOS 电容衬底掺杂浓度为 10^{16}cm^{-3}，氧化层厚度为 10nm，计算栅电压为 1.77V 时，反型层电荷密度。

5. 室温下，P 型硅衬底 MOS 结构，N^+ 多晶硅栅，衬底掺杂浓度为 10^{16}cm^{-3}，氧化层厚度为 50nm，氧化层中等效电荷密度为 10^{11}cm^{-2}，如果这些电荷以以下四种方式分布在氧化层中，分别计算平带电压及阈值电压。

① 均匀分布在氧化层。

② 位于氧化硅-硅界面。

③ 位于氧化层中间位置。

④ 线性分布于氧化层，在金属-氧化硅界面为零，在氧化硅-硅界面处达到最大。

6. 室温下，P 型硅衬底 MOS 电容衬底掺杂浓度为 $5\times10^{16}\text{cm}^{-3}$，氧化层厚度为 50nm，请画出高频和低频 C-V 曲线，并计算氧化层电容 C_{OX}、平带电容 C_{FB} 及最小电容 $C_{\min}$。

7. P 型衬底 MOS 电容，假设半导体表面在禁带中央处存在施主型界面态，请画出 C-V 曲线，并与理想曲线进行比较。

8. SOS 结构如图 4.21 所示，理想氧化层的厚度 $t_{ox}=50\text{nm}$，两侧半导体掺杂浓度 $N_A=N_D=10^{16}\text{cm}^{-3}$。当栅电压分别为 $V_G=0\text{V}$，$V_G=3\text{V}$，$V_G=-3\text{V}$ 时，请画出能带图，计算平带电压和氧化层上的压降，画出高频 C-V 曲线。

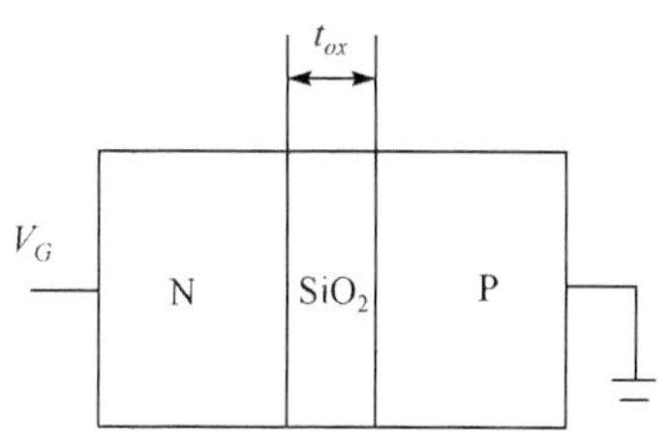

图 4.21　SOS 结构

第 5 章 MOSFET

场效应晶体管(field effect transistors,FET)是电压控制型器件,不同于电流控制型的双极型晶体管。场效应晶体管利用垂直电场调制导半导体表面电通道的电导,使之呈现高阻态和低阻态,分别对应数字电路中的“1”态和“0”态,因此场效应晶体管是数字电子电路的基本元件。虽然 Lilienfeld 早在 1925 年就提出场效应晶体管概念并申请了专利,但直到 1947 年贝尔实验室实现双极型晶体管并由 Shockley 给出完美的理论分析之后,场效应晶体管才逐步得以实现并建立了完善的器件模型。

近 60 年来,人们发展了多种结构的场效应器件,总的来说,可以分为金属-绝缘层-半导体场效应晶体管(metal-insulation-semiconductor field effect transistor,MISFET)和结型场效应晶体管(junction field effect transistor,JFET)。MISFET 的导电通道是半导体表面的反型层,利用栅电压可以控制反型层的导通及关闭,并能调制导通时的电导。MISFET 又称为绝缘栅场效应晶体管,即 isolated gate FET(IGFET)。JFET 又分为金属-半导体结型场效应晶体管和 PN 结型场效应晶体管。它们是利用栅压控制半导体表面空间电荷区的宽度进而调节导电通道的宽度,从而调制电导的大小。显然,JFET 是体沟道器件。MISFET 和 JFET 这两类场效应晶体管都是单极型器件。所谓单极型器件是指工作电流只与一种载流子运动有关,如 JFET 是多子器件,MISFET 是少子器件。第 3 章讨论的三极管电流由电子电流和空穴电流构成,因此称为双极型晶体管。场效应器件具有输入阻抗大、工作速度快、尺寸小、易于集成、工艺简单、功耗低等特点,被广泛地应用于集成电路。

MOSFET 是 metal-oxide-semiconductor field effect transistors 的简写,称为金属-氧化物-半导体场效应晶体管,也可以是 metal-silicon-oxide-silicon FET 的简写,称为金属-氧化硅-硅场效应晶体管。MOSFET 是 MISFET 最重要的形式。本章将以 Metal-SiO_2-Si FET 为例介绍这类器件的一般性质。MOSFET 具有优异的微缩特性和极低的功耗,尤其是补偿型 MOSFET(complementary metal oxide semiconductor,CMOS)以极低的动态功耗与静态功耗成为集成电路的主流技术。本章首先介绍 MOSFET 的基本工作原理,然后讨论沟道长度减小以后出现的各类二级物理效应及其机制。这些二级物理效应统称为短沟道效应。

5.1　理想 MOSFET 基本原理及特性

5.1.1　基本结构及参数

MOSFET 由一个 MOS 电容和两个相邻的 PN 结组成。以 P 型硅为衬底的 MOSFET 结构如图 5.1 所示。重掺杂的 N^+ 区分别称为源(source)和漏(drain)。源和漏分别与衬底构成两个背靠背的二极管,正常工作时,这两个二极管都是反向偏置的,三极管的放大机制不会发生作用。源和漏之间是长度为 L 的 MOS 电容。金属栅作为控制电极,用于调制半导体表面的状态,厚度为 t_{ox} 的氧化硅层称为栅氧。在栅电压控制下,半导体表面出现反型层,称为沟道。沟道将源和漏连接起来,这时如果在漏和源之间施加漏源电压 V_{DS},会有漏电流 I_D 流过。沟道消失以后,源和漏之间的导电通道消失,忽略二极管反向偏置电流的大小,漏电流为零。源和漏之间的距离 L 为沟道长度,W 为沟道宽度。L、W 及 t_{ox} 都是重要的器件结构参数。源和漏的结深 x_j 也是重要的器件结构参数,对短沟道器件有重要的意义。

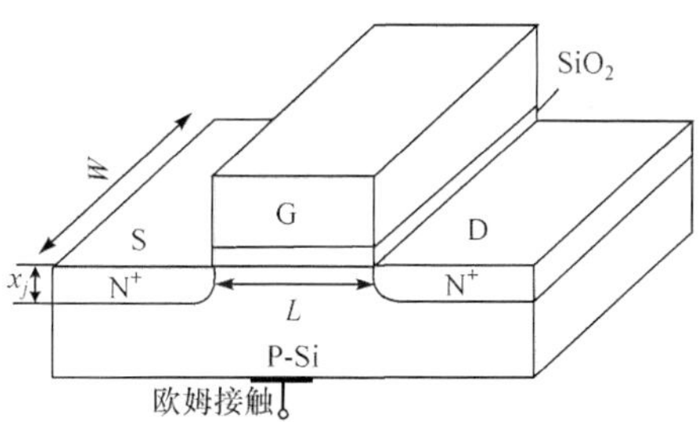

图 5.1　MOSFET 结构示意图

MOSFET 是四端器件。以源端为参考电势,则栅源电压 $V_{GS}=V_G-V_S$,漏源电压 $V_{DS}=V_D-V_S$,体源电压 $V_{BS}=V_B-V_S$。正常工作时,D、B 和 S 端所加的电压要保证两个 PN 结处于反向偏置。通常假设 MOSFET 器件只有漏-源电流,简称漏电流 I_D,每个端电压对漏电流都有影响,可以用一般的函数关系表示为

$$I_{DS}=f(V_{GS},V_{DS},V_{BS}) \tag{5-1}$$

5.1.2　MOSFET 原理及特性的一般描述

以 P 型硅衬底的 MOSFET 为例,首先定性讨论 MOSFET 的工作原理。当 $V_G<V_T$ 时,半导体表面没有出现反型层,源和漏之间是两个背靠背的二极管。不考虑泄漏电流,则无论施加多大的漏源电压,在发生 PN 结击穿以前,漏电流为零

(图 5.2(a))。当 $V_G>V_T$ 时，半导体表面出现由电子构成的反型层，将 N 型重掺杂的源和漏连接起来，成为导电通道，称为沟道(图 5.2(b))。用沟道类型分类，N 型沟道的器件称为 NMOSFET，P 型沟道的器件称为 PMOSFET。可见，MOSFET 的工作电流只包含一种载流子，或者是电子，或者是空穴，因此 MOSFET 被称为单极器件。二极管和三极管的工作电流同时包含电子电流和空穴电流，因此称为双极器件。不管什么类型的场效应器件，都是单极器件。

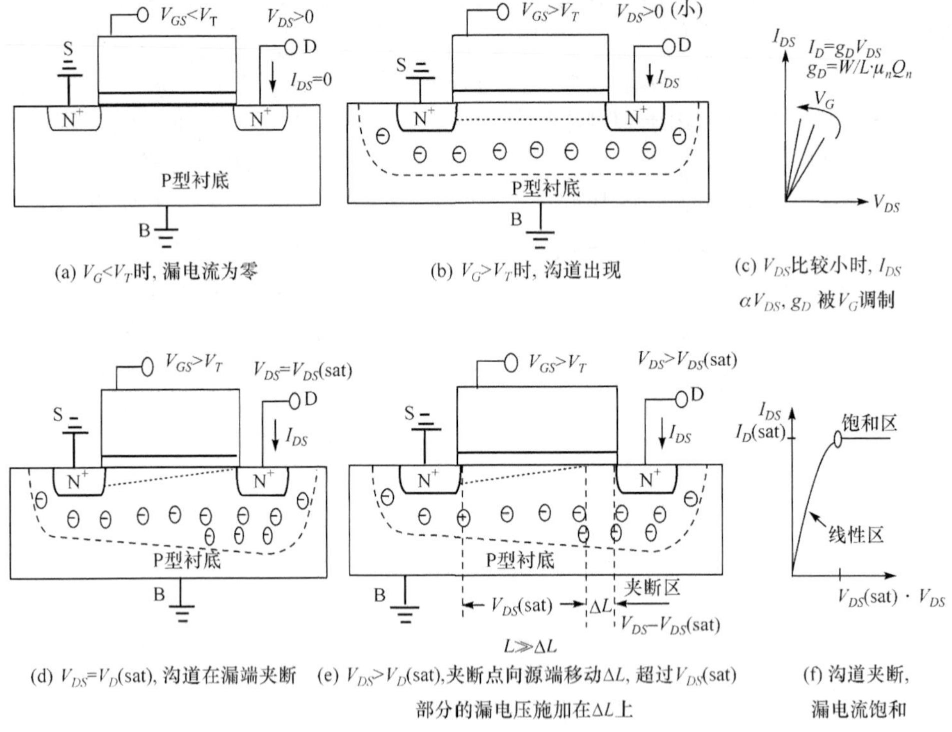

图 5.2 MOSFET 工作原理的定性说明

沟道出现以后，当 V_{DS} 比较小时，漏电压对沟道的影响比较小，可以忽略，这时沟道可以看成是电阻，I_D 与 V_{DS} 呈线性关系，沟道电阻由栅电压控制，栅电压越大，沟道中的电子密度越高，沟道电导越大(图 5.2(c))。随着 V_{DS} 的增大，沟道中的电势由源到漏增加，$V(y)$ 是沟道任一位置处的电势，则在位置 y 处有 $V_G-V(y)<V_G-V_S$。这意味着，从源到漏沟道中反型载流子数量的减少，这可以形象地用沟道厚度的减小表示。当漏电压增至 $V_{GS}-V_{DS}=V_T$ 时，沟道首先在漏端夹断，用 $V_{DS}(\text{sat})$ 表示(图 5.2(d))，将此时的漏电压称为饱和漏电压，则

$$V_{DS}(\text{sat})=V_G-V_T \tag{5-2}$$

沟道夹断以后，V_{DS}进一步增大，夹断点向源端移动，移动的距离为 ΔL，夹断点的电势保持在 V_{DS}(sat)不变(图 5.2(e))。在长沟道器件中，我们认为 ΔL 远小于沟道长度 L，夹断点的移动不会改变漏电流的大小，也就是说 $V_D > V_{DS}$(sat)以后，器件进入饱和区(图 5.2(f))。饱和以后，超过饱和电压部分的漏电压降落在夹断点与漏之间，形成电场。到达夹断点的载流子将在这个电场的作用下，漂移至漏端，形成饱和漏电流，用 I_D(sat)表示。

图 5.3 是典型的 MOSFET 特性曲线。栅电压增大，沟道中载流子密度增大，沟道电导增大，线性区电导增大。图 5.3(a)中的虚线是饱和漏电压随栅电压变化的轨迹，随着栅电压增大，饱和漏电压增大。图 5.3(b)是转移特性曲线，表示漏电压为常数时，漏电流随栅电压的变化关系，V_T 为阈值电压。理想情况下，当 $V_G < V_T$ 时，漏电流为零。

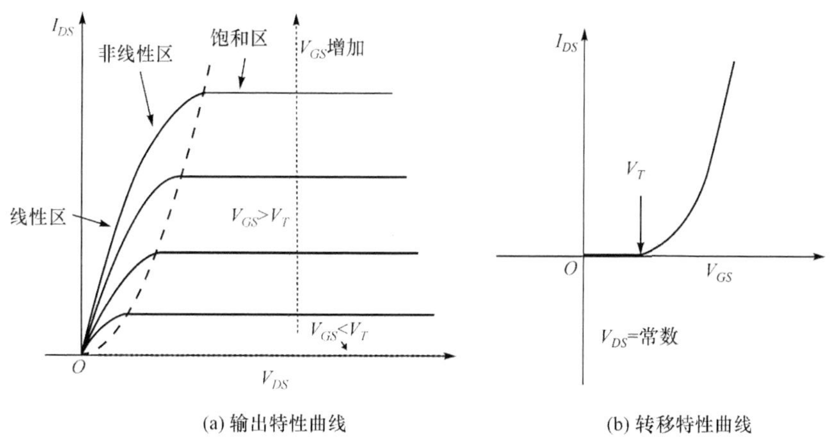

(a) 输出特性曲线　　(b) 转移特性曲线

图 5.3　典型的 MOSFET 特性曲线

MOSFET 是单极器件，根据沟道中载流子的类型，分为 NMOSFET 和 PMOSFET。根据零栅压下半导体表面的状态，又分为增强型器件和耗尽型器件。零栅压下不存在导电沟道的器件称为增强型器件；零栅压下存在导电沟道的器件称为耗尽型器件。因此，MOSFET 分为 NMOSFET 增强型、NMOSFET 耗尽型、PMOSFET 增强型和 PMOSFET 耗尽型。图 5.4 给出了四种 MOSFET 的结构、输出特性曲线和转移特性曲线。

增强型 MOSFET 保持关断状态时不需要施加栅电压，处于关断状态时偏置电压为零，这时即使有泄漏电流，功耗也是零。耗尽型 MOSFET 则不然，维持它的关断状态需要施加栅电压，这时泄漏电流与维持电压的乘积就是静电功耗。也就是说，耗尽型器件功耗更大。此外，增强型器件处于导通态时，栅电压与漏电压极性相同，而耗尽型则相反。

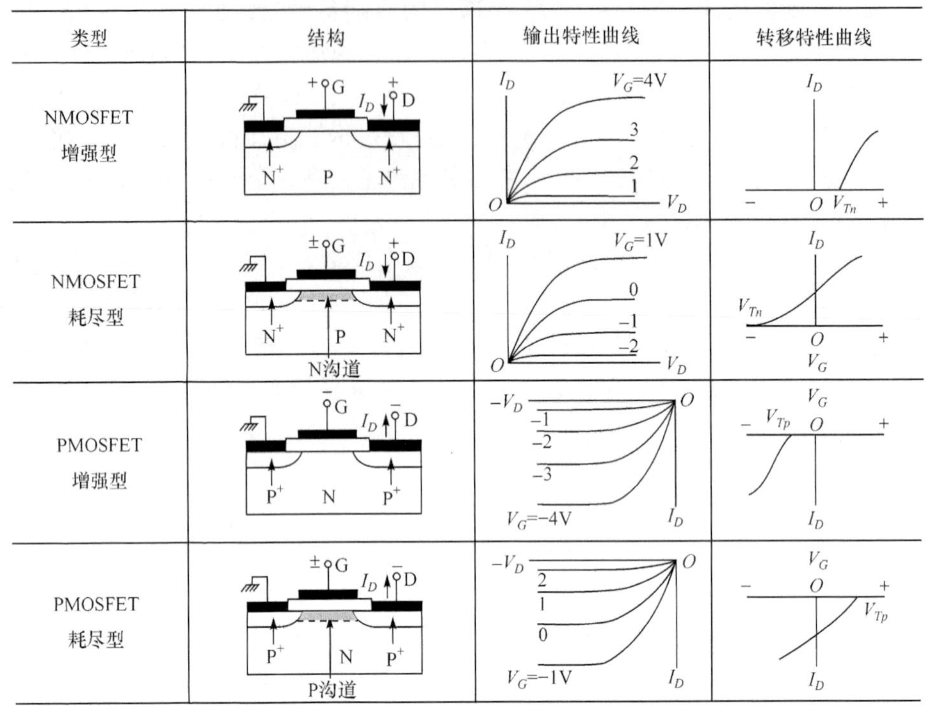

图 5.4　四种 MOSFET 的结构、输出特性曲线与转移特性曲线

5.1.3　MOSFET *I-V* 特性的理论推导

长沟道 MOSFET 器件具有以下特点：沟道宽度≫沟道长度≫氧化层厚度≫沟道厚度，即 $W \gg L \gg t_{ox} \gg x_c$。开始推导它的 *I-V* 方程前，为了不使问题那么复杂，可以做出以下假设。

① 衬底是均匀掺杂的。

② 氧化层中的各种电荷等效为薄层电荷，位于氧化层与硅的界面处。

③ 强反型近似关系成立，包括以下两方面内容：一是强反型发生时，耗尽层宽度≫反型层厚度，耗尽层电压≫反型层的电压，耗尽层电荷≫反型层电荷；二是发生强反型后，栅压增大，沟道载流子数目随之增加，但耗尽层宽度不变，耗尽层电荷不变，耗尽层电压不变。

④ 关于反型层，认为它在半导体表面，无限薄，并且反型层上没有压降。进一步，假设反型层中的载流子迁移率是常数。

⑤ 缓变沟道近似。采用如图 5.5 所示的坐标系，缓变沟道近似认为 x 方向的电场远大于 y 方向的电场，即 $E_{ex} > E_{ey}$。在长沟道器件中，这一近似是成立的。一般条件下，半导体表面垂直于沟道方向的电场 $E_{ex} \approx 10^4$ V/cm。当沟道长度 $L=$

$10\mu m$ 时，如果漏电压 $V_{DS}=1V$，则沟道电场 $E_{ey}=10^3 V/cm$。

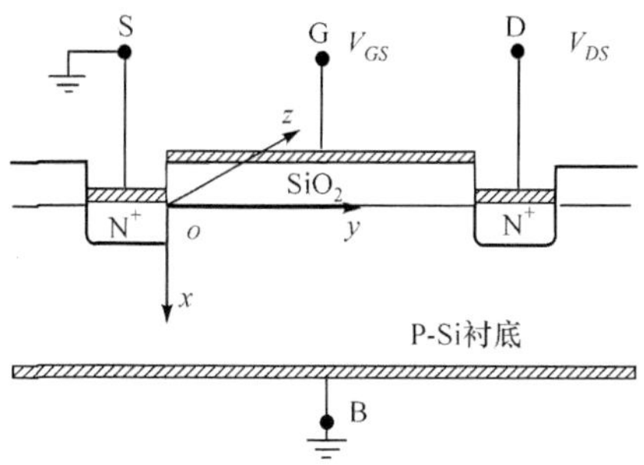

图 5.5　MOSFET 坐标示意图

我们认为漏电流是沟道中载流子在 E_{ey} 作用下的漂移电流，则沟道中任一位置的电流密度为

$$J_y(x,y)=qn(x,y)\mu_n \mathrm{d}V_y/\mathrm{d}y \tag{5-3}$$

将式(5-3)在沟道宽度 z 和厚度 x 方向积分，得到的电流表达式为

$$I(y)=\int_0^W\int_0^{x_c} J_y(x,y)\mathrm{d}x\mathrm{d}z=\int_0^W\int_0^{x_c} qn(x,y)\mu_n\frac{\mathrm{d}V_y}{\mathrm{d}y}\mathrm{d}x\mathrm{d}z \tag{5-4}$$

其中，x_c 为沟道的厚度；W 为沟道的宽度；$\mathrm{d}V_y/\mathrm{d}y$ 为沿沟道方向的电场，与沟道宽度和厚度无关；迁移率 μ_n 在沟道中为常数。

因此，式(5-4)中 $\mathrm{d}V_y/\mathrm{d}y$、$\mu_n$ 两项可以提到积分号前面，即

$$I(y)=\mu_n\frac{\mathrm{d}V_y}{\mathrm{d}y}\int_0^W\int_0^{x_c} qn(x,y)\mathrm{d}x\mathrm{d}z=WQ_n(y)\mu_n\mathrm{d}V_y/\mathrm{d}y \tag{5-5}$$

对于 MOS 结构，反型层中的载流子密度等于栅压超过阈值电压的部分与栅氧化层电容的乘积，即

$$Q_n=C_{OX}(V_G-V_T) \tag{5-6}$$

考虑漏电压在沟道中的分布，沟道中不同位置的电荷密度可以表示为

$$Q_n(y)=C_{OX}(V_{GS}-V_T-V(y)) \tag{5-7}$$

将式(5-7)代入式(5-5)，有

$$I(y)=W\mu_n C_{OX}(V_{GS}-V_T-V(y))\frac{\mathrm{d}V_y}{\mathrm{d}y} \tag{5-8}$$

两边同时乘 $\mathrm{d}y$，然后对 $\mathrm{d}y$ 积分，考虑电流守恒定律，$I(y)$在沟道中处处相等，则漏电流表达式为

$$I_D=\frac{W\mu_n C_{OX}}{L}\int_0^{V_{DS}}(V_{GS}-V_T-V(y))\mathrm{d}V_y \tag{5-9}$$

因此，有

$$I_D=\frac{W\mu_n C_{OX}}{L}\left[(V_{GS}-V_T)\times V_{DS}-\frac{1}{2}V_{DS}^2\right] \tag{5-10}$$

这就是漏电流与漏电压及栅电压的关系表达式。可以看出，当 V_{DS} 比较小时，忽略二次方项，可得下式，即

$$I_D=\frac{W\mu_n C_{OX}}{L}(V_{GS}-V_T)\times V_{DS} \tag{5-11}$$

这是输出特性曲线中的线性区部分。在饱和区，$V_{DS}=V_{DS}(\text{sat})=V_{GS}-V_T$，则

$$I_D=\frac{W\mu_n C_{OX}}{2L}(V_{GS}-V_T)^2 \tag{5-12}$$

由式(5-11)和式(5-12)可以得到线性区和饱和区的转移特性曲线，如图 5.6 所示。可见，线性区 $I_D\propto V_{GS}$，饱和区 $\sqrt{I_D}\propto V_{GS}$。转移特性曲线在横坐标上的交点是阈值电压。

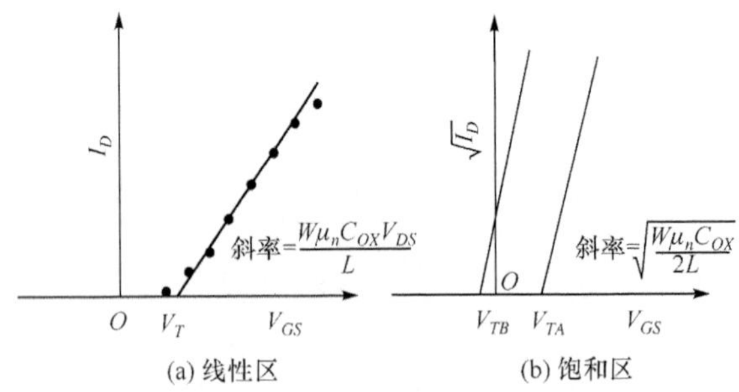

图 5.6 线性区和饱和区的转移特性曲线

例 5.1 温度 300K，NMOSFET，$N_A=4\times10^{14}\text{cm}^{-3}$，$t_{ox}=20\text{nm}$，$L=1.0\mu\text{m}$，$W=10\mu\text{m}$。金属半导体功函数差及氧化层电荷密度为零。沟道中载流子迁移率为 $700\text{cm}^2/(\text{V}\cdot\text{s})$。计算 $V_{GS}=5\text{V}$，$V_{DS}=4\text{V}$ 时的漏电流。

解 费米势：$\psi_{FB}=0.026\ln\frac{N_A}{n_i}=0.026\times\ln\frac{4\times10^{14}}{10^{10}}=0.275\text{V}$

氧化层电容：$C_{OX}=\frac{\varepsilon_{ox}}{t_{ox}}=\frac{3.9\times8.854\times10^{-14}}{20\times10^{-7}}=1.727\times10^{-7}\text{F/cm}^2$

阈值电压：

$$\begin{aligned}V_T&=2\psi_{FB}+\frac{(4qN_A\varepsilon_s\psi_{FB})^{1/2}}{C_{OX}}\\&=0.55+\frac{(4\times1.6\times10^{-19}\times4\times10^{14}\times11.7\times8.854\times10^{-14}\times0.275)^{1/2}}{1.727\times10^{-7}}\approx0.60\text{V}\end{aligned}$$

漏饱和电压：$V_{DS}(\text{sat})=V_G-V_T=5-0.6=4.4\text{V}$

因为 $V_{DS}=4V<V_{DS}(\mathrm{sat})$，所以器件工作于线性区，漏电流为

$$I_D=\frac{W\mu_n C_{OX}}{L}(V_{GS}-V_T)\times V_{DS}=\frac{10\times700\times1.727\times10^{-7}}{1}\times4.4\times4=21.3\mathrm{mA}$$

5.1.4　跨导和漏导

定义跨导 g_M 和漏导 g_D，用其表示栅电压和漏电压对漏电流的控制能力，即

$$g_M\equiv\frac{\partial I_D}{\partial V_G}\Big|_{V_D=\mathrm{constant}} \tag{5-13}$$

$$g_D\equiv\frac{\partial I_D}{\partial V_D}\Big|_{V_G=\mathrm{constant}} \tag{5-14}$$

利用式(5-11)，在线性区，$g_M=\frac{W\mu_n C_{OX}}{L}V_{DS}$，与栅电压无关，与漏电压成正比；$g_D=\frac{W\mu_n C_{OX}}{L}(V_{GS}-V_T)$，与漏电压无关，与栅电压成正比。在饱和区，$g_M=\frac{W\mu_n C_{OX}}{L}(V_{GS}-V_T)$，与漏电压无关，与栅电压成正比；$g_D=0$，理想情况下，饱和区的漏导为零。

可见，跨导和漏导与器件尺寸有关，增加器件宽度、减小沟道长度及氧化层厚度，都会使跨导和漏导增大。跨导和漏导是器件设计中的重要参量。

例 5.2　温度 300K，NMOSFET，$t_{ox}=70\mathrm{nm}$，$\frac{W}{L}=15$，$V_T=0.5\mathrm{V}$。沟道中载流子迁移率为 $500\mathrm{cm}^2/(\mathrm{V}\cdot\mathrm{s})$。计算 $V_{GS}=1.5\mathrm{V}$，漏电压分别为 $V_{DS}=0.2\mathrm{V}$ 及饱和时的漏电流和跨导。

解　氧化层电容：$C_{OX}=\frac{\varepsilon_{ox}}{t_{ox}}=\frac{3.9\times8.854\times10^{-14}}{70\times10^{-7}}=4.93\times10^{-8}\mathrm{F/cm^2}$

$V_{DS}=0.2\mathrm{V}$ 时，器件工作于线性区，即

$$I_D=\frac{W\mu_n C_{OX}}{L}(V_{GS}-V_T)\times V_{DS}=15\times500\times4.93\times10^{-8}\times(1.5-0.5)\times0.2=0.074\mathrm{mA}$$

$$g_M=\frac{W\mu_n C_{OX}}{L}V_{DS}=15\times500\times4.93\times10^{-8}\times0.2=0.073\mathrm{ms}$$

在饱和区时，有

$$I_D=\frac{W\mu_n C_{OX}}{2L}(V_{GS}-V_T)^2=15\times500\times4.93\times10^{-8}\times(1.5-0.5)^2/2=0.185\mathrm{mA}$$

$$g_M=\frac{W\mu_n C_{OX}}{L}(V_{GS}-V_T)=15\times500\times4.93\times10^{-8}\times(1.5-0.5)=0.37\mathrm{ms}$$

5.2 MOSFET 的非理想效应

MOSFET 的实际特性与理想特性的偏离表现为各种非理想效应。这些非理想效应是器件物理的重要组成部分，只有理解和掌握它们，才能真正理解和掌握 MOSFET 器件物理及其性能。

5.2.1 沟道长度调制效应

在推导 MOSFET 的漏电流表达式时，假设沟道长度 L 是常数，即使沟道夹断以后，夹断点向源端移动，也认为移动距离很小而不会影响漏电流的大小。实际上，随着器件尺寸的减小，夹断点移动对漏电流的影响越来越不能忽略。

可以用下面的方法计算沟道长度的变化(图 5.7)，夹断点处的电势为 $2\psi_{FP}$，ψ_{FP} 是衬底半导体材料的费米势，因此漏-衬底结在半导体表面处的压降为 $V_{DS}-2\psi_{FP}$，因此如果饱和漏电压 $V_{DS}(\text{sat})$ 作用下的沟道长度为 L，$V_{DS}>V_{DS}(\text{sat})$ 时的沟道长度为 L'，则沟道长度的变化 $\Delta L=L-L'$ 可以表示为

$$\Delta L=\sqrt{\frac{2\varepsilon_s}{qN_B}}\left(\sqrt{V_{Di}+V_{DS}-2\psi_{FP}}-\sqrt{V_{Di}+V_D(\text{sat})-2\psi_{FP}}\right) \tag{5-15}$$

其中，V_{Di} 是漏-衬底结的内建电势。

源和漏都是重掺杂，因此漏(源)-衬底结是单边突变结，$V_{Di}=\frac{E_G}{2}+\frac{k_BT}{q}\ln\frac{N_A}{n_i}$。费米势 $\psi_{FP}=\frac{k_BT}{q}\ln\frac{N_A}{n_i}$，因此式(5-15)可以写为

$$\Delta L=\sqrt{\frac{2\varepsilon_s}{qN_B}}\left\{\sqrt{V_{DS}+\frac{E_G}{2}-\psi_{FP}}-\sqrt{V_{DS}(\text{sat})+\frac{E_G}{2}-\psi_{FP}}\right\} \tag{5-15$'$}$$

可见，ΔL 随 V_{DS} 的增大而增大，同时沟道长度减小，从式(5-10)可知，漏电流增大。

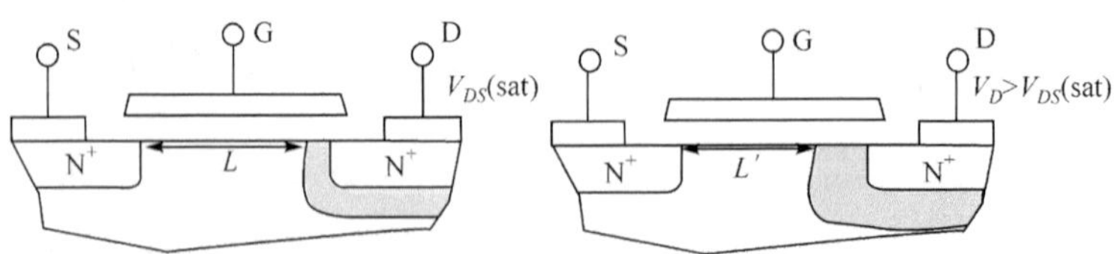

图 5.7 沟道长度的改变

例 5.3 衬底掺杂浓度 $N_A=2\times10^{16}\text{cm}^{-3}$，阈值电压 $V_T=0.4\text{V}$，沟道长度 $L=1\mu\text{m}$，栅源电压 $V_{GS}=1\text{V}$，漏源电压 $V_{DS}=2.5\text{V}$，则与理想的沟道长度相比，计算实

际沟道长度变化。

解　$\psi_{FP}=\dfrac{k_BT}{q}\ln\dfrac{N_A}{n_i}=0.026\times\ln(2\times10^{16}/10^{10})=0.377\text{V}$

$$V_{DS}(\text{sat})=V_{GS}-V_T=1-0.4=0.6\text{V}$$

$$\Delta L=\sqrt{\frac{2\varepsilon_s}{qN_B}}\left[\sqrt{V_{DS}+\frac{E_G}{2}-\psi_{FP}}-\sqrt{V_D\ (\text{sat})+\frac{E_G}{2}-\psi_{FP}}\right]$$

$$=\sqrt{\frac{2\times11.7\times8.854\times10^{-14}}{1.6\times10^{-19}\times2\times10^{16}}}(\sqrt{2.5+0.56-0.377}-\sqrt{0.6+0.56-0.377})$$

$$=0.19\mu\text{m}$$

沟道长度为 1μm 时，0.19μm 的变化已经接近 20%。对更短的沟道长度，这一比例更大。沟道长度的改变对器件特性的影响如图 5.8 所示。当 $V_{DS}>V_{DS}$(sat)时，漏电流不再饱和，而是随漏电压的增大而增大，且在所有栅电压下，漏电流的延长线与横坐标交于一点。这一点与原点的距离用 V_A 表示，也称为厄利电压，与双极型晶体管基区宽度调制效应表现出来的性质完全一样。沟道夹断以后漏电流可以表示为

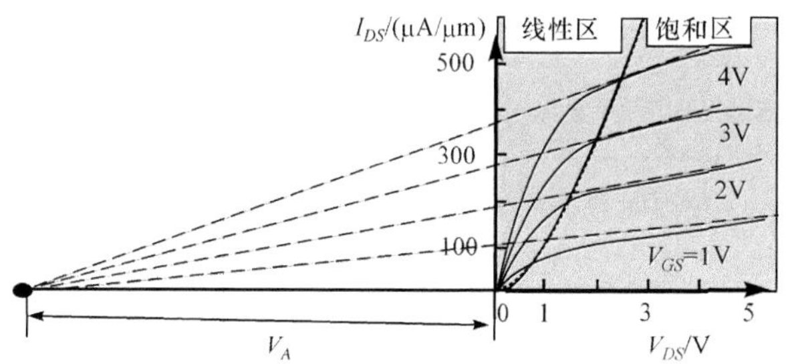

图 5.8　沟道长度的改变对器件特性的影响

$$I_D=I_D\ (\text{sat})\left(1+\frac{V_{DS}-V_{DS}(\text{sat})}{V_A+V_{DS}(\text{sat})}\right) \tag{5-16}$$

此外，由式(5-10)可知，理想 MOSFET 的漏电流反比于沟道长度，即

$$I_D\propto\frac{1}{L} \tag{5-17}$$

因此，沟道长度为 L'时，有

$$I'_D=\frac{L}{L'}I_D=\frac{L}{L-\Delta L}I_D \tag{5-18}$$

采用例 5.3 的数据，沟道长度改变 0.19μm，如果实际电流与饱和电流之比不超过 125%，则根据式(5-18)可以知道，沟道长度不能小于 0.95μm。

5.2.2　有效迁移率

在理想 MOSFET 的 I-V 特性推导中，假设了迁移率在沟道中是常数，现在对此加以修正，主要考虑垂直于沟道的纵向电场对沟道载流子运动的影响。载流子沿平行于沟道方向的运动形成漏电流，但是用于调制半导体表面状态的栅电压形成垂直于沟道的表面电场(图 5.9)。在这个电场的作用下，载流子的运动速度增加了垂直于沟道的分量，导致实际的运动轨迹如图 5.10 所示，从而增加与表面相互作用的概率，降低沿沟道方向运动的迁移率。

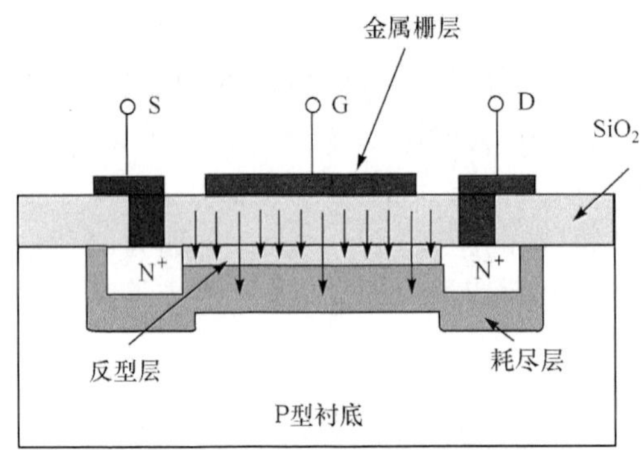

图 5.9　MOSFET 中表面电场分布

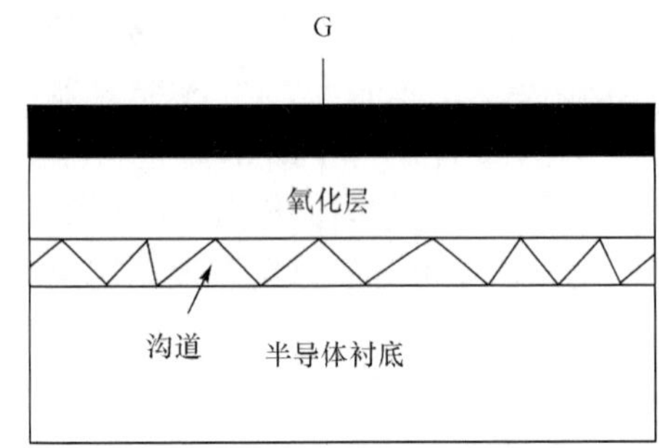

图 5.10　沟道中载流子的运动轨迹

如图 5.9 所示，由栅电极发出的电力线大部分终止于反型层，小部分终止于耗尽层。根据库仑定律，半导体表面电场可以表示为

$$E_{eS}=\frac{1}{\varepsilon_s}\left(Q_b+\frac{1}{2}Q_n\right) \tag{5-19}$$

其中，Q_b 为耗尽层电荷面密度；Q_n 为反型层电荷面密度，用系数 1/2 近似沟道宽度的变化。

Q_b 和 Q_n 分别为

$$Q_b=C_{OX}(V_T-V_{FB}-2|\psi_{FB}|) \tag{5-20}$$

$$Q_n=C_{OX}(V_G-V_T) \tag{5-21}$$

有效迁移率与有效电场可以用经验公式表示，即

$$\mu_{\text{eff}}=\frac{\mu_0}{1+(E_{eS}/E_{e0})^\nu} \tag{5-22}$$

其中，E_{eS} 为半导体表面电场；μ_0 为低表面电场下沟道中载流子迁移率；E_{e0} 和 ν 为常数。

对硅中的电子和空穴来说，μ_0、E_{e0} 和 ν 的取值列于表 5.1 中。

表 5.1　μ_0、E_{c0}、ν 的取值

载流子	$\mu_0/(\mathrm{cm^2/V \cdot s})$	$E_{c0}/(\mathrm{MV/cm})$	ν
电子(表面)	670	0.67	1.6
空穴(表面)	160	0.7	1.0

例 5.4　衬底掺杂浓度为 $N_A=3\times10^{16}\mathrm{cm^{-3}}$，计算反型层刚刚建立起来时半导体表面的电场是多少？

解　室温 $T=300\mathrm{K}$ 时，有

$$\phi_{FP}=0.026\ln\left(\frac{N_A}{n_i}\right)=0.376\mathrm{V}$$

$$x_{\max}=\left(\frac{4\varepsilon_s\phi_{FP}}{qN_A}\right)^{1/2}=0.18\mu\mathrm{m}$$

$|Q'_{SD}(\max)|=qN_Ax_{\max}=8.64\times10^{-8}\mathrm{C/cm^2}$

刚刚达到反型时，$Q'_n=0$，所以

$$E_{eS}=\frac{1}{\varepsilon_s}|Q'_{SD}(\max)|=8.34\times10^4\mathrm{V/cm}$$

表面电场一般约为 $10^5\mathrm{V/cm}$，沟道中的载流子受到表面电场强烈的吸引，与界面频繁地发生碰撞，因此迁移率与体硅材料相比，大大降低，约为 $640\mathrm{cm^2/(V\cdot s)}$。

5.2.3　亚阈电流及亚阈摆幅

1. 亚阈区及亚阈电流

如图 5.3 所示的 MOSFET 输出特性曲线分为线性区、饱和区和截止区。当栅电压低于阈值电压时，认为没有沟道形成，源和漏之间没有导电通道，器件处于截止状态，漏电流为零。阈值电压定义为半导体表面势达到 $2\phi_{FP}$ 时所加的栅电压，这时半导体表面处于强反型。实际上，表面势在 $\phi_{FP}\sim2\phi_{FP}$ 时，半导体表面已经反型，少数载流子的密度小于多子的密度，沟道中的电阻较高。这意味着，在栅电压接近阈值电压时，虽然没有达到定义上的导通，但给源、漏施加电压，漏电流不会为零。图 5.11 给出实际 MOSFET 的转移特性曲线。可见，在 V_G 达到 V_T 之前，漏电流已经开始增大。这一工作区域称为亚阈区，器件工作于亚阈区时的漏电流称为亚阈电流，是器件泄漏电流中重要的部分。

亚阈区是器件导通和关断必经的状态，亚阈区的存在使截止电流增大，关断特性恶化，动态功耗增加。对长沟道器件，关断时栅压远低于阈值电压，可以认为关断电流接近于零。随着器件尺寸的降低，工作电压也随之减小，关断时栅压与阈值

电压之间的距离越来越小，亚阈电流的影响越来越大。例如，对于 0.2V 的阈值电压，亚阈电流对功耗的影响达到 50%。

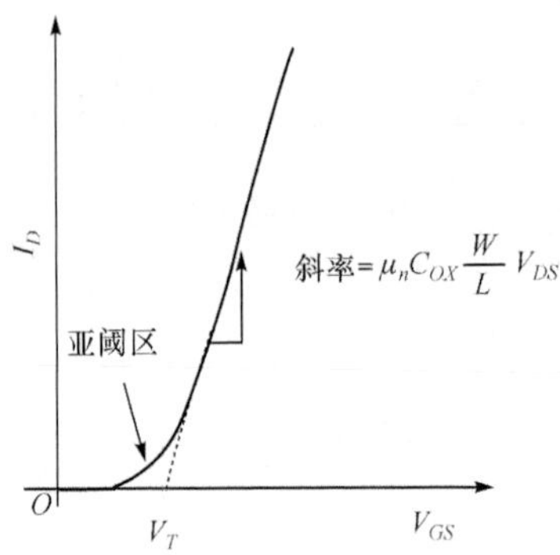

图 5.11　实际 MOSFET 的转移特性曲线

2. 亚阈电流的理论推导

弱反型时，沟道是高阻区，漏电压使沟道中的电子浓度由源到漏减小，由载流子浓度梯度形成的扩散电流远大于其中的漂移电流。为此需要知道沟道中载流子的浓度分布。体内电子浓度为 n_{p0}，源端表面势为 V_S。将反型层与衬底看成感应的 PN 结，P 型衬底接地(零电位)，则这个感应结在源端反向偏量电压为 V_S，所以源端电子浓度可以写为 $n(0)=n_{p0}\exp(qV_S/k_BT)$。漏端感应 PN 结的反向偏量电压为 V_S+V_D，所以漏端电子浓度可以写为 $n(L)=n(0)\exp(-qV_D/k_BT)$。近似认为，电子在沟道中是线性分布的，则亚阈电流可以表示为

$$\begin{aligned}I_D &= AqD_n\frac{\mathrm{d}n}{\mathrm{d}x}\\ &= AqD_n\frac{n(L)-n(0)}{L}\\ &= \frac{Wa_{\mathrm{eff}}qD_nn_{p0}}{L}\exp(qV_S/k_BT)\left[1-\exp(-qV_D/k_BT)\right]\end{aligned} \tag{5-23}$$

其中，$a_{\mathrm{eff}}=\dfrac{k_BT}{qE_{\mathrm{eS}}}$为有效沟道厚度，$E_{\mathrm{eS}}$为半导体表面电场；$W$ 为沟道宽度；A 为沟道面积，$A=a_{\mathrm{eff}}W$。

可以看出，亚阈电流具有以下特点。

① 与半导体表面势呈指数关系，也就是说与栅电压呈指数关系。

② 当漏电压较大，即 $V_D>3k_BT/q$ 时，亚阈电流与漏电压无关。这一特性是长沟道器件的典型特征。

图 5.12(a)给出了不同衬底偏压下，沟道长度为 15.5μm 器件的转移特性曲

线。衬底偏压改变了阈值电压(5.3.4 节将讨论),但在不同的阈值电压下,漏电压分别为 10V 和 0.1V 时的两条转移特性曲线在亚阈区部分完全重合,表现出典型的长沟道器件特性。由图 5.12(b)可见,对沟道长度为 1.35μm 的器件,在室温下,漏电压分别为 5V 和 0.1V 时的转移特性曲线在亚阈区完全分开,即使在 $T=77K$ 的低温下,两条曲线在亚阈区也有一定的距离,这是短沟道器件的典型特征。亚阈电流是否随漏电压变化是器件是否是短沟道器件的重要判据。

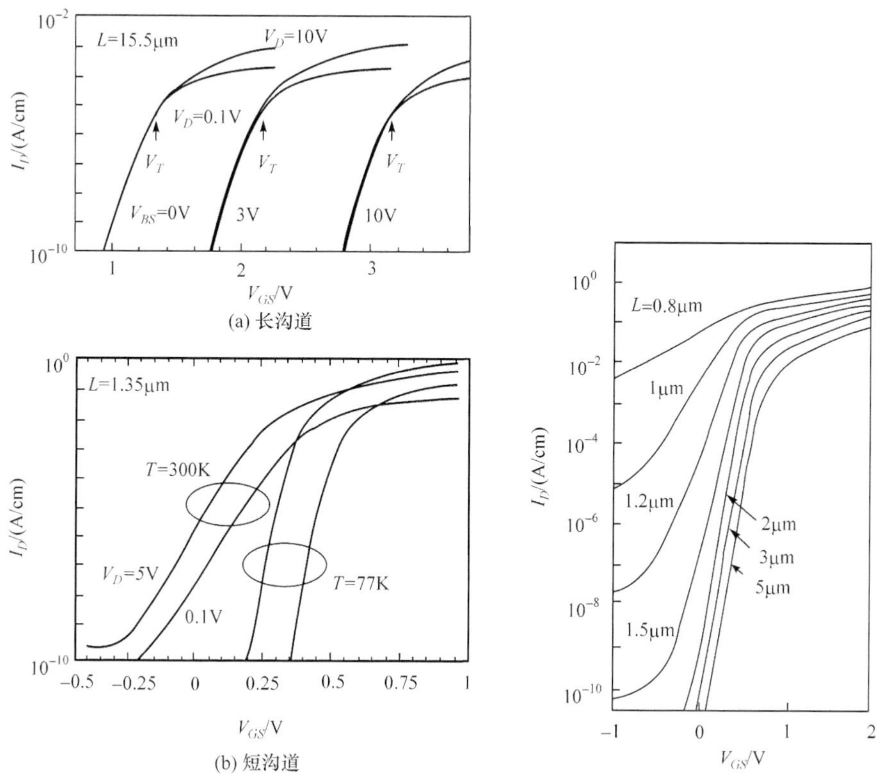

图 5.12　在不同漏电压下和不同沟道长度下的转移特性曲线

图 5.13　随沟道长度的减小,亚阈电流越来越大

3. 亚阈摆幅 S

从图 5.13 可以看出,随着沟道长度的减小,亚阈特性不断退化,甚至无法关断。为表征亚阈电流与栅电压的关系,定义亚阈摆幅的概念。

亚阈摆幅定义为使亚阈电流减小到原来的 1/10 时,栅电压需要改变的幅度,用 S 表示,又称为 S 因子,即

$$S=\frac{dV_{GS}}{d(\lg I_D)}=\ln 10\frac{dV_{GS}}{d(\ln I_D)} \tag{5-24}$$

S 因子是 MOSFET 用作逻辑开关时的重要参数。S 越小，器件导通和截止之间的转换就越容易，说明亚阈区特性越好。为了提高 MOSFET 的亚阈区工作速度，也要求 S 值越小越好。下面推导 S 因子与栅电压的关系，研究 S 因子的性质。不考虑漏电压的影响，根据式(5-23)，可以得到下式，即

$$V_S \propto \frac{k_B T}{q} \ln I_D \tag{5-25}$$

所以有

$$\frac{\mathrm{d}V_S}{\mathrm{d}I_D} = \frac{k_B T}{q I_D} \tag{5-26}$$

因此

$$S = \ln 10 \frac{\mathrm{d}V_{GS}}{\mathrm{d}(\ln I_D)} = 2.3 I_D \frac{\mathrm{d}V_{GS}}{\mathrm{d}I_D} = 2.3 I_D \frac{\mathrm{d}V_S}{\mathrm{d}I_D} \frac{\mathrm{d}V_{GS}}{\mathrm{d}V_S} = 2.3 \frac{k_B T}{q} \frac{\mathrm{d}V_{GS}}{\mathrm{d}V_S} \tag{5-27}$$

弱反型区载流子密度相比半导体表面耗尽层的电荷非常小，可以忽略它对氧化层压降的贡献，则有

$$V_{GS} = V_S + \frac{Q_D}{C_{OX}} \tag{5-28}$$

其中，Q_D 是耗尽层中电荷，因此有

$$\mathrm{d}V_{GS} = \mathrm{d}V_S + \frac{C_D \mathrm{d}V_S}{C_{OX}} \tag{5-29}$$

$$\frac{\mathrm{d}V_{GS}}{\mathrm{d}V_S} = 1 + \frac{C_D}{C_{OX}} = 1 + \frac{\varepsilon_s t_{ox}}{\varepsilon_{ox} x_{d\max}} \tag{5-30}$$

代入式(5-27)，则

$$S = 2.3 \frac{k_B T}{q} \left(1 + \frac{C_D}{C_{OX}}\right) \tag{5-31}$$

可见，S 因子与氧化层电容及半导体表面耗尽层电容有关。其大小是由氧化层厚度及衬底掺杂浓度决定的。室温下，S 因子的最小值为 60mV/dec，一般为 70～80mV/dec。目前一些新型纳米结构器件的 S 因子可以低于 60mV/dec。

衬底反向偏压将使表面耗尽层电容 C_D 减小，则 S 值减小；界面陷阱的存在将增加一个与 C_D 并联的陷阱电容，使 S 值增大。因此，在设计器件时，为减小 S 值，需要为衬底施加偏置电压，并控制界面陷阱电荷的大小。

例 5.5 温度 300K，NMOSFET，$N_A = 10^{17}\,\mathrm{cm}^{-3}$，$t_{ox} = 10\mathrm{nm}$，亚阈摆幅 S 是多少？

解

$$W_m=\sqrt{\frac{2\varepsilon_s(2\psi_{FB})}{qN_A}}=2\sqrt{\frac{\varepsilon_s k_B T\ln\left(\frac{N_A}{n_i}\right)}{q^2 N_A}}$$

$$=2\sqrt{\frac{11.7\times 8.854\times 10^{-14}\times 0.026\times\ln\left(\frac{1.0\times 10^{17}}{1.0\times 10^{10}}\right)}{1.6\times 10^{-19}\times 1.0\times 10^{17}}}=0.1\mu\text{m}$$

$$S=2.3\frac{k_B T}{q}\left(1+\frac{C_D}{C_{OX}}\right)=2.3\times 26\times\left(1+\frac{11.7\times 10}{100\times 3.9}\right)=77.7\text{mV/dec}$$

例 5.6 温度 300K，NMOSFET，$N_A=10^{17}\text{cm}^{-3}$，$t_{ox}=5\text{nm}$，$V_T=0.5\text{V}$。亚阈摆幅 $S_0=100\text{mV/dec}$。已知 $V_{GS}=V_T$ 时，$I_D=0.1\mu\text{A}$，如果想要在 $V_G=0\text{V}$ 时，漏电流降低为 10^{-13}A，请问衬底相对于源需要加多大的偏置电压？

解 根据题意，$V_{GS}=0.5\text{V}$，$I_D=10^{-7}\text{A}$，$V_{GS}=0\text{V}$，$I_D=10^{-13}\text{A}$，亚阈摆幅 $S=\frac{500}{6}=83.3\text{mV/dec}$。实际的亚阈摆幅 $S_0=100\text{mV/dec}$，所以需要施加衬底偏置电压对 S 进行调制。

根据亚阈摆幅的公式 $S=2.3\frac{k_B T}{q}\left(1+\frac{C_D}{C_{OX}}\right)$，所以有 $\frac{S/(2.3\times 26)-1}{S_0/(2.3\times 26)-1}=\frac{C_D}{C_{D0}}=\frac{w_0}{w}$。其中，$C_{D0}$ 和 w_0 分别是衬底偏压为零半导体表面反型时的耗尽层电容及耗尽层宽度；C_D 和 w 是施加衬底偏压以后的半导体表面耗尽层的电容及宽度。将 S 和 S_0 代入，得到 $\frac{w}{w_0}=1.71$，根据耗尽区宽度及其压降之间的关系，有

$$\frac{2\psi_{FP}+V_{BS}}{2\psi_{FP}}=1.71^2$$

对于 $N_A=10^{17}\text{cm}^{-3}$，$2\psi_{FP}=0.817\text{V}$，所以 $V_{BS}=1.57\text{V}$，即衬底需要加的偏压为 1.57V。

5.3 阈值电压的调整

对 MOSFET 来说，阈值电压非常重要，相当于一个阀门，当栅电压高于它时，器件处于导通态，低于它时，处于截止状态；对于数字电路来说，相当于“1”和“0”两个状态的转换。另外，漏电流及跨导等器件参数也与阈值电压有关，因此阈值电压的数值对器件设计非常重要。下面讨论影响阈值电压的相关因素及调整阈值电压的途径和方法。

5.3.1 多晶硅栅

传统的铝栅功函数为 4.1eV，而硅的电子亲和势为 4.01eV。不考虑氧化层电荷的影响，铝为金属电极的 NMOSFET，半导体初始状态应该是耗尽或反型，而对 PMOSFET，则是积累状态(图 5.14)。

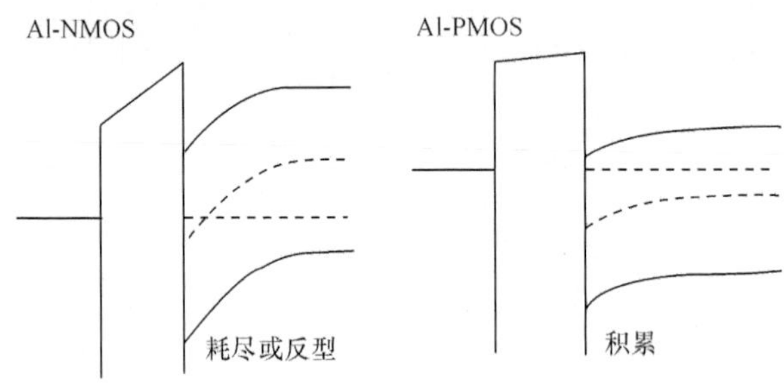

图 5.14 铝栅 NMOS 和 PMOS 平衡时能带图及半导体表面状态

铝电极的方块电阻为几个 mΩ/□，是比较理想的栅电极材料，但在离子注入工艺广泛采用以后，铝电极无法经受高温退火工艺，很快被重掺杂多晶硅取代。一方面，采用重掺杂的多晶硅栅电极会使阈值电压降低，满足器件尺寸降低的需要。另一方面，基于重掺杂多晶硅的自对准技术优于传统的多次精细套刻技术，因此一直应用到 65nm 工艺，45nm 以后工艺采用的是高 K 介质＋金属的栅结构。

重掺杂多晶硅的方块电阻分别约为 15Ω/□(N^+)和 25Ω/□ (P^+)。它们的费米能级进入导带或价带，功函数分别是电子亲和势(N^+)或电子亲和势＋能带宽度(P^+ 掺杂多晶硅)。图 5.15 是重掺杂多晶硅栅的 MOSFET 结构的能带图。

可见，采用多晶硅栅可以增加阈值电压设计的灵活性。

5.3.2 衬底掺杂浓度

衬底掺杂浓度对阈值电压的影响包括两个方面：一方面是改变费米势，进而影响沟道形成时半导体表面的电势，另一方面是改变半导体表面最大耗尽层中的电荷总量。衬底掺杂浓度对理想 MOSFET 阈值电压的影响如图 5.16 所示。NMOSFET 的阈值电压大于零。PMOSFET 的阈值电压小于零。掺杂浓度增大，阈值电压增大。不论对 NMOSFET，还是对 PMOSFET，用 P 型重掺杂多晶硅栅时的阈值电压都会比用 N 型重掺杂多晶硅栅时高 E_G/q。

5.3.3 氧化层厚度

氧化层厚度决定氧化层电容，进而对阈值电压产生影响。氧化层越厚，电容越小，阈值电压越大。利用这一特性，一方面可以调制阈值电压，另一方面可以实现

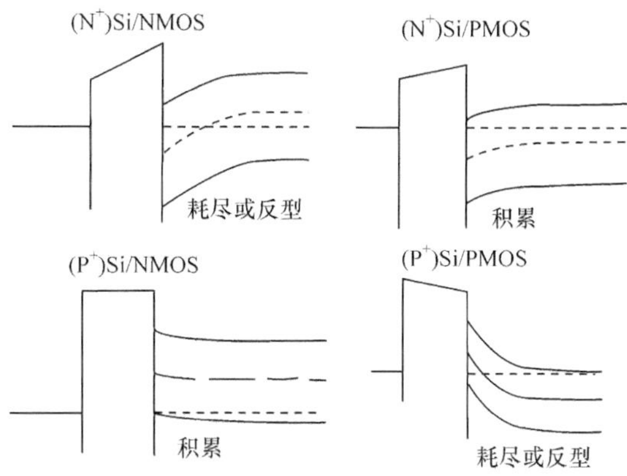

图 5.15 重掺杂多晶硅栅的 MOSFET 结构能带图

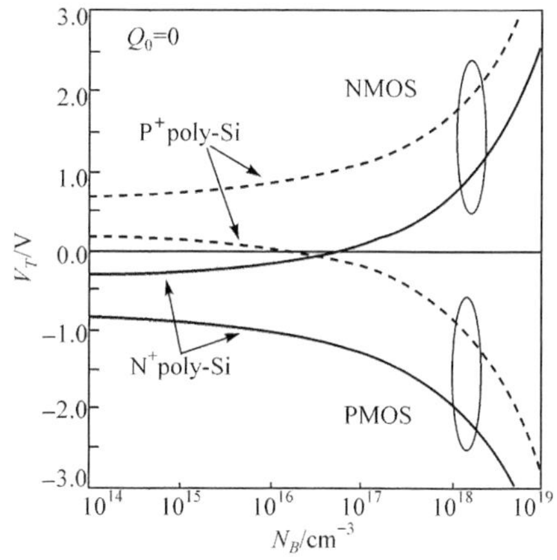

图 5.16 衬底掺杂浓度对理想 MOSFET 阈值电压的影响

器件隔离。如图 5.17 所示，把栅下的氧化层简称为栅氧，把互连线下的氧化层称为场氧。为了实现器件间隔，需要防止场氧下的半导体表面反型，为此一方面增大场氧下半导体表面的掺杂浓度，另一方面增加场氧的厚度，以提高阈值电压。

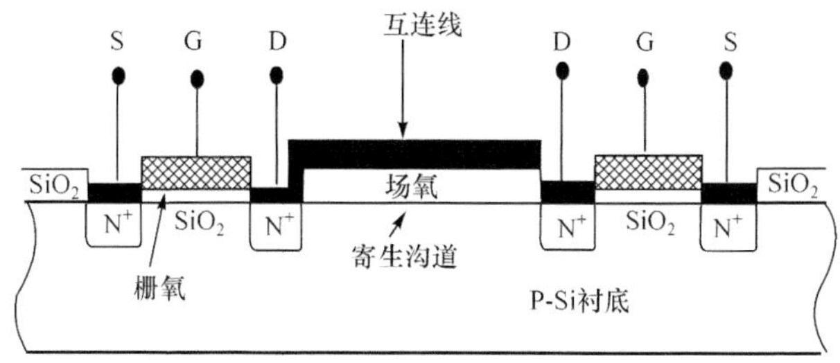

图 5.17 两个相邻 MOSFET 器件，利用厚氧的高阈值实现器件隔离

5.3.4　衬底偏压——体效应

以 NMOSFET 为例。衬底是 P 型的，沟道是 N 型的，构成一个 PN 结，称为感应结。在源-衬底间施加电压，则这个体电压也称为衬底偏置电压，直接作用在感应的 PN 结上。忽略反型层厚度及反型层上的压降，衬底偏压将完全降落在反型层下的空间电荷区(图 5.18(a))。对 P 型衬底，如果衬底偏压小于零，则反型层下的空间电荷区宽度将增加(图 5.18(b))。因此，作用在氧化层的负电荷增加，使阈值电压向正方向移动。如果衬底偏置电压大于零，则反型层下的空间电荷区宽度将减小，作用在氧化层的负电荷面密度降低，阈值电压将向负方向变化。可见，利用衬底偏置电压可以对阈值电压进行调节。对 PMOSFET，衬底偏置电压对阈值电压的作用相反。

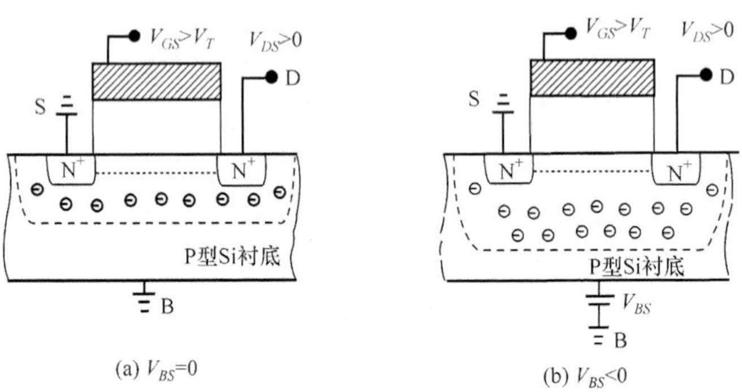

图 5.18　NMOSFET 不同衬底偏压下，半导体表面空间电荷区宽度变化示意图

由阈值电压公式(4-23)，当 $V_{BS}=0$ 时，有

$$V_{T0}=V_{FB}+2\psi_{FP}+\frac{\sqrt{4\varepsilon_s qN_B\psi_{FP}}}{C_{OX}} \tag{5-32}$$

当 $V_{BS}<0$ 时，有

$$V_T=V_{FB}+2\psi_{FP}+\frac{\sqrt{2\varepsilon_s qN_B(2\psi_{FP}-V_{BS})}}{C_{OX}} \tag{5-33}$$

所以

$$\Delta V_T=\frac{\sqrt{2\varepsilon_s qN_B}}{C_{OX}}(\sqrt{2\psi_{FP}-V_{BS}}-\sqrt{2\psi_{FP}})$$

$$=\frac{a}{\beta}(\sqrt{2\beta\psi_{FP}-\beta V_{BS}}-\sqrt{2\beta\psi_{FP}}) \tag{5-34}$$

$$a=\sqrt{2}\left(\frac{\varepsilon_s}{L_D}\right)/C_{OX},\quad L_D=\sqrt{\frac{k_BT\varepsilon_s}{q^2N_B}},\quad \beta=\frac{q}{k_BT} \tag{5-35}$$

图 5.19 是阈值电压漂移量随衬底偏置电压变化的关系。由式(5-34)可知，括号前的常数项包括氧化层厚度和衬底掺杂浓度，但实际起作用的却是参量 a。如果要降低衬底偏置电压对阈值电压的影响，需要降低 a 的值；如果要提高衬底偏置电压对阈值电压的影响，则需要增大 a 的值。也就是说，在器件设计过程中，当考虑衬底偏置电压对阈值电压的影响时，需要对参数 a 进行设计，而不能只考虑氧化层厚度或衬底掺杂浓度。

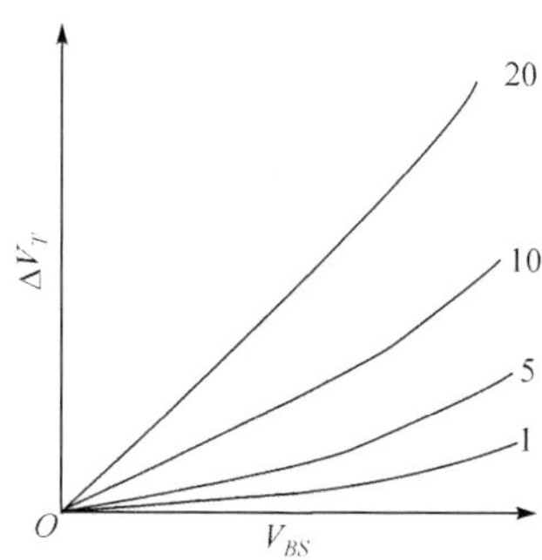

图 5.19 阈值电压漂移量随衬底偏置电压变化的关系

MOSFET 器件工作时，源-衬底结需要负偏置，因此利用衬底偏置电压调整阈值电压时，只能使其向一个方向移动。对 NMOSFET，$V_{BS}<0$，则 $\Delta V_T>0$，阈值电压向正方向偏移；对 PMOSFET，$V_{BS}>0$，则 $\Delta V_T<0$，阈值电压向负方向偏移。

例 5.7 温度 300K，NMOSFET，N^+ 多晶硅栅，$N_A=10^{15}\,\mathrm{cm}^{-3}$，$t_{ox}=40\mathrm{nm}$，氧化层中电荷完全位于氧化层-硅界面处，面密度大小为 $Q_i=5\times10^{10}\,\mathrm{cm}^{-2}$。问 V_T 是多少？有没有可能通过施加衬底偏置电压 V_{BS}，使 $V_T=0\mathrm{V}$，V_{BS} 是多少？

解

$$\psi_{FP}=\frac{k_BT}{q}\ln\left(\frac{N_A}{n_i}\right)=0.026\ln\left(\frac{1.0\times10^{15}}{1.0\times10^{10}}\right)=0.30\mathrm{eV}$$

$$\phi_{MS}=-\frac{E_G}{2}-\psi_{FP}=-0.56-0.30=-0.86\mathrm{eV}$$

$$C_{OX}=\frac{\varepsilon_{ox}}{t_{ox}}=\frac{3.9\times8.854\times10^{-14}}{400\times10^{-8}}=8.6\times10^{-8}\,\mathrm{F/cm^2}$$

$$Q_i=1.6\times10^{-19}\times5\times10^{10}=8\times10^{-9}\,\mathrm{C/cm^2}$$

$$\begin{aligned}|Q_B|&=\sqrt{2q\varepsilon_sN_A(2\psi_{FP})}\\&=\sqrt{2\times1.6\times10^{-19}\times11.7\times8.854\times10^{-14}\times10^{15}\times2\times0.3}\\&=1.4\times10^{-8}\,\mathrm{C/cm^2}\end{aligned}$$

$$V_{FB}=\phi_{MS}-\frac{Q_i}{C_{OX}}=-0.86-\frac{8\times10^{-9}}{8.6\times10^{-8}}=-0.95\mathrm{V}$$

$$V_T=V_{FB}+\frac{Q_B}{C_{OX}}+2\phi_{FP}=-0.95+\frac{1.4\times10^{-8}}{8.6\times10^{-8}}+2\times0.30=-0.19\text{V}$$

理想 NMOSFET 的阈值电压是正值，这里计算的结果 $V_T=-0.19\text{V}$，这意味着什么？下面利用图 5.20 来说明。

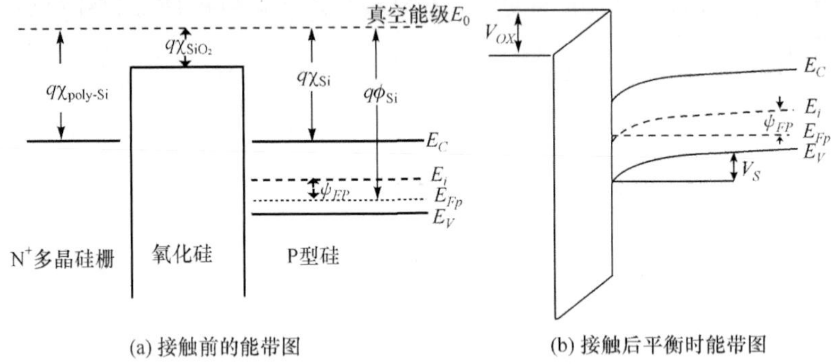

图 5.20　N^+ 型多晶硅栅、氧化硅、P 型硅接触前后的能带图

图 5.20(a)是接触前的能带图。图 5.20(b)是接触后平衡时的能带图。平衡时，在金属半导体功函数差的作用下，半导体表面能级向下行。为了使半导体表面能带达到平直的状态，需要在栅上施加负的电压，因此平带电压计算的结果为 −0.95V。这个平带电压包含氧化层正电荷的影响。从图 5.20(b)还可以看出，平衡时半导体表面处于耗尽或反型态，具体需要看计算出来的半导体表面压降 V_S 的数值是多少。计算的根据是氧化层的压降 V_{OX} 与半导体表面压降 V_S 之和等于平带电压，即

$$V_{OX}+V_S=V_{FB}$$

假设半导体表面处于耗尽态，则

$$V_S+\frac{(2qN_A\varepsilon_s V_S)^{1/2}}{C_{OX}}=V_{FB} \tag{5-36}$$

$$V_S+\frac{(2\times1.6\times10^{-19}\times10^{15}\times11.7\times8.854\times10^{-14}\times V_S)^{1/2}}{8.6\times10^{-8}}=V_S+0.21\times V_S^{1/2}=0.95$$

由此可得 $V_S=0.766\text{V}$。显然，$V_S>2\phi_{FP}$，即零栅压时，半导体表面已经处于强反型态。NMOSFET 是耗尽型器件。$V_T=-0.19\text{V}$ 是使器件截止需要施加的栅电压。当 $V_G<-0.19\text{V}$ 时，器件截止；当 $V_G>-0.19\text{V}$ 时，器件仍是导通的。为了使阈值电压提高到零，即 $V_T=0\text{V}$，需要给衬底施加负偏压。

$$\Delta V_T=\frac{\sqrt{2\varepsilon_s qN_A}}{C_{OX}}\left(\sqrt{2\phi_{FP}-V_{BS}}-\sqrt{2\phi_{FP}}\right)$$

$$=\frac{\sqrt{2\times1.6\times10^{-19}\times11.9\times8.854\times10^{-14}\times10^{15}}}{8.6\times10^{-8}}$$

$$\times(\sqrt{2\times0.30-V_{BS}}-\sqrt{2\times0.30})$$

$$=0.21\times(\sqrt{2\times0.30-V_{BS}}-\sqrt{2\times0.30})=0.19\text{V}$$

$$V_{BS}=-2.2\text{V}$$

计算表明，当衬底偏置电压为－2.2V 时，阈值电压为零。利用衬底偏置电压的改变，可以实现动态阈值。

5.4　频率特性

MOSFET 器件的频率特性分析离不开它的小信号等效电路。有两种方法可以给出半导体器件的小信号等效电路，一种方法是利用器件静态的直流 I-V 方程，对其微分，得到线性化的小信号响应方程，据此给出等效电路，然后明确电路元素的物理意义；另一种方法是从器件结构中直接读出电阻、电容等电路元素，给出等效电路。鉴于 MOSFET 结构的复杂性，更多地采用第二种方法。

5.4.1　小信号等效电路

根据 MOSFET 的结构特点，可以将其分为本征区和非本征区。如图 5.21(a) 所示，虚线框内是本征部分，框外是非本征部分。将本征区的源、漏和栅上的电压用符号 V_S'、V_D'、V_G'表示，而将器件实际的源、漏和栅上的电压用符号 V_S、V_D、V_G 表示。这样定义的本征部分显然对应理想的器件结构，氧化层的电容效应分为栅-源电容和栅-漏电容，可以用 C_{GS}和 C_{GD}表示；沟道电流 I_D 用栅-源电压控制的电流源表示。非本征部分是为实现器件而不可避免要存在的寄生结构，例如为了保证栅对沟道的全覆盖，栅与源、漏之间需要有所交叠，表现为栅-源和栅-漏寄生电容，用 C_{GSP}和 C_{GDP}表示；离子注入或扩散形成的源、漏本身具有一定的电阻，称为源、漏的串联电阻，用 r_S(或 R_S)和 r_D(或 R_D)表示。源、漏与衬底形成的结在器件正常工作时，需要反向偏置，结电容分别用 C_{BS}和 C_{BD}表示。这些寄生的电阻和电容是器件性能改善需要消减的部分。新型器件结构、新材料及新工艺的提出及应用，改善了这些寄生部分的影响，保证了器件性能的不断提高，如自对准工艺等。

图 5.21(b)的等效电路比图 5.21(a)又进一步，包含更多的二级效应，如衬底偏置、衬底电阻等都有所体现，SPICE 软件的初级版本正是采用了这个模型。

5.4.2　实际的漏导和跨导

本征区的跨导和漏导可以根据器件的直流 I-V 特性方程(5-10)给出，在线性区，可以表示为

$$g_D'=\frac{W\mu_n C_{OX}}{L}(V_{GS}'-V_T) \tag{5-37}$$

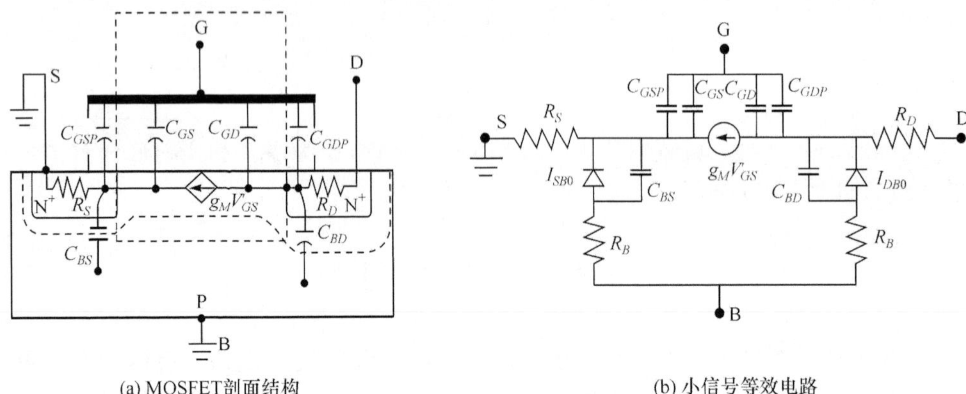

(a) MOSFET剖面结构 (b) 小信号等效电路

图 5.21 MOSFET 的小信号等效电路图

$$g'_M=\frac{W\mu_n C_{OX}}{L}V'_{DS} \tag{5-38}$$

在饱和工作区，$g'_D=0$

$$g'_M=\frac{W\mu_n C_{OX}}{L}(V'_G-V_T) \tag{5-39}$$

实际器件的漏导和跨导受串联电阻的影响非常大，即

$$V'_{GS}=V_{GS}-I_D R_S \tag{5-40}$$

$$V'_{DS}=V_{DS}-I_D(R_S+R_D) \tag{5-41}$$

所以

$$\mathrm{d}V'_{GS}=\mathrm{d}V_{GS}-R_S\mathrm{d}I_D \tag{5-42}$$

$$\mathrm{d}V'_{DS}=\mathrm{d}V_{DS}-(R_S+R_D)\mathrm{d}I_D \tag{5-43}$$

$$\mathrm{d}I_D=\frac{\partial I_D}{\partial V'_{GS}}\Big|_{V'_{DS}}\mathrm{d}V'_{GS}+\frac{\partial I_D}{\partial V'_{DS}}\Big|_{V'_{GS}}\mathrm{d}V'_{DS}=g'_M\mathrm{d}V'_{GS}+g'_D\mathrm{d}V'_{DS} \tag{5-44}$$

将式(5-42)和式(5-43)代入式(5-44)，可得下式，即

$$[1+R_S g'_M+(R_S+R_D)g'_D]\mathrm{d}I_D=g'_M\mathrm{d}V_{GS}+g'_D\mathrm{d}V_{DS} \tag{5-45}$$

所以

$$g_M=\frac{\partial I_D}{\partial V_G}\Bigg|_{V_D=\mathrm{cons}}=\frac{g'_M}{1+R_S g'_M+(R_S+R_D)g'_D} \tag{5-46}$$

$$g_D=\frac{\partial I_D}{\partial V_D}\Bigg|_{V_G=\mathrm{cons}}=\frac{g'_D}{1+R_S g'_M+(R_S+R_D)g'_D} \tag{5-47}$$

可见，与本征区的跨导和漏导相比，由于串联电阻的影响，实际器件的跨导和漏导都降低了，且降低的倍数相同，为 $1+R_S g'_M+(R_S+R_D)g'_D$。串联电阻越大，漏导和跨导越小。

5.4.3　频率特性的限制因素及米勒电容

三极管的频率特性分析表明，载流子由发射极到集电极的渡越时间决定了它的小信号响应速度。对 MOSFET 器件来说，需要检验载流子由源到漏需要的渡越时间。假设沟道长度 L 为 1μm，载流子以饱和速度 $v\,(\text{sat})=10^7\,\text{cm/s}$ 通过沟道，则需要的时间为

$$t=\frac{L}{v\,(\text{sat})}=10\text{ps} \tag{5-48}$$

对应的器件最大工作频率 $f_{\max}$ 可以达到 100GHz，远大于器件实际工作时所能达到的频率值，因此可以说 MOSFET 不是渡越时间器件。器件结构中的电阻、电容效应是影响其小信号响应的决定因素。下面从小信号等效电路(图 5.22)入手，研究 MOSFET 的频率响应特性，其中 C_{GST} 和 C_{GDT} 是本征电容与寄生电容之和，即

$$C_{GST}=C_{GS}+C_{GSP},\quad C_{GDT}=C_{GD}+C_{GDP} \tag{5-49}$$

V_{GS1} 和 V_{DS1} 为栅源、漏源小信号电压；g_M 为包含源和漏串联电阻的实际跨导；R_L 为负载电阻。在输入端和输出端分别可以写出下列等式。

输入端

$$i_i=\mathrm{j}\omega C_{GST}V_{GS}+\mathrm{j}\omega C_{GDT}(V_{GS1}-V_{DS1}) \tag{5-50}$$

输出端

$$\frac{V_{DS1}}{R_L}+g_M V_{GS1}+\mathrm{j}\omega C_{GDT}(V_{GS1}-V_{DS1})=0 \tag{5-51}$$

由式(5-51)，可以得到下式，即

$$V_{DS1}=-\frac{R_L(g_M+\mathrm{j}\omega C_{GDT})V_{GS1}}{1-\mathrm{j}\omega R_L C_{GDT}} \tag{5-52}$$

将式(5-52)代入式(5-50)，可得下式，即

$$i_i=\mathrm{j}\omega\left[C_{GST}+C_{GDT}\left(\frac{1+g_M R_L}{1-\mathrm{j}\omega R_L C_{GST}}\right)\right]V_{GS1} \tag{5-53}$$

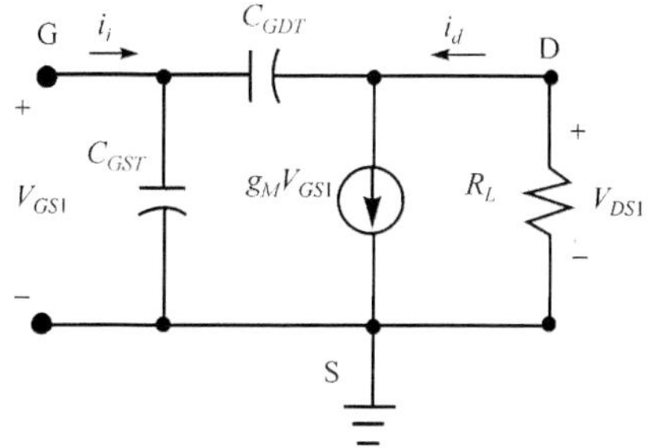

图 5.22　小信号等效电路图

通常 $\omega R_L C_{GST} \ll 1$,所以

$$i_i = j\omega[C_{GST} + C_{GDT}(1 + g_M R_L)]V_{GS1} \tag{5-54}$$

用 $C_M = C_{GDT}(1 + g_M R_L)$定义米勒电容,则有

$$i_i = j\omega[C_{GST} + C_M]V_{GS1} \tag{5-55}$$

米勒电容的物理意义可以描述为,栅漏电容经倍乘后成为输入阻抗的一部分。降低栅漏电容对提高器件的频率响应具有重要意义。引入米勒电容的小信号等效电路如图 5.23 所示。

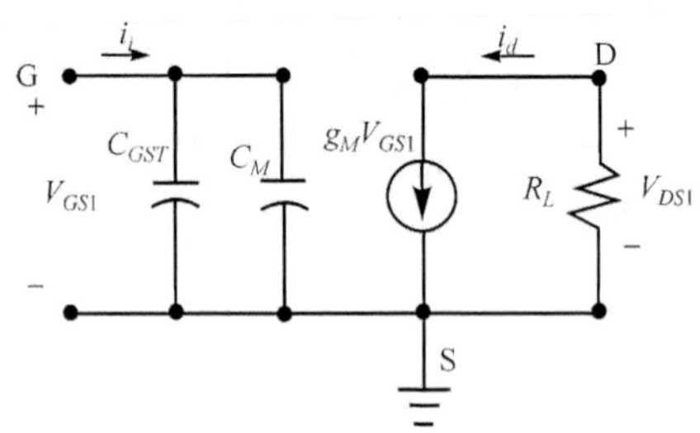

图 5.23 引入米勒电容的小信号等效电路图

5.4.4 特征频率

随着工作频率的增大,小信号响应速度变慢,电流增益降低,即输出与输入电流之比下降,当这个比值为 1 时对应的频率称为特征频率,用 f_T 表示。理想的负载电流为

$$i_d = g_M V_{GS1} \tag{5-56}$$

所以

$$\beta = \frac{i_d}{i_i} = \frac{g_M}{2\pi f(C_{GST} + C_M)} \tag{5-57}$$

由 $\beta = 1$,可得下式,即

$$f_T = \frac{g_M}{2\pi(C_{GST} + C_M)} = \frac{g_M}{2\pi C_G} \tag{5-58}$$

可见,特征频率与输入端总电容成反比,与跨导成正比。在理想条件下,$C_{GSP} = 0, C_{GDP} = 0$;在饱和区工作时,$C_{GD} = 0, C_{GS} = C_{OX}WL$,饱和区跨导为$\frac{W\mu_n C_{OX}}{L}(V_{GS} - V_T)$,所以特征频率还可以表示为

$$f_T = \frac{\frac{W\mu_n C_{OX}}{L}(V_{GS} - V_T)}{2\pi C_{OX} WL} = \frac{\mu_n (V_{GS} - V_T)}{2\pi L^2} \tag{5-59}$$

例 5.8 室温下的 NMOSFET, $t_{ox} = 50\text{nm}$, $L = 2.0\mu\text{m}$, $W = 20\mu\text{m}$, $\mu_n =$

400cm^2/V·s，V_T=0.75V，V_{GS}=4V，计算理想条件下的特征频率。假设栅氧与源和漏交叠的长度为 0.75μm，负载电阻 R_L=1kΩ，计算实际的特征频率是多少？

解 理想条件下特征频率为

$$f_T=\frac{\mu_n(V_{GS}-V_T)}{2\pi L^2}=\frac{400\times(4-0.75)}{2\times3.14\times(2\times10^{-4})^2}=5.17\text{GHz}$$

实际情况下，需要考虑交叠电容和负载电阻的影响，即

$$f_T=\frac{g_M}{2\pi(C_{GST}+C_M)}=\frac{g_M}{2\pi C_G}$$

饱和区跨导为

$$g_M=\frac{W\mu_n C_{OX}}{L}(V_{GS}-V_T)=\frac{20\times400\times3.9\times8.854\times10^{-14}}{2\times50\times10^{-7}}(4-0.75)=9\times10^{-4}\text{S}$$

$$C_{OX}=WL\frac{\varepsilon_{ox}}{t_{ox}}=\frac{2\times20\times3.9\times8.854\times10^{-14}}{500}=2.76\times10^{-14}\text{F}$$

$$C_{GSP}=C_{GDP}=WL_{\text{交叠}}\varepsilon_{ox}/t_{ox}=\frac{0.75\times20\times10^{-8}\times3.9\times8.854\times10^{-14}}{50\times10^{-7}}=1.0\times10^{-14}\text{F}$$

$$C_M=C_{GDT}(1+g_MR_L)=1.0\times10^{-14}\times(1+9\times10^{-4}\times1000)=1.9\times10^{-14}\text{F}$$

$$f_T=\frac{g_M}{2\pi(C_{GST}+C_M)}=\frac{9\times10^{-4}}{2\times3.14\times(1.0+2.76+1.9)\times10^{-14}}$$

$$=2.53\times10^9\text{Hz}=2.53\text{GHz}$$

可见，考虑交叠电容及负载电阻的影响，特征频率下降了近一半。

5.5 短沟道效应

随着沟道长度的减小，除了集成度提高、跨导增大、速度提高，性能也得到改善。为了满足更快、更小、更便捷的要求，以沟道长度为代表的各项器件尺寸都在减小。实际上，当沟道长度与源-衬结及漏-衬结的空间电荷区宽度可以相比的时候，各种二级物理效应就显现出来，主要包括阈值电压改变、漏感应势垒降低效应、速度饱和效应、穿通效应及各种高场效应，称为短沟道效应。短沟道效应成为器件尺寸减小过程中一直要面对的问题。

5.5.1 阈值电压的短沟、窄沟效应

NMOSFET 阈值电压公式为

$$V_T=V_{FB}+\frac{\sqrt{4qN_A\varepsilon_s\phi_{FP}}}{C_{OX}}+2\phi_{FP}$$

第二项分子是反型层刚建立时半导体表面空间电荷区的电荷。我们一直认为这部分电荷完全受栅极电压控制，分布在矩形面积中(图 5.24)。随着沟道长度减小，需要用分享模型分析栅极电压实际控制空间电荷区的形状。MOSFET 器件中半导体表面耗尽层的电荷分布如图 5.25 所示。受源-衬、漏-衬结空间电荷区的影响，栅控空间电荷区不再是沟道下矩形面积，而是变成一个不规则的形状，这就是电荷分享模型所要描述的情形。在 V_{DS} 作用下，反型层与衬底之间感应结上的偏压由源到漏增大，沟道下的空间电荷区宽度也由源到漏增加，因此形成了如图 5.25 所示的不规则栅控空间电荷区形状。图 5.26 给出了在不同沟道长度下，源、漏电极与栅电极控制区域的示意图。可见，在长沟道时，源、漏耗尽区电荷对栅控电荷的影响可以忽略，而沟道长度越来越接近源-衬、漏-衬结空间电荷区宽度时，需要考虑电荷分享模型。也就是说，沟道长度减小后，栅控电荷减少，阈值电压降低。

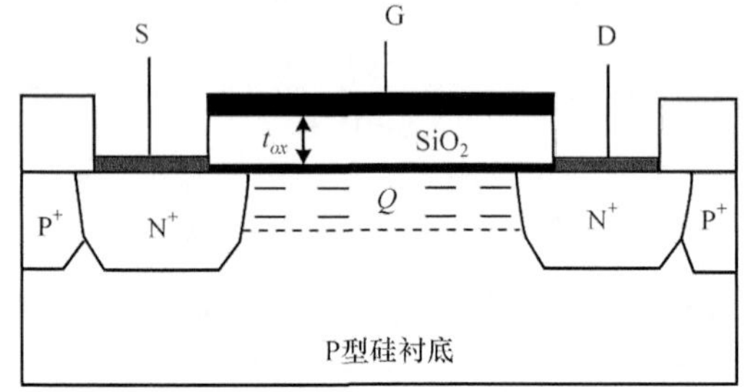

图 5.24　MOSFET 器件中电荷受栅压控制分布图

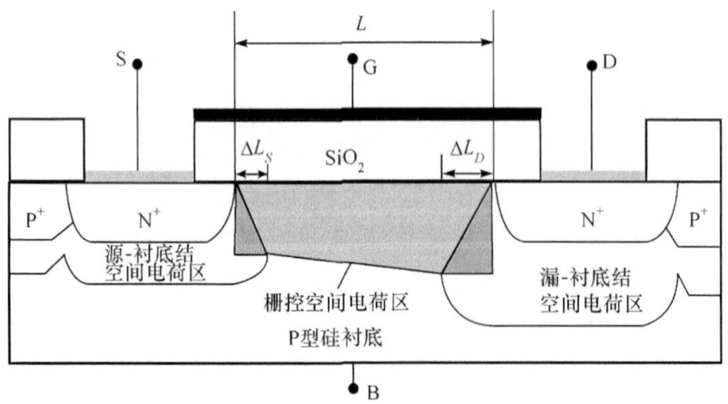

图 5.25　MOSFET 器件中半导体表面耗尽层的电荷分布

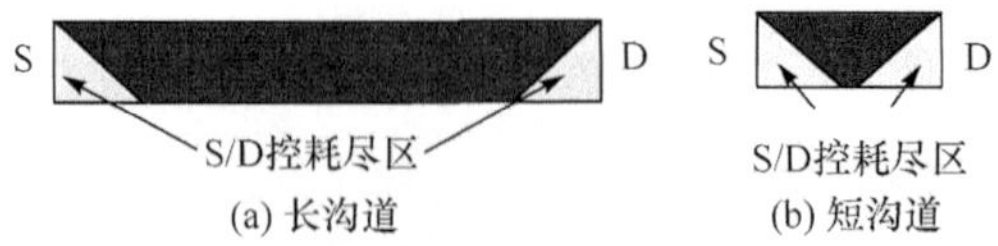

图 5.26　源、漏电极与栅电极控制区域

$V_{DS}=0$ 时，可以用梯形表示栅控空间电荷区的形状，如图 5.27 所示。下面利用这个梯形研究短沟道器件阈值电压的改变。梯形的长边 L 是源漏结之间的距离，也是器件结构设计定义的沟道长度，梯形的短边 L' 是栅控空间电荷区边界收缩后的实际长度值。在 $V_{DS}=0$ 的前提下，源-衬结、漏-衬结的耗尽层宽度 W_S 与 W_D 相等，并且等于栅控空间电荷区的厚度 $x_{d\max}$，即

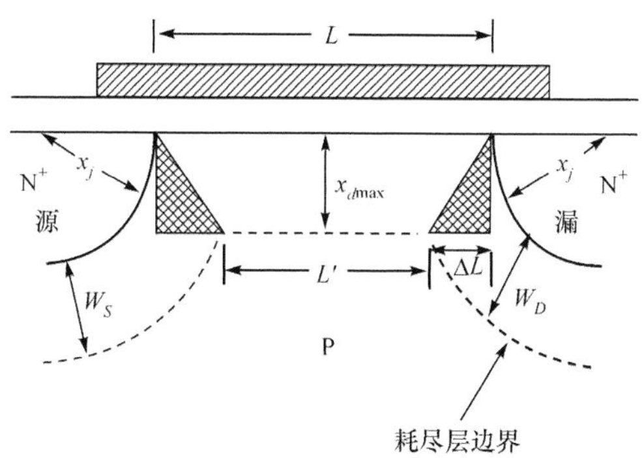

图 5.27 栅控空间电荷区的形状

$$W_S=W_D=x_{d\max} \tag{5-60}$$

阈值电压改变的量等于两个阴影区电荷与矩形电荷之比。如果设

$$Q_B=qN_Ax_{d\max}LW=Q_{B0}LW \tag{5-61}$$

其中，W 是沟道的宽度。

$$Q_{B0}=qN_Ax_{d\max}$$

则

$$Q_B'=qN_Ax_{d\max}\frac{L+L'}{2}W=Q_{B0}\frac{L+L'}{2}W \tag{5-62}$$

$$\Delta Q_B=Q_B-Q_B'=Q_B\frac{L-L'}{2L}=Q_B\frac{\Delta L}{L} \tag{5-63}$$

下面分析 $\Delta L=(L-L')/2$ 的大小。考虑漏端情况(图 5.28)，做出如图所示的直角三角形，其中 x_j 是漏的结深。对于漏电极，不论具体采用什么掺杂工艺，都会有横向扩散，一般情况下横向扩散的尺寸要小于结深。这里假设横向扩散的半径也是 x_j。利用如图 5.28 所示的直角三角形，可以得出如下关系式，即

$$\Delta L\approx[(x_j+x_{d\max})^2-x_{d\max}{}^2]^{1/2}-x_j=x_j\left[\left(1+\frac{2x_{d\max}}{x_j}\right)^{1/2}-1\right] \tag{5-64}$$

因此

$$\Delta V_T=\frac{\Delta Q_B}{C_{OX}WL}=\frac{Q_{B0}}{C_{OX}}\frac{\Delta L}{L}=\frac{qN_Ax_{d\max}}{C_{OX}}\left[\left(1+\frac{2x_{d\max}}{x_j}\right)^{1/2}-1\right]\frac{x_j}{L} \tag{5-65}$$

可见，ΔV_T 与氧化层厚度、衬底掺杂浓度、源与漏的结深及沟道长度有关。

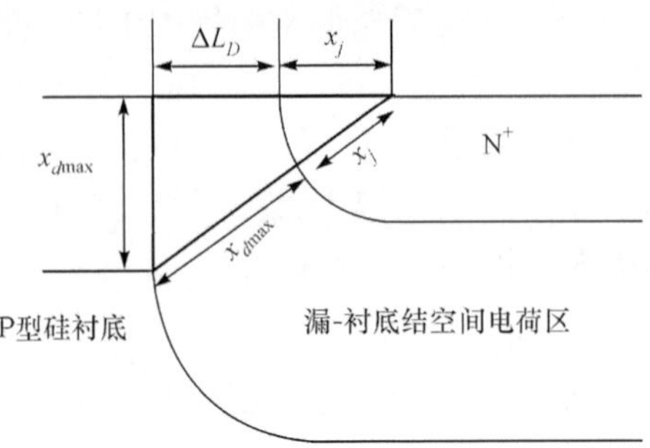

图 5.28　漏端电荷分享模型示意图

例 5.9　NMOSFET，$N_A = 3\times10^{16}\ \text{cm}^{-3}$、$t_{ox} = 450\text{Å}$、$L = 1.25\mu\text{m}$、$x_j = 0.5\mu\text{m}$，请问考虑电荷分享模型后，阈值电压改变了多少？

解
$$C_{OX}=\frac{\varepsilon_{ox}}{t_{ox}}=\frac{3.9\times8.854\times10^{-14}}{450\times10^{-8}}=7.67\times10^{-8}\text{F/cm}^2$$

$$\psi_{FP}=\frac{kT}{q}\ln\frac{N_A}{n_i}=0.026\ln(3\times10^6)=0.388\text{V}$$

$$x_{d\max}=\sqrt{\frac{4\varepsilon_s\psi_{FP}}{qN_B}}=\sqrt{\frac{4\times11.7\times8.854\times10^{-14}\times0.388}{1.6\times10^{-19}\times3\times10^{16}}}=0.183\mu\text{m}$$

$$\Delta V_T=\frac{qN_Ax_{d\max}}{C_{OX}}\left[\left(1+\frac{2x_{d\max}}{x_j}\right)^{1/2}-1\right]\frac{x_j}{L}$$
$$=\frac{1.6\times10^{-19}\times3\times10^{16}\times0.183\times10^{-4}}{7.67\times10^{-8}}\left[\left(1+\frac{2\times0.183}{0.5}\right)^{1/2}-1\right]\frac{0.5}{1.25}=0.14\text{V}$$

可见，当栅长为 $1.25\mu\text{m}$ 时，短沟道效应使阈值电压减小 0.14V。

进一步，可以计算阈值电压与沟道长度的关系，如图 5.29 所示。可见，沟道长度小于 $2\mu\text{m}$ 时，阈值电压降低明显。

窄沟道效应如图 5.30 所示。沟道长度减小以后，沟道的宽度也在减小，沟道侧面圆柱形栅控电荷 Q_{NC} 在总栅控电荷中所占的比例增大，因此将使阈值电压增大。

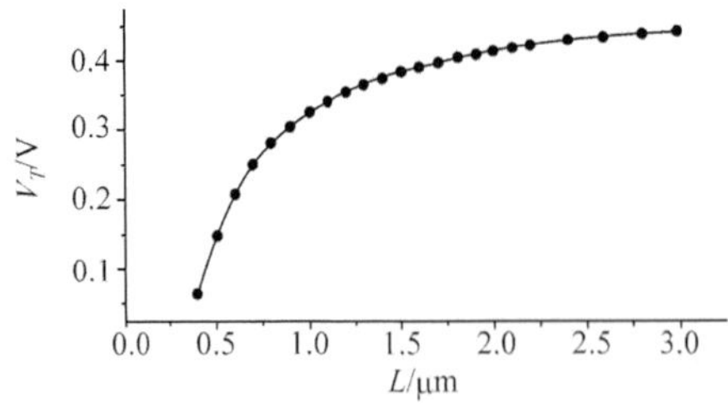

图 5.29　阈值电压与沟道长度的关系

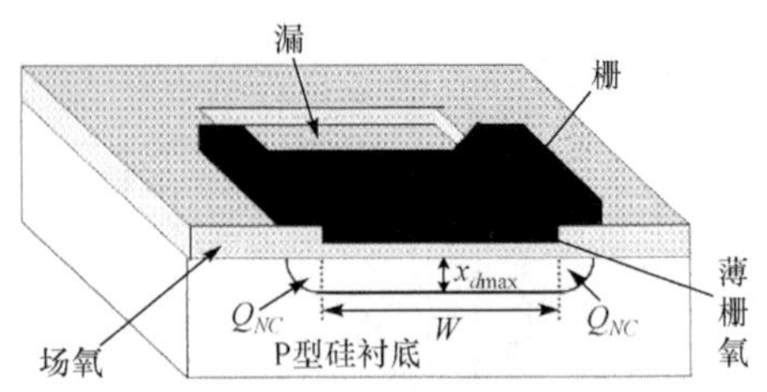

图 5.30　窄沟道效应

沟道变窄以后，1/2 圆柱体部分体积变为$\frac{\pi}{2}x_{d\max}^2L$，则

$$Q_B'=qN_Ax_{d\max}\left(LW+\frac{\pi}{2}x_{d\max}L\right)=Q_B\left(1+\frac{\pi}{2}\frac{x_{d\max}}{W}\right)$$

所以

$$\Delta V_T=\frac{\Delta Q_B}{C_{OX}LW}=\frac{qN_Ax_{d\max}}{C_{OX}}\frac{\frac{\pi}{2}x_{d\max}}{W}=\frac{q\pi N_Ax_{d\max}^2}{2WC_{OX}}$$

例 5.10　NMOSFET，$N_A=3\times10^{16}\text{cm}^{-3}$，$t_{ox}=450\text{Å}$，考虑沟道变窄效应，如果 $\Delta V_T=0.2\text{V}$，则最小沟道宽度是多少？

解

$$C_{OX}=\frac{\varepsilon_{ox}}{t_{ox}}=\frac{3.9\times8.854\times10^{-14}}{450\times10^{-8}}=7.67\times10^{-8}\text{F/cm}^2$$

$$x_{d\max}=\sqrt{\frac{4\varepsilon_s\psi_{FP}}{qN_B}}=\sqrt{\frac{4\times11.7\times8.854\times10^{-14}\times0.388}{1.6\times10^{-19}\times3\times10^{16}}}=0.183\mu\text{m}$$

$$W_{\min}=\frac{\frac{\pi}{2}qN_Ax_{d\max}^2}{C_{OX}\Delta V_T}=\frac{1.6\times10^{-19}\times3\times10^{16}\times\frac{\pi}{2}\times(0.183\times10^{-4})^2}{7.67\times10^{-8}\times0.2}=1.65\mu\text{m}$$

可见，最小沟道宽度约为最大耗尽层宽度的 10 倍。

5.5.2　漏感应势垒降低效应

在理想条件下，MOSFET 器件的漏电流是沟道中受栅电压控制的电子(空穴)电流，而在短沟道器件中，有几种机制会导致漏电流不受栅电压控制而增大，主要有漏感应势垒降低效应(drain induced barrier lowering，DIBL)、穿通效应及高场效应。

漏感应势垒降低效应反映的是在较高的漏电压作用下，源端载流子势垒降低导致漏端电流指数增加的效应。在长沟道器件中，一般夹断点与漏电极有一定的距离，超过 V_D (sat)部分的漏电压，即 V_D-V_D (sat)降落在夹断点与漏极间的空间电荷区，相当于这个电荷区的电场屏蔽了漏电压对源端的影响。当沟道长度较短时，漏电压很容易影响到源端。由图 5.31(a)可见，重掺杂的源与低掺杂的衬底导带之间有带阶差，电子由源注入沟道需要克服一个势垒。对于长沟道器件，漏电压能改变有效沟道长度，但不会影响源端势垒。图 5.31(b)表明，沟道较短时，较高的漏电压使源端电子势垒高度降低，源中进入沟道的电子数目呈指数增加，进而漏电流也呈指数增加。DIBL 效应对饱和区电流及亚阈电流的影响如图 5.32 所示。前面已经讨论过，对于长沟道器件，$V_{DS}>3k_BT/q$ 以后，漏电压对亚阈电流没有影响，所以对沟道长度为 7μm 的器件，漏电压为 1V 和 0.5V 时，转移特性曲线

基本是一致的；当沟道长度减小到 3μm 时，两条曲线分开了，说明 DIBL 效应已经开始发挥作用。当沟道长度为 1.5μm 时，DIBL 效应更加显著。

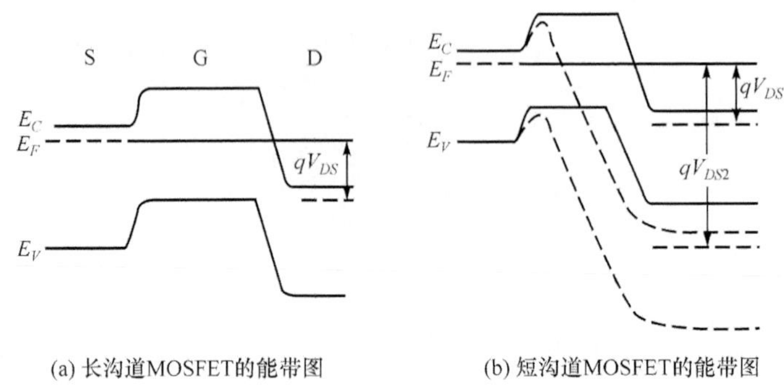

(a) 长沟道MOSFET的能带图　　(b) 短沟道MOSFET的能带图

图 5.31　DIBL 效应示意图

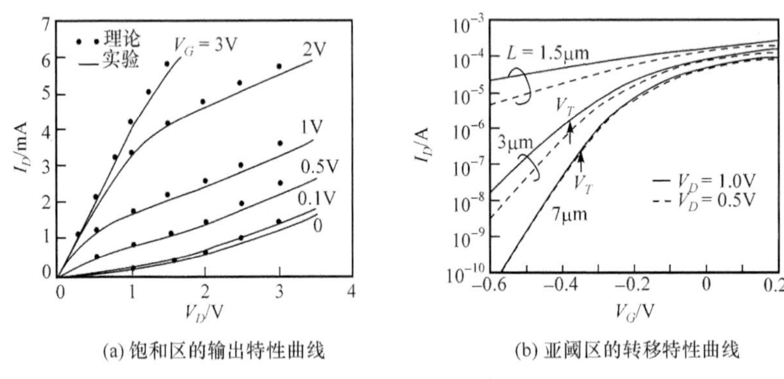

(a) 饱和区的输出特性曲线　　(b) 亚阈区的转移特性曲线

图 5.32　DIBL 效应对饱和区电流及亚阈电流的影响

DIBL 效应使阈值电压降低。在短沟道器件中，通常以亚阈区电流达到某一限定值时对应的栅电压为阈值电压，用一定的漏电压改变量与阈值电压改变量之比的倒数表示 DIBL 发生的程度，即

$$\mathrm{DIBL}=\frac{\Delta V_T}{\Delta V_D} \tag{5-66}$$

在 DIBL 作用下，漏电压改变引起的阈值电压变化如图 5.33 所示。

5.5.3　穿通效应

除了 DIBL 效应，沟道长度减小还会导致源-衬、漏-衬结的空间电荷区在体内连接而发生穿通，在沟道外形成一条新的由源到漏的电流通道。穿通效应如图 5.34 所示。由于源、漏是重掺杂区，器件正常工作时，反向偏置的源-衬、漏-衬结的空间电荷区主要扩展在衬底。对衬底来说，体内的掺杂浓度一般低于表面，因此当

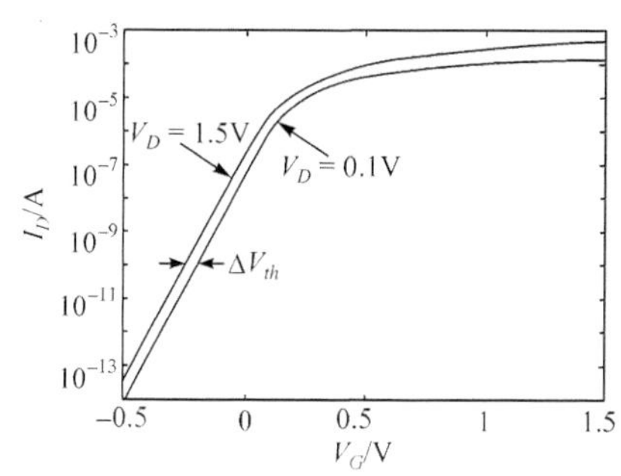

图 5.33　漏电压改变引起的阈值电压变化

沟道长度比较短时，两个空间电荷区首先连接在一起。源中的电子向衬底注入时，势垒高度同样会因漏电压而降低。电子进入连通的空间电荷区后，在电场的作用下，直接漂移到漏端，成为漏电流中不受栅电压控制的部分。

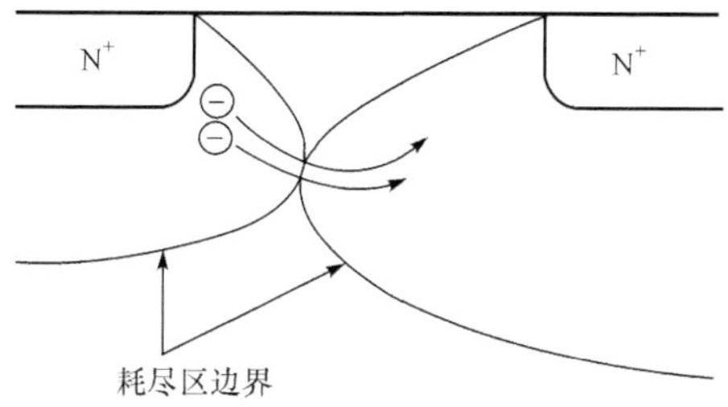

图 5.34　穿通效应

穿通效应与 DIBL 效应的共同点是，电子注入的势垒都因漏电压而降低，不同点在于通道位置不同。有人把穿通效应称为亚表面 DIBL 效应，把发生在沟道中的 DIBL 效应称为表面 DIBL 效应。二者发生的时间不完全相同。通常，在穿通发生以前，DIBL 效应已经发生了。

5.5.4　速度饱和及其漏电流饱和电压

沟道中的载流子迁移率受表面电场的影响很大，不再是常数，因此沟道中载流子的速度与电场不是线性关系。尤其是，电场比较强时，载流子速度将达到饱和。在硅材料表面，载流子速度达到饱和需要的临界电场接近或大于 10^4 V/cm。对电子来说，饱和速度为 10^7 cm/s。虽然漏电压 V_D 随沟道长度的减小一直在降低，但对短沟道器件来说，沟道中的电场仍然超过 10^4 V/cm。例如，14nm 结点的 CMOS，V_D 为 0.86V，沟道平均电场为 6×10^5 V/cm，大大高于饱和速度临界电场。也就是说，在沟道夹断之前，载流子速度达到饱和。这时漏电流等于临界电场载流子密度与饱和速度的乘积，因此漏电流也会达到饱和。这个饱和电流远小于由于沟道物理夹断所达到的饱和值。漏电流与漏源电压的关系如图 5.35 所示。

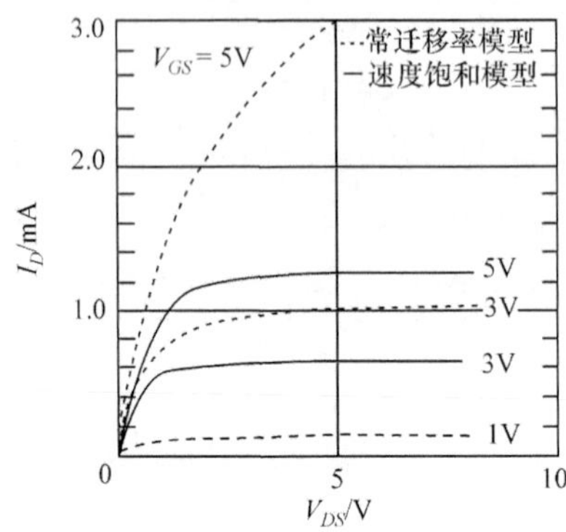

图 5.35　漏电流与漏电压的关系

下面研究载流子速度饱和时的漏电流表达式。设漏端电场达到速度饱和临界电场 $E_{\infty C}$时对应的电压为漏饱和电压 V_D(sat)，相应的电流为漏饱和电流 I_D(sat)。

沟道中的电流处处相等，等于漏电流，任一处的电流可以表示为

$$I_D=WQ_n v \tag{5-67}$$

其中，Q_n 为反型层中电荷的面密度；v 为载流子沿沟道方向的漂移速度；W 为沟道的宽度。

沿沟道方向，电场 E_{ey}小于临界电场 $E_{\infty C}$时，载流子的速度为

$$v=\frac{\mu_n E_{ey}}{1+E_{ey}/E_{\infty C}} \tag{5-68}$$

将式(5-68)代入式(5-67)，并利用 $E_{ey}=\mathrm{d}V/\mathrm{d}y$，则有

$$I_D\left[1+\frac{1}{E_{\infty C}}\frac{\mathrm{d}V}{\mathrm{d}y}\right]=W\mu_n Q_n\frac{\mathrm{d}V}{\mathrm{d}y} \tag{5-69}$$

两边同时乘 dy，则

$$I_D\left[\mathrm{d}y+\frac{1}{E_{\infty C}}\mathrm{d}V\right]=W\mu_n Q_n\mathrm{d}V \tag{5-70}$$

两边积分，有

$$I_D=\frac{W}{L}\mu_n\int_0^{V_{DS}}Q_n\mathrm{d}V\Big/\left(1+\frac{V_{DS}}{LE_{\infty C}}\right) \tag{5-71}$$

源端和漏端载流子浓度分别为 $C_{OX}(V_{GS}-V_T)$和 $C_{OX}(V_{GS}-V_T-V_{DS})$，可以近似认为

$$Q_n=C_{OX}[2(V_{GS}-V_T)-V_{DS}]/2$$

则式(5-71)的积分结果为

$$I_D=\frac{W}{2L}\mu_n C_{OX}[2(V_{GS}-V_T)-V_{DS}]\frac{V_{DS}}{1+\dfrac{V_{DS}}{LE_{\infty C}}} \tag{5-72}$$

设漏端载流子达到饱和速度 v_s，此时漏端 $E_{ey}(L)=E_{eC}$，所以有

$$I_D(\text{sat})=WC_{OX}(V_{GS}-V_T-V_D(\text{sat}))v_s \tag{5-73}$$

式(5-72)与式(5-73)相等，可得下式，即

$$V'_D(\text{sat})=\frac{(V_{GS}-V_T)LE_{eC}}{V_{GS}-V_T+LE_{eC}} \tag{5-74}$$

其中，$V'_D(\text{sat})$表示速度饱和对应的漏饱和电压。

将式(5-74)代入式(5-73)，可得下式，即

$$I'_D(\text{sat})=Wv_sC_{OX}\frac{(V_{GS}-V_T)^2}{LE_{eC}+V_{GS}-V_T} \tag{5-75}$$

所以

$$I'_D(\text{sat})=Wv_sC_{OX}\frac{V'_D(\text{sat})}{LE_{eC}}(V_{GS}-V_T) \tag{5-76}$$

其中，$I'_D(\text{sat})$表示速度饱和时对应的漏饱和电流。

从式(5-76)可以看到，饱和电流与栅电压的关系不再是二次方的关系，也就是说与沟道物理夹断相比，速度饱和导致的漏饱和电流大大减小，与实验结果一致。

式(5-74)的推导如下，即

$$\frac{W}{2L}\mu_nC_{OX}[2(V_{GS}-V_T)-V'_D(\text{sat})]\frac{V'_D(\text{sat})}{1+\dfrac{V'_D(\text{sat})}{LE_{eC}}}=Wv_sC_{OX}(V_{GS}-V_T-V'_D(\text{sat})) \tag{5-77}$$

其中，$v_s=\mu_nE_{eC}/2$。

$$[2(V_{GS}-V_T)-V'_D(\text{sat})]\frac{V'_D(\text{sat})/LE_{eC}}{1+V'_D(\text{sat})/LE_{eC}}=V_{GS}-V_T-V'_D(\text{sat}) \tag{5-78}$$

$$1+\frac{V_{GS}-V_T}{V_{GS}-V_T-V'_D(\text{sat})}=1+\frac{LE_{eC}}{V'_D(\text{sat})} \tag{5-79}$$

$$1-\frac{V'_D(\text{sat})}{V_{GS}-V_T}=\frac{V'_D(\text{sat})}{LE_{eC}} \tag{5-80}$$

$$\frac{1}{V'_D(\text{sat})}=\frac{1}{V_{GS}-V_T}+\frac{1}{LE_{eC}} \tag{5-81}$$

$$V'_D(\text{sat})=\frac{(V_{GS}-V_T)LE_{eC}}{V_{GS}-V_T+LE_{eC}} \tag{5-82}$$

例 5.11　已知 $V_{GS}=1.8\text{V}$，$V_T=0.25\text{V}$，$E_{eC}=8\times10^4\text{V/cm}$，在不同沟道长度下($L=10\mu\text{m}$、$1\mu\text{m}$、$0.1\mu\text{m}$、$0.05\mu\text{m}$)，速度饱和时的漏饱和电压是多少？

解　根据式(5-81)，不同沟道长度时，速度饱和时的漏饱和电压如下。

$L=10\mu\text{m}$ 时，$\dfrac{1}{V'_D(\text{sat})}=\dfrac{1}{1.8-0.25}+\dfrac{1}{10\times10^{-4}\times8\times10^4}=0.66$，则 $V'_D(\text{sat})=$

1.52V。

$L=1\mu m$ 时，$\frac{1}{V_D'(sat)}=\frac{1}{1.8-0.25}+\frac{1}{1\times10^{-4}\times8\times10^4}=0.77$，则 $V_D'(sat)=1.29V$。

$L=0.1\mu m$ 时，$\frac{1}{V_D'(sat)}=\frac{1}{1.8-0.25}+\frac{1}{0.1\times10^{-4}\times8\times10^4}=1.89$，则 $V_D'(sat)=0.52V$。

$L=0.05\mu m$ 时，$\frac{1}{V_D'(sat)}=\frac{1}{1.8-0.25}+\frac{1}{0.05\times10^{-4}\times8\times10^4}=4.15$，则 $V_D'(sat)=0.32V$。

可见，短沟道时的 $V_D(sat)$ 远小于长沟道时的值。

5.5.5 高场效应

短沟道器件中的漏源电压主要降落在漏端，夹断点以前的电场被近似认为是线性分布的，而夹断点至漏的部分，电场急剧增大，最大可达 10^6 V/cm。沟道中的电场分布如图 5.36 所示。载流子在漏端很容易成为热载流子。所谓热载流子，是指从电场获得过高的能量，来不及与声子交换，因此温度高于晶格的高能载流子。漏端热载流子的影响包括雪崩电离导致的漏电流增大和衬底电流增大，氧化层充电导致的阈值电压漂移和寄生晶体管效应。这些影响统称为高场效应。

1. 雪崩击穿

热载流子在漏端通过碰撞电离产生电子-空穴对，并最终导致载流子数目雪崩倍增式地增长，产生的电子(对 NMOSFET)或空穴(对 PMOSFET)被漏收集，导致漏电流不受栅电压控制而急剧增大。漏电流随漏电压的变化关系如图 5.37 所示。

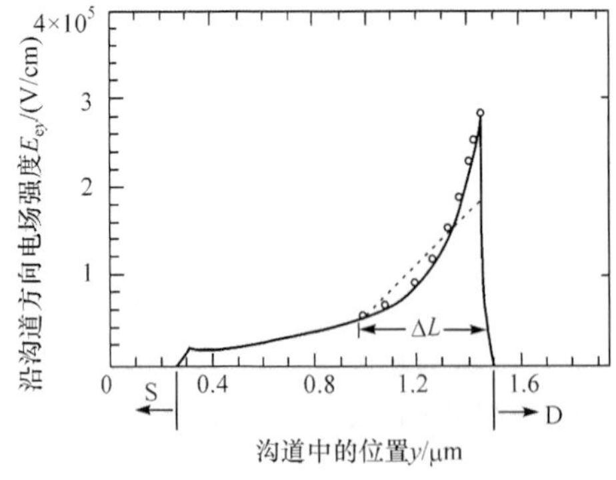

图 5.36 沟道中的电场分布

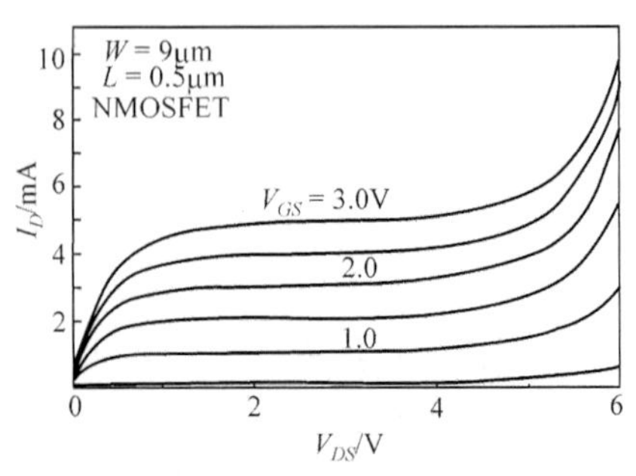

图 5.37 漏电流随漏电压变化关系

2. 衬底电流

在理想条件下，衬底电流主要是源-衬、漏-衬 PN 结反向偏置电流。这个电流一般很小，可以不考虑。但是，当热载流子作用发生雪崩电离，一种载流子成为漏电流，另一种载流子将成为衬底电流。衬底电流与碰撞电离有关，可以表示为

$$I_{BS}=\alpha I_D\Delta L \tag{5-83}$$

其中，α 为碰撞电离系数；ΔL 为漏端高场区的长度。

图 5.38 给出了在 $V_{DS}=10\text{V}$、$V_{BS}=-5\text{V}$ 的条件下，通过改变 V_{GS}，测量得到的漏电流 I_D 和衬底电流 I_B。可见，当 $V_G<V_T$ 处于亚阈区时，I_D 随 V_{GS} 指数增加，I_{BS} 也随 V_{GS} 指数增加。$V_G>V_T$ 以后，I_{BS} 不再随 I_D 同步变化，而是出现快速下降，直至一个低值。这是碰撞电离系数 α 减小的结果。因为夹断点电压 $V_D(\text{sat})=V_G-V_T$，夹断点与漏之间的压降 $=V_D-V_D(\text{sat})$，也就是说在 V_D 不变的条件下，随着 V_G 接近 V_D，夹断区的压降减小，电场降低，热载流子能量下降，同时碰撞电离率大大降低，因此碰撞电离产生的载流子数目大大减小，衬底电流减小。

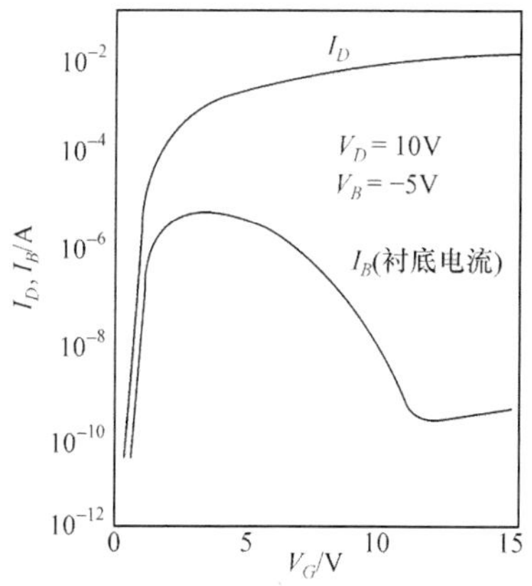

图 5.38　漏电流和衬底电流随栅源电压的变化

3. 氧化层充电导致阈值电压漂移

漏端热载流子除了能与晶格发生碰撞产生电子-空穴对，还有可能越过 $Si\text{-}SiO_2$ 的势垒(对电子约是 3.2eV，对空穴约是 4.9eV)，进入栅氧化层，其中大部分从栅电极流出，小部分被氧化层中的陷阱捕获，成为氧化物陷阱电荷。随着工作时间的增加，氧化物陷阱电荷数量增大，会改变平带电压，因此使阈值电压发生改变(图 5.39)。阈值电压的改变将极大地降低器件的稳定性和可靠性。此外，陷阱电荷的增加，还会降低跨导，使亚阈摆幅增大。

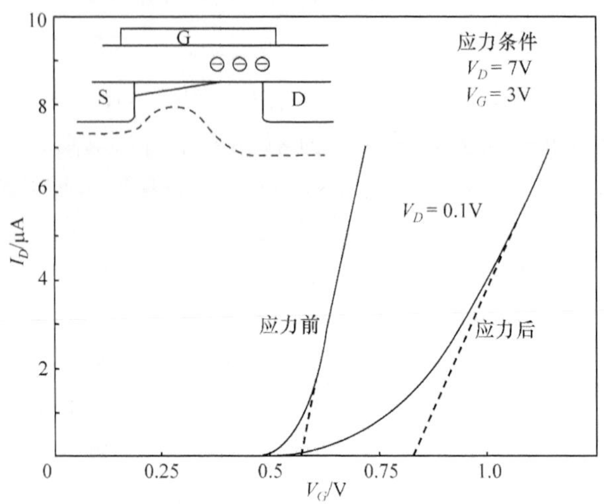

图 5.39　氧化层充电导致阈值电压漂移

4. 寄生晶体管效应

寄生晶体管效应与衬底电流有关，如图 5.40 所示。可以看到，由于衬底电阻的存在，当衬底电流流过时，会使衬底的体电位升高。一般状态下，源端接地，体电位升高，意味着衬底-源由正常工作时的反向偏置变为正向偏置。对短沟道器件，源、漏结距离非常小，源-衬-漏构成的三层双结结构正好可以实现双极型晶体管的功能。源-衬结正向偏置，电子从源端注入衬底，然后到达漏区，在漏空间电荷区的高电场作用下到达漏电极端成为漏电流的一部分。我们把这种效应称为寄生晶体管效应。

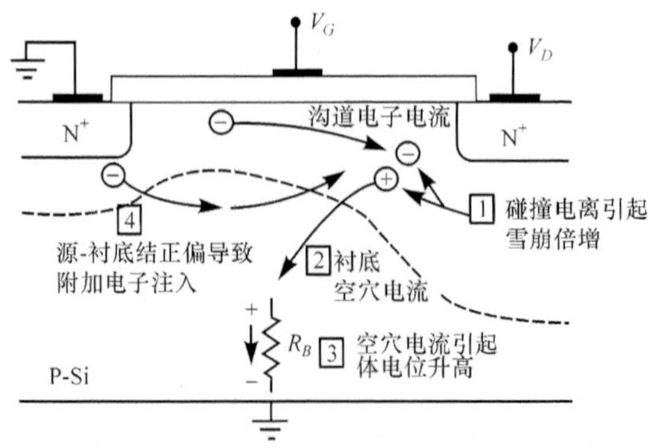

图 5.40　寄生晶体管效应与衬底电流的关系

总之，在短沟道器件中，导致漏电流不受栅电压控制的机制包括 DIBL 效应、雪崩击穿效应、寄生晶体管效应，以及源漏穿通效应。

5.6　CMOS 技术简介

5.6.1　基本结构及特点

CMOS 结构如图 5.41 所示。增强型 PMOSFET 与增强型 NMOSFET 串接，PMOSFET 的源接高电位，NMOSFET 的源接低电位，两个 MOSFET 的栅共接作为输入端，漏共接作为输出端。当输入端接高电位时，PMOSFET 沟道没有形成，是高阻态，NMOSFET 沟道导通，是低阻态，输出端为低电位；当输入端接低电位时，PMOSFET 沟道导通，是低阻态，NMOSFET 沟道消失，是高阻态，输出为高电位。这一结构具有倒相器的功能，被用做数字集成电路的基本单元。

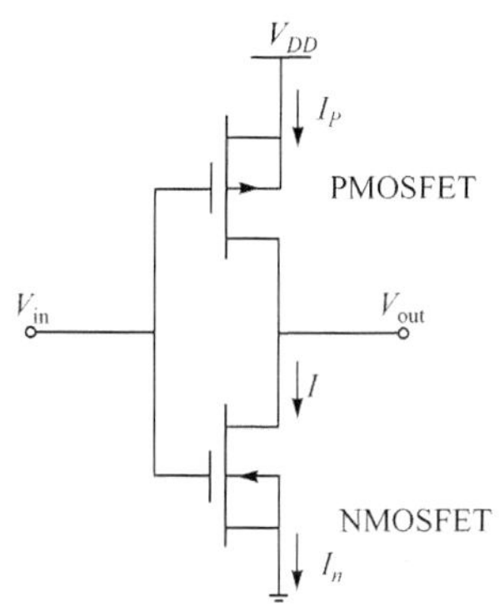

图 5.41　CMOS 结构

集成电路发展初期，有多种技术路线在同时发展，但最后 CMOS 技术，成为集成电路的主流技术，原因在于低功耗。从其状态转换的描述中已经知道，CMOS 在不同的状态下，两个串联的 MOSFET 总有一个是关断的。这意味着 CMOS 的静态功耗近似为零。

5.6.2　闩锁效应

如图 5.42 所示为 CMOS 结构的截面示意图。工艺上实现 CMOS 结构的方法是在 N 型外延层上先通过高能量大剂量的离子注入形成 P 型阱，然后在 N 型衬底与 P 型阱分别制备 PMOSFET 和 NMOSFET。CMOS 最大的特点是静态功耗非常低。在状态转换过程中，有可能会经过 PMOSFET 与 NMOSFET 同时导通的状态。这时电源到地之间形成导电的通道，会有大电流流过整个 CMOS，从而产生大的功耗，称为动态功耗。一方面，这个大的电流有可能烧毁器件。另一方面，由于特殊的结构特点，CMOS 处于大电流低电压状态后会被锁死，没有办法自主地脱离，也就是说无法再进行正常的状态转换，即发生闩锁效应。这是 CMOS 特有的现象。

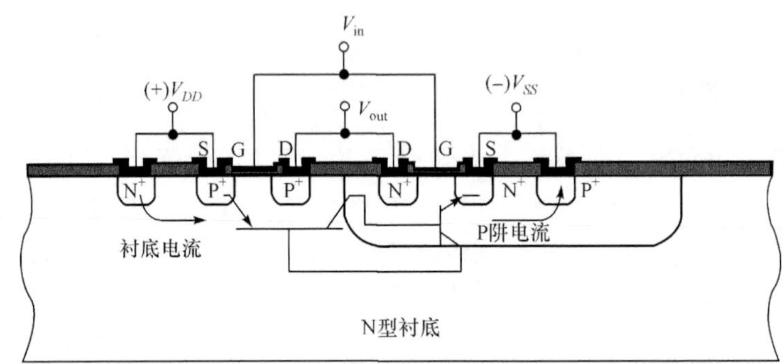

图 5.42　CMOS 结构截面示意图

实际 CMOS 中隐含着 $P_1^+/N_1/P_2/N_2^+$ 结构(图 5.43)。这种四层三结结构是可控硅(或晶闸管)的主体结构，完整的可控硅结构还有一个控制电极。J_2是公共结，在正向偏置下，J_1、J_3正偏，J_2反偏，一旦 N_1耗尽，可控硅将工作于大电流低电压的导通状态。在可控硅中，可以通过小电流 I_g 使处于导通状态的可控硅关断。可控硅的主要功能是对大电流电路进行开关操作。在 CMOS 中，寄生的 PNPN 结构，没有控制端与控制电流，导致 CMOS 中的四层三结结构一旦处于低电压大电流的状态，就会出现闩锁现象，对器件的可靠性和使用寿命造成影响。

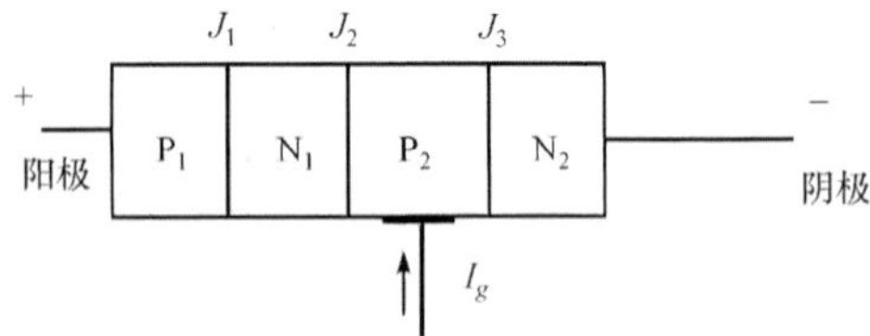

图 5.43　四层三结的可控硅结构

导致闩锁效应的因素很多，如瞬时电流、衬底电流及辐射等，这些因素都会在阱中产生横向电流，从而引发闩锁效应。四层三结结构可以看成共用同一个集电结的两个三极管，发生闩锁效应时电流的大小与两个三极管放大倍数的乘积有关，因此避免闩锁效应的重要方法就是设法降低三极管的放大倍数。另一个避免闩锁效应的方法是通过降低体电阻降低源-衬结上的电压发生正向偏置的可能性。

习　　题

1. 室温下的 NMOSFET，$t_{ox}=40\text{nm}$，$L=1.5\mu\text{m}$，$W=50\mu\text{m}$，$\mu_n=400\text{cm}^2/(\text{V}\cdot\text{s})$，$V_T=$

1.5V，$V_{GS}=4V$，计算饱和时的漏电流。

2. NMOSFET 和 PMOSFET，$t_{ox}=50nm$，$\mu_n=550cm^2/(V\cdot s)$，$\mu_p=300cm^2/(V\cdot s)$，$V_T=0.75V$(NMOSFET)，$V_T=-0.75V$(PMOSFET)。如果设计要求 $V_{GS}=5V$(NMOSFET)和 $-5V$(PMOSFET)时，$I_D=5mA$，计算 NMOSFET 和 PMOSFET 的宽长比。

3. NMOSFET，$L=0.25\mu m$，$W=5\mu m$，$\mu_n=400cm^2/(V\cdot s)$，$V_T=0.5V$，$N_A=10^{17}cm^{-3}$，$C_{OX}=3.45\times10^{-7}F/cm^2$，计算 $V_{GS}=1V$，$V_{DS}=0.1V$ 时的沟道电导。

4. NMOSFET 工作在饱和状态，当 $V_{GS}=1V$ 时，$I_{DS}=50\mu A$，$V_{GS}=3V$ 时，$I_{DS}=200\mu A$，利用常迁移率模型，计算阈值电压。

5. NMOSFET，$N_A=5\times10^{16}cm^{-3}$，$t_{ox}=50nm$，界面态电荷密度为 $N_I=10^{11}cm^{-2}V^{-1}$，请问亚阈摆幅是多少？如果不考虑界面态电荷密度，亚阈摆幅是多少？

6. $N_A=5\times10^{16}cm^{-3}$ 的硅衬底，N^+ 硅栅 MOSFET，$L=2\mu m$，$W=20\mu m$，$d_{OX}=25nm$。设界面电荷 $Q_0/q=5\times10^{10}cm^{-2}$，计算阈值电压 V_T。设沟道中载流子迁移率为 $600cm^2/(V\cdot s)$，将漏和栅连在一起，源和衬底接地，且电源电压为 2.0V，计算直流漏极电流 I_D 和跨导 g_M。

7. NMOSFET，$N_A=10^{15}cm^{-3}$，$t_{ox}=15nm$，$V_{FB}=-0.91V$，求使阈值电压 $V_T=1V$ 需要注入的杂质种类和注入剂量。

8. NMOSFET，$t_{ox}=45nm$，$W/L=10$，$\mu_n=400cm^2/(V\cdot s)$，$V_T=0.65V$，当 $V_{GS}=5V$ 时，如果饱和区跨导降低不超过 20%，源串联电阻最大是多少？用计算所得的电阻，重新计算当 $V_{GS}=3V$ 时的理想跨导和实际跨导。

第6章　纳米 CMOS 器件

1964年第一个商用 MOS 集成电路问世。从20世纪70年代开始，遵循摩尔定律，集成电路发展过程中 MOS 特征尺寸的变化如图6.1所示。在21世纪的前15年，特征尺寸已经经历了180nm、130nm、90nm、65nm、45nm、32nm、22nm、14nm 等技术节点，图6.2是根据2013年版国际半导体技术路线图(international technology roadmap for semiconductor，ITRS)给出的今后集成电路技术节点与年份的对应关系。在这个过程中，一方面是技术的巨大进步，另一方面是器件结构及材料的演化与升级，以及对 MOSFET 器件物理理解的不断深入。尤其是进入以纳米为单位的技术节点后，结构与材料的改变都是巨大的。图6.3[1]给出沟道长

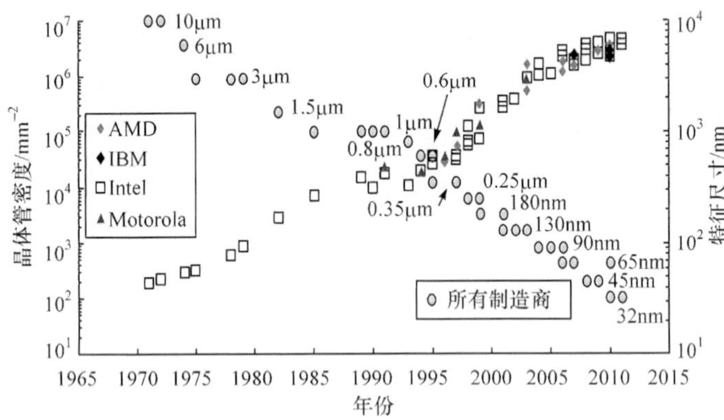

图6.1　集成电路发展过程中 MOS 特征尺寸的变化

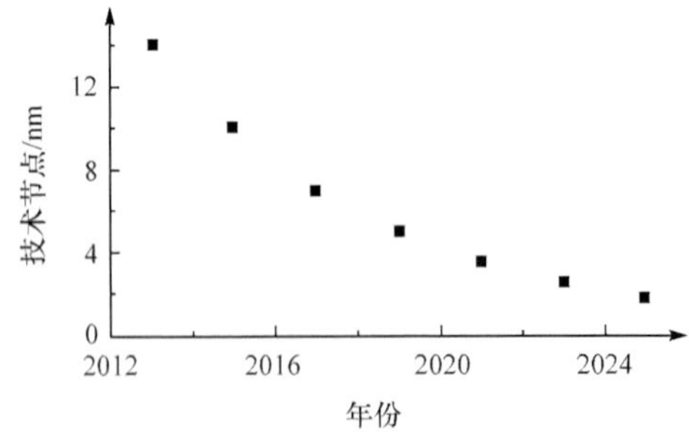

图6.2　集成电路技术节点与年份的对应关系

度分别为 0.35μm 与 35nm 的 MOSFET 的剖面图,两者间的巨大差异可见一斑。本章从微缩原理、器件物理、材料及结构等方面对纳米 CMOS 器件进行简单介绍[2]。

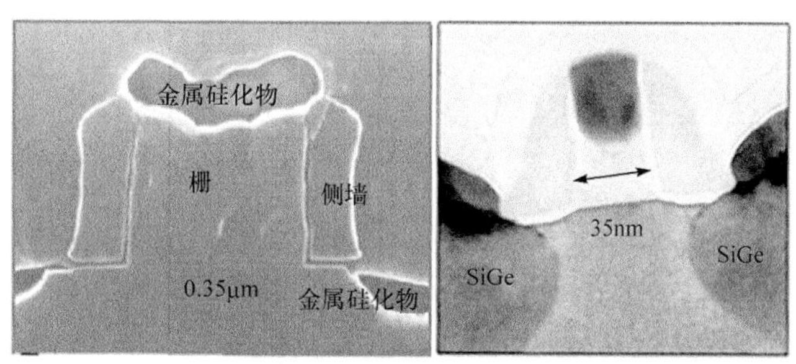

图 6.3 沟道长度分别为 0.35μm 与 35nm 的 MOSFET 剖面图

6.1 微 缩 律

影响 MOSFET 器件性能的因素很多,包括沟道长度 L、宽度 W、氧化层厚度 t_{ox}、源/漏结深 x_j 及衬底掺杂浓度 N 等。在特征尺寸以比例 S 减小的过程中,这些参数应该如何变化,遵循什么原则? 1974 年,Dennard 等[3]提出恒场率,给出密度、速率、功耗等性能随着特征尺寸减小而改变的规律,很快被实验证实,并被工业界接受,与摩尔定律一起成为技术发展的方向与目标。恒场率的原则是保持沟道电场的大小不变,为此工作电压需要与沟道长度以相同的比例微缩。在产品升级的过程中,兼容性要求保持电源电压的相对稳定,为此提出工作电压不变的恒压率。恒压率使沟道电场增大,对短沟道器件来说,漏端高电场导致的热载流子效应使器件性能大幅度下降。另外,恒压率在电路功耗及功耗延迟积方面的性能改善不如恒场率,为此提出对恒压率与恒场率进行折中的一种方法,称为普适率。普适率包含特征尺寸微缩因子 $S(S>1)$ 及调控因子 $\alpha(1<\alpha<S)$。

恒场率的原则是保持沟道电场 $E_c=V_D/L$,氧化层电场 $E_{cOX}=(V_{GS}-V_T)/t_{ox}$ 不变。为此,在 L 和 t_{ox} 缩小 S 倍时,V_{DS} 和 $V_{GS}-V_T$ 需要缩小 S 倍。根据下式分析漏电流的变化,即

$$I_D=\frac{W\mu_{\text{eff}}C_{OX}}{L}(V_{GS}-V_T)\times V_{DS} \tag{6-1}$$

其中,单位面积栅氧化层电容 $C_{OX}=\varepsilon_{ox}/t_{ox}$ 增大了 S 倍;沟道宽度 W 和长度 L 缩小 S 倍;I_D 缩小 S 倍。

进一步,门延迟时间 $t_d\propto V_{DS}C_L/I_D$,其中 $C_L=WLC_{OX}$,所以 t_d 缩小 S 倍。

显然，功耗$=V_DI_D$缩小了S^2倍，所以功耗延迟积$=V_DI_Dt_d$缩小S^3倍；器件面积$=WL$缩小S^2倍；器件密度$=1/WL$增大S^2倍。衬底掺杂浓度需要增大S倍，这可以从源和漏结深x_j的表达式中找到根据，即

$$x_j=\left(\frac{\varepsilon_s V_D}{qN}\right)^{1/2} \tag{6-2}$$

其中，电压V_D降低S倍，为了使结深x_j降低S倍，衬底掺杂浓度N需要提高S倍。

恒压率可以进行同样的分析。三种微缩方法对应的器件结构参数与性能变化如表6.1所示。

表6.1 三种微缩方法对应的器件结构参数与性能变化

指标	参数	表达式	恒场率	恒压率	普适率
器件参数	尺寸	t_{ox}, L, W, x_j	$1/S$	$1/S$	$1/S$
	掺杂	N_A, N_D	S	S^2	αS
	工作电压	V_D	$1/S$	1	α/S
器件性能	沟道电场	E_c	1	S	α
	漏电流	$I_D=\frac{W\mu_{eff}C_{OX}}{L}(V_{GS}-V_T)V_{DS}$	$1/S$	S	α^2/S
	氧化层电容	$C_L\propto WL\frac{\varepsilon_{ox}}{t_{ox}}$	$1/S$	$1/S$	$1/S$
电路性能	延迟时间	$t_D=C_L\frac{V_D}{I_D}$	$1/S$	$1/S^2$	$1/\alpha S$
	功耗	V_DI_D	$1/S^2$	$1/S$	α^3/S^2
	功耗延迟积	$V_DI_Dt_d$	$1/S^3$	$1/S$	α^2/S^3
	密度	$\frac{1}{WL}$	S^2	S^2	S^2

6.2 纳米CMOS器件中的物理问题

6.2.1 与薄氧化层相关的物理问题

为抑制短沟道效应，减小亚阈摆幅，增大驱动电流，以及提高工作速度，在特征尺寸减小的过程中，栅氧化层的厚度也一直在减小，180nm节点，栅氧化层厚度约5nm，到了65nm节点时，栅氧厚度减小到1.9nm(N型)和2.1nm(P型)[4]，即6～7个硅原子层的厚度(硅原子的尺寸为0.313nm)。这样薄的氧化层，在击穿特性

和可靠性方面的性能完全不同于厚氧，隧穿电流对器件及电路性能的影响越来越大。同时，还需要考虑多晶硅栅耗尽及反型层量子化引起的栅电容减小问题。事实上，45nm 以下节点，为了减小薄栅氧造成的较大隧穿电流，必须采用高介电常数介质和阈值电压动态调整技术。

1. 薄氧化硅击穿及可靠性

对较厚的氧化硅薄膜，击穿发生的过程是高场下的雪崩击穿，即载流子在强电场下获得足够的能量并通过碰撞把能量传递给电子，使其跃迁至导带，这样就破坏了氧化硅层的绝缘性，是氧化层的本征击穿模式。其临界击穿电场约为 10^7 V/cm。对于非常薄的氧化层，即使在高于临界击穿强度的电场下，由于距离有限，载流子从电场中获得的能量也无法达到电离阈值，因此薄氧化物薄膜因电流增大而失去绝缘性能的击穿过程与雪崩倍增无关。这并不是说薄氧化层的绝缘性能更好。决定薄氧化层击穿特性的电流输运机制是隧穿电流。

对于很薄的氧化层，在量子隧穿效应作用下，半导体中的电子或空穴会直接穿过氧化层形成很大的栅极电流。这一方面会影响器件的各项特性，增加电路功耗；另一方面会成为决定氧化层寿命的重要因素。因为氧化层非晶结构中包含很多具有极性的非桥键氧，在氧化层的禁带中提供陷阱能级，会捕获载流子成为带电中心。随着氧化层中电荷量的增加，MOSFET 的阈值电压会漂移，对器件工作的稳定性及可靠性带来严重的影响，是小尺寸器件失效的重要机制之一。因此，将陷阱中心捕获载流子，使氧化层带电的过程形象地称为氧化层的损耗。当电荷总量达到临界数值 Q_{BD} 后，氧化层性能因损耗过度而严重退化，即击穿。对于这种击穿模式，往往关注的是达到击穿所需要的时间 t_{bd}（氧化层的寿命），因此称之为时变击穿（time dependent dielectric breakdown，TDDB），即

$$t_{bd}=\tau_0\exp\left|\frac{Gt_{ox}}{V_{OX}}\right| \tag{6-3}$$

其中，V_{OX} 为氧化层上的压降；t_{ox} 为有效氧化层的厚度；τ_0 和 G 为常数；室温下，$G\approx 360\text{MV/cm}$，$\tau_0\approx 1\times 10^{-11}\text{s}$。

实验及研究表明，为达到 30 年的寿命，氧化层的最大电场不应超过 8MV/cm。缺陷的存在会使氧化层的击穿强度降低 30%左右，因此实际允许的氧化层电场为 5～5.5MV/cm。表 6.2 给出了 30 年预期寿命下，工作电压与氧化层厚度下限的关系列表。

表 6.2　30 年预期寿命下工作电压与氧化层厚度下限的关系

工作电压/V	氧化层厚度下限/nm
5	11
3.3	6.5
2.5	4.5
1	2

2. 直接隧穿电流和 F-N 隧穿电流

氧化层厚度不同时，电子隧穿势垒的形状不同。F-N 隧穿电流和直接隧穿电流如图 6.4 所示。氧化层较厚时(图 6.4 (a))，其上压降 V_{OX} 大于半导体一侧电子势垒 ϕ_b，电子隧穿势垒是三角形的，此时的隧穿电流称为 Forlow-Nordheim(F-N)隧穿电流。氧化层较薄时(图 6.4(b))，$V_{OX}<\phi_b$，隧穿势垒是梯形的，电子可以直接穿越氧化层，称为直接隧穿电流。两种隧穿电流的表达式为

$$J_{FN}=AE_{eOX}^2\exp(-B/E_{eOX}) \tag{6-4}$$

$$J_D=\frac{AE_{eOX}^2}{\left[1-\left(\dfrac{\phi_b+V_{OX}}{\phi_b}\right)^{1/2}\right]^2}\exp\left[-\frac{B}{E_{eOX}}\frac{\phi_b^{3/2}-(\phi_b-V_{OX})^{3/2}}{\phi_b^{3/2}}\right] \tag{6-5}$$

其中，E_{eOX} 为氧化层中电场；V_{OX} 为氧化层上的压降；ϕ_b 为 SiO_2-Si 的带阶差，约 3.2eV；A 和 B 为常数。

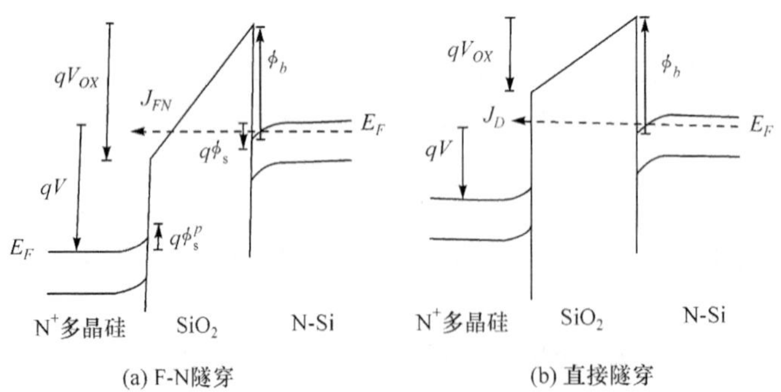

图 6.4　F-N 隧穿电流和直接隧穿电流

两种隧穿电流的特点在图 6.5 中可清晰地表现出来。随着栅电压的降低，一旦满足 $V_{OX}<\phi_b$，直接隧穿机制启动，电流将远大于 F-N 机制作用下的值。以 3.5 nm 薄氧情况为例，栅极电压大于 3V 时，隧穿电流的性质是 F-N 电流，而栅极电压小于 3V 以后，直接隧穿机制开始发挥作用，电流显著偏离 F-N 隧穿机制作用下的轨迹。氧化层厚度进一步减小，直接隧穿电流作用越来越大。

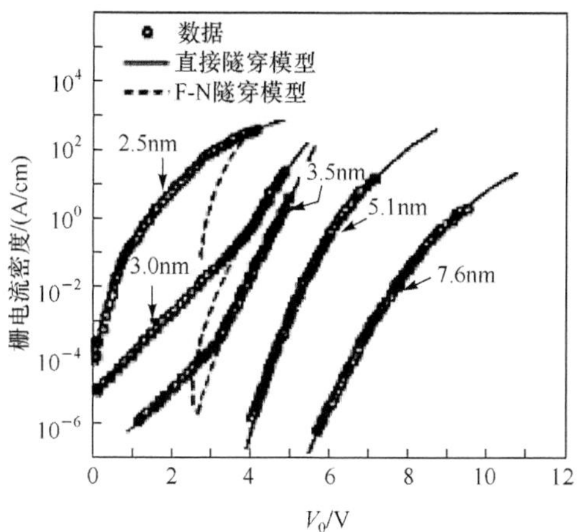

图6.5 直接隧穿电流与F-N隧穿电流的比较

直接隧穿电流对氧化层厚度的变化非常敏感(图6.6),取栅电压1.5V不变,随着氧化层厚度由3.61nm减小到2.0nm,再到1.0nm,栅电流密度由$10^{-8}A/cm^2$增加至$10^{-1}A/cm^2$,再到$10^4A/cm^2$。如果栅电极面积是$0.01\mu m^2$,则栅电极电流分别为0.1pA、1nA和0.1mA。

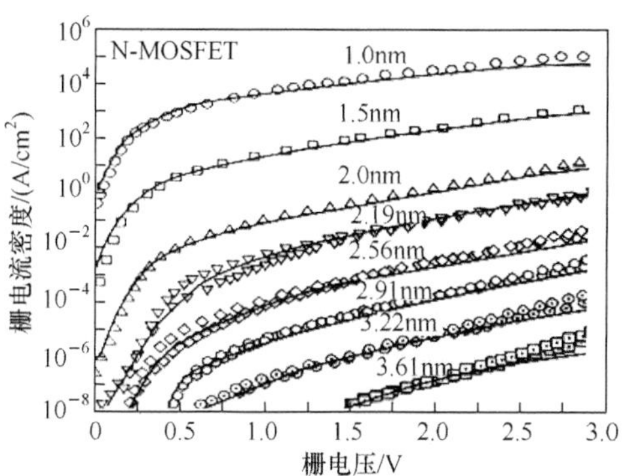

图6.6 隧穿电流随氧化层厚度的变化

3. 栅隧穿电流对器件性能的影响

栅电流不可忽视时,漏电流等于沟道电流与栅电流之和,即

$$I_D = I_{CH} + I_G \tag{6-6}$$

对薄氧MOSFET,整个沟道中的载流子都有可能隧穿氧化层成为栅电流,因此沟道越长,栅电流越大。对薄氧器件来说,减小沟道长度,可以降低栅隧穿电流对器件性能的影响。氧化层厚度为1.5nm时,不同沟道长度MOSFET的输出特

性如图 6.7 所示。$L_G=10\mu m$ 时，栅电流的存在使器件性能完全偏离 MOSFET 沟道电流的性质；$L_G=5\mu m$ 时，情况得到改善；$L_G=1\mu m$ 时，栅电流所占的比例大大降低，漏电流 I_D 的主要成分重新变为沟道电流，受栅电压调控。此外，除了沟道区产生的栅电流，栅与源、漏交叠区的泄漏电流的影响随氧化层厚度的减小也越来越大，是小尺寸薄栅器件静态功耗增大的主要原因之一。

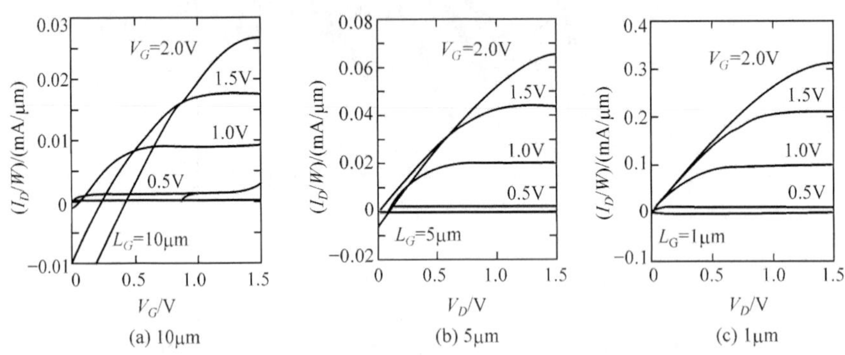

图 6.7　氧化层厚度为 1.5nm 时不同沟道长度 MOSFET 的输出特性

较薄氧化层的等效电阻减小，栅电流流过多晶硅栅所产生的压降不能忽略，器件的阈值电压将因此而增大。特别地，阈值电压将随栅泄漏电流的增大而增大(图 6.8)。此外，隧穿电流有一定的统计分布，栅氧化层越薄，隧穿电流越大，栅电流的偏差也越大。这种偏差将造成阈值电压的起伏。多晶硅上的压降不仅使有效栅电压降低，器件阈值电压增大，也使器件的跨导下降。同样，栅电流的起伏也会引起器件跨导的起伏，如图 6.9 所示。

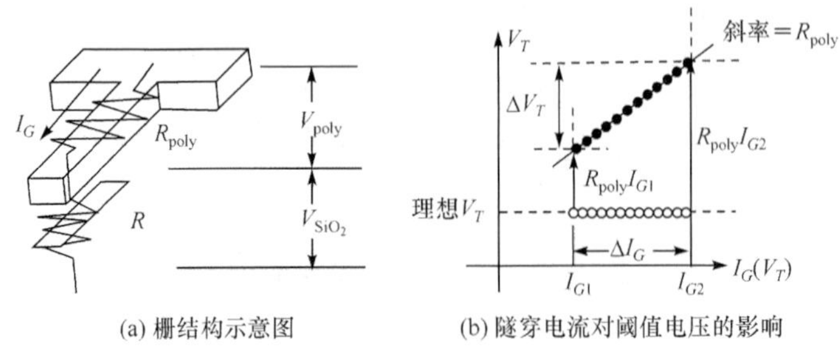

图 6.8　电流对阈值电压的影响

4. 栅电容与氧化层电容

对于常规的 MOS 结构，当半导体表面处于强反型态时，栅电容等于氧化层电容，而氧化层较薄时，栅电容不再等于氧化层电容，要小一些，相当于氧化层厚度增

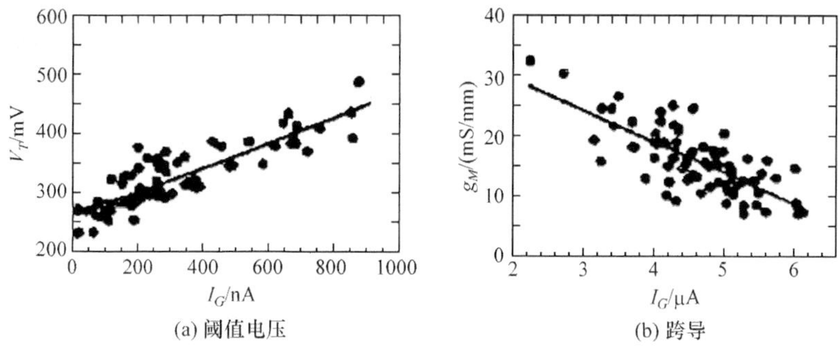

(a) 阈值电压　　(b) 跨导

图 6.9　栅电流的起伏引起器件跨导的起伏

加。造成这一结果的原因有两个方面。一方面，重掺杂多晶硅栅电极耗尽层的影响及半导体表面反型层电荷分布的影响。与金属栅电极不同，重掺杂多晶硅在某些条件下存在耗尽层，耗尽层的厚度大约相当于 0.6nm 等效氧化层的厚度。当氧化层较厚时，可以不考虑它的影响。当栅氧化层厚度减小到 6nm 以下，多晶硅栅耗尽造成的等效氧化层厚度增加就无法忽视了。

另一方面，通常把半导体表面反型层电荷作为薄层电荷处理，未考虑它的空间分布。在小尺寸器件中，器件内部电场增强时，量子效应造成反型层载流子有一个扩展的分布(图 6.10)。与经典模型相比，量子模型中反型层电荷分布的峰值距离表面约有 0.5nm 等效氧化层厚度。同样，当氧化层厚度到 6nm 以下时，反型层电荷分布的影响就会表现出来。因此，栅电容的大小为

$$C_G=\left(\frac{1}{C_{OX}}+\frac{1}{C_P}+\frac{1}{C_S}\right)^{-1} \tag{6-7}$$

其中，C_{OX} 为氧化层电容；C_P 为多晶硅耗尽层的电容；C_S 为半导体表面反型层电容。

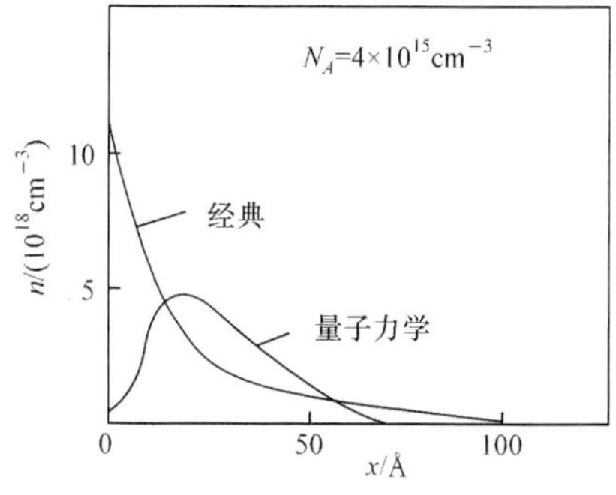

图 6.10　强表面电场作用下反型层载流子的分布

对薄栅氧化层的MOS结构而言，栅电容小于氧化层电容。

图6.11是不同栅电极材料下，半导体表面反型时栅电容随氧化层厚度的变化曲线。可见，对金属栅来说，不存在栅耗尽问题，因此氧化层厚度减小到8nm以下，栅电容减小的原因在于反型层载流子分布扩展效应。对N型掺杂的多晶硅栅，当栅电压为正时，多晶硅栅与氧化层接触的一侧呈耗尽态。即使掺杂浓度高达$2\times10^{20}cm^{-3}$，与金属栅相比，栅耗尽带来的栅电容的减小也是非常明显的，当栅掺杂浓度进一步降低到$1\times10^{20}cm^{-3}$和$6\times10^{19}cm^{-3}$时，由栅耗尽带来的栅电容减小进一步增强。

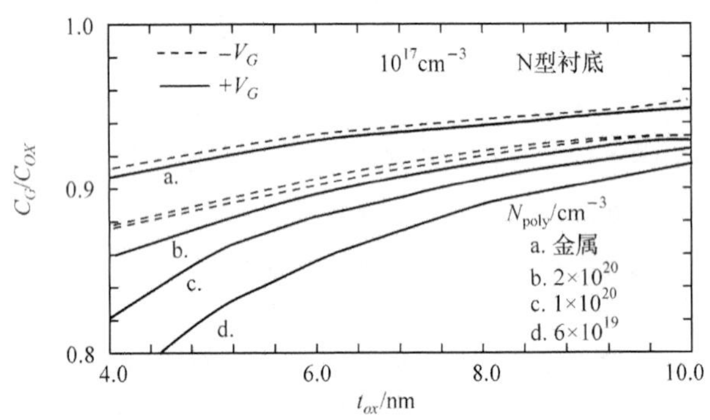

图6.11　栅电容随氧化层厚度的变化曲线

6.2.2　反型层量子效应

1. 对阈值电压的影响

电源电压不能以相同的比例减小，这将导致小尺寸器件栅氧化层中的电场接近5MV/cm，沟道中电场也在1MV/cm左右，强场下量子效应造成的影响除了使反型层中载流子分布变化而引起栅电容减小，还引起阈值电压漂移及$I_D \sim V_D$关系变化。

如图6.12所示，反型层中的载流子处于势阱中，在垂直沟道方向的运动受到限制，电子能量只能取一些分立的值。在平行沟道方向可以自由运动，形成子带。这种气体又称二维电子气(two dimensional electron gas，TDEG)。二维电子气中最低子带能量比导带底高E_0，要使表面反型层中载流子面密度达到和经典模型中强反型时同样的值，表面能带必须有更大的弯曲，表面势可以表示为

$$V_S = 2\psi_F + \Delta V_S^{QM}$$

其中，ΔV_S^{QM}是经典模型与量子模型之差。

由图6.13可知，表面电场达到10^5V/cm时，量子效应引起的表面势变化已不能忽略；达到10^6V/cm时，表面势将增大0.1V以上。

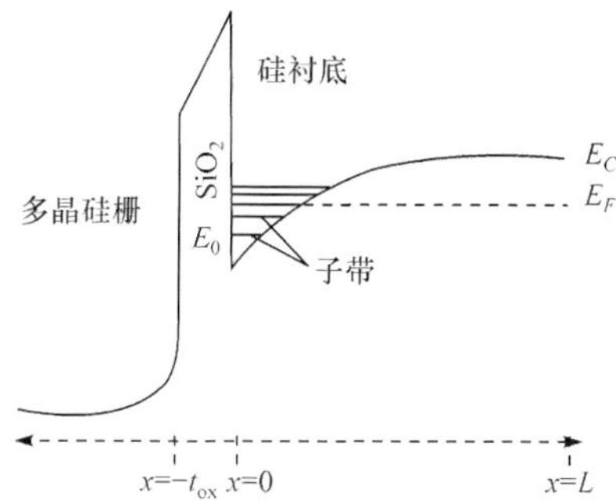

图 6.12　强场下反型层中的量子化能级及二维子带

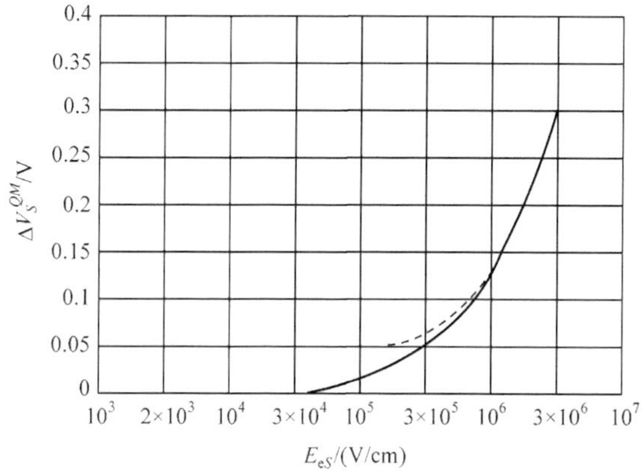

图 6.13　量子效应引起表面势变化与电场关系

量子效应导致 MOS 器件阈值电压的改变可以用下面的经验公式表示，即

$$\Delta V_T^{QM}=\frac{dV_G}{dV_S}\Delta V_S^{QM}=\gamma\Delta V_S^{QM} \tag{6-8}$$

$$\gamma=1+3\frac{t_{ox}}{x_{dm}}$$

其中，x_{dm}是最大耗尽层宽度；γ 在 1.2～1.5 之间。

量子效应引起的阈值电压变化将对 CMOS 器件设计带来影响。当器件尺寸缩小到纳米量级，电源电压将降到 1V，甚至更低，这就要求器件的阈值电压要控制在很小的范围内。量子效应造成的阈值电压变化使纳米器件设计更加困难。

2. $\sqrt{I_D}\sim V_G$

根据经典模型，饱和区 $\sqrt{I_D}\sim V_G$ 关系是线性的。阈值电压的变化将引起它的平移，而在量子效应作用下，$\sqrt{I_D}\sim V_G$ 关系更复杂(图 6.14)，其中 ΔV_{G0} 表示零漏电流时，表面量子效应对阈值电压的影响，ΔV_G 表示漏电流非零时，量子效应的影响。漏电流存在时，量子效应的影响主要表现在表面势的增加，如图 6.15(a)所示。图 6.15(b)比较了经典模型、阈值电压漂移模型及量子效应模型作用下 MOSFET 的$I_D \sim V_{DS}$关系。可见，量子效应使器件性能产生较大的退化。

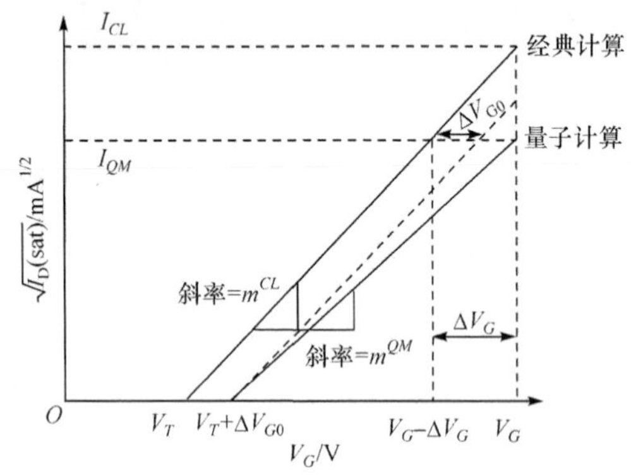

图 6.14　经典模型和量子效应模型的比较

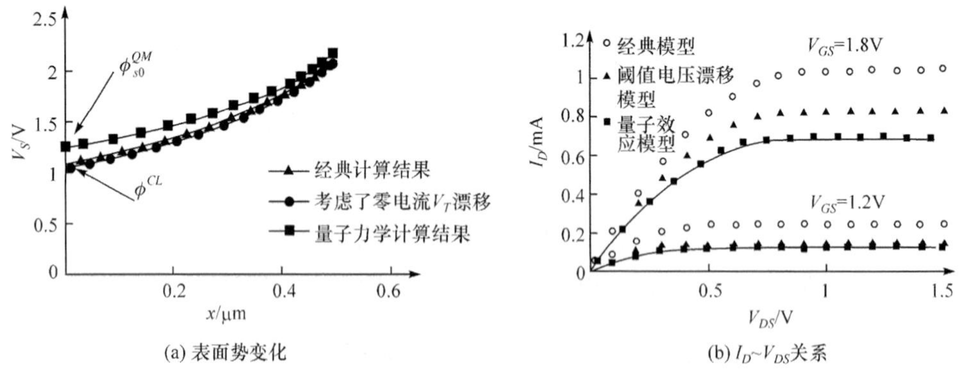

图 6.15　不同模型计算的表面势变化及 I-V 特性比较

6.2.3　迁移率退化及速度饱和

在纳米 CMOS 器件中，减薄的氧化层厚度、增加的衬底掺杂浓度及增加的表面电场强度都使沟道中载流子的散射过程加强，导致迁移率退化及饱和速度下降。

1. 迁移率与散射机制

除了离子散射、声子散射，在反型层中，载流子还受到表面不平整度的散射、表面声子散射、界面电荷散射、载流子自身的散射等的影响，其中表面声子散射、界面电荷散射及载流子自身的散射都随表面电场的增强而增加。图 6.16 是反型层载流子有效迁移率与电场的关系。可以看出，较低电场下，迁移率与衬底掺杂浓度有关，散射机制以离子散射为主，浓度越高，迁移率越低；高场下，迁移率与掺杂浓度无关，以声子散射和表面散射为主；低温下以离子散射为主。另外，掺杂浓度越低，声子散射和表面散射发生作用的表面电场越小。实验结果表明，当表面电场 E_e 小于 5×10^5 V/cm 时，以声子散射为主，$\mu_{eff}\propto E_e^{-1/3}$；当 E_e 大于 10^6 V/cm 时，以表面散射为主，$\mu_{eff}\propto E_e^{-2}$（图 6.17）。

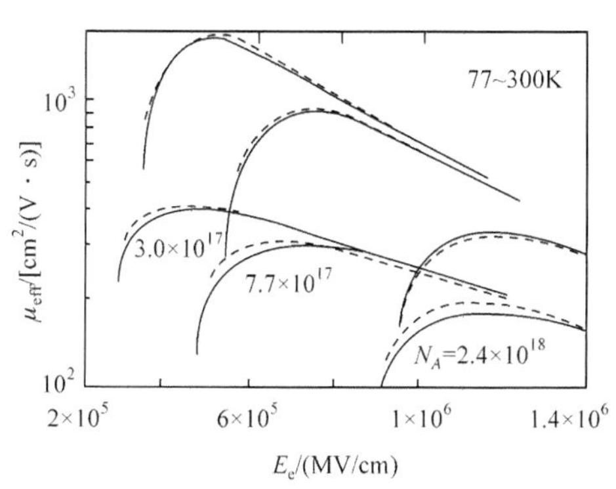

图 6.16　反型层载流子有效迁移率与电场的关系

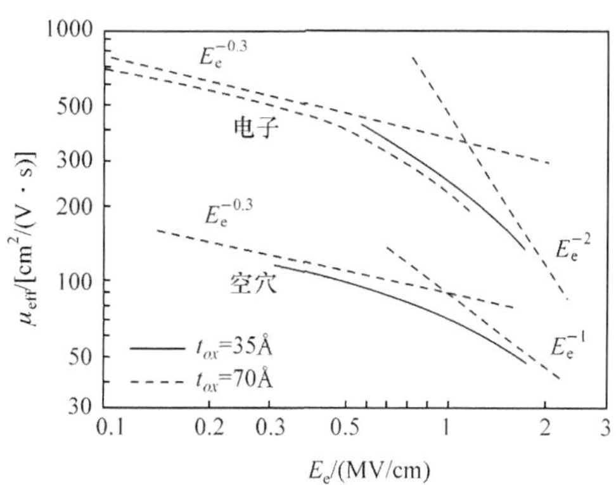

图 6.17　强场下的声子散射和离子散射

2. 影响饱和速度的因素

载流子速度饱和时，饱和漏电流为

$$I_D(\text{sat})=WC_{OX}(V_{GS}-V_T)v_s$$

可见，饱和电流与栅压间的关系是线性的，不是常迁移率模型中的平方关系，因此可以说器件性能因载流子速度饱和降低了。如图 6.18 所示，进一步分析了影响饱和速度的因素。图 6.18(a)表明反型层载流子密度由 $1.0\times10^{12}/\text{cm}^2$ 增加到 $7.2\times10^{12}/\text{cm}^2$ 时，载流子的饱和速度约降低一半。图 6.18(b)中曲线 A 与 C 的测试条件是载流子面密度相同，而纵向电场不同；曲线 A 与 B 的测试条件是纵向电场相同，而载流子的面密度不同的情况。由此可以得出结论：载流子相互之间的散射对反型层载流子速度饱和降低的贡献更大。一般地，对于较高的反型层载流子面密度（$>2\times10^{12}\text{cm}^{-2}$），饱和速度在 $5\times10^6\sim7\times10^6$ cm/s 之间。对于较低的反型层载流子面密度（$<1\times10^{12}\text{cm}^{-2}$），反型层中载流子饱和速度基本上与体内相同，约为 5×10^7 cm/s。

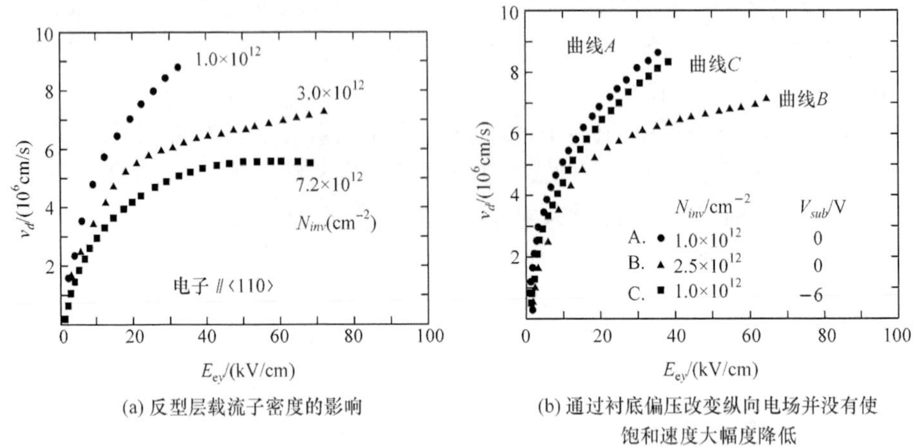

(a) 反型层载流子密度的影响

(b) 通过衬底偏压改变纵向电场并没有使饱和速度大幅度降低

图 6.18 强纵向电场及反型层载流子密度对饱和速度的影响

6.2.4 杂质随机分布

1. 杂质数量随机分布的影响

离子注入和杂质扩散的本质是随机的。杂质在半导体的分布是统计平均的结果。微观上看,沟道区内的杂质原子不是连续且均匀的理想分布,而是分立、随机的。沟道长度小于 0.1μm 以后,沟道内杂质原子总数只有几十个到上百个。这样少量的杂质数目,其数量的相对涨落可能达到百分之几十,杂质的随机分布会引起与杂质浓度有关的器件参数发生变化,特别是引起器件阈值电压的离散。杂质随机分布成为 MOS 器件小型化的一个基本限制,这在 20 世纪 70 年代就已经有人提出来了。

图 6.19 是对 8000 个沟道长度分别为 0.3μm 和 0.5μm 器件阈值电压测试的统计结果(其他参数相同),呈高斯分布,证明了杂质分布的随机性。根据测量数据给出阈值电压的标准偏差分别为 10.6mV 和 6.9mV,说明沟道长度越小,杂质分布的离散程度越大,因此可以用阈值电压的标准偏差表示杂质随机分布的程度。不考虑界面态电荷涨落的影响,由耗尽层电荷数涨落引起阈值电压变化的标准偏差可以近似表示为

$$\sigma V_T=\frac{1}{2}\sqrt[4]{4\,\varepsilon_s q^3\psi_F}\,\frac{t_{ox}}{\varepsilon_s}\frac{\sqrt[4]{N_A}}{\sqrt{L_{\mathrm{eff}}W_{\mathrm{eff}}}} \tag{6-9}$$

也就是说,杂质随机分布引起的阈值电压变化与平均掺杂浓度、有效器件面积和栅氧化层厚度都有关系。

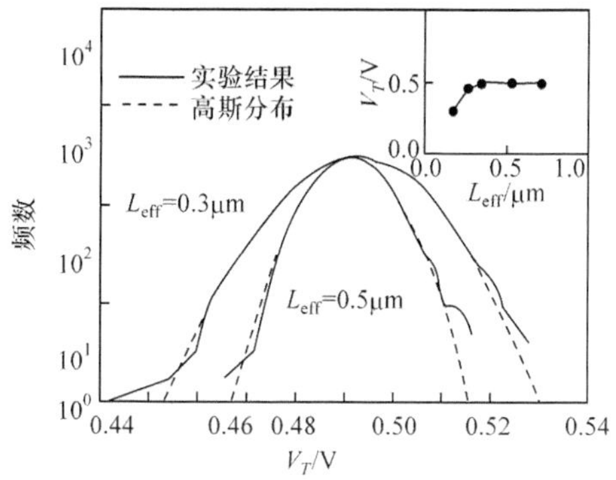

图 6.19　阈值电压测试统计结果

2. 杂质位置随机分布的影响

事实上，除了数量上的涨落，杂质纵向分布的随机性也会引起阈值电压离散性的变化(图 6.20)。图中虚线是只考虑杂质数量分布随机性的影响，实线是同时考虑数量与纵向分布随机性的影响，可见杂质纵向分布随机性的影响不可忽略。

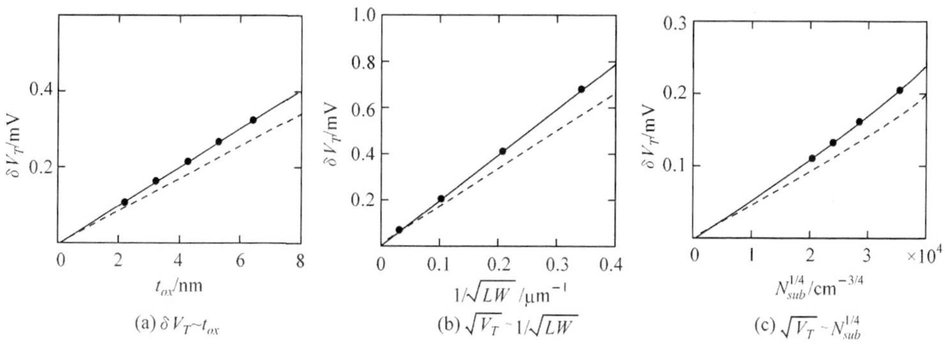

图 6.20　杂质纵向随机分布对阈值电压离散性的影响

考虑杂质纵向分布以后，阈值电压的标准偏差可以表示为

$$\sigma V_T \approx \frac{\sqrt[4]{4\varepsilon_s q^3 \psi_F}}{\sqrt{3}} \cdot \left[\frac{k_B T}{q} \frac{1}{\sqrt{4\varepsilon_s q N_A \psi_F}} + \frac{t_{ox}}{\varepsilon_s}\right] \cdot \frac{\sqrt[4]{N_A}}{\sqrt{L_{eff} W_{eff}}} \tag{6-10}$$

3. 表面势起伏的影响

阈值电压公式包括表面势及表面载流子面密度。在长沟道器件中，阈值电压公式中的表面势是体费米势的二倍；在小尺寸器件中，费米势随杂质浓度的变化而变化，因此表面势也要随杂质浓度发生变化。

平衡时,半导体的费米势为

$$\psi_F=\frac{k_BT}{q}\ln\left\{\frac{\frac{1}{2}[N_A+(N_A^2+4n_i^2)^{1/2}]}{n_i}\right\} \tag{6-11}$$

用 ρ 表示杂质的微观分布,则微观费米势可以写为

$$\psi_F=\frac{k_BT}{q}\ln\left\{\frac{\frac{1}{2}[\rho+(\rho^2+4n_i^2)^{1/2}]}{n_i}\right\} \tag{6-12}$$

平均值可以表示为

$$\overline{\psi_F(\rho)}=\psi_F-\delta\psi \tag{6-13}$$

因为 $\delta\psi>0$,所以微观费米势的平均值小于体费米势。杂质随机分布引起的微观费米势及表面势如图 6.21 所示。图中,ψ_{FS} 为表面费米势,ψ_{FB} 为体米费势。

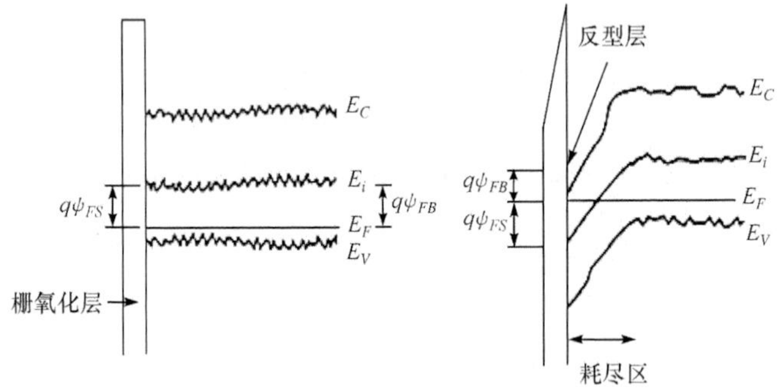

(a) 半导体表面微观费米势　　(b) 半导体表面反型时表面势的变化

图 6.21　杂质随机分布引起的微观费米势及表面势

反型时,表面势可以表示为体费米势与表面费米势之和,即

$$V_S=\psi_{FB}+\psi_{FS}(\rho) \tag{6-14}$$

式(6-14)的结果小于长沟道器件中的 $2\psi_{FB}$。阈值电压统计变化的均值可以表示为

$$\bar{V}_T<V_{FB}+\bar{V}_S+\frac{\sqrt{2\varepsilon_s qN_A\bar{V}_S}}{C_{OX}} \tag{6-15}$$

其中,V_{FB} 为平带电压。可见,$\bar{V}_T<V_T^{(0)}$,其中 $V_T^{(0)}$ 是不考虑杂质随机分布时的阈值电压。用 3D 原子化模拟得到的 $\bar{V}_T$ 与 $V_T^{(0)}$ 的比较如图 6.22 所示。

阈值电压的平均值下降,当沟道长度小于 50nm 时,下降更加显著。进一步研究还表明,越靠近表面的杂质原子,其微观涨落的影响越大。因此,人们提出逆向掺杂的 MOSFET 结构,即表面处杂质浓度很低,甚至不掺杂,以便降低杂质随机分布引起的阈值电压的离散性(图 6.23)。

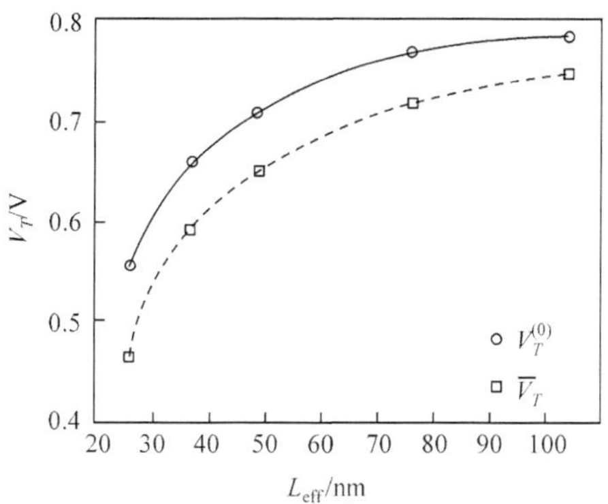

图 6.22　用 3D 原子化模拟得到的 $\overline{V}_T$ 与 $V_T^{(0)}$ 的比较

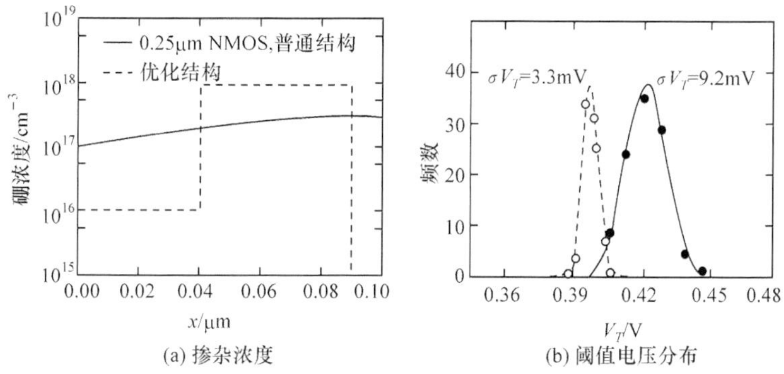

图 6.23　逆向掺杂的 NMOSFET 结构及阈值电压偏差

6.2.5　阈值电压降低的限制条件

沟道长度降至 100nm 以下时，电源电压降至 1V 左右，这时阈值电压势必降低。设计时，我们需要考虑降低阈值电压对电路性能的影响，包括延迟时间、噪声容限，以及电路功耗。

1. 延迟时间 t_d

$$t_d \propto \frac{C_L V_D}{I_D} = \frac{C_L V_D}{K\ (V_D - V_T)^2} \tag{6-16}$$

其中，C_L 是负载电容；K 是与器件结构及工艺参数有关的量。

可见，在一定的电源电压下，减小阈值电压可增大驱动电流，从而减小延迟时间。图 6.24 是一组无量纲延迟时间的实验结果，V_T/V_D 接近 0.5 时，延迟时间急剧增加，而小于 0.2 时，延迟时间变化很小。一般情况下，取 $V_T = 0.2V_D$ 从延迟时间的角度来考虑,阈值电压不应大于源电压的 20%。

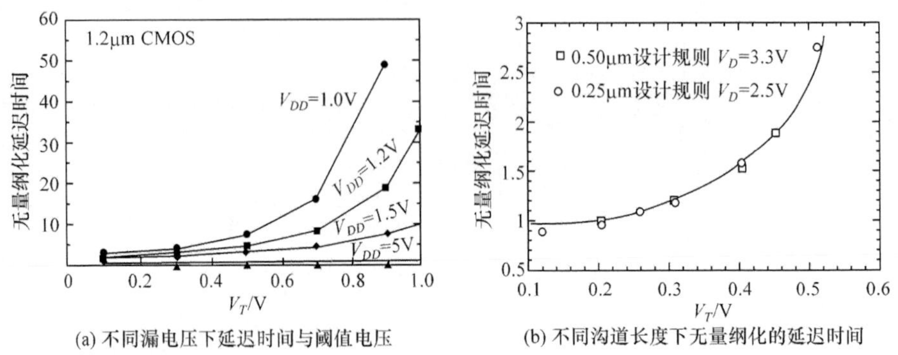

(a) 不同漏电压下延迟时间与阈值电压　　(b) 不同沟道长度下无量纲化的延迟时间

图 6.24　不同漏电压下延迟时间随阈值电压的变化

2. 噪声容限

噪声容限(图 6.25)的定义为

$$\mathrm{NM}=\frac{V_{OH}-V_{OL}}{V_{IH\min}-V_{IL\max}} \tag{6-17}$$

其中,V_{OH} 为输出高电平;V_{OL} 为输出低电平;$V_{IL\max}$ 为输入低电平的最高值;$V_{IH\min}$ 为输入高电平的最低值。将 $V_{IL\max}$ 选为阈值电压,则增大阈值电压有助于增加噪声容限。

传统上,噪声容限为 6,在 1V 电源电压下,阈值电压可以降低至电源电压的 15%。这意味着,在保持电路稳定性的条件下,可以使电路的延迟时间进一步缩短。

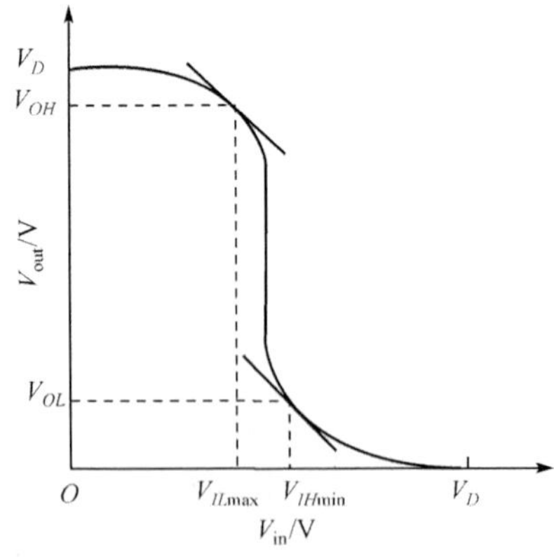

图 6.25　噪声容限

3. 电路功耗

电路功耗分为静态功耗、动态功耗及短路功耗。动态功耗是电路在开关过程中对负载电容充放电所消耗的功耗，可以表示为

$$P_D = fC_L V_D^2 \tag{6-18}$$

这部分功耗与阈值电压无关。

由于输入波形不是理想的方波，存在上升边和下降边，因此在输入电平处于 $V_{TN} \sim V_D + V_{TP}$ ($V_{TP} < 0$)，会使 CMOS 中 PMOS 和 NMOS 晶体管都导通，产生从电源到地的短路电流 I_{SC}，从而引起短路功耗，表示为

$$P_{SC} = fV_D \int_0^T I_{SC}(t)\mathrm{d}t \propto \frac{1}{12}(V_D - 2V_T)^3 \frac{\tau}{T} \tag{6-19}$$

可见，短路功耗对 $V_D - 2V_T$ 有强烈的依赖关系。对于一定的电源电压，增大阈值电压有助于减小短路功耗。如果要求短路功耗与动态功耗的比例小于 10%，则阈值电压的下限是 $0.1V_D$。

在理想情况下，静态功耗为零，但亚阈电流 I_{ST}、源漏 PN 结反向电流 I_j、栅漏覆盖区的氧化层隧穿电流 I_G、栅感应的漏极泄漏电流 I_{GIDL}，以及漏源穿通电流 I_{PT} 都会使静态功耗增加，其中影响最大是亚阈电流 I_{ST}，即

$$I_{ST} = I_0 W \exp\left[\frac{-(V_T - V_{GS})}{S/\ln 10}\right] \tag{6-20}$$

$V_{GS} = 0$ 时的亚阈电流就是 MOS 器件截止状态的泄漏电流 I_{leak}，即

$$I_{\text{leak}} \approx I_0 W \exp\left[\frac{-V_T}{S/\ln 10}\right] \tag{6-21}$$

亚阈斜率不能按比例减小。硅 CMOS 在室温下的亚阈摆幅 S 一般为 80～100mV/dec，理想情况下，S 最小值是 60mV/dec。电源电压和阈值电压减小，将使 MOS 晶体管截止状态的泄漏电流指数增加，从而引起静态功耗的增加。

总之，从提高工作速度考虑，阈值电压的选择应小于延迟时间决定的数值。从保证电路稳定工作考虑，阈值电压应该大于噪声容限决定的数值。不同静电功耗相应地也有最小的阈值电压。综合考虑，在 1V 电源电压下，阈值电压可以取 0.15V。

为解决速度和功耗的矛盾，人们提出一些新的阈值电压调整方案，如多阈值 MOSFET 电路：对影响速度的关键部分采用低阈值电压，非关键部用采用较高的阈值电压来降低功耗；动态阈值通过改变衬底偏压或绝缘层上的硅（silicon on insulator，SOI）背栅电压，在导通时降低阈值电压，增大驱动电流，截止时提高阈值电压，减小亚阈电流，降低静态功耗。

6.2.6 源漏电阻

源漏电阻存在时,MOSFET 的有效工作电压可以表示为

$$V_{GS'}=V_{GS}-I_D R_S$$

$$V_{D'S'}=V_{DS}-I_D(R_S+R_D)$$

其中,D'和S'代表本征的漏和源。

源漏电阻导致器件的工作电流和跨导下降严重。器件尺寸降低,在提高集成度和运行速度,降低功耗方面都表现出显著的优势,但源漏电阻的存在影响器件性能的改善。图 6.26 和图 6.27 给出了线性区、饱和区在有或无源漏电阻条件下跨导和漏电流的比较。可以看出,不论是在线性区还是饱和区,源漏电阻的存在会使性能降低约 20%。当源漏电阻较大时,这一比例甚至可以达到 30%。

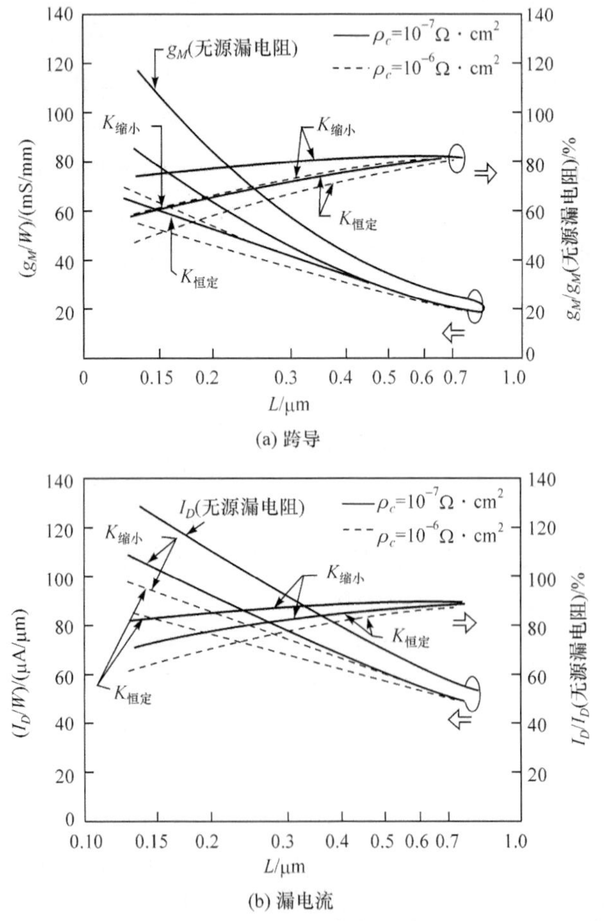

(a) 跨导

(b) 漏电流

图 6.26　线性区有或无源漏电阻条件下跨导和漏电流的比较

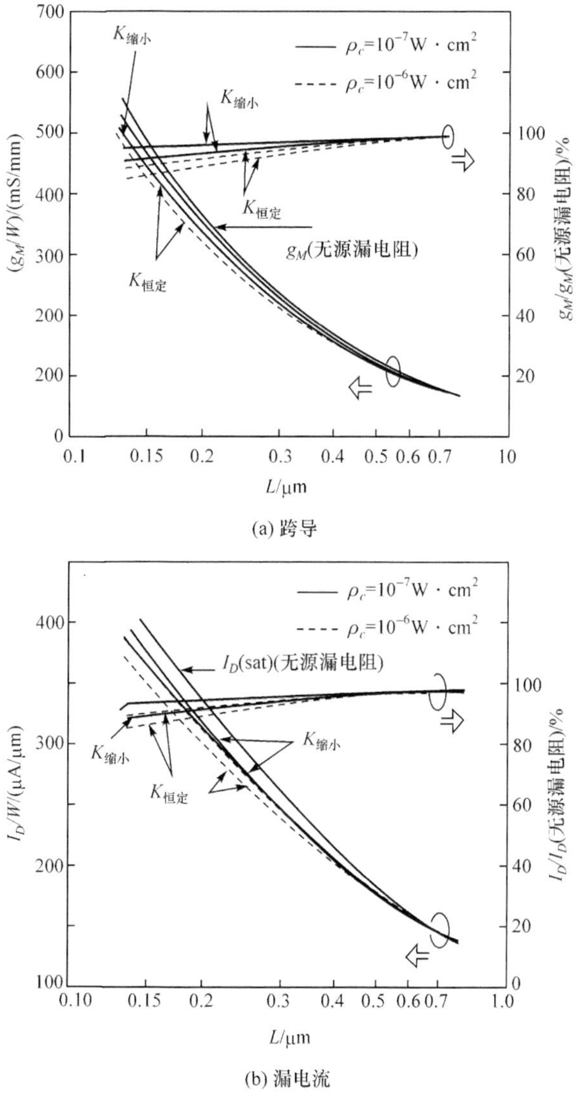

(a) 跨导

(b) 漏电流

图 6.27　饱和区有或无源漏电阻条件下跨导和漏电流的比较

一般可以把源漏电阻分解为四个部分来讨论，扩散区的薄层电阻 R_{sh}、接触窗口电阻 R_{co}、栅源/栅漏覆盖区积累层电阻 R_{ac}，以及过渡区扩展电阻 R_{sp}（图 6.28）。薄层电阻 R_{sh} 可以表示为

$$R_{sh}=\rho_{\square}l/W,\quad \rho_{\square}=\rho_{\square}/x_j \tag{6-22}$$

其中，l 是接触窗口的长度；W 是接触窗口的宽度；$\rho_{\square}$ 是接触窗口扩散层的方块电阻，对浅结，不是常数，随结深 x_j 减小而增大。

浅结的方块电阻可表示为

$$\rho_{\square}=(1/x_j)^{\alpha} \tag{6-23}$$

其中，α 与工艺有关。

对 P^+N 结，$\alpha\approx 5$，认为 R_{sh} 保持不变。对 NMOS，$R_{sh}\times W\approx 20\Omega\cdot m$；对 PMOS，$R_{sh}\times W\approx 60\Omega\cdot m$。

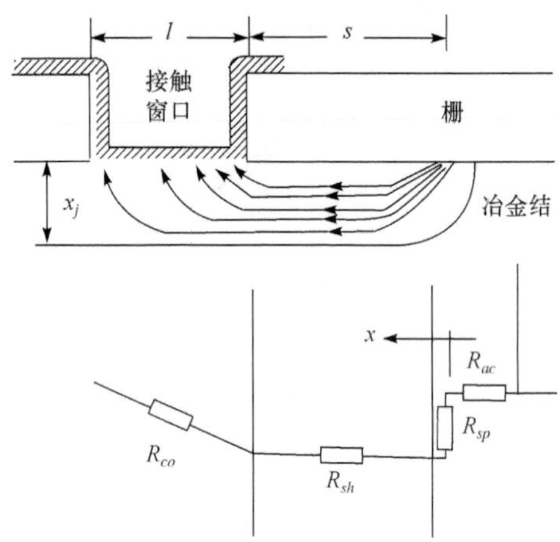

图 6.28　MOSFET 晶体管源漏电阻结构示意图

接触电阻 R_{co} 可以表示为

$$R_{co}=\frac{\sqrt{\rho_{\square}\rho_C}}{W}\coth\left(l\frac{\rho_{\square}}{\rho_c}\right) \tag{6-24}$$

其中，$\rho_{\square}$ 约为 40～500Ω/□；ρ_c 对应于每平方厘米的接触电阻。

可以看出，增加电极接触电阻窗口区的宽度 l，可以减小接触电阻，但增加 l 会带来电流集边效应，即窗口结面的压降分布不均匀而导致电流集中在窗口边缘。减小 $\rho_{\square}$ 可减小 R_{co}，又有利于减小电流集边效应。

在栅电压作用下，源漏被栅覆盖的区域表面形成积累层，其电阻比周围小。载流子离开沟道后，不是立刻进入源漏扩散区，而是先流经积累层，因此积累层电阻 R_{ac} 不能忽视。积累层的长度由源漏区掺杂浓度的梯度决定。当表面积累层的载流子浓度和该点的源漏区掺杂浓度相当时，就是积累层的终点。在积累层和薄层电阻之间是扩展电阻区，一般扩展电阻区电阻与积累层电阻不但与掺杂剖面、器件尺寸有关，而且与栅电压有关(图 6.29)。图中 K 是掺杂杂质的分布梯度，对于真正突变结，为无穷大。实际上，K 是个有限值，可简单处理为常数。

从图 6.30 可以看到，沟道长度减小，扩散区薄层电阻基本不变；接触电阻增大；积累层电阻和扩展电阻降低速率缓慢。当 $\rho_c\geqslant 10^{-6}\Omega\cdot cm^2$ 时，接触电阻将成为影响器件性能的主要因素。对深亚微米器件，为了克服源漏电阻和多晶硅栅电

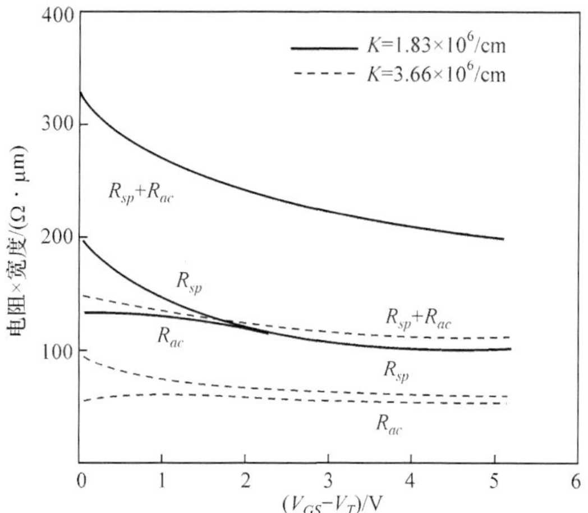

图 6.29　$R_{sc}+R_{sp}$ 随沟道长度的变化

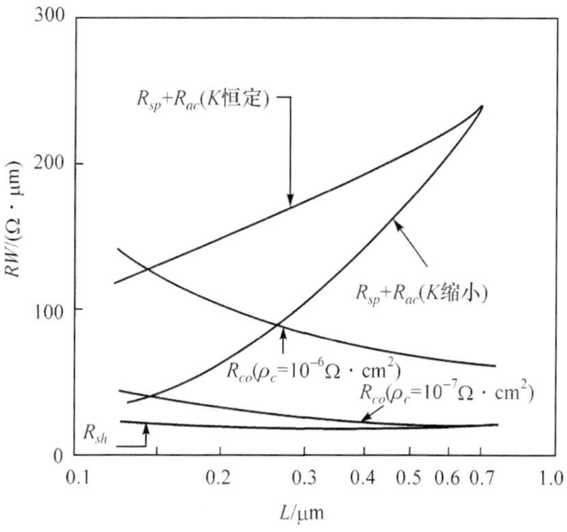

图 6.30　源漏电阻各部分随栅长的变化

阻的影响，普遍采用硅化物自对准技术，形成极浅的源漏延伸区结构(图 6.31)。

这个结构的电阻只有两部分，延伸区电阻和硅化物电阻，即

$$R_S(R_D)=R_{SE}+R_{\text{硅化物}} \tag{6-25}$$

硅化物的电阻率小于 $10^{-9}\Omega\cdot\text{cm}$，远小于扩散区的电阻率，总的 $R_{\text{硅化物}}$ 只有 1～4.8Ω/□，但延伸区浅，R_{SE} 可达到 1.4kΩ/□。减小 R_{SE} 成为这一结构在设计时要考虑的一个因素。

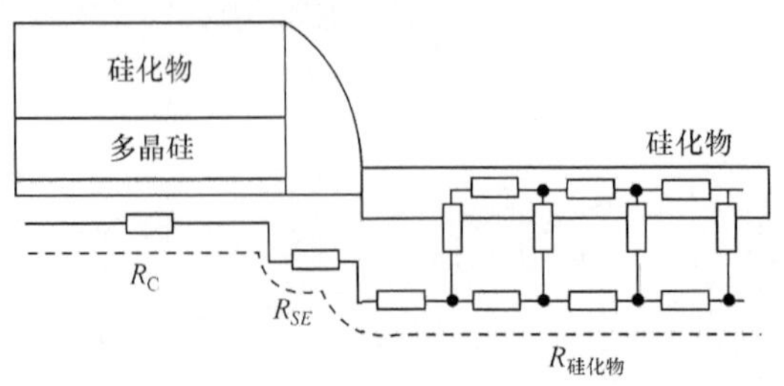

图 6.31　硅化物源漏延伸区结构

6.3　纳米 CMOS 中的新技术

6.3.1　栅工程

1. MIS 结构

金属-绝缘体-半导体(metal-insulator-semiconductor，MIS)结构是 MOSFET 的核心部分，绝缘介质将栅电极与半导体表面隔离开，以使栅电压能更好地控制半导体表面的状态，形成稳定的沟道。随器件尺寸的减小，栅介质与栅电极及硅表面之间形成的两个界面对于器件的性质起到越来越重要的作用。栅结构如图 6.32 所示。这两个界面是过渡层，厚度通常在几埃。当栅介质层的厚度也在这个量级时，上下界面层将以各种方式直接影响器件性能。除了使栅电容减小，上界面层可以防止硼等杂质的扩散；下界面层与沟道直接接触，其中的缺陷态密度会直接影响沟道中载流子的迁移率。

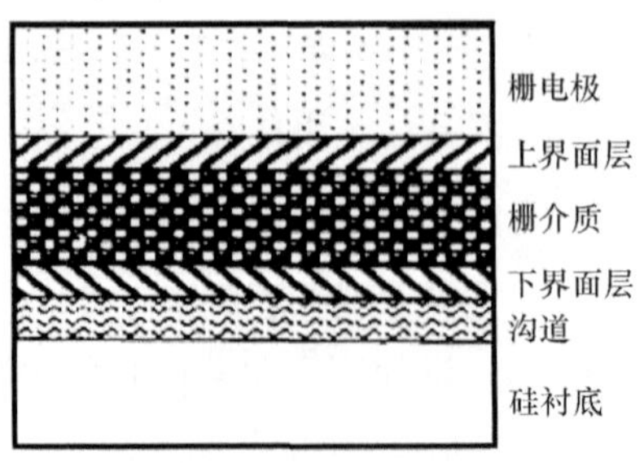

图 6.32　栅结构图

栅耗尽及反型层量子化问题也随绝缘介质层厚度的减小而日益突出，相当于栅介质厚度增加，导致栅电容减小。因此，定义等效电容厚度 CET(图 6.33)，即

$$\mathrm{CET}=\mathrm{EOT}+t_{dp}+t_{qm} \tag{6-26}$$

其中，EOT 统指非氧化硅介质的等效氧化层厚度；t_{dp} 为多晶硅栅耗尽层厚度；t_{qm} 为沟道中载流子与表面的距离。

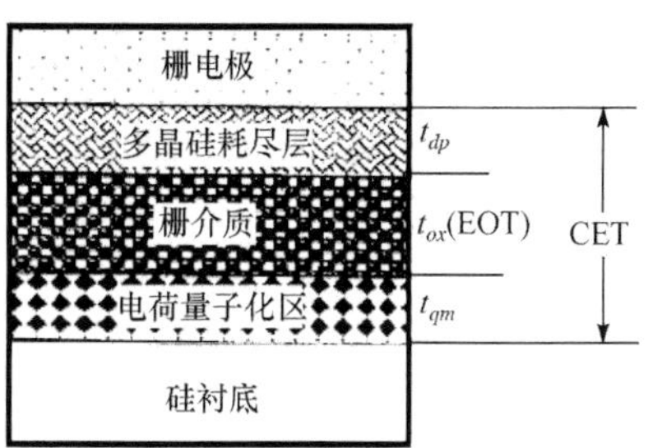

图 6.33　等效电容厚度

2. 高 *K* 介质

器件尺寸小于 0.1μm 后，如果用氧化硅层作栅介质，其厚度将小于 3nm，栅隧穿电流将太高而无法接受，因此提出高 *K* 介质栅，与氧化层具有同样电容时，可以有更大的厚度，从而解决栅隧穿电流的问题。利用下式，即

$$C_{OX}=\frac{\varepsilon_{ox}}{t_{ox}} \tag{6-27}$$

$$C_{\mathrm{highK}}=\frac{\varepsilon_{\mathrm{highK}}}{t_{\mathrm{highK}}} \tag{6-28}$$

在保持栅电容不变的前提下，高 *K* 介质的厚度为 $t_{\mathrm{highK}}=\frac{\varepsilon_{\mathrm{highK}}}{\varepsilon_{ox}}t_{ox}$，也可以说对介电常数为 $\varepsilon_{\mathrm{highK}}$、厚度为 t_{highK} 的高 *K* 介质，其等效氧化层厚度为

$$\mathrm{EOT}=\frac{\varepsilon_{ox}}{\varepsilon_{\mathrm{highK}}}t_{\mathrm{highK}} \tag{6-29}$$

如在特征尺寸为 70nm 时，等效氧化层厚度应该为 1～0.6nm。选择介电常数为 15.6 的高 *K* 介质栅，则其物理厚度可以提高到 4～2.4nm，因此可减小隧穿电流，提高可靠性。在亚 100nm 节点 CMOS 中，介电常数选择在 12～20 之间，可使栅的物理厚度在 3.5～5.0nm 之间，而对亚 50nm 节点的 CMOS，则栅介质的介电常数最好大于 20。根据 2013 年发表的 ITRS，10nm 节点以下的器件，介电常数需要大于 30。在图 6.34 中，如果高 *K* 介质的介电常数 $\varepsilon_{\mathrm{highK}}$ 为 10，则对 1.2nm 的等效氧化硅层厚度，高 *K* 介质的厚度可以达到 3nm，隧穿电流将降低 2 个数量级。表 6.3 给出了常用栅介质材料的介电常数及其他特性。

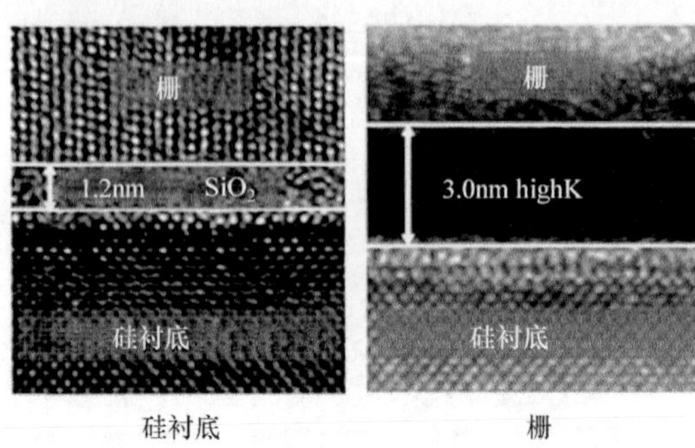

图 6.34　高 K 介质与等效氧化层厚度

表 6.3　常用栅介质材料的介电常数及其他特性

材料	介电常数	带隙 E_G/eV	与硅的导带间距 ΔE_C/eV	晶体结构
SiO_2	3.9	8.9	3.2	无定形
Si_3N_4	7	5.1	2.4	无定形
Al_2O_3	9	8.7	2.8	无定形
Y_2O_3	15	5.9	2.3	立方结构
La_2O_3	30	4.3	2.3	六方结构
Ta_2O_5	26	4.3	0.3	正交结构
TiO_2	80	3.5	1.2	四方结构
HfO_2	25	5.9	1.5	四方结构
ZrO_2	25	5.8	1.4	四方结构

高 K 介质的选择是项复杂的工作，需要考虑多方面因素，如热稳定性要好，以免在高温工艺下性能退化；非晶结构要稳定，以免多晶化带来泄漏电流增加；带隙要大，带阶要高，以减小隧穿电流及热电子发射电流；与硅界面的界面缺陷态密度要低，以降低对沟道载流子散射的影响等。2007 年以后，各大集成电路企业都选择用铪基介质取代氧化硅。

3. 金属栅电极

随着 CMOS 技术的发展，栅电极材料的选择有个演化过程，与自对准工艺相适应的重掺杂多晶硅栅很快取代了初期的铝电极。为减小多晶硅电阻，采用多晶硅-金属硅化物的复合电极；为抑制短沟道效应，降低阈值电压，引入双掺杂多晶硅栅工艺，用高浓度硼掺杂的 P 型多晶硅作为 PMOSFET 的栅电极。尽管如此，随着栅介质厚度的减小，多晶硅栅电极耗尽的问题越来越突出，尤其是在反型态下，栅结构的电容随栅电压的增大而减小（图 6.35），进一步降低了器件的稳定性，为此需要重新考虑金属栅电极的使用。

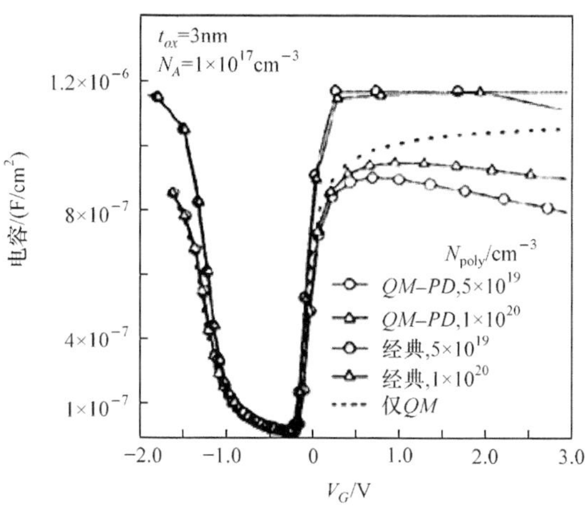

图 6.35　不同掺杂浓度下多晶硅栅电极耗尽对栅电容的影响

新型栅电极的选择要求薄层电阻在 4～6Ω/□之间，其费米能级与硅导带、价带或本征能级接近。另外，新型栅电极材料稳定性要好，与栅介质黏附性好，并与 CMOS 工艺兼容。目前选择比较多的是 W-TiN 复合栅结构，其中 TiN 功函数在硅禁带中央，可以得到对称的阈值电压；W 电阻小，且可以经受高温处理工艺，满足自对准工艺对栅电极的要求，与 CMOS 工艺兼容。在 Cu 布线工艺中，W-TiN 是 Cu 的扩散阻挡材料。

利用化学机械抛光工艺发展起来的替代栅技术，使栅电极在源漏杂质激活后形成，即栅电极最后形成工艺。这种方法一方面可以避免对新型栅电极和栅介质材料化学稳定性和热稳定性的要求，另一方面消除工艺过程中引入的损伤和应力相关的扩散问题，同时还可以解决新材料的刻蚀问题。替代栅技术的工艺流程如图 6.36 所示。

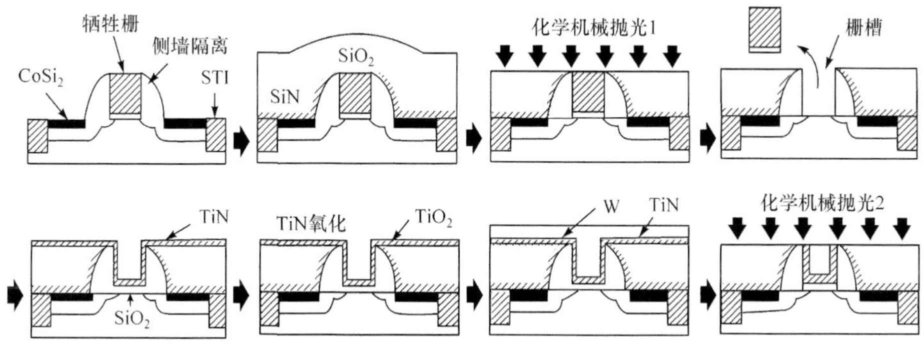

图 6.36　替代栅技术的工艺流程

在标准 CMOS 工艺基础上，还实现了双金属栅结构的 MOSFET 工艺。选择 Ti 为 NMOSFET 的栅电极，Mo 为 PMOSFET 的栅电极。为了防止后续工艺中栅电极材料与其他材料发生反应，使用了 TiN 阻挡层。

6.3.2 沟道工程

随着沟道长度进入纳米量级，由栅控电荷减小导致的阈值电压降低、由杂质随机分布导致的阈值电压离散、由源漏空间电荷区连接导致的穿通，以及由漏端高电场导致的热载流子效应越来越显著，因此对沟道进行非单一、非均匀的特殊局域掺杂，称为沟道工程。沟道工程分为纵向沟道工程和横向沟道工程。这里主要介绍逆向掺杂结构及 HALO 结构。

1. 纵向沟道工程——逆向掺杂结构

减小表面层杂质浓度，可以降低杂质随机分布的影响，减轻迁移率退化导致的驱动电流减小问题，主要采用的结构有逆向掺杂、SOI 及本征沟道结构。这里简单介绍逆向掺杂结构及特点，本征沟道结构是逆向掺杂结构的极端情况。

如图 6.37 所示，厚度为 t_{Si} 的表面层掺杂浓度为 N_{A1}，衬底掺杂浓度为 N_{A2}，一般 N_{A1} 比 N_{A2} 低两个数量级。表面低的掺杂浓度可以降低阈值电压的离散性，增加阈值电压的可控性，还可以提高载流子在沟道中的迁移率，从而增大驱动电流；沟道下部采用高的掺杂浓度，可以抑制短沟道效应，减小器件的泄漏电流。图 6.38 是常规器件与逆向掺杂器件性能的比较。可以看出，$t_{Si}=40$nm 的逆向掺杂器件具有更高的跨导，并且在沟道长度为 0.12μm 时才出现短沟道效应；对掺杂浓度比较低的体硅 MOSFET，在沟道长度低于 0.14μm 以后，阈值电压急剧下降。外延层厚度对逆向掺杂结构器件的阈值电压也有影响，当 $t_{Si}=50$nm 时，在沟道长度为 0.33μm 时，出现短沟道效应。通过调节外延层的厚度，可以获得优异的器件特性。逆向掺杂结构的器件具有明显优势。

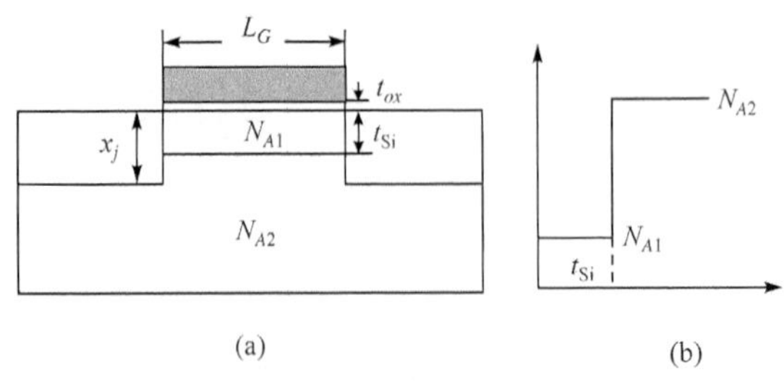

图 6.37 逆向掺杂结构及杂质分布示意图

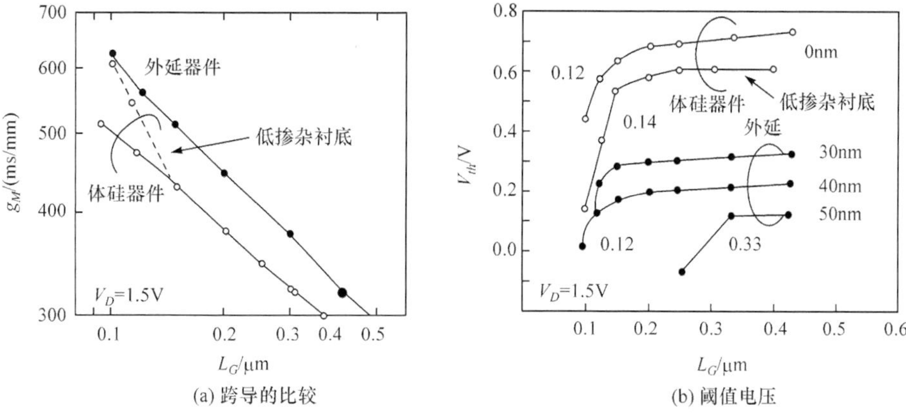

(a) 跨导的比较　(b) 阈值电压

图 6.38　常规器件与逆向掺杂器件性能的比较

在新型 MOSFET 结构中，引入特征长度 λ 表示该结构短沟道效应发生时的临界沟道长度。对逆向掺杂结构来说，有

$$\lambda=\sqrt{\frac{\varepsilon_{Si}t_{ox}d^2(d+t_{Si})}{2\varepsilon_{ox}[2d^2+\varepsilon_{Si}/\varepsilon_{ox}t_{ox}(3d-t_{Si})]}} \tag{6-30}$$

其中，d 为短沟道逆向掺杂结构沟道下面耗尽层的最大宽度，即

$$d=\frac{1}{1-2\exp\left[\frac{L_G}{\xi(x_S+x_D)}\right]}x_{dm} \tag{6-31}$$

其中，x_{dm} 为长沟道逆向掺杂结构沟道下面耗尽层的最大宽度；ξ 为拟合参数，一般取 0.65。

如图 6.39 所示为逆向掺杂结构阈值电压计算分析图。可以看到，仍然以衬底内部本征能级的位置为零电势，则反型时，表面势为表面层和衬底层费米势之和，即 $V_S=\psi_{F1}+\psi_{F2}$。

下面分析 x_{dm}。半导体表面耗尽区宽度最大时电场分布如图 6.39(c)所示。建立的泊松方程为

$$\begin{cases}\dfrac{dE_{e1}}{dx}=-\dfrac{qN_{A1}}{\varepsilon_{Si}}, & 0\leqslant x\leqslant t_{Si}\\ \dfrac{dE_{e2}}{dx}=-\dfrac{qN_{A2}}{\varepsilon_{Si}}, & t_{Si}\leqslant x\leqslant x_{dm}\end{cases} \tag{6-32}$$

边界条件为

$$\begin{cases}V=\phi_S, & x=0\\ E_{e1}=E_{e2}, & x=t_{Si}\\ E_{e2}=0, & x=x_{dm}\end{cases} \tag{6-33}$$

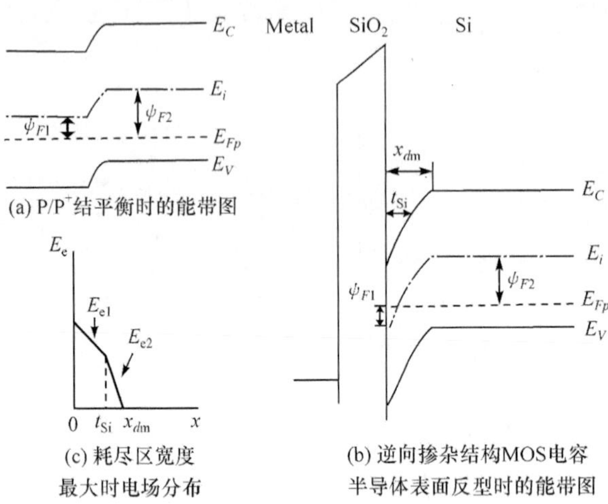

(a) P/P⁺结平衡时的能带图

(c) 耗尽区宽度最大时电场分布

(b) 逆向掺杂结构MOS电容半导体表面反型时的能带图

图 6.39　逆向掺杂结构阈值电压计算分析图

所以，有

$$\begin{cases} E_{e1}=-\dfrac{qN_{A1}}{\varepsilon_{Si}}x+\dfrac{qN_{A2}}{\varepsilon_{Si}}x_{dm}-\dfrac{q(N_2-N_1)}{\varepsilon_{Si}}t_{Si} \\ E_{e2}=\dfrac{qN_{A2}}{\varepsilon_{Si}}(x_{dm}-x) \end{cases} \tag{6-34}$$

对电场积分，则有

$$V_S=\psi_{F1}+\psi_{F2}=\int_0^{t_{Si}}E_{e1}\,dx+\int_{t_{Si}}^{x_{dm}}E_{e2}\,dx \tag{6-35}$$

可以得到下式，即

$$x_{dm}=\sqrt{\frac{2\varepsilon_{Si}V_S}{qN_{A2}}+\frac{(N_{A2}-N_{A1})t_{Si}^2}{N_{A2}}} \tag{6-36}$$

如果给衬底施加电压 V_{sub}，则理想条件下，逆向掺杂 MOS 结构的阈值电压 V_{TO} 为

$$V_{TO}=V_S+\frac{1}{C_{OX}}\left\{\sqrt{2\varepsilon_{Si}qN_{A2}\left[V_S+V_{sub}+\frac{q(N_{A2}-N_{A1})}{2\varepsilon_{Si}}t_{Si}^2\right]}-q(N_{A2}-N_{A1})t_{Si}\right\} \tag{6-37}$$

图 6.40 是阈值电压随外延层厚度及衬底掺杂浓度的变化情况，由模拟结果可知，两种方法表现出完全一致的变化趋势。阈值电压随外延层厚度减小而增大，随着衬底掺杂浓度的增大，阈值电压也是增大的。这意味着，对逆向掺杂结构来说，减小沟道长度的同时，减小外延层厚度，或者增大衬底掺杂浓度，都能保持性能不退化。这一方面改善了纳米器件的短沟道效应，另一方面还增加了器件调控的参数，使器件设计更加容易实现。以漏电流达到一定数值时对应的栅电压为阈值电

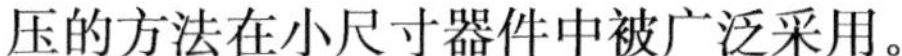
压的方法在小尺寸器件中被广泛采用。

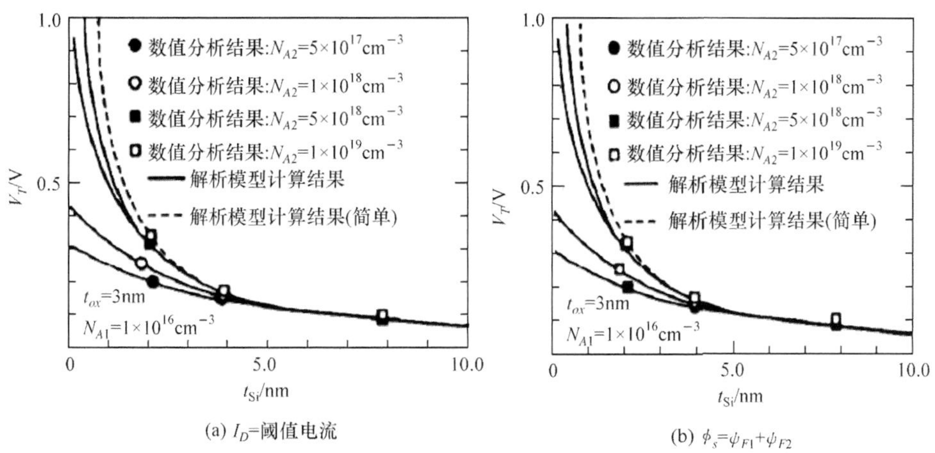

(a) I_D=阈值电流　　(b) $\phi_s=\psi_{F1}+\psi_{F2}$

图 6.40　阈值电压随外延层厚度及衬底掺杂浓度的变化

2. 横向沟道工程

以逆向掺杂结构为代表的纵向沟道工程仍然无法解决漏端高电场导致的热载流子问题、源漏耗尽区的穿通问题，以及 DIBL 导致的截止电流增大的问题。为此提出横向沟道工程，利用沟道横向掺杂的非均匀性克服上述短沟道效应，以 HALO 结构为代表。与常规 MOSFET 结构相比，HALO 结构主要是在源和漏附近通过离子注入引入高掺杂区，如图 6.41 所示，α 是离子入射的角度。

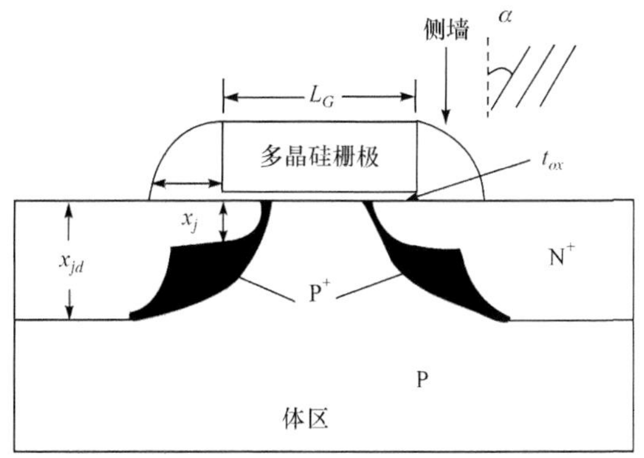

图 6.41　HALO 结构示意图

HALO 结构沟道电势分布的计算结果如图 6.42(a)所示。可见，V_{DS} 由 0.05V 增加到 3.0V 后，源端沟道中的电势分布没有变化，即重掺杂层的引入有效地屏蔽了漏电压对源端电势的影响，因此缓解了 DIBL 效应(图 6.42(b))。

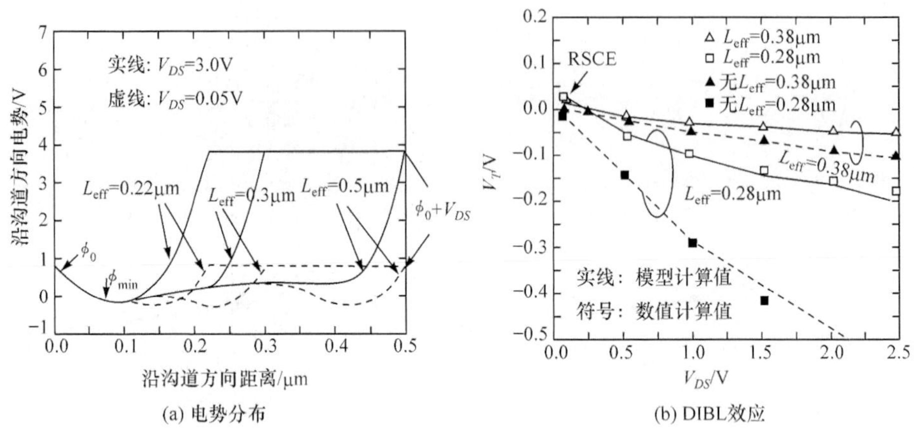

(a) 电势分布　　(b) DIBL效应

图 6.42　沿沟道方向电势分布计算结果及有无 HALO 结构时的 DIBL 效应($t_{ox}=4\text{nm}$, $x_j=0.06\mu\text{m}$, $N_{sub}=2.5\times10^{17}\text{cm}^{-3}$, $N_P=4.5\times10^{17}\text{cm}^{-3}$, $L_p=0.06\mu\text{m}$)

HALO 结构 MOSFET 的特征长度为

$$\lambda=\sqrt{\frac{\varepsilon_{Si}t_{ox}x_d}{\varepsilon_{ox}}} \tag{6-38}$$

其中，x_d为最大耗尽层宽度。

HALO 结构 MOSFET 阈值电压的解析表示非常复杂。实验和计算结果都表明，HALO 区的注入剂量、离子能量及注入角度都对阈值电压有影响，如图 6.43 所示，k 是与工艺有关的参量，$k>1$ 时出现反常短沟道效应。可以看到，增加注入离子能量和剂量，提高注入角度，都会带来反常短沟道效应，即随沟道长度减小，阈值电压增大，短沟道效应得到改善。

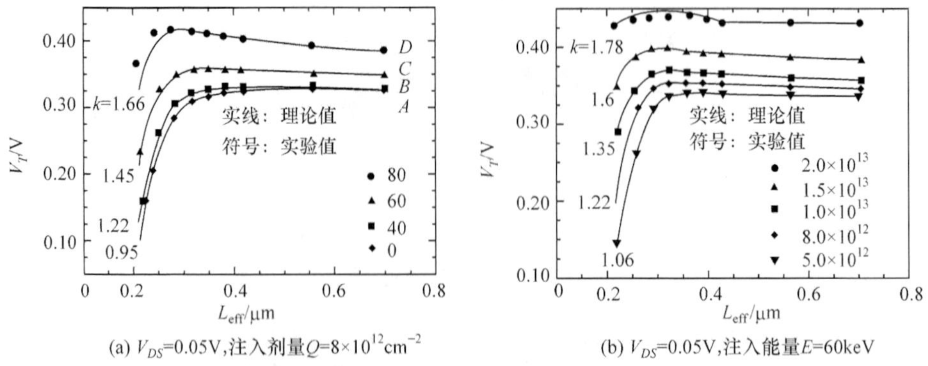

(a) V_{DS}=0.05V,注入剂量$Q=8\times10^{12}\text{cm}^{-2}$　　(b) V_{DS}=0.05V,注入能量E=60keV

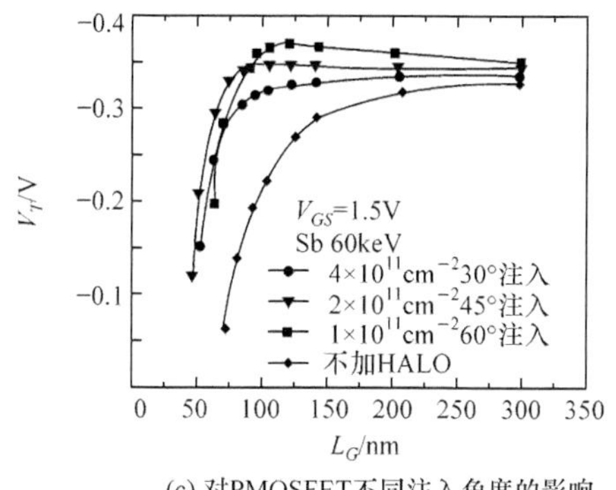

(c) 对PMOSFET不同注入角度的影响

图 6.43　带有 HALO 注入的 NMOSFET 的 V_T 和 L_G 的实验与理论计算的关系曲线

HALO 结构分为对称型和非对称型。对称型 HALO 对源和漏两端同时掺杂，而非对称型只对源或漏中的一端进行离子注入。源 HALO 结构称为非对称正向模式，漏 HALO 结构称为非对称反向模式。非对称 HALO 结构与常规结构的性能比较如图 6.44 所示。

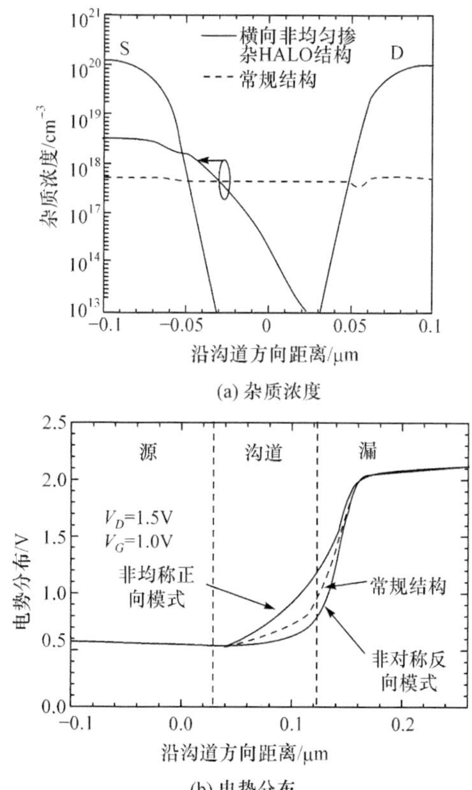

(a) 杂质浓度

(b) 电势分布

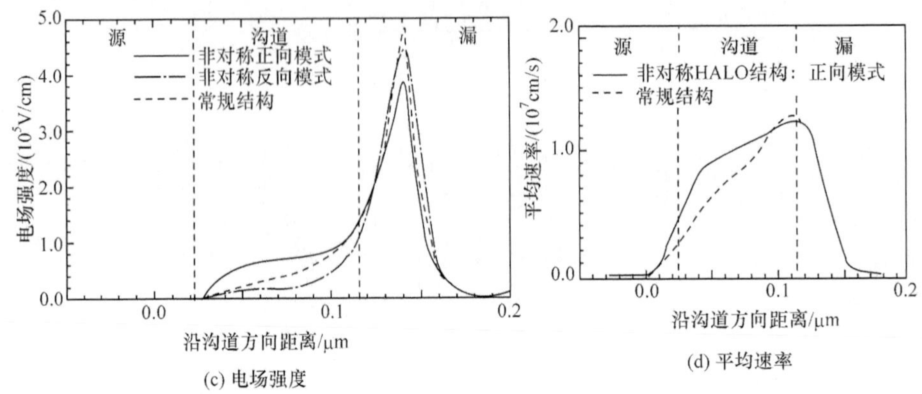

图 6.44 非对称 HALO 结构与常规结构性能比较

如图 6.45 所示为非对称 HALO 结构与常规结构阈值电压随栅长的变化。可以看出，非对称结构具有更加优异的短沟道特性。

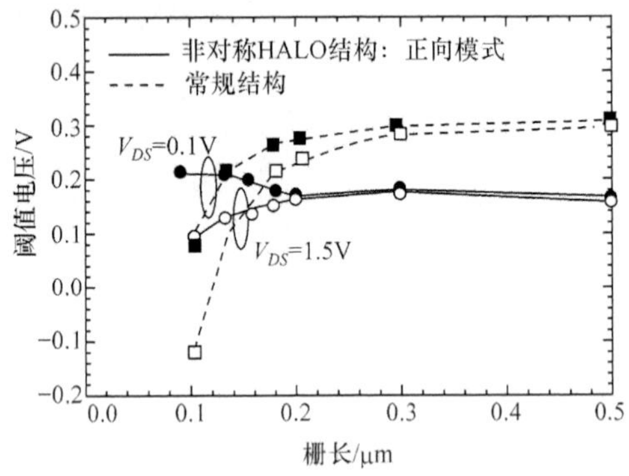

图 6.45 非对称 HALO 结构与常规结构阈值电压随栅长的变化

6.4 新型结构纳米 CMOS 器件

CMOS 器件取得了巨大的成功，但是随着器件尺寸的减小，各种二级物理效应的影响愈发突出。除了上面提到的栅工程及沟道工程，在保持 MOSFET 的基本器件物理不变的基础上，人们在器件结构方面提出并实现了大量新的设计与构想，推动了 CMOS 技术进入纳米时代。

6.4.1 SOI

1. SOI 的结构和性能优势

SOI 及体硅 MOSFET 结构如图 6.46 所示。它充分利用 MOSFET 是表面器件这一特点，在硅表面有源层下引入埋氧化层，大大减小了体硅的厚度，解决了寄生电容的问题，提高了速度。如果从技术上解决了 SOI 晶圆的质量问题，SOI MOSFET 具有的优势将更多地表现出来，如泄漏电流小、功耗低、易于隔离且集成度高。

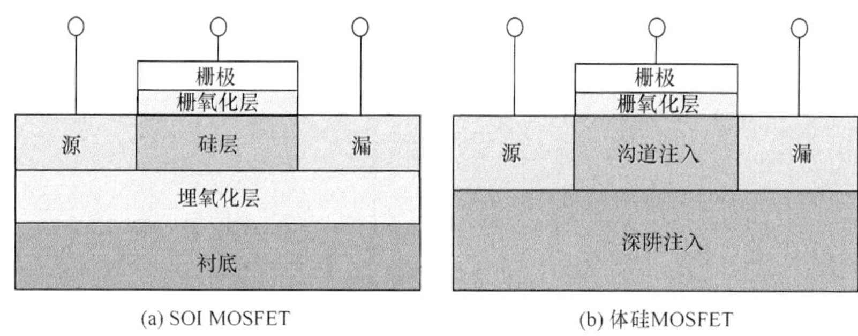

图 6.46　SOI 及体硅 MOSFET 结构示意图

更重要的是，SOI MOSFET 具有优异的短沟道器件特性。体硅 MOSFET 短沟道器件栅控耗尽区的下边长随沟道长度减小明显缩短，甚至消失；SOI MOSFET 短沟道器件下边长收缩程度小，栅控耗尽区电荷在总的耗尽区电荷中所占比例大于体硅器件，从而降低了阈值电压的漂移量，同时空间电荷区穿通的问题也得到缓解(图 6.47)。

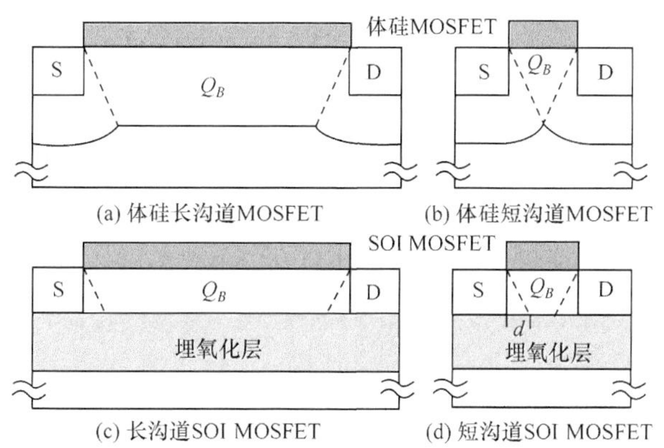

图 6.47　体硅及 SOI MOSFET 器件长沟道特性及短沟道特性的比较

从图 4.48 可以看到，SOI MOSFET 可以工作在较低的掺杂浓度下。以 0.1μm 沟道长度的 MOSFET 为例，对体硅结构来说，为改善亚阈特性，硅衬底掺杂浓度需要提高到 10^{18} cm^{-3} 以上。这样高的掺杂浓度将导致结电容增大，电路速度降低；表面电场增大，载流子表面迁移率降低等问题。采用 SOI 结构时，尽管掺杂浓度低至 10^{-15} cm^{-3}，将硅薄膜厚度从 55nm 减小至 25nm 时，其亚阈特性也会得到改善。

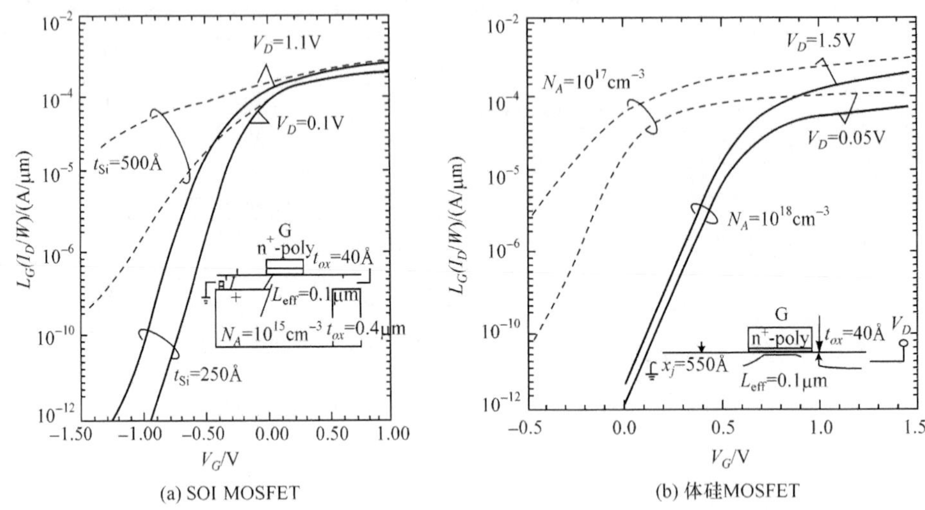

图 6.48　SOI MOSFET 及体硅 MOSFET 亚阈特性的比较

总之，相比体硅 MOSFET，SOI MOSFET 有以下优点：寄生电容小、工作频率高、泄漏电流小、功耗低、工作电压低、掺杂浓度低、参数分布更集中、抗辐射能力强、无闩锁效应、短沟道特性优异、集成度高等。

2. 部分耗尽 SOI 与全耗尽 SOI

SOI 器件性能与硅薄膜厚度 t_{Si} 密切相关。对一定掺杂浓度的硅衬底，它的表面处于反型态时能达到的最大耗尽层宽度 x_{dm} 是一定的。根据硅薄膜厚度 t_{Si} 与 x_{dm} 的相对大小，可以将 SOI 器件分为厚膜（$t_{Si}>2x_{dm}$）、部分耗尽（$x_{dm}<t_{Si}<2x_{dm}$）及全耗尽（$t_{Si}<x_{dm}$）三种模式。大量研究表明，泄漏电流通道主要位于沟道下面耗尽区之外的体区（图 6.49(a)），因此随着硅膜厚度减小，器件一旦进入全耗尽模式，通过体硅的泄漏电流通道被完全切断，亚阈斜率急剧下降，接近理想情况（图 6.49(b)）。可以看到，对全耗尽 SOI 器件，随着硅薄膜掺杂浓度的增大，亚阈斜率减小。对 t_{Si} 较大时的厚膜器件，与体硅相似，亚阈摆幅 S 随掺杂浓度增大而增加。

全耗尽 SOI MOSFET 接近理想的亚阈摆幅可使器件同时获得较大的驱动电流和较小的泄漏电流，对纳米器件性能的改善尤为突出。减小栅氧化层、埋氧化层及硅薄膜的厚度也有利于降低短沟道效应和 DIBL 效应。

对部分耗尽 SOI 器件，存在 Kink 效应（浮体效应）需要克服，如图 6.50 所示。在一定漏电压下，漏端高能电子通过碰撞电离产生电子-空穴对。电子成为漏端电

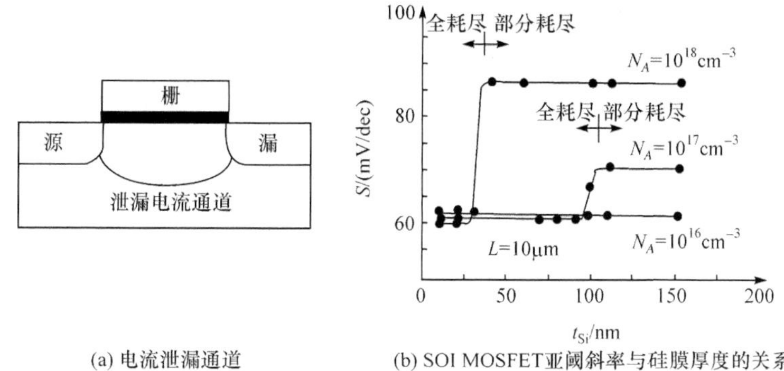

(a) 电流泄漏通道　(b) SOI MOSFET亚阈斜率与硅膜厚度的关系

图 6.49　SOI 器件特性与硅薄膜厚度的关系

($L_G=10\mu m, t_{ox}=5nm, t_{oxb}=500nm$)

流，而空穴聚积在中性体内，抬高了中性体区的电势，使源体结正向偏置，直到在漏端产生的空穴电流与源体 PN 结正向电流达到平衡。浮体上的正电位使阈值电压降低，漏极电流随漏极电压增大而增大，产生更多的电子-空穴对，出现正反馈，在输出特性曲线中呈现浮体效应。如果硅膜中少子寿命足够长，源体正向偏置，最终使寄生双极型晶体管导通，空穴电流被作为基极电流放大，使净漏极电流增大，浮体效应增强，出现二次翘曲。全耗尽器件中不产生浮体效应，主要是由于源体间势垒较低，碰撞电离产生的空穴可以流向源区，在源区被复合，硅膜中不存在过剩载流子。PMOS 中浮体效应不明显，原因是空穴电离率较低。

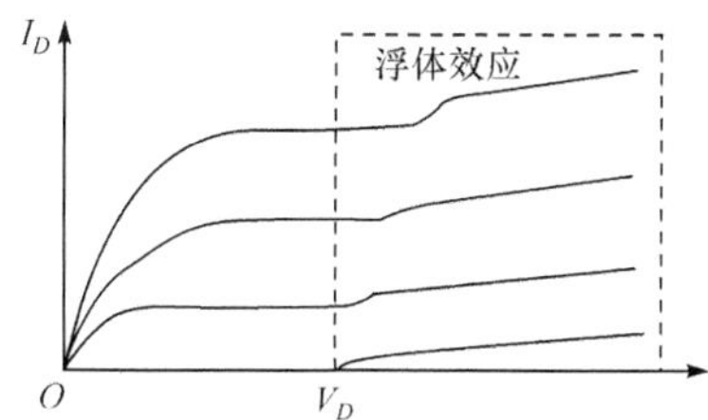

图 6.50　N 沟道 SOI MOSFET 输出特性曲线中的浮体效应

解决浮体效应的方法有很多，可以采用窄禁带的锗硅材料或金属硅化物减小源端串联电阻；采用轻掺杂漏结构，减小漏端电子能量；采用 HALO 注入，提高源体结的正向导通电压；用离子注入等缺陷工程降低寄生双极型晶体管的电流增益；采用体接触结构，避免空穴积累等。

6.4.2 UTB-SOI、双栅和 FinFET

对 MOSFET 技术的未来发展来说，功耗将成为越来越重要的限制因素，减小泄漏电流是 MOSFET 器件结构设计需要着重考虑的问题。全耗尽 SOI 器件的发展表明超薄体器件是减小泄漏电流的有效途径，为此人们发展出超薄体 SOI(ultra thin boby SOI，UTB-SOI)、双栅 MOSFET 及鳍式 FET(FinFET)等结构。

1. UTB-SOI

如图 6.51 所示为 UTB-SOI 的示意图。源漏高于沟道区，被称为提升的源漏结构，这样的结构设计是为了减小串联电阻。因为超低的泄漏电流，超薄体器件接近理想的亚阈摆幅 S，且 S 对 L_G 和 V_D 的敏感性降低，阈值电压 V_T 对 L_G 和 V_D 的敏感性也同时降低。低掺杂或本征的沟道区可以避免掺杂杂质随机分布对器件参数离散性的影响，提高载流子的迁移率，降低表面散射对载流子输运的影响。

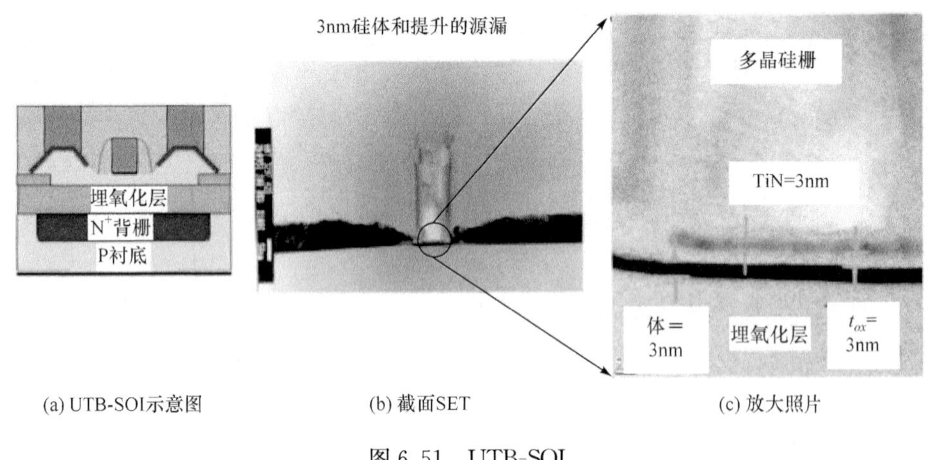

(a) UTB-SOI示意图 (b) 截面SET (c) 放大照片

图 6.51 UTB-SOI

2. 双栅

在 UTB-SOI(图 6.52(a))基础上发展起来的双栅 MOSFET(图 6.52(b))对沟道的控制更强，短沟道效应可以进一步得到抑制。从图 6.52(c)可以看出，双栅器件有更低的 DIBL 效应及更低的亚阈摆幅。从图 6.52(d)可以看出，对同样的硅膜厚度，保持同样的阈值电压，双栅比单栅器件的沟道长度减小 2～3 倍。一般地，单栅器件的硅层厚度要小于沟道长度的 1/4，而双栅器件只要小于 2/3 的沟道长度即可。

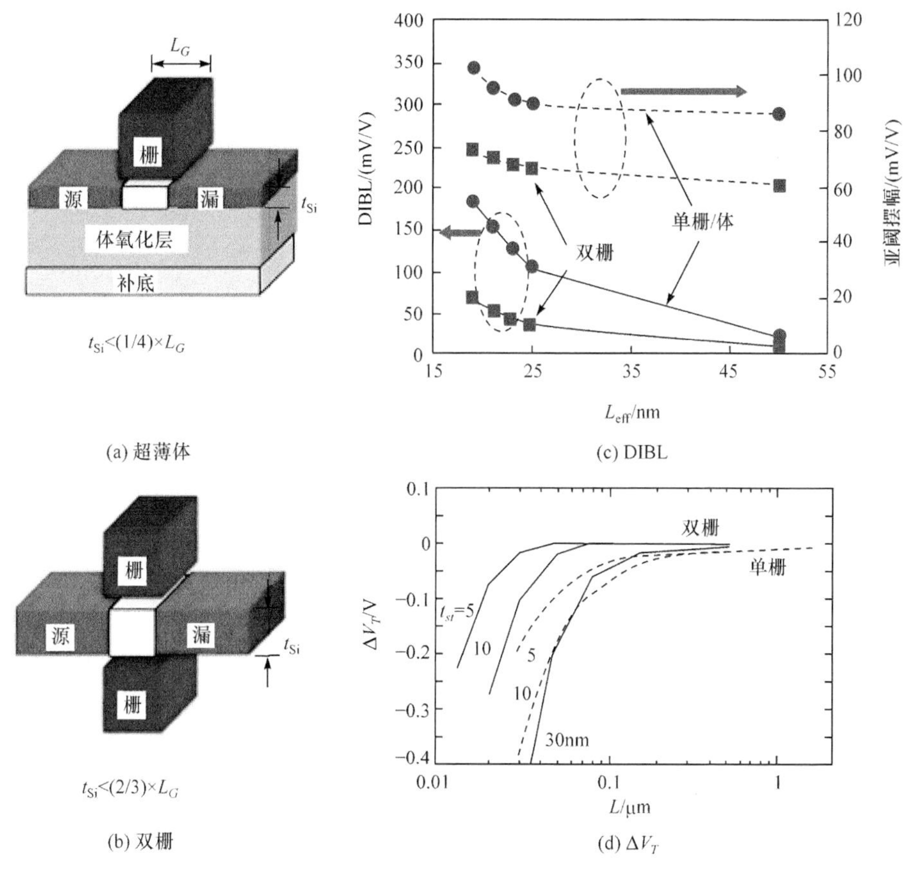

图 6.52　UTB-SOI、双栅 MOSFET 结构及短沟道效应的比较

双栅 MOSFET 具有对称的两条沟道，因此具有更大的驱动电流。图 6.53 是蒙特卡罗法模拟计算的结果。图 6.54 是跨导的计算结果。双栅器件中泄漏电流与硅膜厚度的关系充分体现了超薄体器件的意义(图 6.55)，当 t_{Si} 由 20nm 降至 10nm，I_{off} 由 19μA/μm 减小到 2.1 nA/μm。超薄体器件中的硅薄膜厚度与沟道长度一样是重要的设计参数。

3. FinFET

实现双栅结构的关键工艺是两个栅的完全对准，否则器件性能会退化。选择外延技术可以实现平面双栅 MOSFET 的制造。其工艺流程如图 6.56 所示。关键工艺是非晶硅牺牲层通道的刻蚀，从籽晶窗口选择性生长单晶硅并穿过中空的通道形成薄硅层。这一工艺与传统 CMOS 工艺兼容，并保留了传统器件的平面结构，但复杂程度显而易见。

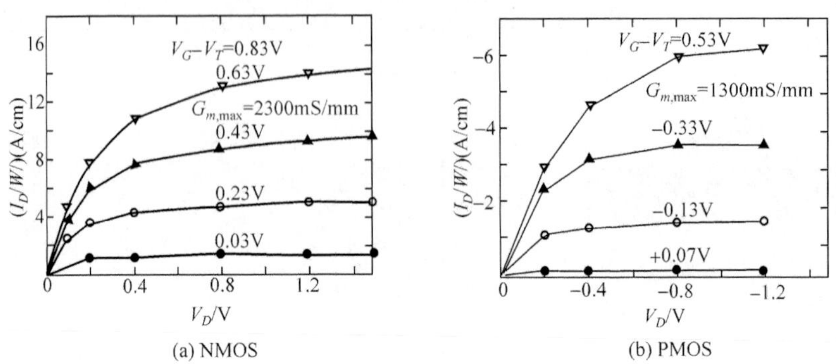

图 6.53　蒙特卡罗法模拟计算的结果

(L=30nm,t_{ox}=3nm,t_{Si}=5nm,T=300K)

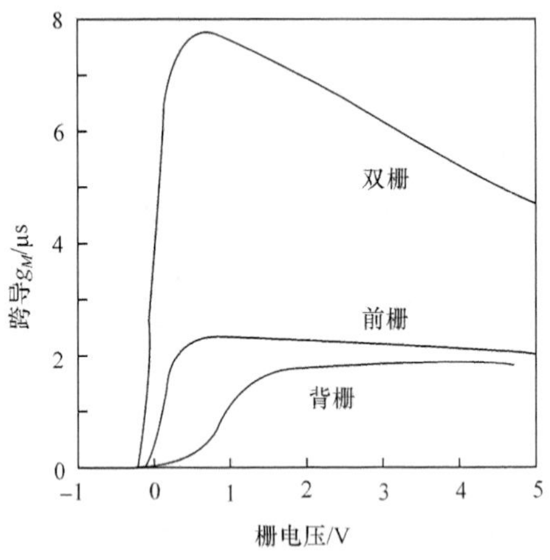

图 6.54　跨导的计算结果

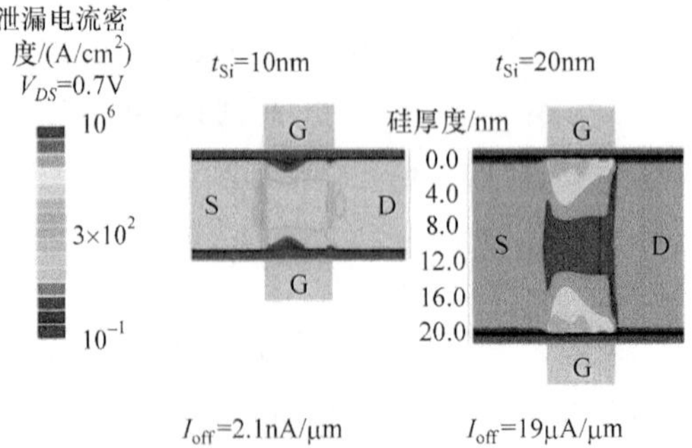

图 6.55　t_{Si}对 I_{off}的影响(L=25nm,EOT=1.2nm)

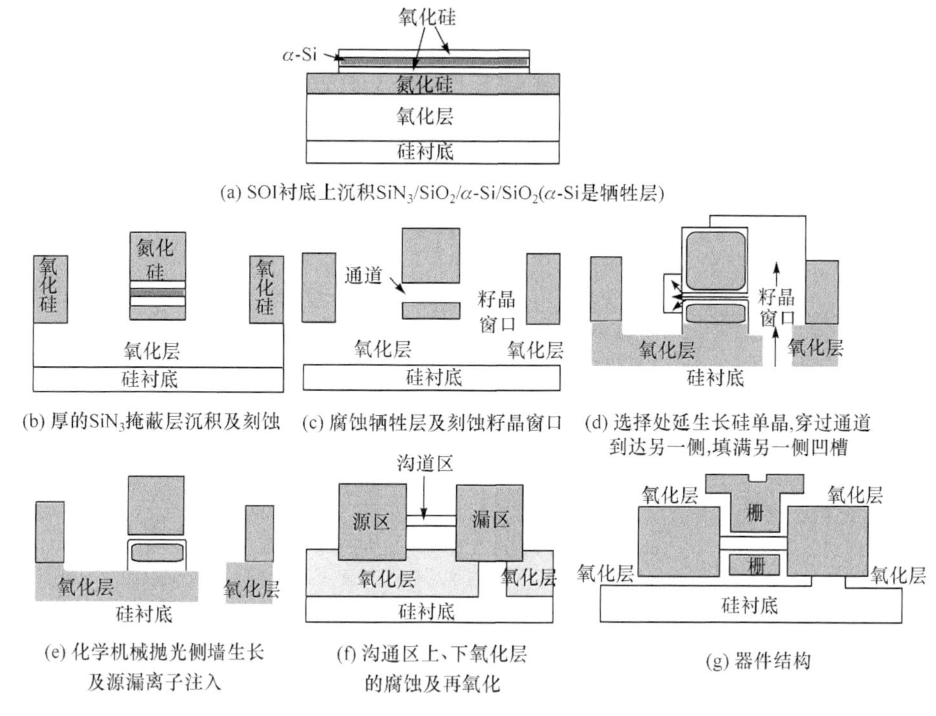

(a) SOI衬底上沉积$SiN_3/SiO_2/\alpha\text{-}Si/SiO_2$($\alpha$-Si是牺牲层)

(b) 厚的SiN_3掩蔽层沉积及刻蚀　(c) 腐蚀牺牲层及刻蚀籽晶窗口　(d) 选择处延生长硅单晶,穿过通道到达另一侧,填满另一侧凹槽

(e) 化学机械抛光侧墙生长及源漏离子注入　(f) 沟通区上、下氧化层的腐蚀及再氧化　(g) 器件结构

图 6.56　选择外延技术实现平面双栅 MOSFET 的工艺流程示意图

日立的中心研究室与加州大学伯克利分校在 1990 年联合开发出工艺上更简单的折叠沟道 MOSFET 技术,突破了平面的限制,在垂直于晶圆的方向形成薄硅墙,栅氧化层以马鞍形跨接于硅墙上。这样可以在硅墙两侧形成自对准的双栅(图 6.57)。对这种结构来说,沟道不在晶圆面内,而是在硅墙两侧。受到当时光刻工艺条件的限制,栅氧化层的宽度就是沟道长度,硅墙厚度由刻蚀时间控制。

这种折叠结构后来被普遍称为 FinFET。随着工艺的发展,1998 和 1999 年在实验室分别实现了 17nm 沟道 N 型 FinFET 器件和 18nm 沟道 P 型 FinFET 器件。图 6.58 和图 6.59 给出了两者的结构及特性。这种三维器件结构最终被英特尔(Intel)公司在 2011 年用于 22nm 节点,并进一步发展为多翼三栅结构,如图 6.60 和图 6.61 所示。

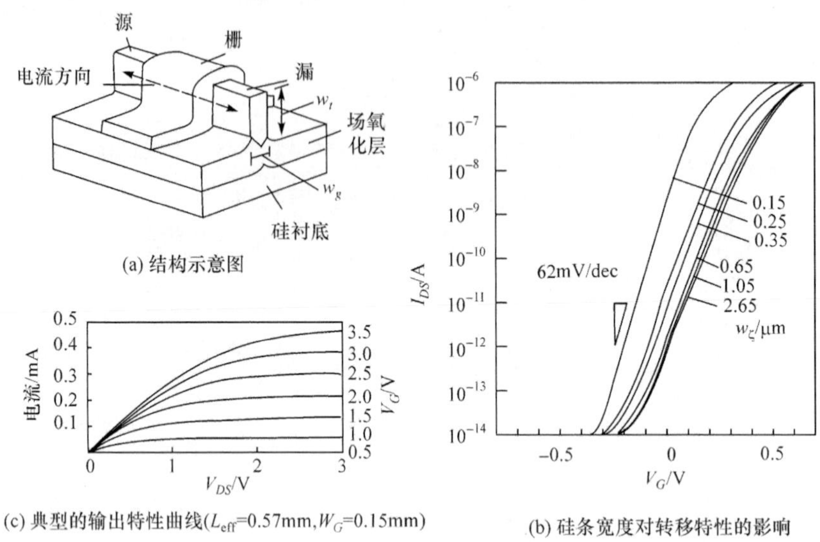

(a) 结构示意图

(c) 典型的输出特性曲线(L_{eff}=0.57mm, W_G=0.15mm)

(b) 硅条宽度对转移特性的影响

图 6.57　折叠双栅 MOSFET[5]

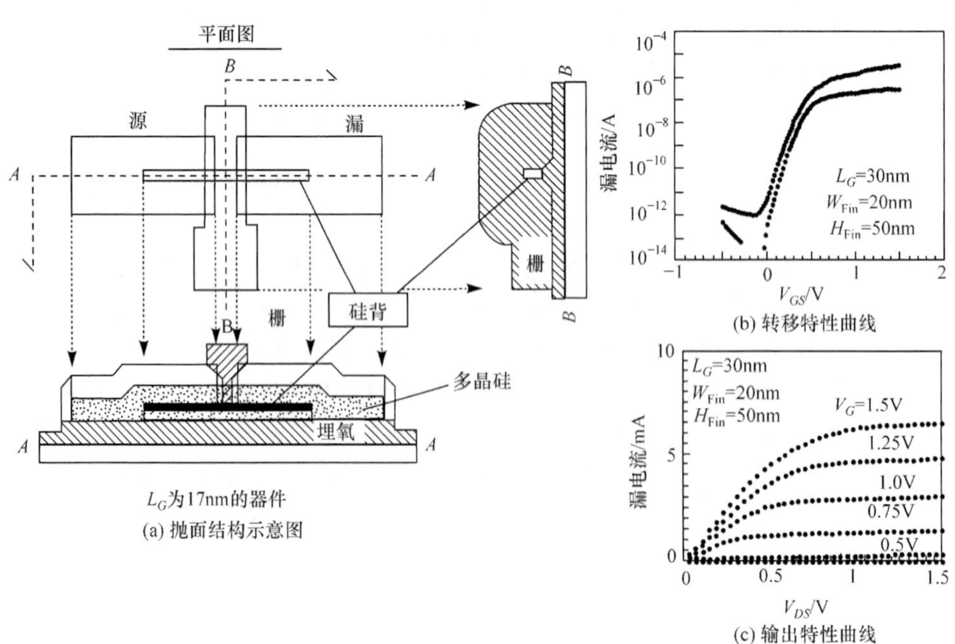

(a) 抛面结构示意图

(b) 转移特性曲线

(c) 输出特性曲线

图 6.58　17nm 沟道 N 型 FinFET 器件结构及特性[6]

图 6.62 给出了 Intel 公司生产的 22nm 三栅FinFET与 32nm 平面结构 MOSFET 性能的比较。可以看出，三栅 FinFET 的 I_{off}降低了一个数量级，因此有更低

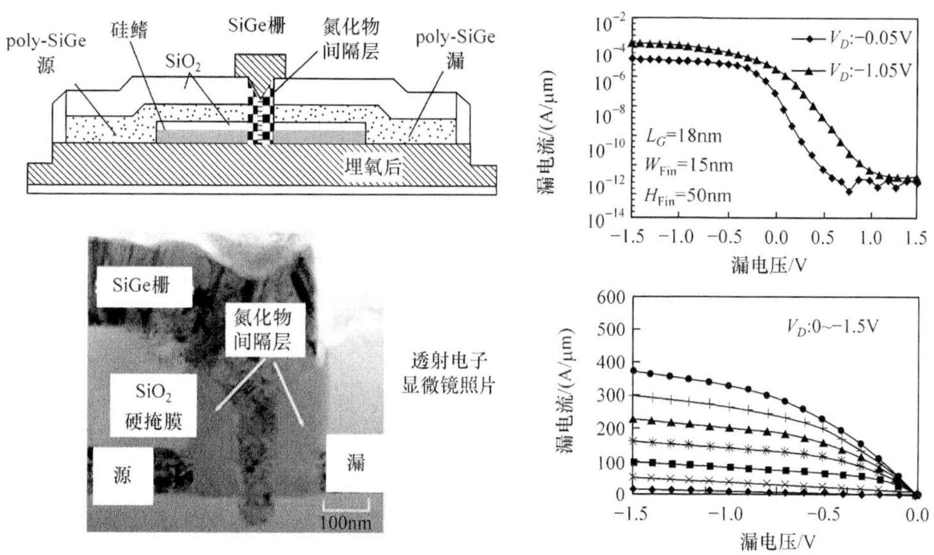

图 6.59　18nm 沟道 P 型 FinFET 器件结构及特性[7]

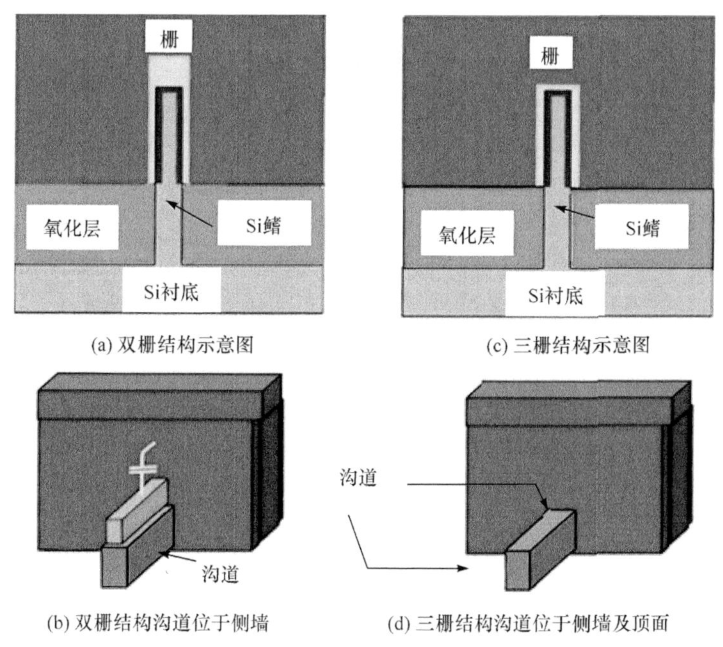

图 6.60　双栅 FinFET 和三栅 FinFET

的功耗。如果保持同样的 I_{on} 及 I_{off}，则三栅 FinFET 有更低的亚阈摆幅 S，更低的 V_T，也就是更低的工作电压。从延迟时间的比较可以看出，与 32nm 平面 MOS-

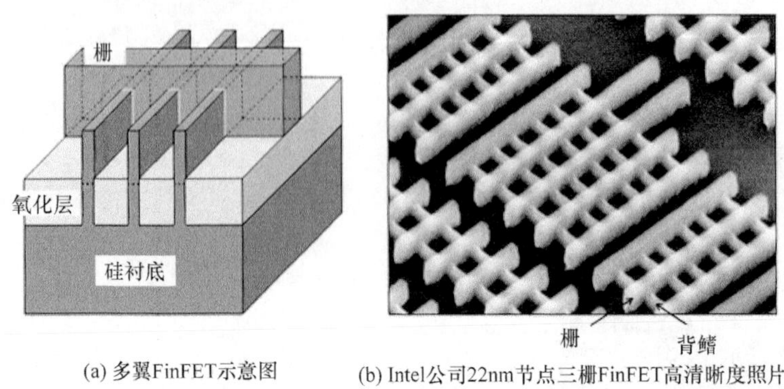

(a) 多翼FinFET示意图 (b) Intel公司22nm节点三栅FinFET高清晰度照片

图 6.61 多翼 FinFET 示意图及 22nm 节点、三栅 FinFET 高清晰度照片

FET 相比,22nm 的平面 MOSFET 延迟时间减小 18%,22nm 的三栅 FinFET 的延迟时间减小得更多,达到 37%。第二代三栅 FinFET 技术已经将沟道长度减低至 14nm。如图 6.63 所示为 22nm 和 14nm 这二代 FinFET 的比较。

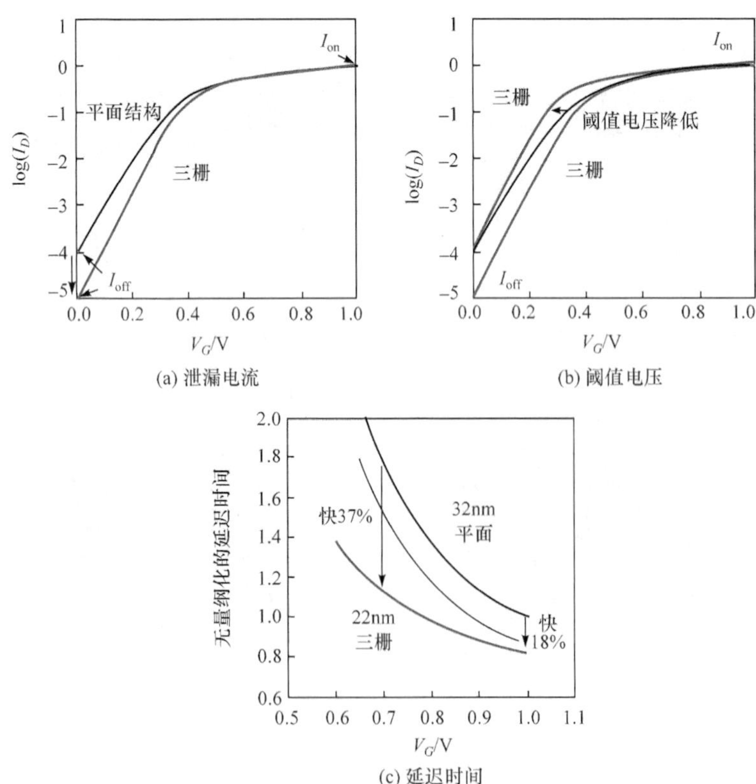

(a) 泄漏电流 (b) 阈值电压

(c) 延迟时间

图 6.62 22nm 三栅 FinFET 与 32nm 平面结构 MOSFET 性能的比较[8]

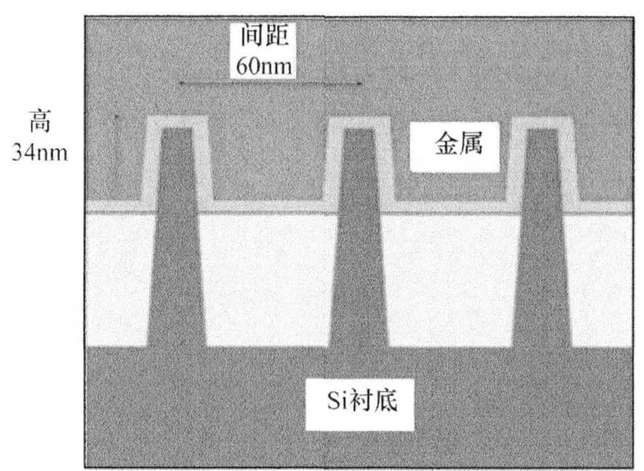

(a) 22nm工艺

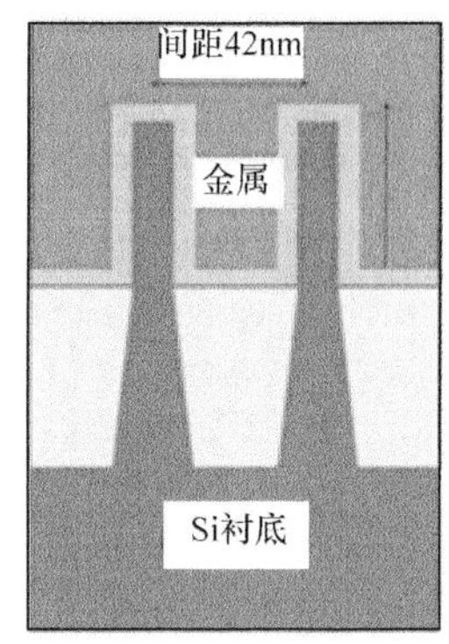

(b) 14nm工艺

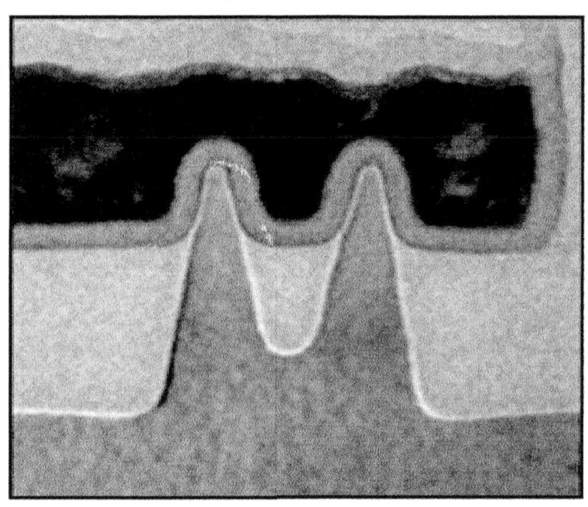

22nm第一代
(c) 三栅FinFET结构

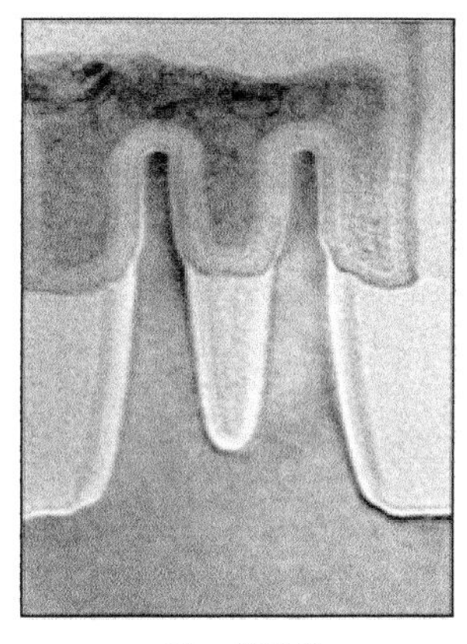

14nm第二代
(d) 三栅FinFET结构

图 6.63　两代 FinFET 的比较[9]

6.4.3　应变硅技术

应变硅技术被应用于 90nm CMOS 节点以后不断完善，此后又在 65nm 及 45nm 节点中有所发展。晶面的选择、应力大小和方向、沟道方向、沟道电场等对电子/空穴迁移率，以及器件特性的影响被深入研究。下面定性介绍应变硅技术的原理及其在纳米 CMOS 中的应用。

1. 应变硅技术的意义

在应变硅技术应用于 CMOS 之前的三十多年时间里，通过缩小器件尺寸，器件性能一直在提高，但是进入纳米量级之后，器件尺寸减小遇到的限制越来越多。应变硅技术的采用是首次从提高载流子迁移率的角度来提高器件的性能。根据表 6.4 给出的数据，Si 中电子迁移率为 $1600cm^2/(V \cdot s)$，空穴迁移率只有约

$430cm^2/(V \cdot s)$，这是高纯晶体硅中的数据。在 MOSFET 沟道薄层中，存在较高的纵向电场，还有表面散射、离子散射、声子散射等，沟道中载流子迁移率远低于表 6.4 中的数值。尤其是随着沟道长度的减小，表面电场增强，载流子迁移率还要随着沟道长度减小而降低(图 6.64)。以电子为例，其迁移率已经从 $L_G=0.8\mu m$ 时的 $400cm^2/(V \cdot s)$ 降至 $L_G=0.13\mu m$ 的 $120cm^2/(V \cdot s)$。可见，提高迁移率对提高器件性能有重要意义。

表 6.4　不同半导体材料中电子和空穴的迁移率

材料特性	Si	Ge	GaAs	InAs	InP	GaN	InSb	金刚石
电子迁移率/[$cm^2/(V \cdot s)$]	1600	3900	9200	40000	5400	1000	77000	2200
空穴迁移率/[$cm^2/(V \cdot s)$]	430	1900	400	500	200	350	850	1800
带隙/eV	1.12	0.66	1.424	0.36	1.34	3.3	0.17	5.5
晶格常数/Å	5.431	5.65	5.653	6.058	5.86	4.5	6.48	3.567

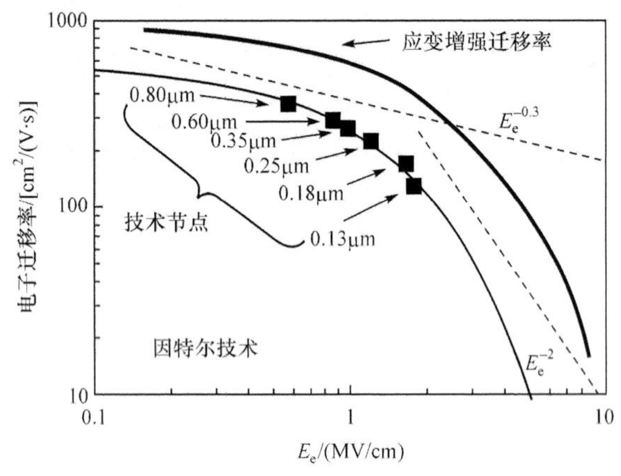

图 6.64　不同技术节点下 CMOS 沟道中的有效电场及电子迁移率[10]

由表 6.4 可以看出，Ge 与 GaAs 具有优于硅的电子迁移率。尽管如此，新材料的选择仍需要考虑与硅工艺兼容的问题，从成本的角度说，不会轻易采用。

应变硅材料特性研究已有多年。最初的研究[11]是在弛豫 SiGe 衬底外延生长 Si 层，Si 与 SiGe 材料之间的晶格失配在 Si 层产生双轴张应力导致简并能带发生分裂，载流子重新分布，有效质量减小，迁移率提高，同时能带分裂抑制了能谷间的散射，进一步提高了迁移率。

B 在 SiGe 材料中有较低的激活能。为减小电阻，在源漏区开展 SiGe 选择性外延生长技术研发过程中发现，PMOSFET 器件性能的提高无法仅通过减小串联电阻实现，就此揭示出单轴应力可以有效提高空穴迁移率的事实。Intel 公司[12]

将单轴应变硅技术应用于 90 nm 及以下结点的 CMOS 工艺，随后又在 65nm 及 45nm 节点发展出应力盖层技术、应力记忆技术、浅槽隔离技术等应变硅工艺，推动了器件尺寸的降低及性能的提高。

2. 双轴张应力下电子迁移率的提高

以 SiGe 衬底外延生长 Si 薄膜为例，Si 和 Ge 单晶 25℃下的晶格常数分别是 5.431 Å 和 5.653 Å，两者的失配率达到 4.2%。Si 与 Ge 可以以任意比例组成合金，根据费伽德定律，$Si_{1-x}Ge_x$ 的晶格常数为

$$a_{SiGe}(x)=a_{Si}(1-x)+a_{Ge}x=5.431+0.2265x \tag{6-39}$$

以 SiGe 单晶为衬底，外延生长硅薄膜，SiGe 衬底与 Si 薄膜间的晶格常数差对硅薄膜施加了双轴张应力，晶格常数增大，即为应变硅(图 6.65)。晶体结构决定了能带结构，进而决定载流子的电子学行为。研究表明，双轴应变硅中改变了的能带结构使电子迁移率增大，物理机理包括有效质量降低和谷间散射降低。

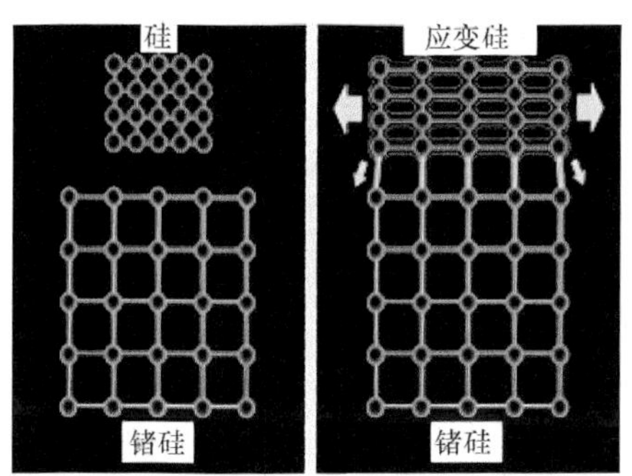

图 6.65 硅衬底外延生长应变硅薄膜

晶体硅的导带结构是六重简并的，如图 6.66 所示。在 k 空间的〈100〉方向有 6 个等价的能谷，等能面是椭球形，短轴和长轴方向的电子有效质量分别是 $m_t=0.19m_0$，$m_l=0.916m_0$。显然，m_t 远低于 m_l。6 个能谷被分为两组，长轴在(100)面内的 4 个为一组，另一组的 2 个在(100)面之外，且它们的长轴垂直于(100)面。对任一方向 k，它沿 k_1 和 k_2、k_3 的方向余弦分别为 α、β 和 γ，则在 k 方向的有效质量为

$$\frac{1}{m_n^*}=\sqrt{\frac{m_t(\alpha^2+\beta^2)+m_l\gamma^2}{m_t^2m_l}} \tag{6-40}$$

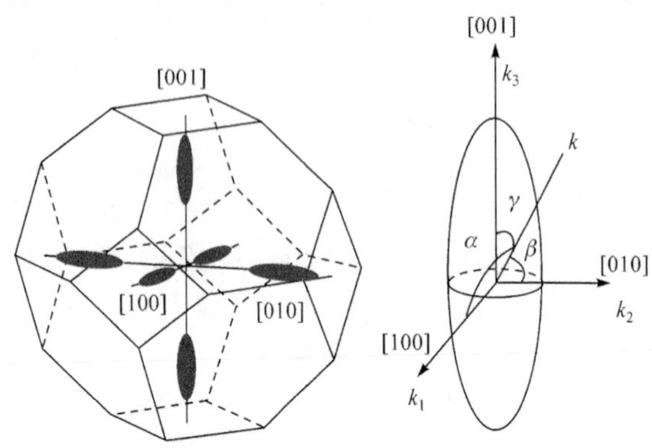

图 6.66 晶体硅的导带结构

〈100〉、〈110〉、〈111〉方向电子的有效质量如表 6.5 所示。因为〈111〉方向与所有能谷长轴的夹角都相等，所以只有一个有效质量。〈100〉与能谷的长轴夹角有0°和 90°两种情况，所以有两个有效质量。同样，〈110〉方向的夹角有 45°和 90°两种情况，也有两个有效质量。

表 6.5 硅中不同方向电子的有效质量[13]

晶向指数	〈100〉	〈111〉	〈110〉
m_n^*/m_0	0.43±0.02	0.27±0.02	0.43±0.02
	0.19±0.01		0.24±0.01

无应变硅的能谷是等价的，对应相同的能级，如图 6.67(a1)和图 6.67(b1)所示。(100)面在双轴应力作用下，原子间距增大，相应地，4 个长轴在(100)面的能谷能量增大，能级升高。而另外两个长轴不在这个面内的能谷电子能量降低，能级降低。也就是说，应力作用导致六度简并的能级发生分裂。应力增大，能级分裂的程度增加，应力分别为 1.5GPa 和 3GPa 时的能级分裂及能谷重新分布如图 6.67(a2)、图 6.67(b2)和图 6.67(a3)、图 6.67(b3)所示。能级的分裂导致载流子重新分布，(100)面外能量降低了的两个能谷中将有更多的载流子。这个能谷的〈110〉方向是等能面的短轴方向，具有较低的电子有效质量，所以在双轴应力作用下，〈110〉方向电子的迁移率增大。另一方面，从图 6.67(c1)和图 6.67(c2)可以看到，位于较低能谷中的电子在输运过程中被其他能谷散射的概率减小了，即谷间散射降低了，这也是电子迁移率提高的一个原因。CMOS 技术一直以(100)面为衬底，以〈110〉为沟道方向。

双轴应力没有使空穴的迁移率明显提高，缓冲层的缺陷使双轴应变技术在CMOS 集成工艺中的应用受到限制。典型的 SiGe 缓冲层双轴应变硅的剖面图如图 6.68 所示。

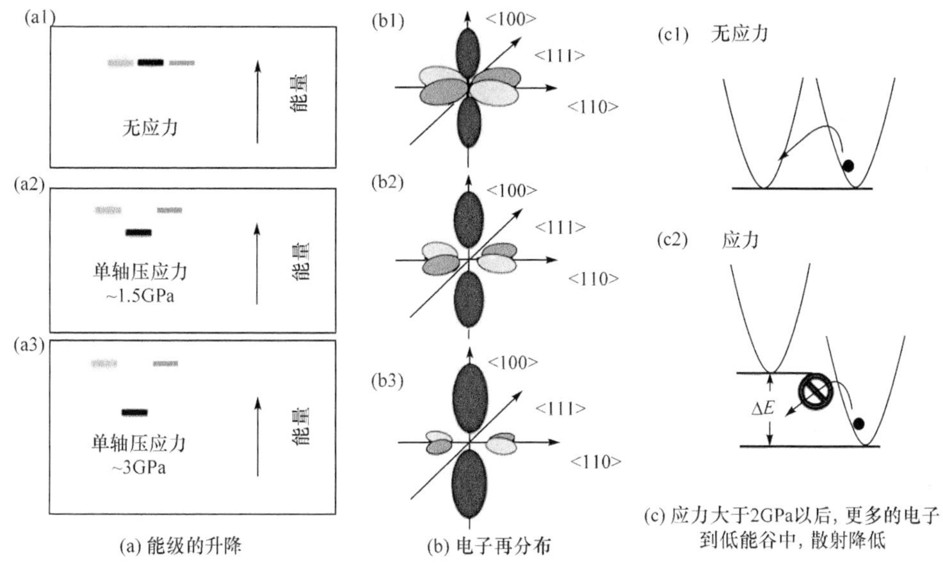

图 6.67 应力作用下的能级、能谷及能带变化[14]

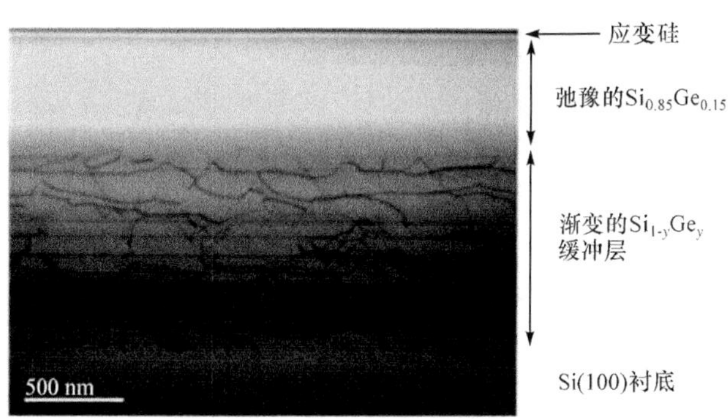

图 6.68 典型的 SiGe 缓冲层双轴应变硅的剖面图[15]

3. 单轴压应力下空穴有效质量降低、迁移率提高

硅的价带结构复杂。等能面是复杂的扭曲面(图 6.69(a))，(100)面的截面图如图 6.69(b)所示。〈110〉方向有 4 个角(A、B、C、D)，〈100〉方向有 4 个翅(a、b、c、d)。在〈110〉方向施加单轴压力(图 6.69(b)中的 AB 方向)，这个方向空穴的能量增大，能级升高。同时，CD 方向的能级降低。空穴重新分布，更多的空穴位于 C 区和 D 区。由图 6.69(c)可见，应变后 C 区和 D 区 E-k 关系曲线的曲率增大，这意味着这一区域空穴的有效质量降低。同样，能级分裂降低了谷间散射，因此对空穴同样可以说，单轴应变使空穴有效质量降低、谷间散射降低，因此迁移率提高。

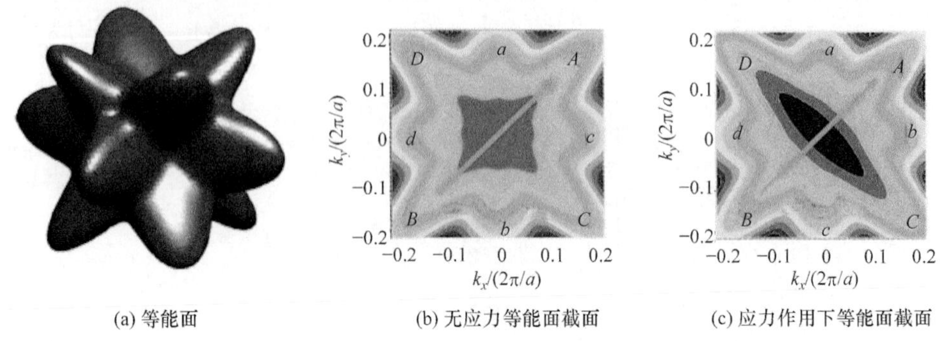

(a) 等能面 (b) 无应力等能面截面 (c) 应力作用下等能面截面

图 6.69 硅中空穴 k 空间等能面示意图

4. 应变硅应用技术

应变硅本身是亚稳态的，面积越大，厚度越大，应变能越大，越有可能产生位错以释放应力。另外，缓冲 SiGe 层中的位错很容易在加工及使用过程中延展，进而破坏应变层的稳定性，因此双轴应力没有在先进 CMOS 工艺中采用。应变硅技术成为先进纳米 CMOS 工艺的主要构架，主要依赖单轴应变技术的发展。

单轴应变是局域化的应力技术，可以满足 CMOS 在同一个芯片产生不同应力的要求，即对 PMOSFET 产生压应力，以增大空穴的迁移率；对 NMOSFET 产生张应力，以增大电子的迁移率。在 PMOSFET 中，外延生长 SiGe 的源/漏对沟道产生单轴压应力；NMOSFET 中 Si_3N_4 盖层对沟道产生单轴张应力(图 6.70)。这种利用工艺设计产生的应力统称为工艺诱导应力。工艺温度、生长条件、热膨胀系数和杂质注入等都可能产生应力。这些应力不均匀，可以在器件的特定部位产生大于其他部位的应力，所以需要对器件的布局进行设计。

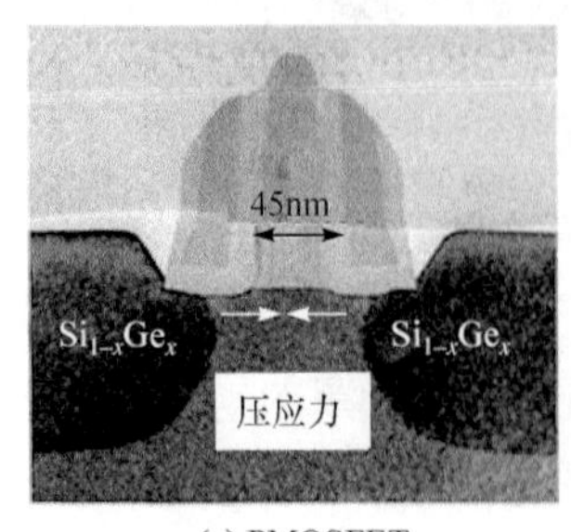

(a) PMOSFET

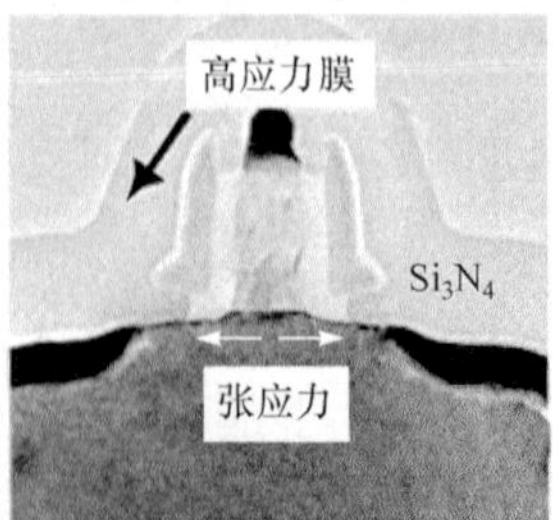

(b) NMOSFET

图 6.70 45nm PMOSFET 和 NMOSFET 管的透射电子显微镜图[16]

除了张应力，通过改变工艺条件，还可以利用 Si_3N_4 产生压应力。一般地，热化学气相沉积法沉积的 Si_3N_4 是张应力膜，而等离子体增强化学气相沉积法得到的是压应力膜[17]。为此发展了双线应力技术，如图 6.71(a)所示。先大面积沉积张应力膜，刻蚀后，再大面积沉积压应力膜，再刻蚀一次，即分别得到张应力区和压应力区。应力的大小与氮化的隔离层宽度有关，如图 6.71(b)所示。减小隔离层宽度，张应力和压应力都增大。图 6.71(c)中 STI 部分是浅槽隔离区，用以实现器件之间的隔离。随着器件尺寸减小，STI 区与沟道越来越近，对沟道产生一定的压应力[16]，称为 STI 诱导应力[18]。

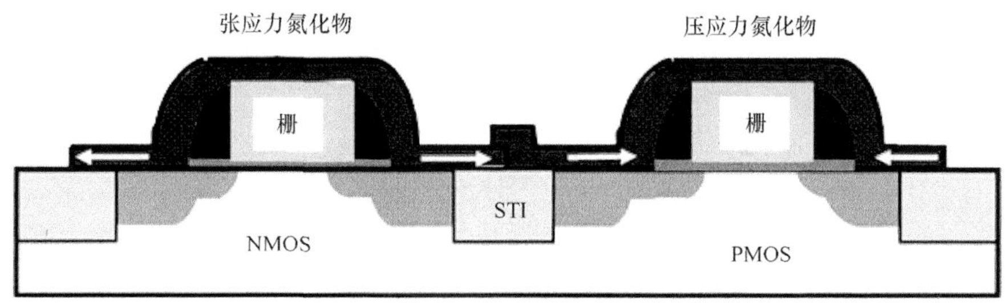

(a) Si_3N_4双线应力技术

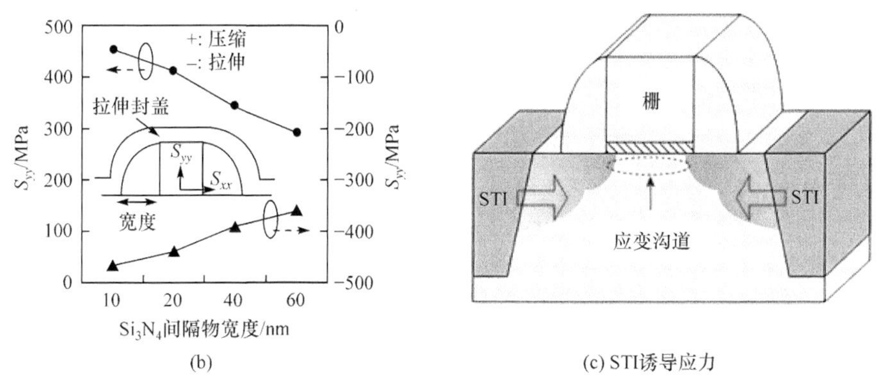

(b)

(c) STI诱导应力

图 6.71　单轴双线应力技术及浅槽隔离单轴应力技术[19,20]

应力记忆技术(stress memorization technique，SMT)是另一种单轴应力技术，用于 NMOSFET 中可使漏电流增大 15%。方法是将 NMOSFET 多晶硅栅经 Ge 或 As 等重离子注入后非晶化，随后沉积 Si_3N_4 盖层，再经过一次退火过程，栅电极会与源漏一起再结晶，最后除去 Si_3N_4 盖层，在退火过程中多晶硅栅的应力状态被保留下来。多晶硅栅电极三面被 Si_3N_4 层包围，硅的热膨胀系数大于 Si_3N_4 层，但 Si_3N_4 层的硬度更大，因此在快速热退火过程中，硅栅向外膨胀的过程被阻碍，只向硅表面膨胀，给沟道区施加张应力和压应力(图 6.72)。在快速热退火过程中，硅栅发生塑性形变，因此当氮化硅层被除去以后，仍然保持原来的形状，沟道中的应力也被保留下来，如同具有了记忆效应，因此称为应力记忆技术。

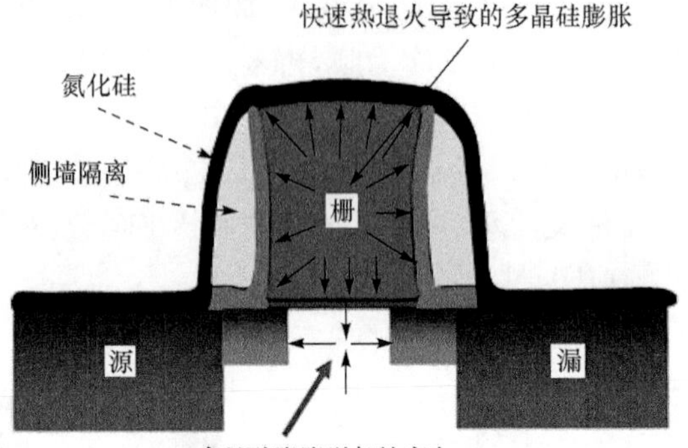

图 6.72　SMT 原理[21]

以上介绍的 SiGe 局域外延技术、SiN 盖层技术、应力双线技术、STI 技术，以及 SMT 技术可以组合优化，以便最大限度地提高器件性能。总的来说，单轴应力技术是局部应力技术，适用于 100nm 以下的器件，但是随着器件尺寸的减小，器件之间的间距变小，应力层的体积减小，导致应力退化显著，因此需要综合使用各项单轴应力技术，并加以优化(图 6.73)。图 6.73(a)表明，与 65nm 节点相比，45nm 节点器件的间距减小，应力减小，迁移率增强效应减弱，饱和漏电流减小，为此同时采用减小源漏与沟道的距离，增大 Si_xGe_{1-x} 中 Ge 的比例，以及采用替代栅工艺，可以保证器件性能的进一步提高，如图 6.73(b)所示。如图 6.74 所示的是 Intel 公司在不同技术节点，Si_xGe_{1-x} 中 Ge 的比例，可以看到 x 逐步提高，目的是为增加晶格失配度，提高应力。

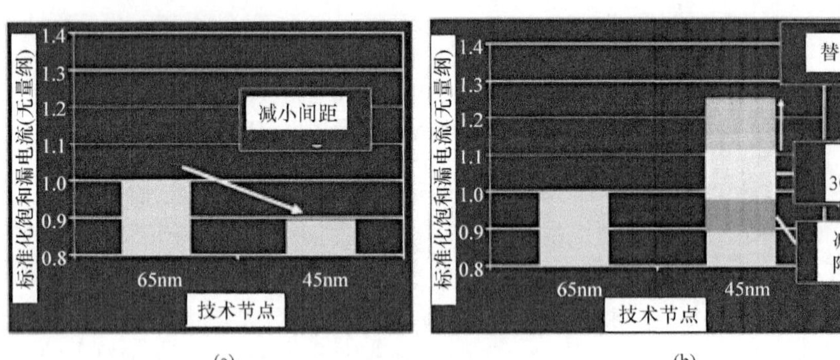

图 6.73　综合使各项单轴应力技术

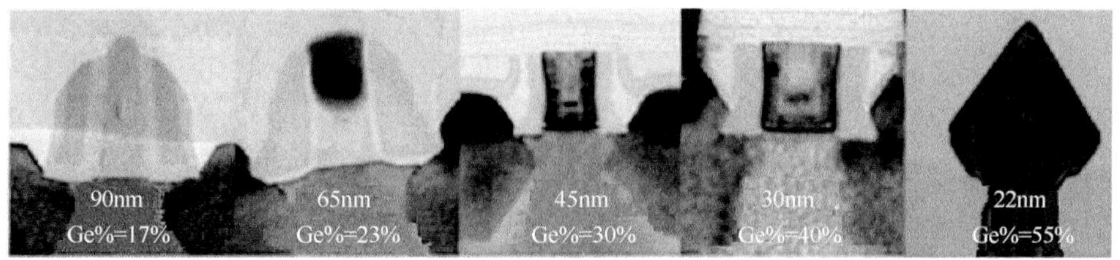

图 6.74　Intel 公司在不同技术节点，Si_xGe_{1-x} 中 Ge 的比例

5. 晶向的选择[22]

传统的 CMOS 技术以(100)硅为衬底，以〈110〉为沟道方向，通过沟道宽度的调整来解决 NMOSFET 和 PMOSFET 电子和空穴迁移率不同而导致的漏电流不同的问题，以使 CMOS 稳定工作。事实上，在无应力情况下，这样的选择对 NMOSFET 来说性能最好，但对 PMOSFET 来说，选择(110)晶面，〈110〉沟道才能得到最好的性能。也就是说，在器件制备过程中，很难使 NMOSFET 和 PMOSFET 同时达到性能最佳，因为在一个晶圆上难以同时实现不同的晶向。在应力作用下，(100)晶面和(110)晶面沿〈110〉沟道方向电子和空穴迁移率随应力的变化如图 6.75 所示。对空穴来说，(110)晶面的迁移率大于(100)晶面，虽然(100)晶面空穴迁移率随应力增大而增加得更快，但在工艺常用的应力范围内并没有超过(110)晶面。对电子来说，(110)晶面的迁移率一直小于(100)晶面，但随应力的增大，差距减小。这意味着，选择(110)晶面，PMOSFET 器件的性能会提高，而 NMOSFET 的性能将退化。对 35nm 节点，NMOSFET 的性能降低 13%，PMOSFET 的性能提高 15%，因此采用(110)衬底，CMOS 的整体性能提高(图 6.76)。

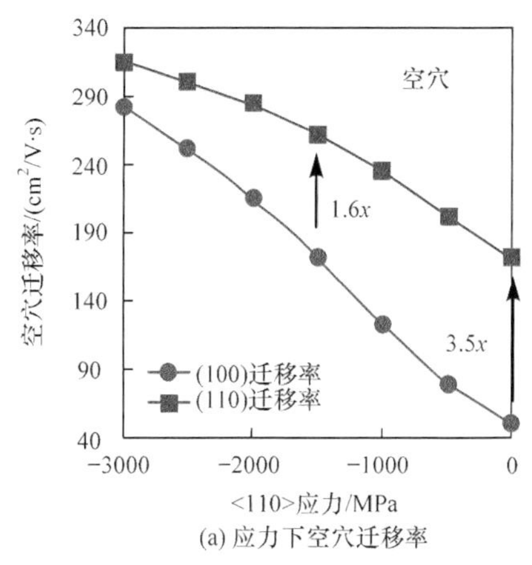

(a) 应力下空穴迁移率

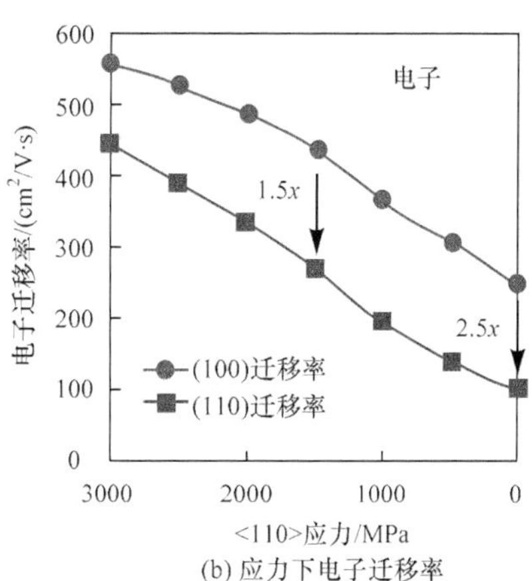

(b) 应力下电子迁移率

图 6.75　(100)晶面和(110)晶面沿〈110〉沟道方向电子和空穴迁移率随应力的变化

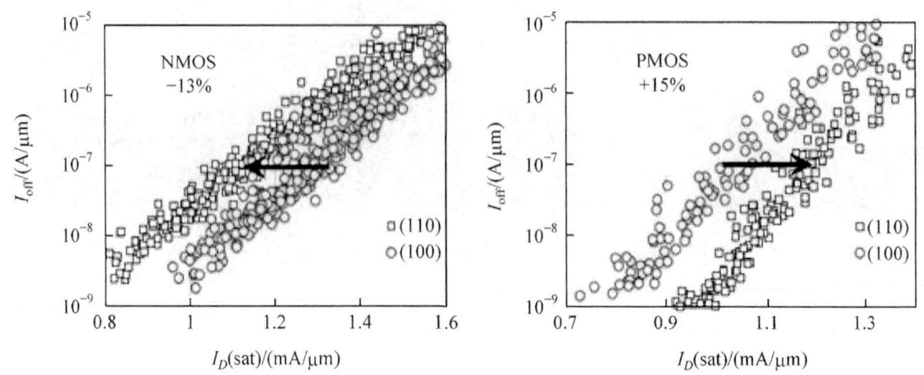

图 6.76　(110)晶面和(100)晶面上,NMOSFET 和 PMOSFET 性能的比较

6.4.4　高 *K* 介质与金属栅

对 45nm 节点,Intel 公司引入高 *K* 介质及金属栅工艺。对 65nm 节点,栅氧化层的厚度已经降至 0.9nm,隧穿电流占很大的比例。45nm 节点,引入了铪基高 *K* 介质,介质层的厚度增加约 4 倍,栅隧穿电流因此降低 4 个量级(图 6.77)。

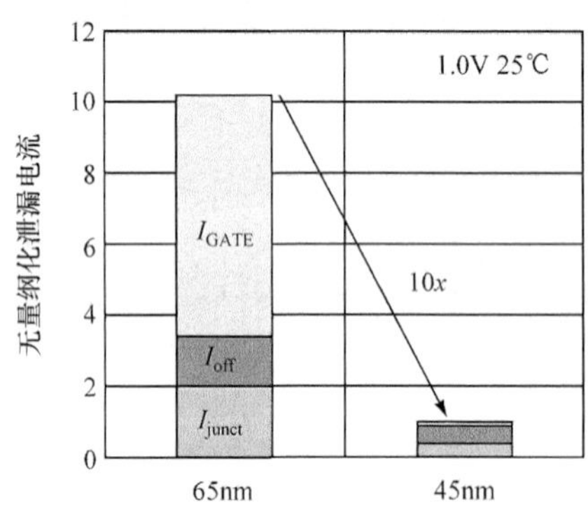

图 6.77　高 *K* 介质使 45nm 器件的泄漏电流大幅下降

采用替代栅工艺完成金属栅电极的沉积,由图 6.78 可见,在多晶硅栅去掉以后,沟道中的电场增大,可以解决器件尺寸减小带来的应力减小的问题,保证应力硅器件的性能进一步提高。由图 6.79 可以看出,与 65nm 器件相比,45nm 器件关态电流大大减小。

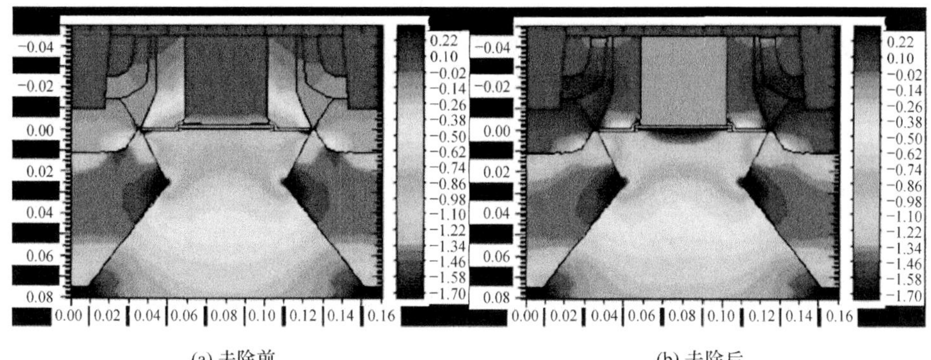

图 6.78　替代栅工艺中去掉多晶硅栅后沟道中的应力加强[23]

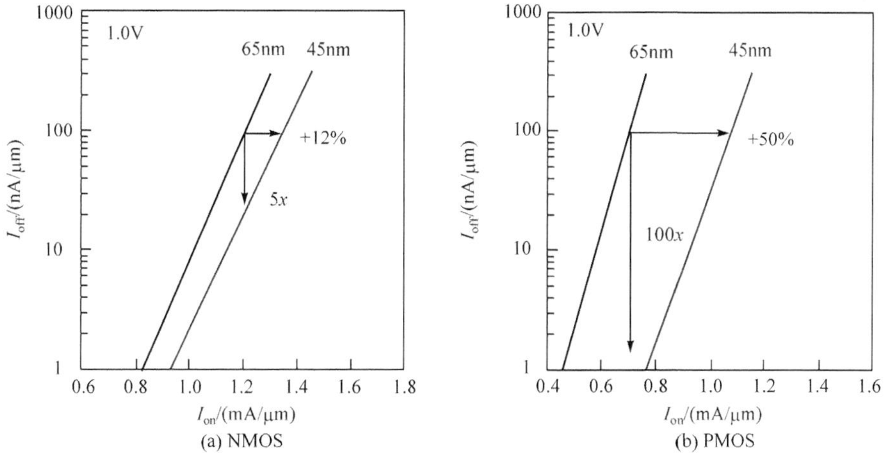

图 6.79　45nm 节点采用高 K 介质+金属栅结构后 I_{off} 大大减小[24]

参 考 文 献

[1] 甘学温，黄如，刘晓彦，等. 纳米 CMOS 器件[M]. 北京：科学出版社，2004.

[2] Mark B. The new era of scaling in an SOC world[C]// International Solid-State Circuits Conference，2009.

[3] Dennard R H，Gaensslen F H，Hwa-Nien Y，et al. Design of ion-implanted MOSFET's with very small physical dimensions[J]. IEEE Journal of Solid-State Circuits，1974，9：256-268.

[4] Fujitsu. Introduces worldclass 65-nanometer process technology for advanced server，mobile applications[EB/OL]. http://www. fujitsu. com/us/news/pr/fma_20050920-1. html[2018-06-05].

[5] Hisamoto D，KagaT，Kawamoto Y，et al. A fully depleted lean-channel transistor (DELTA)-a

novel vertical ultrathin SOI MOSFET[J]. IEEE Electron Device Letters, 1990, 11: 36-39.

[6] Hisamoto D, Lee W C, Kedzierski J, et al. A folded-channel MOSFET for deep-sub-tenth micron era[C]// International Electron Devices Meeting, 1998.

[7] Huang X M, Lee W C, Kuo C, et al. Sub 50nm FinFET: PMOS[C]// International Electron Devices Meeting, 1999.

[8] Bohr M, Mistry K. Intel's revolutionary 22nm transistor technology[EB/OL]. http://download.intel.com/newsroom/kits/22nm/pdfs/22nm-Details_Presentation.pdf[2018-06-05].

[9] Borkar R. Advancing Moore's Law on 2014[EB/OL]. http://download.intel.com/newsroom/kits/14nm/pdfs/Intel_14nm_New_uArch.pdf[2018-08-02].

[10] Scott E T, Mark B. A 90nm logic technology featuring strained-silicon[J]. IEEE Transactions on Electron Devices, 2004, 51(11): 1790.

[11] Welser J, Hoyt J L, Gibbons J F. Electron mobility enhancement in strained-Si N-type metal-oxide-semiconductor field-effect transistors[J]. IEEE Electron Device Letters, 1994, 15(13): 100.

[12] Thompson S. A 90nm logic technology featuring 50-nm strained silicon channel transistors, 7 layers of Cu interconnects, low k ILD, and 1μm 2 SRAM cell[C]// International Electron Devices Meeting, 2002

[13] 刘恩科,朱秉升. 半导体物理学[M]. 上海:上海科学技术出版社,1984.

[14] Intel Corporation. Strained transistors[EB/OL]. http://www.intel.com/pressroom/kits/advancedtech/doodle/ref_strain/strain.htm[2018-06-05].

[15] Douglas J P. Strained-Si MOSFETs[EB/OL]. http://userweb.eng.gla.ac.uk/douglas.paul/SiGe/SCMOS.html[2018-06-05].

[16] Shimizu A, Hachimine K, Ohki N, et al. Local mechanical-stress control (LMC): a new technique for CMOS-performance enhancement [C]//International Electron Devices Meeting, 2001.

[17] Thompson E, Armstrong M, Auth C, et al. A logic nanotechnology featuring strained silicon [J]. IEEE Electron Device Letters, 2004, 25: 191-193.

[18] Dhar S. Process-induced strain[EB/OL]. http://www.iue.tuwien.ac.at/phd/dhar/node13.html[2018-06-05].

[19] Scott E T, Guangyu S, Younsung C, et al. Uniaxial-process-induced strained-Si: extending the CMOS roadmap[J]. IEEE Transactions on Electron Devices, 2006, 53(5): 1010-1020.

[20] Liu Y C, Pan J W, Chang T Y, et al. Single stress liner for both NMOS and PMOS current enhancement by a novel ultimate spacer process[C]// IEEE International Electron Devices Meeting, 2005.

[21] Pandey S M, Liu J, Hooi Z S, et al. Mechanism of stress memorization technique (SMT) and method to maximize its effect[J]. IEEE Electron Device Letters, 2011, 32(4): 467-469.

[22] Kazunari I. 45nm/32nm CMOS challenge and perspective[J]. Solid-State Electronics, 2008, 52(9): 1266-1273.

[23] Auth C, Cappellani A, et al. 45nm high-K+metal gate strain-enhanced transistors[EB/OL]. https://www.pdfs.semanticscholar.org/6343/320e610d1600f0adbc6ac58ba712a767480b.pdf [2018-06-05].

[24] Mistry K, Allen C, Auth C, et al. A 45nm logic technology with high-K+metal gate transistors, strained silicon, 9 Cu interconnect layers, 193nm dry patterning, and 100% Pb-free packaging[C]// IEEE International Electron Devices Meeting, 2007.

第 7 章　金属-半导体接触及结型场效应晶体管

金属-半导体结与 PN 结一样，也具有整流特性。不同于 PN 结，金属-半导体接触还可以表现出欧姆特性，称为欧姆接触。具有整流特性的金属-半导体结称为肖特基结，相应的二极管称为肖特基二极管或肖特基管。

利用肖特基结或 PN 结可以构造另一类重要的场效应器件，即结型场效应晶体管，包括金属半导体场效应晶体管（metal-semiconductor field effect transistor，MESFET）和 PN 结型场效应晶体管，如图 7.1 所示。MESFET 和 JFET 也是四端器件，结两侧是欧姆接触，分别称为源和漏，通过栅电极控制空间电荷区的宽度，调节半导体导电通道厚度，进而对电导进行调制。与 MOSFET 不同，MESFET 和 JFET 是体沟道器件，一方面可以有更大的工作电流，另一方面可以避免表面对载流子的散射，因此具有高功率、高频、低噪声的特点。异质结场效应晶体管，又称高电子迁移率晶体管（high electron mobility transistor，HEMT），在超高频、超高速器件中有重要的应用。

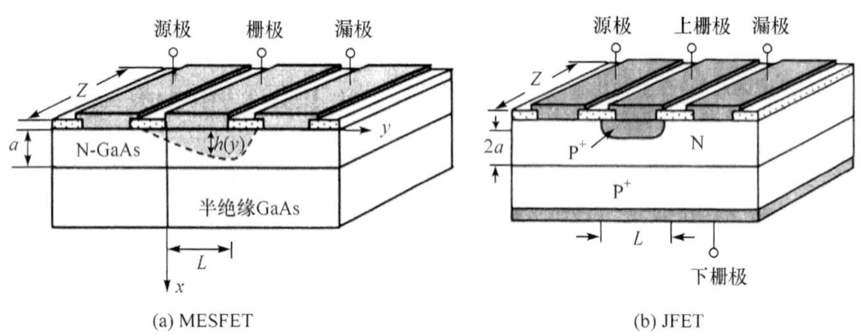

图 7.1　MESFET 和 JFET 结构示意图

本章首先介绍金属-半导体接触的肖特基结和欧姆接触，然后介绍 MESFET 和 JFET 工作原理及其性质，最后简单介绍二维电子气的概念和 HEMT 器件的原理及性质。

7.1　金属-半导体接触

半导体器件发展初期，简单地将金属触针压在半导体表面就可以获得整流特性，但是重复性和可靠性都得不到保障。随着对界面态的深入认识及工艺水平的提高，人们实现了半导体表面金属薄膜的沉积，得到面接触式金属-半导体接触，这样才获得具有稳定整流特性的金属-半导体接触。

7.1.1　肖特基结

1. 平衡肖特基结

如图 7.2 所示为金属-N 型半导体接触能带图，其中 $q\phi_M$ 和 $q\phi_S$ 分别为金属和半导体的功函数，且 $q\phi_M > q\phi_S$；$q\chi$ 为半导体的电子亲和能；E_{FS} 为半导体的费米能级；E_{FM} 为金属的费米能级。可以直观地看出，金属中的电子功函数是把一个电子从体内移动到真空需要的能量；半导体中的电子功函数是把电子从费米能级移到真空能级需要的能量；半导体中的电子亲和能是把一个电子从导带底移到真空能级需要的能量。

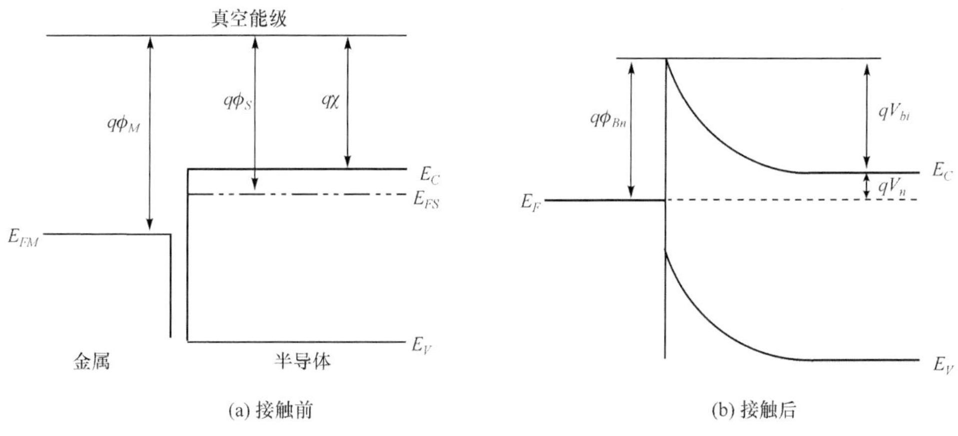

(a) 接触前　　(b) 接触后

图 7.2　金属-N 型半导体接触($q\phi_M > q\phi_S$)能带图

图 7.2(b)是金属-N 型半导体紧密接触达到平衡状态形成统一费米能级后的能带图。这个能带图的特点是在界面处各能级与真空能级的距离不变，也就是说各能级在界面处的相对位置不发生变化。金属中电子的数目接近无穷大，其费米能级很难改变，因此金属与半导体紧密接触达到平衡后，形成的统一费米能级的位置由金属的费米能级决定。$q\phi_{Bn}$ 为肖特基势垒，是电子从金属进入半导体必须克服的势垒高度。该势垒高度为金属功函数与半导体的电子亲和能之差，即

$$q\phi_{Bn} = q\phi_M - q\chi \tag{7-1}$$

需要注意的是，$q\phi_{Bn}$(单位为 eV)与 ϕ_{Bn}(单位为 V)均被称为势垒高度。由于不同金属的功函数不同，所以不同金属和同一半导体接触形成的肖特基势垒高度不同。

在半导体一侧，电子进入金属需要克服的势垒高度为 qV_{bi}，则

$$V_{bi}=\phi_M-\phi_S \tag{7-2}$$

利用 ϕ_{Bn}，V_{bi} 还可以表示为

$$V_{bi}=\phi_{Bn}-V_n \tag{7-3}$$

其中，V_n 为半导体内部导带底和费米能级的差值，即

$$V_n=\frac{E_C-E_F}{q} \tag{7-4}$$

V_{bi} 又称为金属-半导体接触的内建电势。如果半导体体内电势为零，则 V_{bi} 是半导体表面的电势，也是半导体表面层的压降。

2. 外加偏压下开路的肖特基结

如图 7.2 所示，金属功函数大于半导体功函数，平衡时半导体表面电势小于零，半导体表面电场由体内指向表面。如果在金属一侧施加外加电压 V，ϕ_{Bn} 不会随之改变，即电子由金属进入半导体的势垒不随 V 发生变化，但是半导体表面的电势将随 V 而变化。当 $V>0$ 时(半导体一侧接地)，称为正向偏置。这时外加电场在半导体表面的方向与内建电场的方向相反，半导体表面的势垒高度降低。这意味着半导体侧的电子更容易到达金属一侧(图 7.3(a))。当 $V<0$ 时，称为反向偏置，其在半导体表面产生的电场与内建电场方向相同，半导体表面势垒增加，电子需要具有更高的能量才能越过这一势垒进入金属(图 7.3(b))。可见，金属-半导体接触具有单向导电性，即整流特性。具有整流特性的金属-半导体接触就是肖特基接触，也称肖特基结。

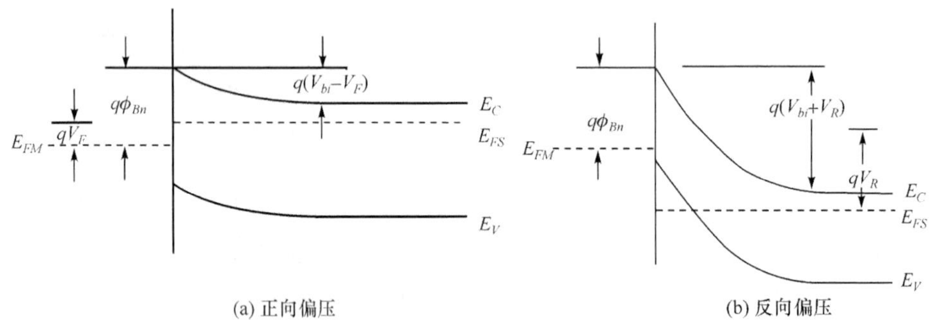

图 7.3 金属-N 型半导体肖特基接触($q\phi_M>q\phi_S$)能带图

上面我们利用能带图讨论了肖特基结具有整流特性的原因。下面讨论肖特基结达到热平衡时发生的物理过程，即半导体表面空间电荷区的建立过程。

与平衡 PN 结空间电荷区建立的过程一样。肖特基结建立空间电荷区达到平衡的过程如下。用 E_{FS} 表示半导体费米能级，E_{FM} 表示金属费米能级。针对图 7.2(a)给出的情况，金属的功函数大于半导体的功函数($q\phi_M>q\phi_S$)，相应地，没接触之前，E_{FS} 高于 E_{FM}，即半导体中的电子比金属中的电子占据的能级能量更高，所以

电子将从半导体流向金属，使半导体表面出现带正电荷的电离施主，金属表面则积累电子，带负电荷，直到整个金属-半导体系统具有统一的费米能级，系统达到热平衡状态。电中性要求金属表面的负电荷与半导体表面的正电荷数量相等，极性相反。半导体中的电子浓度比金属中的电子浓度低几个数量级，因此半导体中的正电荷将占据一定宽度的空间，即形成半导体表面空间电荷区。热平衡条件下，金属-半导体(均匀掺杂)接触的空间电荷分布和电场分布如图 7.4 所示。这种电荷分布与单边突变 P^{+}-N 结的情况相同。

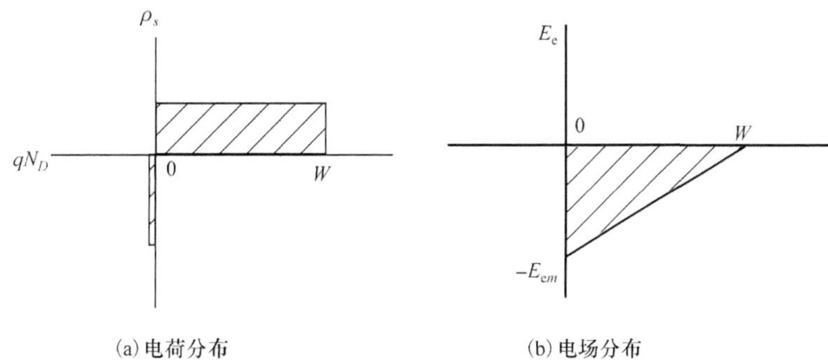

图 7.4　热平衡条件下金属-半导体接触的空间电荷分布和电场分布

3. 肖特基势垒半导体表面空间电荷区的耗尽层理论及其 C-V 特性

肖特基结的空间电荷区同样可以用耗尽层理论来分析，借用单边突变结的分析结果，平衡时，空间电荷区的宽度 W 为

$$W=\sqrt{\frac{2\varepsilon_s}{qN_D}V_{bi}} \tag{7-5}$$

其中，N_D 为半导体的掺杂浓度；V_{bi} 为内建电势，由式(7-2)决定其大小。

在外加电压 V 的作用下，有

$$W=\sqrt{\frac{2\varepsilon_s}{qN_D}(V_{bi}-V)} \tag{7-6}$$

正向偏置时，$V>0$；反向偏置时，$V<0$。半导体表面单位面积的空间电荷 Q_{SC} 为

$$Q_{SC}=qN_DW=\sqrt{2q\varepsilon_sN_D(V_{bi}-V)} \tag{7-7}$$

与 PN 结一样，肖特基结也具有电容效应，且

$$C=\left|\frac{\partial Q_{SC}}{\partial V}\right|=\sqrt{\frac{q\varepsilon_sN_D}{2(V_{bi}-V)}}=\frac{\varepsilon_s}{W} \tag{7-8}$$

也可写为

$$\frac{1}{C^2}=\frac{2(V_{bi}-V)}{q\varepsilon_s N_D} \tag{7-9}$$

因此，将 $1/C^2$ 对 V 作图可得到一条直线，截距为内建电势 V_{bi}，由直线斜率可以计算半导体的掺杂浓度 N_D。图 7.5 为 W-Si 与 W-GaAs 肖特基二极管的 $1/C^2$ 与 V 的曲线。V_{bi} 确定后，肖特基势垒 ϕ_{Bn} 可以由式(7-3)求得。

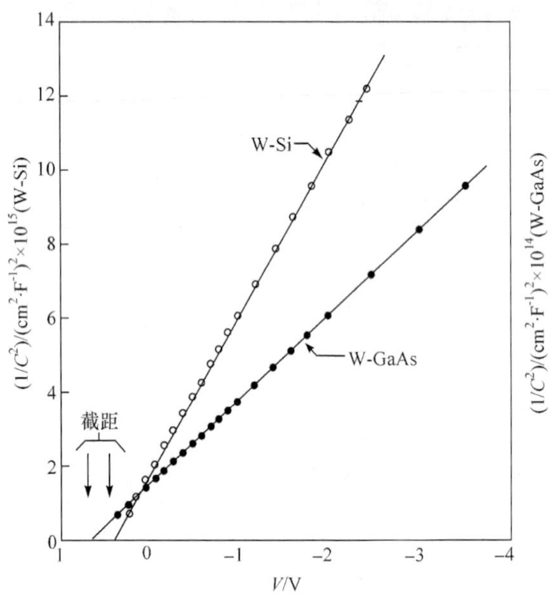

图 7.5　W-Si 与 W-GaAs 肖特基二极管的 $1/C^2$ 与 V 的曲线

例 7.1　计算图 7.5 中 W-Si 肖特基二极管的施主浓度和势垒高度。

解　利用式(7-9)，将 $1/C^2$ 对 V 作微分，可得

$$N_D=\frac{-2}{q\varepsilon_s \mathrm{d}(1/C^2)/\mathrm{d}V}$$

可以看出，当外加反向电压 V 等于 -1V 时，$1/C^2\approx 6.2\times10^{15}(\mathrm{cm}^2/\mathrm{F})^2$；当 V 等于 -2V 时，$1/C^2\approx 10.6\times10^{15}(\mathrm{cm}^2/\mathrm{F})^2$，所以

$$\frac{\mathrm{d}(1/C^2)}{\mathrm{d}V}\approx\frac{10.6\times10^{15}-6.2\times10^{15}}{-1}=-4.4\times10^{15}\frac{(\mathrm{cm}^2/\mathrm{F})^2}{\mathrm{V}}$$

$$N_D=\frac{-2}{q\varepsilon_s \mathrm{d}(1/C^2)/\mathrm{d}V}=\frac{2}{1.6\times10^{-19}\times11.7\times8.85\times10^{-14}}\times\frac{1}{4.4\times10^{15}}$$
$$=2.7\times10^{15}\mathrm{cm}^{-3}$$

$$V_n=\frac{E_C-E_F}{q}=\frac{k_BT}{q}\ln\frac{N_C}{N_D}=0.0259\times\ln\frac{2.8\times10^{19}}{2.7\times10^{15}}\approx0.24\mathrm{V}$$

从图 7.5 中可以读出 $V_{bi}=0.4$V，所以势垒高度为

$$\phi_{Bn}=V_{bi}+V_n=0.4+0.24=0.64\text{V}$$

例 7.2　在 N 型硅上形成的理想肖特基二极管有下述参数，$q\phi_M=4.65\text{eV}$，$q\chi=4.03\text{eV}$，$N_D=10^{16}\text{cm}^{-3}$。在 $T=300\text{K}$ 时确定势垒高度 $q\phi_{Bn}$，计算内建电势 V_{bi}、硅表面耗尽层宽度 W 及最大电场强度 E_{cm}。

解　(1) $q\phi_{Bn}=q\phi_M-q\chi=4.65\text{-}4.03=0.62\text{eV}$

(2) $qV_n=E_C-E_F=-k_BT\ln\dfrac{N_D}{N_C}=0.026\ln\dfrac{2.8\times10^{19}}{10^{16}}=0.206\text{eV}$

$$qV_{bi}=q\phi_M-q\phi_S=q\phi_M-(qV_n+q\chi)=4.65-(0.206+4.03)=0.414\text{eV}$$

(3) $W=\sqrt{\dfrac{2\varepsilon_s}{qN_D}V_{bi}}=\sqrt{\dfrac{2\times11.7\times8.85\times10^{-14}}{1.6\times10^{-19}\times10^{16}}\times0.414}=2.31\times10^{-5}\text{cm}=0.23\mu\text{m}$

$$E_{cm}=\sqrt{\frac{2qN_D}{\varepsilon_s}V_{bi}}=\sqrt{\frac{2\times1.6\times10^{-19}\times10^{16}}{11.7\times8.85\times10^{-14}}\times0.414}=3.58\times10^4\text{V/cm}$$

4. 金属-P 型半导体接触

下面讨论金属与 P 型半导体接触。对于同样的金属和半导体，如果半导体是 P 型掺杂，接触前的能带如图 7.6(a)所示。可见，半导体的功函数大于金属的功函数，即 $q\phi_S>q\phi_M$。空穴由金属注入半导体遇到的势垒高度 $q\phi_{Bp}$ 为

$$q\phi_{Bp}=E_G-(q\phi_M-q\chi) \tag{7-10}$$

根据式(7-1)和式(7-10)可得下式，即

$$q\phi_{Bn}+q\phi_{Bp}=E_G \tag{7-11}$$

这说明，对于同一种半导体，任何金属在 N 型与 P 型上的势垒高度之和等于禁带宽度 E_G，紧密接触达到热平衡状态并形成统一的费米能级以后，能带图如图 7.6(b)所示。同样，界面各能级的相对位置不变，统一的费米能级由金属的费米能级位置决定，因此半导体内能级上移，在半导体表面能带弯曲。弯曲量既是内建电势 qV_{bi}，也是半导体侧空穴注入金属时需要克服的势垒，即

$$V_{bi}=\phi_S-\phi_M \tag{7-12}$$

利用 ϕ_{Bp}，V_{bi} 还可以表示为

$$V_{bi}=\phi_{Bp}-V_p \tag{7-13}$$

其中，V_p 为半导体费米能级与价带间的距离。

显然，金属与 P 型半导体紧密接触达到平衡状态的过程中，金属中的电子注入半导体表面，相当于半导体的空穴注入金属。平衡时，半导体表面空间电荷区由带负电的电离受主构成，金属带正电荷，半导体表面电势为正，内建电场由半导体表面指向体内。仍以半导体体内接地为参考零电位。金属侧施加电压，金属侧空穴的势垒高度不改变，半导体侧的势垒高度随外加电压而变化。当外加电压为正

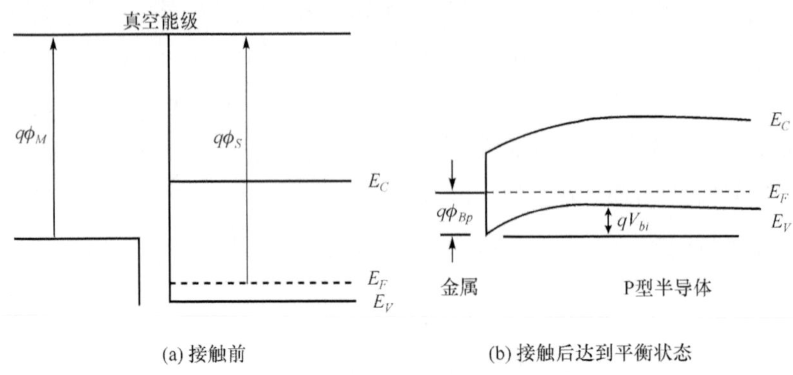

图 7.6　金属-P 型半导体接触($q\phi_M < q\phi_S$)的能带图

时，其电场与半导体表面内建电场方向一致，则半导体表面电场增强，空穴势垒增加(图 7.7(a))。外加电压为负时，其电场与半导体表面内建电场方向相反，半导体表面电场减弱，空穴势垒降低(图 7.7(b))。可见，金属与 P 型半导体接触也具有整流特性，也是肖特基结。肖特基结半导体表面空间电荷区宽度由半导体表面电势大小决定，可以参照单边突变结表示。

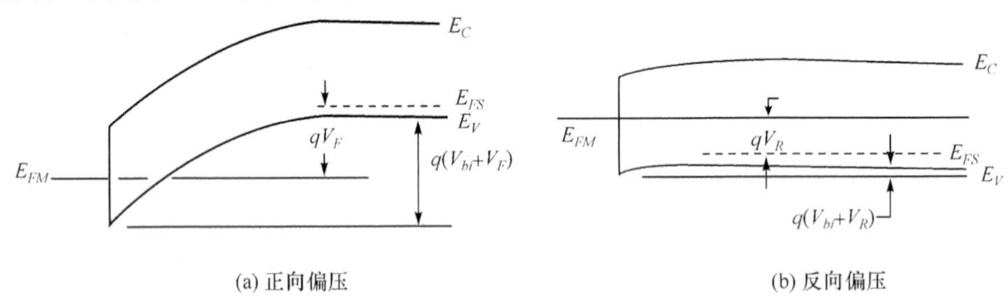

图 7.7　肖特基接触(金属与 P 型半导体接触)的能带图

5. 界面态对势垒高度的影响

可以通过 $1/C^2$-V 曲线测量不同金属与同一半导体接触的内建电势 V_{bi}。实验发现，V_{bi} 不因金属而改变，是稳定值，这一现象需要用界面态的影响来说明。由于半导体晶格排列的周期性在表面处终止，结果在禁带中产生大量的能级，称为界面态或表面态。半导体材料不同，表面形成的工艺不同，表面态或界面态的分布也会不同。金属-半导体接触的界面同样存在界面态的分布。这些界面态会被电子占据，使半导体表面呈现不同的带电状态，具体的带电情况由界面费米能级在能带中的位置决定。一般情况下，存在一个能级 $q\phi_0$。当 $q\phi_0 = E_F$，$q\phi_0$ 以下的所有能态都被电子占据，$q\phi_0$ 以上的所有能态都是空着的时候，半导体表面呈现电中性。当 E_F 在 $q\phi_0$ 以下，$q\phi_0$ 以下还有空能态时，半导体表面呈正电性，也就是说，$q\phi_0$ 以下的能态被电子占据时呈电中性,空着时呈正电性。这与施主能级相似,因此称为类施主能级。当费米能级位于 $q\phi_0$ 以上,$q\phi_0$ 以上的能态被电子填充时,表面呈负电性,也就是说,$q\phi_0$ 以上的能级具有受主的性质,被电子占据时呈负电性,空着时呈中性。图 7.8 给出了界面施主型能级与受主型能级的示意图。前面在讨论肖特基结平衡状况时,没有考虑界面态的影响,认为界面态电荷密度为零,电荷平衡时,有 $Q_M=Q_S$。当界面态密度 N_I 不为零,用 Q_I 表示界面态电荷,则平衡时应该满足下式,即

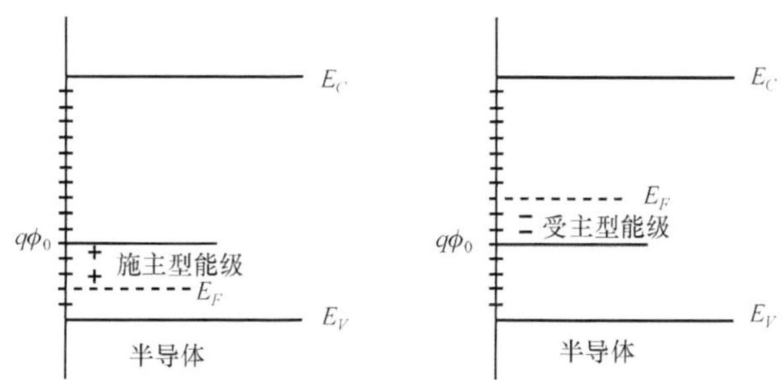

图 7.8 界面施主型能级和受主型能级示意图

$$Q_M=Q_I+Q_S \tag{7-14}$$

这说明,界面电荷与半导体表面层空间电荷区的电荷一起屏蔽了金属栅对半导体内部的影响,所以与没有界面态时相比,半导体表面电荷总量发生变化,相当于半导体表面电势发生改变。一般情况下,界面态密度非常高,费米能级一旦偏离 $q\phi_0$,界面电荷 Q_I 将足以屏蔽金属对半导体表面的影响。因此,我们近似认为费米能级被限制在 $q\phi_0$ 处,这时达到热平衡的费米能级不再由金属功函数的位置决定,而是由 $q\phi_0$ 的位置决定,因此内建电势 qV_{bi} 变为

$$qV_{bi}=E_G-q\phi_0-qV_n \tag{7-15}$$

其中,E_G 为半导体的禁带宽度;$q\phi_0$ 为界面能级中特定的能级位置,费米能级处于这个位置时,界面电荷为零;qV_n 为半导体导带与费米能级的差。

可见,当界面态密度较高时,qV_{bi} 与金属的功函数无关。这种效应称为费米能级钉扎效应,如图 7.9 所示。

6. 镜像力对肖特基势垒的影响

一个电子与金属相距 x 时,在金属表面将感应出正电荷,电子与感生正电荷之间的吸引力等于该电子和位于 $-x$ 处的等量正电荷之间的静电引力。这个正电荷称为镜像电荷,静电引力称为镜像力。对金属与半导体接触形成的肖特基结,半导体表面空间电荷区的电荷同样要在金属表面产生感应电荷,并存在镜像力的作用,如图 7.10(a)所示。根据库仑定律,镜像力的大小可以表示为

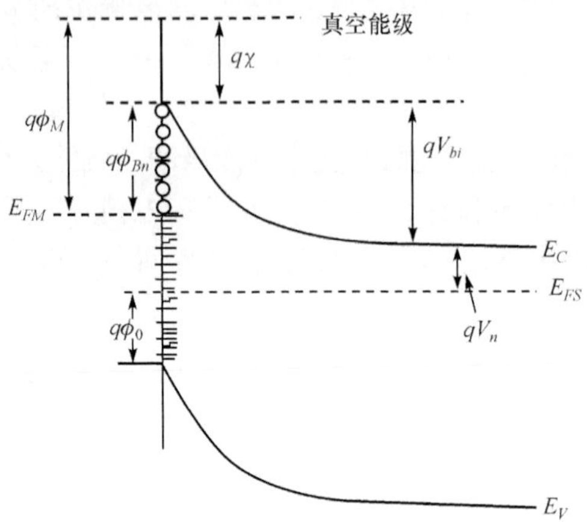

图 7.9　费米能级钉轧效应示意图

$$F=\frac{q^2}{4\pi\varepsilon_s(2x)^2} \tag{7-16}$$

其中，ε_s 为半导体的介电常数。

将半导体内的一个电荷移动到距离金属表面 x 处，镜像力所做的功为

$$W(x)=\int_x^{\infty}F(x)\mathrm{d}x=\frac{q^2}{16\pi\varepsilon_s x} \tag{7-17}$$

以上电场力做的是正功，因此电子势能要降低，如果以半导体内电势为零电势，则半导体表面的电子势能为

$$E_1(x)=-\frac{q^2}{16\pi\varepsilon_s x} \tag{7-18}$$

其中，$E_1(x)$随 x 的变化如图 7.10(b)所示。

假设在半导体表面空间电荷区电场为 E_e，则电子在空间电荷区电场中的势能为

$$E_2(x)=qE_e(x_0-x) \tag{7-19}$$

其中，x_0为空间电荷区宽度。

电子在镜像力场和空间电荷区电场共同作用下，总势能 E 为

$$E(x)=qE_e(x_0-x)-\frac{q^2}{16\pi\varepsilon_s x} \tag{7-20}$$

如图 7.10(c)所示，镜像力的作用使界面处电子势垒降低。电子势垒的最大值不再位于金属-半导体界面，而是进入半导体内部。这种现象称为肖特基势垒的镜像力降低效应。

令$\frac{\mathrm{d}E(x)}{\mathrm{d}x}=0$，可以得到下式，即

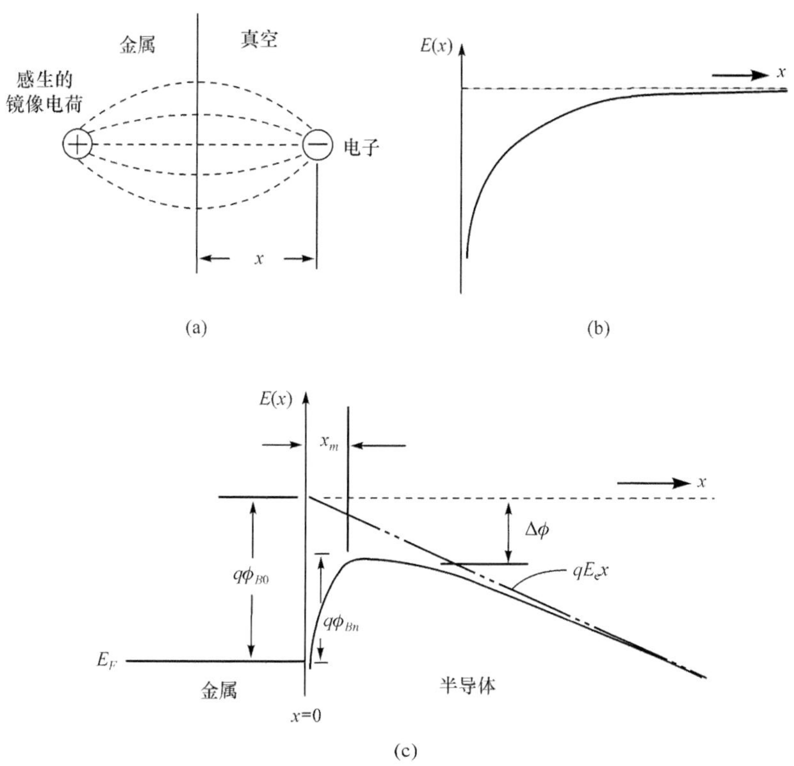

图 7.10　镜像力降低肖特基势垒高度

$$x_m=\left[\frac{q}{16\pi\varepsilon_s E_e}\right]^{1/2} \tag{7-21}$$

势垒高度降低值 $q\Delta\phi$ 为

$$q\Delta\phi=E_2(x=0)-E(x=x_m) \tag{7-22}$$

将式(7-19)和式(7-20)代入式(7-22),可以得到下式,即

$$q\Delta\phi=\frac{q^2}{16\pi\varepsilon_s x_m}+qE_e x_m=\left[\frac{q^3 E_e}{4\pi\varepsilon_s}\right]^{1/2} \tag{7-23}$$

如果外加电压为 V,则

$$E_e=\left[\frac{2qN_D}{\varepsilon_s}(V_{bi}-V)\right]^{1/2} \tag{7-24}$$

例 7.3　对例 7.2 中的肖特基二极管,用求得的 E_{em} 值计算势垒高度降低量。

解

$$\Delta\phi=\left(\frac{qE_e}{4\pi\varepsilon_s}\right)^{1/2}=\left(\frac{1.6\times10^{-19}\times3.58\times10^4}{4\times3.14\times11.7\times8.85\times10^{-14}}\right)^{1/2}=2.09\times10^{-2}\text{V}=20.9\text{mV}$$

7.1.2 肖特基二极管

肖特基二极管电流的大小由半导体表面势垒决定，受结电压的调制。对肖特基二极管来说，电流只与半导体多数载流子的输运有关，由多数载流子通过势垒的方式决定，可以将其分为扩散、热离子发射和隧穿等三种模式。

当载流子的平均自由程小于空间电荷区宽度时，载流子输运的模式主要是扩散，氧化亚铜基肖特基二极管就属于这种情况。如果载流子平均自由程大于空间电荷区宽度，多数载流子会以热离子发射的方式由半导体注入金属，常用的半导体材料，如 Ge、Si 和 GaAs 基本满足这一条件。室温下，对常用半导体材料的肖特基二极管而言，主要的传导机制是半导体中多数载流子的热离子发射，也就是说多数载流子获得足够的能量后越过势垒注入金属。热离子发射电流密度可表示为

$$J=qn_s v_c \tag{7-25}$$

其中，n_s 为界面的电子浓度；v_c 为热发射速度。

根据气体动力论，即

$$v_c=\frac{\bar{v}}{4} \tag{7-26}$$

其中，$\bar{v}$ 为热运动平均速率，其表达式为

$$\bar{v}=\sqrt{8k_B T/\pi m_n} \tag{7-27}$$

因此

$$v_c=\sqrt{k_B T/2\pi m_n} \tag{7-28}$$

n_s 与中性区(势垒底部)电子浓度 n_0 的关系为

$$\begin{aligned}n_s &=n_0\exp[-q(V_{bi}-V)/k_B T]\\&=N_C\exp[-(E_C-E_F)/k_B T]\exp[-q(V_{bi}-V)/k_B T]\\&=N_C\exp[-q(\phi_{Bn}-V)/k_B T]\end{aligned} \tag{7-29}$$

其中，V 为外加电压；$n_0=N_C\exp(-qV_n/k_B T)$，$V_n=E_C-E_F$；$V_{bi}=\phi_{Bn}-V_n$。

于是，在外加电压 V 的作用下，从半导体流向金属的电流密度为

$$J_{S\to M}=qn_s v_c=qv_c N_C\exp[-q(\phi_{Bn}-V)/k_B T] \tag{7-30}$$

同时也有电子从金属向半导体发射，由于金属一侧的势垒高度 $q\phi_{Bn}$ 不受偏压的影响，与 V 无关。零偏压时，总电流为零，从金属流向半导体的电流密度为

$$J_{M\to S}=J_{S\to M}|_{V=0}=qv_c N_C\exp(-q\phi_{Bn}/k_B T) \tag{7-31}$$

所以，总电流密度为

$$J=J_{S\to M}-J_{M\to S}=J_S[\exp(qV/k_B T)-1] \tag{7-32}$$

其中，J_S 为饱和电流密度，即

$$J_S=qv_c N_C\exp(-q\phi_{Bn}/k_B T)$$

$$=q\left(\frac{k_BT}{2\pi m_n}\right)^{1/2}2\left(\frac{2\pi m_nk_BT}{h^2}\right)^{3/2}\exp(-q\phi_{Bn}/k_BT)$$

$$=A^*T^2\exp(-q\phi_{Bn}/k_BT) \tag{7-33}$$

其中,A^* 为有效理查逊常数,其表达式为

$$A^*=\frac{4\pi qm_nk_B^2}{h^3} \tag{7-34}$$

式中,h 为普朗克常量。

对于自由电子,代入有关常数,$A_0^*=120\text{A}/(\text{cm}^2\cdot\text{K}^2)$。GaAs 导带的等能面是球形的,$A^*/A_0^*=m_n/m_0$,即

$$A^*=120(m_n/m_0)\text{A}/(\text{cm}^2\cdot\text{K}^2) \tag{7-35}$$

其中,m_n 和 m_0 分别为 GaAs 中电子的有效质量和自由电子质量。

考虑 Si 和 GaAs 有轻空穴和重空穴,则

$$\left(\frac{A^*}{A_0^*}\right)_{\text{空穴}}=(m_{pl}+m_{ph})/m_0 \tag{7-36}$$

对 Si 中的电子和空穴,A^* 分别为 110 和 32;GaAs 中的电子和空穴,分别为 8 和 74。

例 7.4 一个钨-硅肖特基二极管,其饱和电流密度 J_S 为 $6.5\times10^{-5}\text{A/cm}^2$,掺杂浓度 N_D 为 10^{16}cm^{-3},在 $T=300\text{K}$ 时,计算零偏压时势垒高度和耗尽层宽度。假设 $\tau_p=10^{-7}\text{s}$ 和 $D_p=10\text{cm}^2/\text{s}$,计算多子电流和少子电流的比。

解 (1) 由式(7-33)可得,$\phi_{Bn}=\frac{k_BT}{q}\ln\frac{A^*T^2}{J_s}=0.0259\times\ln\left(\frac{110\times300^2}{6.5\times10^{-5}}\right)=0.67\text{V}$

$$V_n=\frac{k_BT}{q}\ln\frac{N_C}{N_D}=0.0259\times\ln\frac{2.8\times10^{19}}{1\times10^{16}}=0.21\text{V}$$

$$V_{bi}=\phi_{Bn}-V_n=0.67-0.21=0.46\text{V}$$

当 $V=0$ 时,耗尽层宽度为

$$W=\sqrt{\frac{2\varepsilon_s}{qN_D}V_{bi}}=2.49\times10^{-5}\text{cm}$$

(2) $L_p=\sqrt{D_p\tau_p}=10^{-3}\text{cm}$

$$J_{p0}=\frac{qD_pn_i^2}{L_pN_D}=\frac{1.6\times10^{-19}\times10\times(1\times10^{10})^2}{10^{-3}\times10^{16}}=1.6\times10^{-11}\text{A/cm}^2$$

$$\frac{J_{\text{多子}}}{J_{\text{少子}}}=\frac{J_S}{J_{p0}}=\frac{6.5\times10^{-5}}{1.6\times10^{-11}}=4.06\times10^6$$

7.1.3 肖特基二极管和 PN 结二极管的比较

肖特基结与 PN 结都具有单向导电性,作为二极管来说,性能相似。从根本上

来说，两者非常不同。肖特基二极管的电流与多子输运有关，是单极器件；PN 结二极管电流与少子输运有关，由 P 区电子扩散电流和 N 区空穴扩散电流两部分组成，是双极器件。因此，肖特基二极管与 PN 结二极管在性能上存在差异，具体表现在以下两个方面。

1. 开关特性

PN 结开关状态的转换，实际上就是少子分布状态的改变。开态时，PN 结正向偏置，在 P 区准中性区和 N 区准中性区分别有电子和空穴的堆积，称为少子存储。关态时，PN 结反向偏置，除了空间电荷区更宽，准中性区的少子也低于平衡时的值。开态向关态的转换，首先要把准中性区存储的少子抽取干净，然后再给空间电荷区充电，其中少子抽取过程需要一定的时间，严重影响 PN 结的开关速度。肖特基二极管是多子器件，它的开关状态就是半导体表面势垒高度的调节过程，也是半导体表面空间电荷区宽度变化的过程，没有少子的存储效应，因此具有高得多的开关速度，反向恢复时间可以小到几纳秒。

2. 正向开启电压及反向饱和电流的比较

肖特基二极管与 PN 结二极管的 J-V 关系有相同的表达形式，即

$$J=J_S[\exp(qV/k_BT)-1] \tag{7-37}$$

但饱和电流密度 J_S 的表达式则不同，与两种二极管的工作机理有关，分别为

$$J_S=\frac{qD_p p_{n0}}{L_p}+\frac{qD_n n_{p0}}{L_n},\quad \text{PN 结二极管} \tag{7-38}$$

$$J_S=A^* T^2\exp(-q\phi_{Bn}/k_BT),\quad \text{肖特基二极管}$$

下面计算两种二极管饱和电流密度 J_S。

考虑钨和硅肖特基二极管，其势垒高度为 $q\phi_{Bn}=0.67\text{eV}$，有效理查逊常数为 $A^*=120\text{A}/(\text{cm}^2\cdot\text{K}^2)$，温度为 300K 时，有

$$J_S=A^* T^2\exp(-q\phi_{Bn}/k_BT)=120\times300^2\exp\left(\frac{-0.67}{0.0259}\right)=6.29\times10^{-5}\text{A/cm}^2$$

300K 时，硅的 PN 结二极管 $N_A=1\times10^{18}\text{cm}^{-3}$，$N_D=1\times10^{16}\text{cm}^{-3}$，$D_n=25\text{cm}^2/\text{s}$，$D_p=10\text{cm}^2/\text{s}$，$\tau_{p0}=1\times10^{-7}\text{s}$ 和 $\tau_{n0}=1\times10^{-7}\text{s}$，则可以计算出 $L_p=1.0\times10^{-3}\text{cm}$，$L_n=1.58\times10^{-3}\text{cm}$，$p_{n0}=2.25\times10^4\text{cm}^{-3}$ 和 $n_{p0}=2.25\times10^2\text{cm}^{-3}$。

把上面已知和求得的这些参数带入 PN 结的饱和电流密度公式，可得到

$$\begin{aligned}J_S&=\frac{(1.6\times10^{-19})\times25\times2.25\times10^2}{1.58\times10^{-3}}+\frac{(1.6\times10^{-19})\times10\times2.25\times10^4}{1.0\times10^{-3}}\\&=3.66\times10^{-11}\text{A/cm}^2\end{aligned}$$

可见，肖特基二极管的饱和电流密度 J_S 比 PN 结的 J_S 大很多。对于同样的

工作电流，在肖特基二极管的正向电压降要比 PN 结低得多，这也意味着肖特基二极管有较低的正向导通电压(开启电压)，约为 0.3V，而硅 PN 结为 0.6～0.7V。图 7.11 是两个二极管的 I-V 特性曲线，显然肖特基二极管具有低的开启电压和高的反向饱和电流。

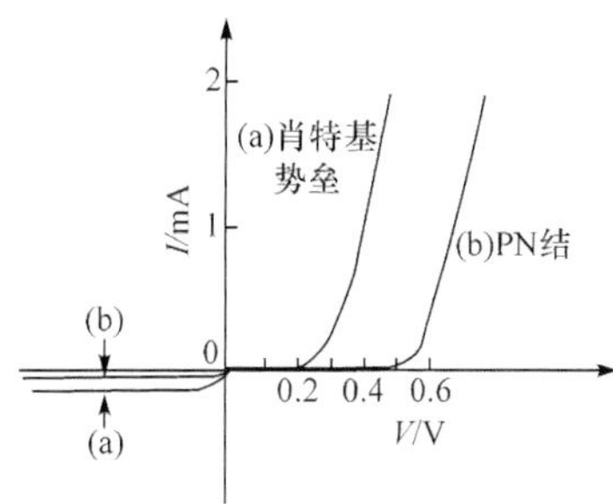

图 7.11　肖特基二极管和 PN 结二极管的 I-V 特性

7.1.4　肖特基二极管的频率特性

由于没有少子的再分布效应，因此肖特基二极管的小信号等效电路没有与少子分布相对应的扩散电容项(图 7.12)，图中 C_j 为结电容，r_s 为串联电阻，r_d 为二极管的微分电阻。C_j 是半导体表面空间电荷区的耗尽层电容，相当于宽度为 W 的平板电容。W 为空间电荷区的宽度，受外加电压调制。结电容 C_j 为

$$C_j = A\sqrt{\frac{q\varepsilon_s N_D}{2(V_{bi}-V)}} \tag{7-39}$$

其中，A 为结面积。

微分电阻 r_d 为

$$r_d = \frac{\mathrm{d}V}{\mathrm{d}I} = \frac{k_B T}{qI} \tag{7-40}$$

当肖特基二极管作为检波器或整流器使用时，要求交流功率主要被二极管的结电阻 r_d 吸收，而在串联电阻 r_s 上的功率耗散很少。通常情况下，$r_s \ll r_d$，所以低频时 r_s 的影响可以忽略。随着工作频率的升高，结阻抗相对 r_s 减小，最终会达到这样一个频率，使 r_s 上的功率耗散和结上的功率耗散相等，则有

$$r_s = \frac{r_d}{1+(\omega_T C_j r_d)^2} \tag{7-41}$$

其中，ω_T 为特征频率。

因为 $r_s \ll r_d$，有

$$f_T^2 \approx \frac{1}{4\pi^2 C_j^2 r_d r_s} \tag{7-42}$$

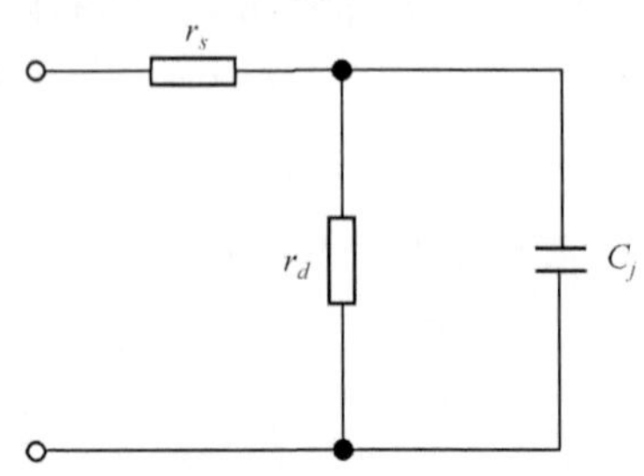

图 7.12　肖特基二极管的小信号等效电路

对于高频，C_j、r_s 和 r_d 都应该很小。如果半导体具有较高的掺杂浓度和迁移率，r_s 可以做得很小。如果采用 GaAs，器件的工作频率可以达到 100GHz。

7.1.5　箝位晶体管

肖特基二极管具有低的正向导通电压，可以将它与开关晶体管的集电结并联(图 7.13)，以降低晶体管的饱和深度，提高开关速度。理想的开关晶体管开态时应该工作于临界饱和状态，即集电结电压为零。在实际应用中，随着集电极电流的增大，集电结有可能正向偏置，进入深度饱和。这意味着，集电极向基区注入少子，使基区存储的少子电荷增加。集电极电流越大，集电结正向偏置电压越大，也就是说饱和深度越深，基区存储的少子越多。这将导致进行开态到关态的状态转换时，需要更长的时间抽取基区存储的少子，因此降低了开关速度。一般情况下，集电结被正向偏置时电压可以达到约 0.5V。将肖特基二极管与集电结并联，当集电结的电压到达肖特基结的开启电压时(一般为 0.3V)，基区存储的电荷将通过肖特基二极管分流出去，使集电结电压保持在 0.3V 左右，降低三极管的饱和深度，减小基区少子存储的量，提高开关速度。应用于开关晶体管与集电结并联的肖特基二极管被称为箝位二极管。在箝位二极管的作用下，晶体管的开关时间可以低于 1ns。

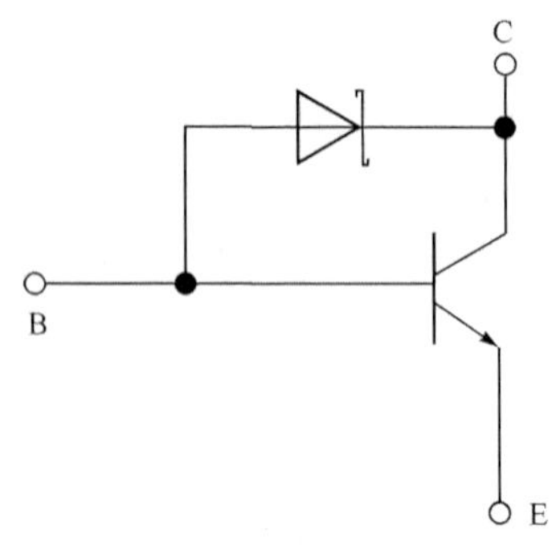

图 7.13　肖特基箝位晶体管的电路图

7.1.6　欧姆接触

除了具有整流特性的金属-半导体接触，还有具有线性 I-V 特性的金属-半导体接触，表现出欧姆特性。欧姆接触的电阻相对于半导体电阻非常小，可以忽略不计，这在半导体器件的应用中非常重要。

图 7.14 是 $q\phi_M < q\phi_S$ 时，金属-N 型半导体接触的能带图。可以看到，半导体表面的电子浓度高于体内，即相对于体内，半导体表面的电阻更低。电子从金属到半导体，或者从半导体到金属的注入，都不存在势垒。该接触是欧姆接触。

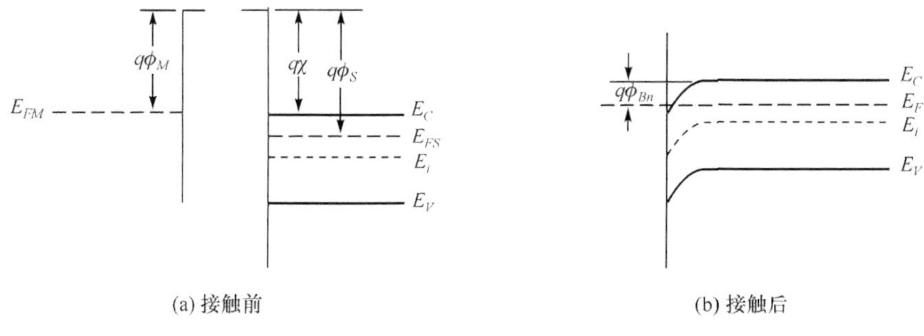

图 7.14　$q\phi_M < q\phi_S$ 时金属-N 型半导体欧姆接触的能带图

$q\phi_M > q\phi_S$ 的金属-P 型半导体接触也是欧姆接触，如图 7.15 所示。半导体表面空穴浓度大于体内，半导体表面的电阻低于体内，同样可以看到空穴从两个方向的注入都没有势垒。

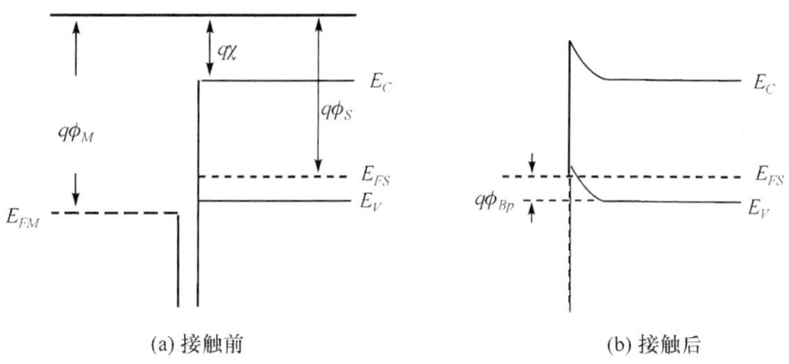

图 7.15　$q\phi_M > q\phi_S$ 时金属-P 型半导体欧姆接触的能带图

无论是 N 型半导体，还是 P 型半导体，由于界面态的电荷效应，理想的欧姆接触只能是一种近似，在金属和半导体之间的直接接触一般不形成欧姆接触，特别是当半导体为低掺杂时尤其如此。如果半导体为重掺杂，例如具有 $10^{19}\,\mathrm{cm}^{-3}$ 或更高的载流子浓度，那么金属-半导体接触就是欧姆接触。原因是重掺杂的半导体表面

空间电荷层宽度 W 很薄，载流子可以从半导体直接隧穿注入金属，或者从金属直接隧穿注入半导体，从而表现出线性电流-电压特性。

表示欧姆接触的一个基本参数是接触电阻率 ρ_c（又称比接触电阻），其定义为零偏压时电流密度对电压求导的倒数，即

$$\rho_c=\left(\frac{\partial J}{\partial V}\right)^{-1}\bigg|_{V=0} \tag{7-43}$$

金属与低掺杂半导体接触结中的热电子发射电流是主要的传导电流，利用式(7-32)和式(7-33)，可得

$$\rho_c=\frac{k_B}{qA^*T}\exp(q\phi_{Bn}/k_BT) \tag{7-44}$$

可以看出，要获得较小的 ρ_c，应该使用具有较低势垒高度的金属-半导体接触。

相反，对于高掺杂浓度半导体形成的结，由于势垒宽度变得很窄，隧穿电流成为主要的传导电流。

$$J\sim\exp\left[-\frac{2}{h}W\sqrt{2m_n(\phi_{Bn}-V)}\right] \tag{7-45}$$

把 $W=\sqrt{\frac{2\varepsilon_s}{qN_D}(\phi_{Bn}-V)}$ 带入上式，有

$$\rho_c\propto\exp(C_1\phi_{Bn}/\sqrt{N_D}) \tag{7-46}$$

其中

$$C_1=4\sqrt{m_n\varepsilon_s}/\hbar \tag{7-47}$$

可见，接触电阻率 ρ_c 强烈依赖掺杂浓度，并以 $\phi_{Bn}/\sqrt{N_D}$ 为因子呈指数变化。

综上所述，为了降低 ρ_c，获得欧姆接触，可以提高掺杂浓度、降低势垒高度或二者并用。

7.2 金属-半导体场效应晶体管

7.2.1 器件结构

金属-半导体场效应晶体管是在没有良好钝化层的化合物半导体上发展起来的，典型代表是 N 型 GaAs。N-GaAs 基 MESFET 的基本结构如图 7.16 所示。在半绝缘 GaAs 衬底上生长厚度为 a 的 N 型 GaAs 层，与其形成肖特基接触的金属称为栅。栅两侧与半导体形成欧姆接触的分别称为源和漏。通过栅电压控制半导体表面耗尽层的宽度 h，源与漏之间导电通道的宽度($a-h$)受到栅电压的调制。器件的主要参数包括栅极长度 L、栅极宽度 Z 和外延层厚度 a。从结构上可以看出，MESFET 是体沟道器件，载流子迁移率决定器件工作的频率，为此这类器件大

都是采用 N 型 GaAs 材料，GaAs 体单晶的电子迁移率可以达到 $8500\mathrm{cm}^2/(\mathrm{V\cdot s})$，远高于空穴的迁移率 $400\mathrm{cm}^2/(\mathrm{V\cdot s})$，也远高于硅中的电子迁移率 $1350\mathrm{cm}^2/(\mathrm{V\cdot s})$。体沟道器件还具有噪声低的特点。半绝缘衬底的作用一方面是减少寄生电容，另一方面是用于隔离器件。通常以栅极的尺寸来描述一个 MESFET，如果栅极长度为 0.5μm，栅极宽度为 500μm，则称之为 0.5μm×500μm 器件。对于传统微波或毫米波器件，其栅极长度通常在 0.1～1.0μm 之间。外延层厚度 a 约为栅极长度的 1/3～1/5。

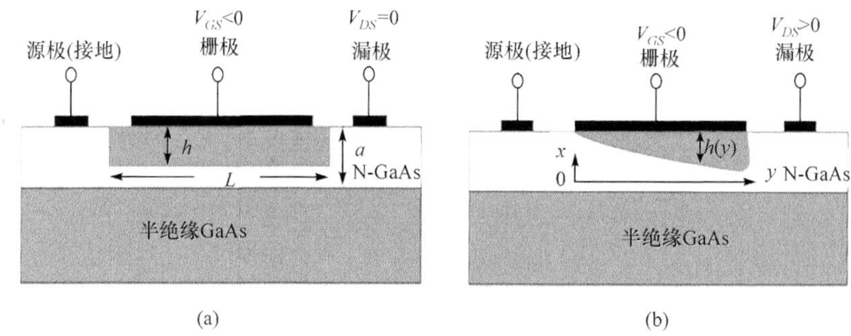

图 7.16　N-GaAs MESFET 的基本结构

7.2.2　工作原理

在工作条件下，将源极接地，栅源电压 $V_{GS}\leqslant 0$，漏源电压 $V_{DS}\geqslant 0$。对 N 型 GaAs，当 $V_{DS}=0$ 时，随着 V_{GS} 增大，半导体表面耗尽层宽度 h 增加，沟道宽度 $a-h$ 减小，则沟道电阻可表示为

$$R=\rho\frac{L}{A}=\frac{L}{q\mu_n N_D A}=\frac{L}{q\mu_n N_D Z(a-h)} \tag{7-48}$$

其中，N_D 为施主浓度；$A=Z(a-h)$ 为沟道截面积；h 为耗尽区宽度。定义垂直沟道方向为 x 方向，平行沟道为 y 方向。当 $V_{DS}\neq 0$ 时，沟道中的电势从源到漏增加。因为栅上压降小于零，所以从源端到漏端，半导体表面耗尽层的压降增加，也就是说耗尽层宽度沿 y 方向增加，如图 7.16(b)所示。

如图 7.17 所示，在不变的 V_{GS} 下，随着 V_{DS} 增大，沟道形状和 I_{DS} 也随之变化。V_{DS} 很小时，V_{DS} 对耗尽层宽度的影响可以忽略，沟道电阻大小可以认为不随 V_{DS} 变化，因此 I_{DS} 与 V_{DS} 呈线性关系(图 7.17(a))。V_{DS} 增大，耗尽区宽度由源到漏增加，沟道区电阻增大，I_{DS} 随 V_{DS} 增加的斜率减小，偏离线性区(图 7.17(b))，直到漏端耗尽层扩展到整个半导体层，即 $h=a$，这时导电通道在漏端被夹断(图 7.17(c))。V_{DS} 继续增加，夹断点对源的电压保持不变，但向源端移动，移动的距离为 ΔL，V_{DS} 超过夹断点电压的部分施加在夹断点与漏之间，形成较强的电场，到达夹断点的电子在这个电场的作用下到达漏，成为漏电流。假设沟道长度 L 足够大，$\Delta L \ll L$，则认为夹断点的移动可以忽略，沟道长度保持不变，则从漏端夹断开始，漏电流 I_{DS} 不再增加，达到饱和(图 7.17(d))。

可见，JFET 与 MOSFET 有相同的 I-V 关系，不同的是 JFET 的沟道位于半导体体内，而 MOSFET 的沟道位于半导体表面的反型层。

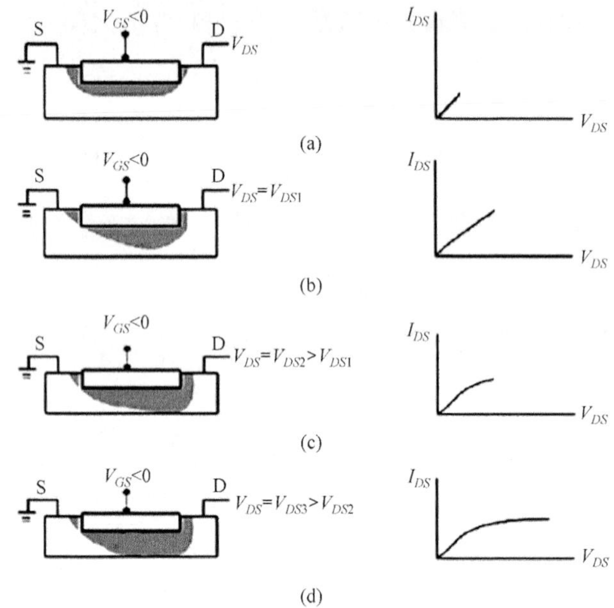

图 7.17 MESFET 中沟道形状及 I_{DS} 随 V_{DS} 的变化

7.2.3 夹断电压、阈值电压和漏饱和电压

1. 夹断电压

宽度达到 a 时，耗尽层上的压降称为夹断电压，用 V_P 表示，则

$$V_P = \frac{qN_D a^2}{2\varepsilon_s} \tag{7-49}$$

其中，V_P 大于零，是指半导体层完全耗尽时，耗尽层上压降的大小。

2. 阈值电压

不考虑漏源电压的影响(即 $V_{DS}=0$)，使沟道导通需要的栅电压称为阈值电压，用 V_T 表示，则 $V_P = V_{bi} - V_T$，所以

$$V_T = V_{bi} - V_P \tag{7-50}$$

其中，V_{bi} 为肖特基结的内建电势。

定义平衡时的耗尽层宽度为 x_0。如果 $x_0<a$,则 $V_{bi}<V_P$,意味着栅压为零时半导体表面存在沟道,当施加 $V_{GS}=V_T=V_{bi}-V_P<0$ 的栅压时,沟道才能夹断;当 $V_{GS}<0$,$|V_{GS}|<|V_T|$ 时,沟道是导通的。

3. 漏饱和电压

考虑漏源电压 V_{DS} 的影响,沟道电势从源到漏增大,沟道宽度也从源到漏增大,y 处相对于源端的电势用 $V(y)$ 表示,则 y 处耗尽层两端的压降为 $V_{bi}-V_{GS}+V(y)$,所以 y 处耗尽层的宽度为

$$h(y)=\sqrt{\frac{2\varepsilon_s}{qN_D}[V_{bi}-V_{GS}+V(y)]} \tag{7-51}$$

在漏端耗尽层宽度为 a,即 $h(L)=a$ 时,沟道在漏端夹断,称此时的漏电压为饱和电压,用 $V_D(\text{sat})$ 表示,则 $V_{bi}-V_{GS}+V_D(\text{sat})=V_P$,因此

$$V_D(\text{sat})=V_P+V_{GS}-V_{bi} \tag{7-52}$$

沟道夹断时的漏电流称为饱和漏电流,用 $I_D(\text{sat})$ 表示。当 $V_{DS}>V_D(\text{sat})$ 时,夹断点向源端移动,对长沟道器件,忽略夹断点的移动,漏电流达到饱和不再变化。

例 7.5　一个 N 沟道 GaAsMESFET,其势垒高度若为 0.86V,N 沟道掺杂浓度为 $4\times10^{16}\text{cm}^{-3}$,外延层的厚度 $a=0.3\mu\text{m}$。在温度 $T=300\text{K}$ 时,计算夹断电压、内建电势和阈值电压,并判断器件是增强型(常关型)还是耗尽型(常开型)。已知 GaAs 的相对介电常数为 13.1。

解　$$V_P=\frac{qN_Da^2}{2\varepsilon_s}=\frac{1.6\times10^{-19}\times4\times10^{16}\times(0.3\times10^{-4})^2}{2\times13.1\times8.85\times10^{-14}}=2.48\text{V}$$

$$V_n=\frac{k_BT}{q}\ln\frac{N_C}{N_D}=0.0259\times\ln\left(\frac{4.7\times10^{17}}{4\times10^{16}}\right)=0.06\text{V}$$

$$V_{bi}=\phi_{Bn}-V_n=0.86-0.06=0.80\text{V}$$

$$V_T=V_{bi}-V_P=0.8-2.48=-1.68\text{V}$$

因为 $V_T<0$,所为器件为耗尽型。

7.2.4　电流-电压关系的理论推导

我们在以下几点假设的基础上研究 MESFET 的电流-电压方程。

① 沟道内杂质分布均匀,无内建电场;载流子分布均匀,无扩散电流。

② 沟道内载流子迁移率为常数。

③ 忽略沟道区以外源漏区的串联电阻及接触电阻,沟道区以外的压降为零。

④ 缓变沟道近似,即空间电荷区电场沿 x 方向,而沟道区内的电场只有 y 方向上的分量,且 $V_x>V_y$。

沟道中载流子只有漂移运动,y 处电场为 $E_{ey}(y)$,则 y 处电流密度可写为

$$J(y)=qN_D\mu_n E_{ey}(y) \tag{7-53}$$

沟道掺杂浓度为 N_D，电子迁移率 μ_n 为常数，$E_{ey}(y)=\frac{dV(y)}{dy}$，则式(7-53)可以写为

$$I_{DS}=AqN_D\mu_n\frac{dV}{dy} \tag{7-54}$$

其中，$A=[a-h(y)]Z$ 为沟道的横截面积；$h(y)$为 y 处的空间电荷区宽度。

根据电流守恒原理，沟道中的电流处处相等，I_{DS}是与 y 无关的常数，式(7-54)可以写为

$$I_{DS}dy=q\mu_n N_D Z[a-h(y)]dV \tag{7-55}$$

利用式(7-51)可得下式，即

$$dV=\frac{qN_D}{\varepsilon_s}h(y)dh \tag{7-56}$$

将式(7-56)代入式(7-55)，并从 $y=0$ 到 $y=L$ 进行积分，可得下式，即

$$\begin{aligned}I_{DS}&=\frac{1}{L}\int_{h_1}^{h_2}q\mu_n N_D Z(a-h)\frac{qN_D}{\varepsilon_s}h\,dh\\&=\frac{Z\mu_n q^2N_D^2}{\varepsilon_s L}\int_{h_1}^{h_2}(a-h)h\,dh\\&=\frac{Z\mu_n q^2N_D^2}{2\varepsilon_s L}\left[a(h_2^2-h_1^2)-\frac{2}{3}(h_2^3-h_1^3)\right]\end{aligned} \tag{7-57}$$

其中，h_1 和 h_2 分别为沟道源端和漏端的耗尽层厚度。

由式(7-51)可得下式，即

$$h_1=\sqrt{\frac{2\varepsilon_s}{qN_D}(V_{bi}-V_{GS})} \tag{7-58}$$

$$h_2=\sqrt{\frac{2\varepsilon_s}{qN_D}(V_{bi}-V_{GS}+V_{DS})} \tag{7-59}$$

将式(7-58)和式(7-59)代入式(7-57)，整理可得下式，即

$$I_{DS}=I_P\left[\frac{V_{DS}}{V_P}-\frac{2}{3}\left(\frac{V_{DS}-V_{GS}+V_{bi}}{V_P}\right)^{3/2}+\frac{2}{3}\left(\frac{V_{bi}-V_{GS}}{V_P}\right)^{3/2}\right] \tag{7-60}$$

$$I_P=\frac{Z\mu_n q^2N_D^2a^3}{2\varepsilon_s L} \tag{7-61}$$

其中，$V_P=\frac{qN_Da^2}{2\varepsilon_s}$为夹断电压。

式(7-60)描述了沟道夹断之前漏电流 I_{DS}与漏电压 V_{DS}和栅电压 V_{GS}之间的函数关系，沟道夹断后漏电流为常数。根据式(7-60)，可以绘制 MESFET 的 I-V 特

性曲线(图 7.18)。当 $V_{DS}<V_{DS}(\mathrm{sat})$时,沟道截面积基本上与漏电压 V_{DS} 无关,I-V 特性是线性的,因此这个工作区被称为线性区;当 $V_{DS}\geqslant V_D(\mathrm{sat})$时,电流达到饱和值 $I_D(\mathrm{sat})$,这个工作区域称为饱和区。随着 V_{DS} 进一步增大,漏端电场达到一定的值后发生雪崩击穿,此时 I_{DS} 急剧增大。

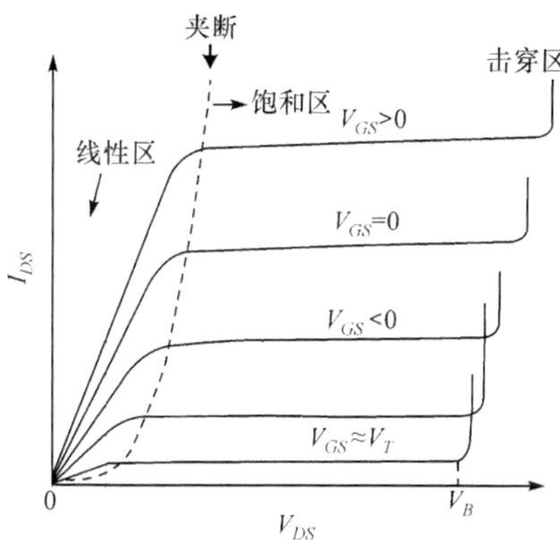

图 7.18　MESFET 的理想 I-V 特性

7.2.5　静态特性

1. 线性区

V_{DS} 比较小,且满足 $V_{DS}\ll V_{bi}-V_{GS}$ 时,式(7-60)可以展开为

$$
\begin{aligned}
I_{DS}&=I_P\left[\frac{V_{DS}}{V_P}-\frac{2}{3}\left(\frac{V_{bi}-V_{GS}+V_{DS}}{V_P}\right)^{3/2}+\frac{2}{3}\left(\frac{V_{bi}-V_{GS}}{V_P}\right)^{3/2}\right]\\
&=I_P\left[\frac{V_{DS}}{V_P}-\frac{2}{3}\left(\frac{V_{bi}-V_{GS}}{V_P}\right)^{3/2}\left(1+\frac{V_{DS}}{V_{bi}-V_{GS}}\right)^{3/2}+\frac{2}{3}\left(\frac{V_{bi}-V_{GS}}{V_P}\right)^{3/2}\right]\\
&\approx I_P\left[\frac{V_{DS}}{V_P}-\frac{2}{3}\left(\frac{V_{bi}-V_{GS}}{V_P}\right)^{3/2}\left(1+\frac{3}{2}\frac{V_{DS}}{V_{bi}-V_{GS}}\right)+\frac{2}{3}\left(\frac{V_{bi}-V_{GS}}{V_P}\right)^{3/2}\right]\\
&=I_P\left[\frac{V_{DS}}{V_P}-\left(\frac{V_{bi}-V_{GS}}{V_P}\right)^{3/2}\frac{V_{DS}}{V_{bi}-V_{GS}}\right]\\
&=\frac{I_P}{V_P}\left[1-\left(\frac{V_{bi}-V_{GS}}{V_P}\right)^{1/2}\right]V_{DS}\\
&=\frac{q\mu_nN_DZa}{L}\left[1-\left(\frac{V_{bi}-V_{GS}}{V_P}\right)^{1/2}\right]V_{DS}
\end{aligned}
\tag{7-62}
$$

可见,V_{DS} 比较小时,I_{DS} 与 V_{DS} 呈线性关系,这与 7.2.2 工作原理部分的定性分析是一致的。定义漏导 g_D 及跨导 g_M 分别表示漏电压及栅电压对漏电流的控制能力,即

$$g_D = \frac{\partial I_{DS}}{\partial V_{DS}}\bigg|_{V_{GS}=\text{常数}} \tag{7-63}$$

$$g_M = \frac{\partial I_{DS}}{\partial V_{GS}}\bigg|_{V_{DS}=\text{常数}} \tag{7-64}$$

在线性区，漏导及跨导分别为

$$g_D = \frac{\partial I_{DS}}{\partial V_{DS}}\bigg|_{V_{GS}=C} = \frac{q\mu_n N_D Za}{L}\left[1-\left(\frac{V_{bi}-V_{GS}}{V_P}\right)^{1/2}\right] \tag{7-65}$$

$$g_M \equiv \frac{\partial I_{DS}}{V_{GS}}\bigg|_{V_{DS}=C} = \frac{Z\mu_n}{L}\left[\frac{qN_D\varepsilon_s}{2(V_{bi}-V_{GS})}\right]^{1/2} V_{DS} \tag{7-66}$$

2. 饱和区

将漏饱和电压 $V_D(\text{sat}) = V_{bi} - V_{GS} - V_P$ 代入式(7-60)，可以得到夹断时的漏电流，即饱和漏电流 $I_D(\text{sat})$，其表达式为

$$I_D(\text{sat}) = I_P\left[\frac{1}{3} - \frac{V_{bi}-V_{GS}}{V_P} + \frac{2}{3}\left(\frac{V_{bi}-V_{GS}}{V_P}\right)^{3/2}\right] \tag{7-67}$$

可见，饱和漏电流与漏电压无关，所以 $g_D=0$。饱和区的跨导为

$$g_M = \frac{I_P}{V_P}\left[1-\left(\frac{V_{bi}-V_{GS}}{V_P}\right)^{1/2}\right] = \frac{Z\mu_n qN_D a}{L}\left[1-\left(\frac{V_{bi}-V_{GS}}{V_P}\right)^{1/2}\right] \tag{7-68}$$

可见，提高迁移率，减小沟道长度可以提高饱和区的跨导，提高跨导会增大器件的工作电流，提升带负载的能力。

3. 击穿电压

沟道在漏夹断以后，夹断点向源端移动，但夹断点对源的电压保持在漏饱和电压不变，漏电压继续增大，超过漏饱和电压的部分施加在夹断点与漏之间的小空间，因此漏端有较大的电场，一旦载流子获得足够的能量，就能通过碰撞电离产生新的电子-空穴对，并达到雪崩倍增条件，则漏端会发生雪崩击穿，漏电流突然增大。如图 7.18 中饱和电流突然增大的部分就是发生雪崩击穿后漏电流突然增大的结果。

7.2.6 小信号等效电路和特征频率

1. 小信号等效电路

MESFET 小信号等效电路如图 7.19 所示。R_S 和 R_D 分别为源端和漏端的串联电阻，不考虑串联电阻的源端和漏端分别用 S' 和 D' 表示，称为本征的源和漏。栅和本征源端之间有栅和源之间的耗尽层电容 C_{GS} 及泄漏电阻 r_{GS}；栅和本征漏端

之间有栅和漏之间的耗尽层电容 C_{GD} 及泄漏电阻 r_{GD}；漏源之间是受 V_{GS1} 控制的电流源，跨导 g_M 与直流工作点的选择有关。漏源之间还有电阻 r_{DS}，表示沟道夹断以后夹断点向源端移动导致的沟道长度调制效应。通常情况下，r_{GS} 和 r_{GD} 很大，可以忽略。如果再忽略源极和漏极串联电阻 R_S 和 R_D，就可以得到简化的 MESFET 小信号等效电路图，如图 7.20 所示。对于 MESFET 的大多数应用，这种简化的小信号等效电路对其特性的分析已经够用。

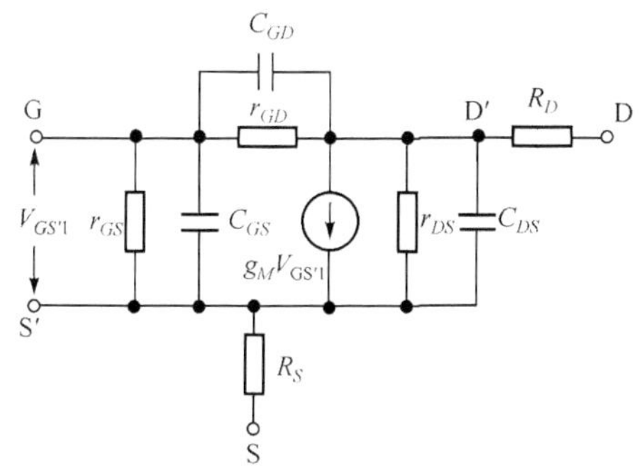

图 7.19　MESFET 小信号等效电路

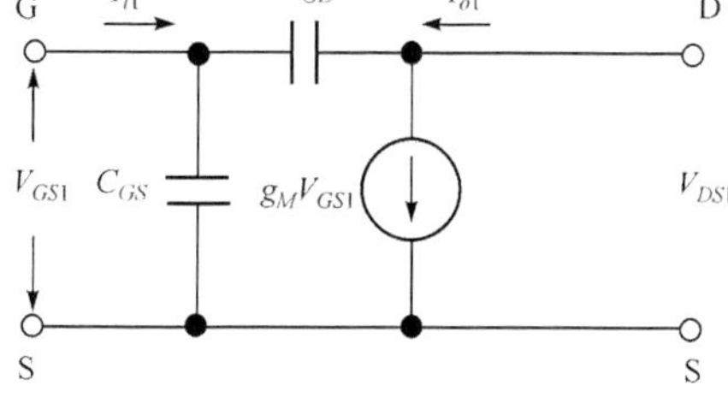

图 7.20　简化的 MESFET 小信号等效电路

2. 小信号特性及特征频率

小信号增益为 1 时的频率定义为特征频率，用 f_T 表示。简化的 MESFET 小信号等效电路可以用来研究 MESFET 的特征频率。

输入小电流 I_{i1} 为

$$I_{i1}=2\pi f(C_{GS}+C_{GD})V_{GS1}=2\pi fC_GV_{GS1} \tag{7-69}$$

输出短路电流 I_{o1} 为

$$I_{o1}=g_MV_{GS1}-\mathrm{j}\omega C_{GD}V_{GD1} \tag{7-70}$$

令

$$\left|\frac{I_{o1}}{I_{i1}}\right|=1 \tag{7-71}$$

$\omega\ll\dfrac{g_M}{C_{GD}}$，特征频率为

$$f_T=\frac{g_M}{2\pi C_G} \tag{7-72}$$

栅电容 $C_G=C_{GS}+C_{GD}$。

设半导体表面耗尽层平均厚度为 $a/2$，则 C_G 为

$$C_G = LZ\frac{\varepsilon_s}{a/2} = \frac{2LZ\varepsilon_s}{a} \tag{7-73}$$

则特征频率可写为

$$f_T = \frac{ag_M}{4\pi LZ\varepsilon_s} \tag{7-74}$$

由式(7-68)可知，跨导正比于迁移率，因此提高 MESFET 特征频率 f_T 的途径包括提高迁移率和减小沟道长度。

例 7.6　对于例 7.5 的器件，设 $\mu_n = 5000\text{cm}^2/(\text{V}\cdot\text{s})$，尺寸为 $a=0.3\mu\text{m}$，$L=1.5\mu\text{m}$，$Z=10\mu\text{m}$。在 $V_{DS}=2\text{V}$ 和 $V_{GS}=0\text{V}$ 时，计算漏极电流、跨导、特征频率。

解　根据例 7.5，$V_P=2.48\text{V}$，$V_{bi}=0.8\text{V}$

(1) $V_D(\text{sat}) = V_{GS} - V_T = 1.68\text{V}$，$V_{DS}=2\text{V} > V_D(\text{sat})$，所以器件进入饱和区时，有

$$I_P = \frac{Z\mu_n q^2 N_D^2 a^3}{2\varepsilon_s L} = \frac{10\times10^{-4}\times5000\times(1.6\times10^{-19})^2\times(4\times10^{16})^2\times(0.3\times10^{-4})^3}{2\times13.1\times8.85\times10^{-14}\times1.5\times10^{-4}}$$

$$=5.29\times10^{-3}\text{A}$$

$$I_D(\text{sat}) = I_P\left[\frac{1}{3} - \frac{V_{bi}-V_{GS}}{V_P} + \frac{2}{3}\left(\frac{V_{bi}-V_{GS}}{V_P}\right)^{3/2}\right]$$

$$=5.29\times10^{-3}\times\left[\frac{1}{3} - \frac{0.8}{2.48} + \frac{2}{3}\times\left(\frac{0.8}{2.48}\right)^{3/2}\right]$$

$$=1.19\times10^{-3}\text{A}$$

(2) $$g_M = \frac{I_P}{V_P}\left[1-\left(\frac{V_{bi}-V_{GS}}{V_P}\right)^{1/2}\right] = \frac{5.29\times10^{-3}}{2.48}\left[1-\left(\frac{0.8}{2.48}\right)^{1/2}\right]$$

$$=9.28\times10^{-4}\text{A/V}$$

(3) $$C_G = \frac{2LZ\varepsilon_s}{a} = \frac{2\times1.5\times10^{-4}\times10\times10^{-4}\times13.1\times8.85\times10^{-14}}{0.3\times10^{-4}}$$

$$=1.16\times10^{-14}\text{F}$$

$$f_T = \frac{g_M}{2\pi C_G} = \frac{9.28\times10^{-4}}{2\times3.14\times1.16\times10^{-14}} = 1.27\times10^{10}\text{Hz}$$

可见，对 GaAs 基 MESFET，特征频率很容易达到 10GHz 量级。

7.2.7　MESFET 的分类及 JFET

1. MESFET 的分类

按照沟道的导电类型可将 MESFET 分为 N 沟道器件和 P 沟道器件。N 沟道器件的工作频率高于 P 沟道器件，因为电子的迁移率远大于空穴的迁移率。目

前，高频应用的大多数化合物半导体MESFET都是N沟道。根据零栅压时($V_{GS}=0$)沟道的状态又可以将MESFET分为增强型(常关型)和耗尽型(常开型)。如果半导体层(N型GaAs)的厚度a很小或掺杂浓度N_D比较低，$V_{GS}=0$时，半导体表面已耗尽，不存在导电沟道，只有在$V_{GS}>V_T$的正栅压下才能导通，则这类器件称为增强型。相反，当a较厚或掺杂浓度N_D比较高，$V_{GS}=0$时，半导体表面耗尽层的宽度小于外延层的厚度，存在导电通道，则这类器件称为耗尽型。因此，MESFET可以分为N沟道增强型、N沟道耗尽型、P沟道增强型、P沟道耗尽型。耗尽型器件具有驱动电流大，工作速度快等优点，同时具有静态功耗大的缺点。MESFET器件的电学符号如图7.21所示。

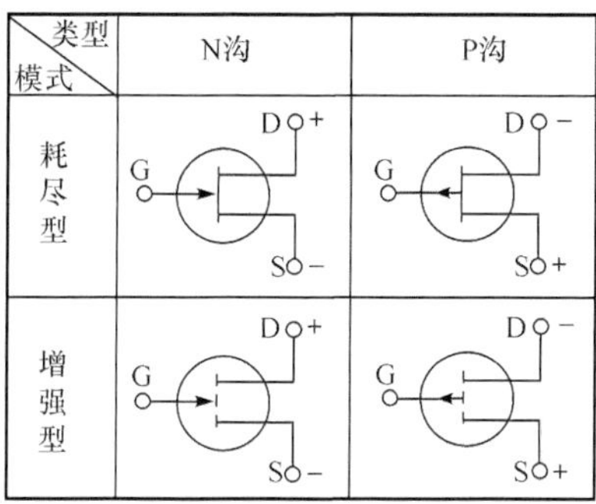

图7.21　MESFET的电学符号

2. JFET

图7.1(b)是采用平面外延工艺制作的结型场效应晶体管的结构示意图。图中位于下方的重掺杂P^+型层为衬底，在P^+衬底的上方外延生长一层轻掺杂的N型层。通过向N型层扩散硼形成上面的重掺杂P^+型层。这样在N型半导体的上下两侧各有一个高掺杂的P^+区，形成上下两个P^+N结，即栅PN结或栅结。中间的N型层为器件的有源层，即导电沟道。上下两个P^+层被内连接或外连接形成栅极。连接在N区两端的欧姆接触分别是源极和漏极。

除了采用平面外延工艺制作JFET，还可以采用双扩散技术制作JFET(图7.22)。该方法通过扩散形成N型导电沟道和上栅极。JFET和MESFET一样，也分为增强型和耗尽型。

早期的JFET器件大多使用硅材料制作，进入20世纪90年代，InP和GaInAsP等化合物半导体JFET器件被成功制作出来。它们容易和GaInAsP激光器和探测器集成在同一光电集成电路芯片上。此外，在高速GaAs数字集成电路中，用JFET代替MESFET，可以改善电路单元的性能，并提高芯片电学参数的合格率。

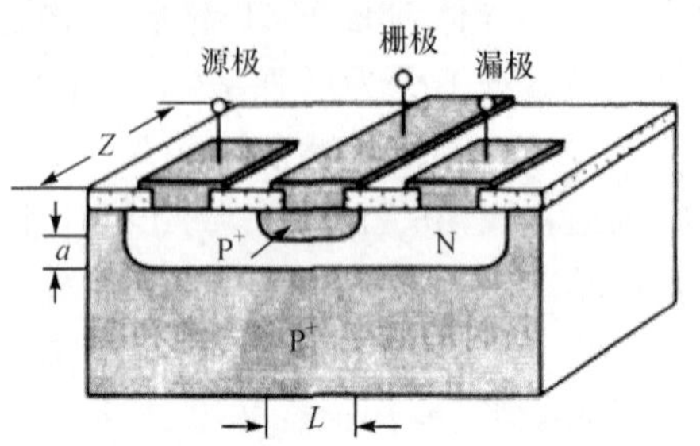

图 7.22 双扩散工艺制备的 N 沟道 JFET

7.3 异质结 MESFET 和 HEMT

MESTET 和 JFET 是体沟道器件,可以避免表面散射导致的载流子迁移率降低。如何进一步提高载流子迁移率是非常重要的问题。1969 年,Easki 和 Tsi 提出在禁带宽度不同的异质结构中,电子能够与带正电荷的施主分开。1978 年,Dingle 等在调制掺杂的异质结构中观察到具有较高迁移率的二维电子气。1980 年,首个异质结场效应晶体管问世,异质结场效应晶体管又称为高电子迁移率晶体管。

7.3.1 二维电子气的形成及其性质

下面以金属/N-$Al_xGa_{1-x}As$/i-GaAs/Si-GaAs 结构为例讨论异质结 MESFET 的工作原理。图 7.23(a)是结构示意图,半绝缘(SI)GaAs 衬底上依次是本征 GaAs 层、N 型掺杂 $Al_xGa_{1-x}As$ 有源层及金属栅层,金属栅两侧是贯通 N 型 $Al_xGa_{1-x}As$ 层的重掺杂 N 型层,分别作为源和漏。图 7.23(b)是金属栅、N 型掺杂 $Al_xGa_{1-x}As$ 有源层及本征 GaAs 层的能带及能带的相对位置。表 7.1 给出了 $Al_{0.3}Ga_{0.7}As$ 和 GaAs 材料禁带宽度、晶格常数及电子亲和势的数据。

表 7.1 $Al_{0.3}Ga_{0.7}As$ 和 GaAs 材料禁带宽度、晶格常数及电子亲和势

半导体	禁带宽度/eV	晶格常数/Å	电子亲和势/eV
$Al_{0.3}Ga_{0.7}As$	1.8	5.657	3.77
GaAs	1.43	5.654	4.07

图 7.23(c)是栅压为零且整个系统处于平衡状态时的能带图。界面处能级的相对位置不变,金属功函数所在的能级位置决定了系统统一的费米能级的位置。本征 GaAs 表面形成三角形的电子势阱。在达到平衡的过程中,N 型掺杂 $Al_xGa_{1-x}As$ 层的电子注入 GaAs 表面的势阱,从而实现电子与电离施主的分离。

势阱中的电子在垂直于界面方向的运动受到限制，而在平行于沟道方向的运动是自由的，称为二维电子气。在本征 GaAs 层，没有掺杂杂质的散射，电子可以获得非常高的迁移率，达到 $8500\sim9000\text{cm}^2/(\text{V}\cdot\text{s})$，而在 $N_D=10^{17}\text{cm}^{-3}$ 的 GaAs 基 MESFET 中，沟道中的电子迁移率只有约 $5000\text{cm}^2/(\text{V}\cdot\text{s})$。为了进一步降低电离施主对电子的静电作用，在 N 型掺杂 $\text{Al}_x\text{Ga}_{1-x}\text{As}$ 有源层靠近本征 GaAs 层处引入 20～70nm 本征 $\text{Al}_x\text{Ga}_{1-x}\text{As}$ 层(图 7.24)。

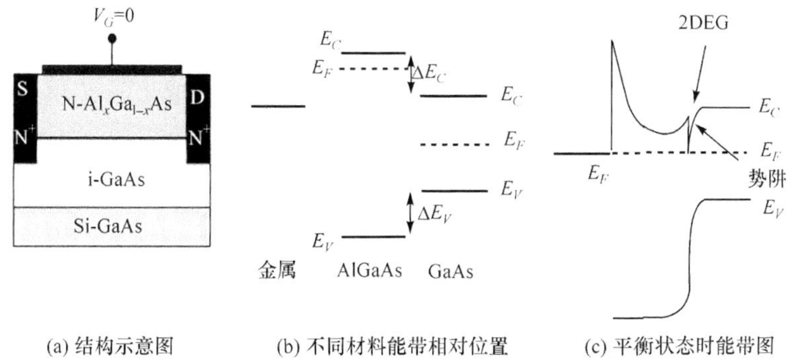

图 7.23　异质结 MESFET 的基本结构和能带图

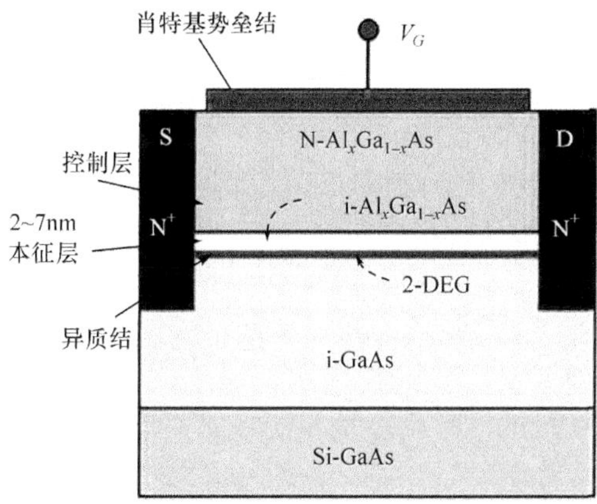

图 7.24　N 沟道 $\text{Al}_x\text{Ga}_{1-x}\text{As/GaAs}$ HEMT 的基本结构

7.3.2　二维电子气的性质

设在 x 方向，二维电子气的运动受到限制，则在 x 方向能量不连续，能量本征值 E_i 为

$$E_i=\left(\frac{\eta^2}{2m_x}\right)^{1/3}\left(\frac{3}{2}\pi qE_e\right)^{2/3}\left(i+\frac{3}{4}\right)^{2/3},\quad i=0,1,2,\cdots \tag{7-75}$$

其中，E_e 为 x 方向的电场

yz 平面的电子自由运动，能量连续变化，可以表示为

$$E_{\mathrm{II}}=\frac{\hbar^2}{2}\left(\frac{k_y^2}{m_y}+\frac{k_z^2}{m_z}\right) \tag{7-76}$$

其中，m_x、m_y 和 m_z 为电子沿 x、y 和 z 方向的有效质量；k_y 和 k_z 为 y 和 z 方向的波矢

二维电子气的总能量为

$$E=E_i+E_{\mathrm{II}} \tag{7-77}$$

可以看出，2DEG 的能级形成许多子能带，每个子能带具有最小能量 E_i。

联立式(7-76)和式(7-77)也可以得到二维 k 空间能量表达式，即

$$E-E_i=\frac{\hbar^2}{2}\left(\frac{k_y^2}{m_y}+\frac{k_z^2}{m_z}\right) \tag{7-78}$$

式 (7-78)等能面方程也可以写为

$$\frac{k_y^2}{\frac{2m_y}{\hbar^2}(E-E_i)}+\frac{k_z^2}{\frac{2m_z}{\hbar^2}(E-E_i)}=1 \tag{7-79}$$

在 yz 面，能量为 E 的椭圆面积为

$$\frac{2\pi\sqrt{m_y m_z}}{\hbar^2}(E-E_i) \tag{7-80}$$

平面 k 空间的每个格点代表一个量子态，每个格点的面积为

$$\frac{2\pi}{L_1}\frac{2\pi}{L_2}=\frac{(2\pi)^2}{S} \tag{7-81}$$

L_1 和 L_2 为二维电子气的尺寸，S 为面积，能量为 E 的椭圆内的量子态数为

$$Z=\frac{S}{(2\pi)^2}\frac{2\pi\sqrt{m_y m_z}}{\hbar^2}(E-E_i) \tag{7-82}$$

所以单位面积，能量为 E 的能态密度是与能量无关的常数，即

$$D(E)=\frac{\mathrm{d}Z}{\mathrm{d}E}=\frac{\sqrt{m_y m_z}}{\pi\hbar^2} \tag{7-83}$$

如果有效质量各向同性(球形等能面情况)$m_x=m_y=m_z=m$，则有

$$D(E)=\frac{m}{\pi\hbar^2} \tag{7-84}$$

对于准二维运动，能量低于 E_i 的状态不存在，能量高于 E_i 是二维运动。这样，温度为 T 时，第 i 个子能带的电子数(面密度)为

$$N_i=\int_{E_i}^{\infty}D(E)f(E)\mathrm{d}E$$

$$= \frac{m}{\pi \hbar^2} \int_{E_i}^{\infty} \{1 + \exp[(E - E_F)/k_B T]\}^{-1} dE$$

$$= \frac{m k_B T}{\pi \hbar^2} \ln\{1 + \exp[(E_F - E_i)/k_B T]\} \tag{7-85}$$

对于 E_i，有 l 个允许值的 2DEG 系统的总电子数为

$$N_s = \sum_{i=0}^{l} N_i \tag{7-86}$$

势阱中的电场强度 E_e 正比于势阱中电子密度 $E_e \propto N_s$，式(7-75)可写为

$$E_i = \gamma_i N_s^{2/3} \tag{7-87}$$

在实际器件中，通常只考虑势阱中最低的两个能级，即 $i=0,1$ 时的情况。这时二维电子气的浓度为

$$N_s = \frac{m k_B T}{\pi \hbar^2} \ln(\{1 + \exp[(E_F - E_0)/k_B T]\}\{1 + \exp[(E_F - E_1)/k_B T]\}) \tag{7-88}$$

其中

$$E_0 = \gamma_0 N_s^{2/3} \tag{7-89}$$

$$E_1 = \gamma_1 N_s^{2/3} \tag{7-90}$$

对于 GaAs，根据实测结果有 $\gamma_0 \approx 2.5 \times 10^{-12}\,\mathrm{eV \cdot m^{4/3}}$、$\gamma_1 \approx 3.2 \times 10^{-12}\,\mathrm{eV \cdot m^{4/3}}$；理论计算值分别为 $\gamma_0 \approx 1.7 \times 10^{-12}\,\mathrm{eV \cdot m^{4/3}}$、$\gamma_1 \approx 3.0 \times 10^{-12}\,\mathrm{eV \cdot m^{4/3}}$。

把式(7-89)和式(7-90)代入式(7-88)，可以得到二维电子气的费米势 E_F/q 及其浓度 N_s 之间的函数关系。计算结果表明，N_s 值在 $5 \times 10^{11}\,\mathrm{cm^{-2}}$ 和 $1.5 \times 10^{12}\,\mathrm{cm^{-2}}$ 之间时，E_F/q 和 N_s 有线性关系(图 7.25)，即

$$\frac{E_F}{q} = \frac{E_{F0}}{q} + aN_s \tag{7-91}$$

当 $T=300\mathrm{K}$ 时，$E_{F0} \approx 0$，$a \approx 0.125 \times 10^{-16}\,\mathrm{V \cdot m^2}$。

7.3.3 HEMT 的工作原理

由以上分析可见，HEMT 器件既具有 JFET 体沟道器件的特点，又与 MOSFET 一样，是栅控电荷调制型器件。为此，本节首先讨论沟道电荷与栅电压之间的关系，然后给出 HEMT 器件的 I-V 关系曲线。

1. 电荷和电压的关系

由图 7.23(b)给出的能量关系不难得到关于电压的方程，即

$$\phi_{Bn} - V_G = -\left(\frac{qN_s}{\varepsilon_2} d - \frac{q}{\varepsilon_2} \int_{d_0}^{-d_1} N_D(x) x \mathrm{d}x\right) + \frac{\Delta E_C}{q} - \frac{E_F}{q} \tag{7-92}$$

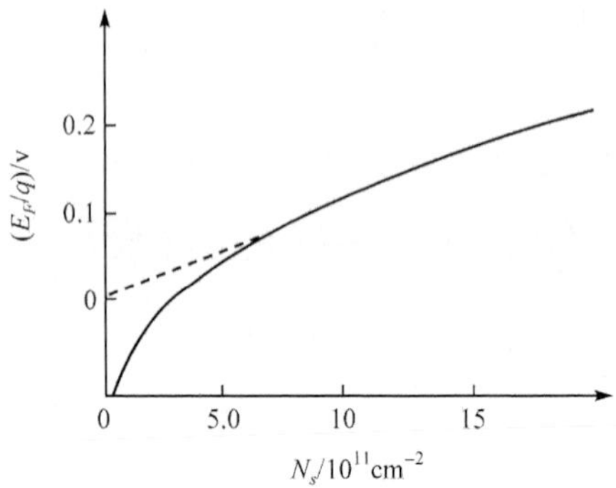

图 7.25 2DEG 的费米势 E_F/q 与 N_s 的关系

其中，ϕ_{Bn} 为金属接触的势垒高度；V_G 为栅压；ΔE_C 为异质结材料导带边的能级差；ε_2 为控制层材料(AlGaAs)的介电常数；$d=d_1+d_0$ 为掺杂(d_1)与不掺杂(d_0)AlGaAs 层厚度的和。

当控制层均匀掺杂时，$N_D(x)=$常数，电离杂质产生的电压降为$(qN_D/2\varepsilon_2)d_1^2$。将式(7-91)代入式(7-92)，整理可得下式，即

$$qN_s=\frac{\varepsilon_2}{d+\Delta d}(V_G-V_T) \tag{7-93}$$

其中，Δd 为二维电子气的有效厚度，V_T 为 HEMT 的阈值电压。

$$V_T=\phi_{Bn}-\frac{qN_D}{2\varepsilon_2}d_1^2-\frac{\Delta E_C}{q}+\frac{\Delta E_{F0}}{q} \tag{7-94}$$

$$\Delta d=\frac{\varepsilon_2 a}{q}\approx 80\text{Å} \tag{7-95}$$

当源和漏间加电压 V_{DS} 时，二维电子气薄层形成导电沟道，选择从源到漏的方向为 y 方向，源端为 $y=0$。用 $V(y)$ 表示沟道 y 处的电位，则控制电荷薄层的有效栅压为 $V_{GS}-V(y)$，表示电荷和电压关系的方程可写为

$$qN_s(y)=\frac{\varepsilon_2}{d+\Delta d}[V_{GS}-V_T-V(y)] \tag{7-96}$$

或

$$qN_s(y)=qN_{s0}-\frac{\varepsilon_2}{d+\Delta d}V(y) \tag{7-97}$$

其中，$qN_{s0}=\frac{\varepsilon_2}{d+\Delta d}[V_{GS}-V_T]$为源端的电荷浓度。

2. 电流和电压的关系

对于长沟道器件，沿沟道方向的电场低于速度饱和电场，沟道电流可以表示为

$$I_{DS}=ZqN_s(y)\mu E_e(y)=\mu Z\frac{\varepsilon_2}{d+\Delta d}[V_{GS}-V_T-V(y)]\frac{dV(y)}{dy} \tag{7-98}$$

其中，$E_e(y)=\dfrac{dV(y)}{dy}$是 y 处沟道电场强度。

将式(7-98)两端同乘 dy 并积分可得下式，即

$$I_{DS}=\mu\left(\frac{Z}{L}\right)\frac{\varepsilon_2}{d+\Delta d}[(V_{GS}-V_T)V_{DS}-V_{DS}^2/2] \tag{7-99}$$

当漏电压 V_{DS}增大到饱和电压 $V_D\,(\mathrm{sat})=V_{GS}-V_T$，沟道在漏端夹断，漏电流达到饱和，饱和电流为

$$I_D\,(\mathrm{sat})=\frac{\mu\varepsilon_2 Z}{2(d+\Delta d)L}(V_{GS}-V_T)^2 \tag{7-100}$$

对于短沟道器件，强电场的电子将以饱和速度 v_s 运动，漏电流可以表示为

$$I_D\,(\mathrm{sat})=qN_{s0}v_sZ=\frac{Z\varepsilon_2 v_s}{(d+\Delta d)}(V_{GS}-V_T) \tag{7-101}$$

根据定义，通过 I_{DS}对 V_{GS}的微分(V_{DS}不变)，可以求得器件的跨导，即

$$g_M=\left.\frac{\partial I_{DS}}{\partial V_{GS}}\right|_{V_{DS}=\text{常数}} \tag{7-102}$$

在长沟道器件线性区，由式(7-99)可得下式，即

$$g_M=\mu\left(\frac{Z}{L}\right)\frac{\varepsilon_2}{d+\Delta d}V_{DS} \tag{7-103}$$

而在饱和区，由式(7-100)和式(7-101)有下式，即

$$g_M=\frac{Z\varepsilon_2\mu}{(d+\Delta d)L}(V_{GS}-V_T),\quad \text{长沟道器件} \tag{7-104}$$

$$g_M=\frac{Z\varepsilon_2 v_s}{(d+\Delta d)},\quad \text{短沟道器件} \tag{7-105}$$

习　　题

1. 对一个 N 硅肖特基二极管而言，若金属的功函数为 4.65eV，硅的电子亲和能为 4.05eV，$N_D=2\times10^{16}\,\mathrm{cm^{-3}}$，温度 $T=300\mathrm{K}$，计算肖特基势垒高度、内建电势、耗尽层宽度、最大电场强度。

2. 集成电路中的肖特基二极管和欧姆接触都是在硅上沉积金属获得的。考虑 N 型和 P 型硅，$T=300\mathrm{K}$ 时，已知金属的功函数为 4.5eV，对于理想的金属-半导体接触，讨论每一种接触允许的硅掺杂范围。

3. 对金属-硅的肖特基接触，若肖特基势垒高度为 0.75eV，有效理查逊常数 $A^*=110\,\mathrm{A/(cm^2\cdot K^2)}$，$E_G=1.1\mathrm{eV}$，$N_D=1\times10^{16}\,\mathrm{cm^{-3}}$，$N_C=2.86\times10^{19}\,\mathrm{cm^{-3}}$，$L_p=10\mu\mathrm{m}$ 和 $D_p=$

$12cm^2/s$,在 $T=300K$ 时,计算多数载流子电流与少数载流子电流的比。

4. 一个钨-硅肖特基二极管,其饱和电流密度 $J_S=6.5\times10^{-5}A/cm^2$,$N_D=4\times10^{15}cm^{-3}$,在 $T=300K$ 时,计算零偏压时肖特基势垒高度和耗尽层宽度。假设 $\tau_p=1\times10^{-6}s$ 和 $D_p=10cm^2/s$,计算多数载流子电流和少数载流子电流的比。

5. 已知理想肖特基二极管金属的功函数为 4.55eV,半导体的电子亲和能为 4.07eV,$N_D=3\times10^{16}cm^{-3}$,$N_C=2.86\times10^{19}cm^{-3}$,$\varepsilon_r=13.1$,在 300K 时,计算肖特基势垒高度、内建电势和零偏置时耗尽层宽度;0.3V 正偏压时热离子发射电流密度。

6. 一个 N 沟道增强型 GaAs MESFET,若沟道掺杂浓度 $N_D=4\times10^{15}cm^{-3}$,势垒高度 $\phi_{Bn}=0.89V$,阈值电压为 0.35V,在 $T=300K$ 时,计算器件所需的沟道厚度。

7. 一个 N 沟道 GaAs MESFET 的沟道掺杂浓度 $N_D=7\times10^{16}cm^{-3}$,$\phi_{Bn}=0.85V$,器件尺寸为 $a=0.4\mu m$,$L=15\mu m$,$Z=15\mu m$,在 $T=300K$ 时,计算夹断电压和阈值电压,并判断该器件是增强型,还是耗尽型。

8. 对于题 6 的器件,设电子迁移率 $\mu_n=4500cm^2/(V\cdot s)$,计算当 $V_{DS}=3V$ 和 $V_{GS}=0V$ 时的饱和电流。

9. 对于一个 GaAs MESFET,如果 $\phi_{Bn}=0.89V$,沟道掺杂浓度 $N_D=5\times10^{17}cm^{-3}$,计算成为耗尽模式器件需要的最小外延层厚度。

附　　表

附表1　常用物理常数表

名称	符号	数值
阿伏伽德罗常数	N_A	6.023×10^{23}/mol
电子电荷	q	1.6×10^{-19}C
玻尔兹曼常数	k_B	1.38×10^{-23}J/K
真空介电常数	ε_0	8.85×10^{-14}F/cm
普朗克常量	h	6.625×10^{-34}J·s
300K 热电压	k_BT/q	0.026V
光速	c	3×10^{-8}m/s
自由电子质量	m	9.1×10^{-31}kg

附表 2 Si 和 GaAs 在 300K 时的重要性质

重要参数		Si	GaAs
密度/(g/cm^3)		2.329	5.317
原子密度/($10^{22}cm^{-3}$)		5.02	4.42
折射率		3.42	3.3
熔点/℃		1412	1240
比热/[J/(g·℃)]		0.7	0.35
热传导系数/[W·$(cm·K)^{-1}$]		1.31	0.46
晶格常数/Å		5.431	5.653
晶体结构		金刚石	闪锌矿
相对介电常数		11.8	13.1
禁带宽度	0K	1.205	1.52
	300K	1.12	1.42
导带中的有效态密度/cm^{-3}		2.8×10^{19}	4.7×10^{17}
价带中的有效态密度/cm^{-3}		1.04×10^{19}	7.0×10^{18}
线性热膨胀系数/℃		2.59×10^{-6}	5.75×10^{-6}
蒸气压/Pa		1(在 1650℃)	100(在 1050℃)
		10^{-6}(在 900℃)	1(在 900℃)
折射率		3.42	3.3
有效质量 m/m_0	电子	$m_l=0.98$	0.067
		$m_t=0.19$	
	空穴	$m_{pl}=0.16$	$m_{pl}=0.082$
		$m_{ph}=0.49$	$m_{ph}=0.45$
本征载流子浓度/cm^{-3}		1.0×10^{10}	2.1×10^{6}
本征电阻率/(Ω·cm)		2.3×10^{5}	10^{8}
电子亲和能/eV		4.05	4.07
功函数/eV		4.6	4.71
迁移率/[cm^2/(V·s)]	电子	1350	8500
	空穴	500	400

附表 3　重要半导体材料的特性

半导体材料		禁带宽度/eV		能带	迁移率(300K)/[cm²(V·s)]		相对介电常数
		300K	0K		电子	空穴	
元素	Si	1.12	1.205	I	1350	500	11.8
	Ge	0.66	0.74	I	3900	1800	16.2
Ⅳ-Ⅳ	α-SiC	2.996	3.03	I	400	50	10.0
Ⅲ-Ⅴ	AlAs	2.16	2.24	I	294	—	10.6
	AlSb	1.61	1.68	I	200	420	12
	AlN	6.2	—	D	—	14	9.14
	GaAs	1.42	1.52	D	8500	400	13.1
	GaP	2.26	2.35	I	160	135	11.1
	GaN	3.44	3.50	D	440	130	12.2
	BN	6.4	—	I	4	—	7.1
	InAs	0.36	0.42	D	33000	450	15.1
	InP	1.34	1.42	D	4600	150	12.4
	InSb	0.17	0.23	D	77000	850	16.8
Ⅱ-Ⅵ	CdS	2.42	2.56	D	340	50	5.4
	CdSe	1.70	1.85	D	800	—	10.0
	CdTe	1.56	—	D	1050	100	10.2
	ZnO	3.35	3.42	D	200	180	9.0
	ZnS	3.68	3.84	D	165	5	5.2
Ⅳ-Ⅵ	PbS	0.41	0.29	I	800	1000	17.0
	PbTe	0.31	0.19	I	6000	4000	30.0